U0826327

现代生态学讲座（II）

基础研究与环境问题

■ 主编　邬建国　韩兴国　黄建辉

高等教育出版社·北京

内容简介

本书内容涉猎广泛，理论与实践相结合。重点探讨了生态学中的一系列理论问题，如复杂性概念和理论以及生理、种群、群落和生态系统生态学的一些核心概念和研究热点，并介绍了一些新的生态学方法，如人工神经网络、整合分析和空间分析等方法。此外，还重点介绍了应用生态学领域的最新进展和实际范例，如恢复生态学、景观经营、城市生态学、全球变化以及空气污染和环境决策。

图书在版编目（CIP）数据

现代生态学讲座．Ⅱ，基础研究与环境问题 / 邬建国，韩兴国，黄建辉主编．-- 北京：高等教育出版社，2018.1

ISBN 978-7-04-048716-9

Ⅰ．①现…　Ⅱ．①邬…　②韩…　③黄…　Ⅲ．①生态学 - 文集　Ⅳ．①Q14-53

中国版本图书馆 CIP 数据核字（2017）第 262628 号

策划编辑　柳丽丽　　责任编辑　柳丽丽　　封面设计　王凌波　　责任校对　吕红颖
责任印制　韩　刚

出版发行　高等教育出版社
社　　址　北京市西城区德外大街 4 号
邮政编码　100120
印　　刷　北京东君印刷有限公司
开　　本　787mm × 1092mm　1/16
印　　张　19.5
字　　数　370 千字
购书热线　010-58581118
咨询电话　400-810-0598
网　　址　http://www.hep.edu.cn
　　　　　http://www.hep.com.cn
网上订购　http://www.hepmall.com.cn
　　　　　http://www.hepmall.com
　　　　　http://www.hepmall.cn
版　　次　2018 年 1 月第 1 版
印　　次　2018 年 1 月第 1 次印刷
定　　价　59.00 元

本书如有缺页、倒页、脱页等质量问题，请到所购图书销售部门联系调换

版权所有　侵权必究

物 料 号　48716-00

《现代生态学讲座系列》简介

Brief Introduction to International Symposium on Modern Ecology Series (ISOMES)

生态学包罗万象、博大精深、发展迅速、使命重大。生态学是研究生物和环境相互关系的科学，其迅速发展是今天和明天保护环境和强国富民的需要，对于实现区域及全球可持续发展也具有举足轻重的意义。为了促进中国生态学与世界生态学同步发展，频繁而广泛的国际学术交流显然是必需的。由于没有语言障碍，国内外华人生态学者之间的直接交流是一种形式特殊、效果极佳的途径。学术交流必须持之以恒，方能推陈出新，终集大成。《现代生态学讲座系列》正是在这些理念上建立的。

“第一届现代生态学讲座”是由我国著名生态学家李博院士创导并主持的。在国家自然科学基金委员会、内蒙古大学和内蒙古自治区教育厅的支持下，“第一届现代生态学讲座”于1994年9月4日至12日在呼和浩特市召开。海内外华人学者通过20个专题报告讨论了现代生态学的新理论、新观点、新方法。这也许是第一个完全由华人学者主讲，但又名副其实的“国际”生态学研讨会。这次盛会取得了极大成功。

1998年5月，李博院士在一次国际生态学会议期间不幸罹难。为了纪念这位为中国生态学做出重大贡献的著名学者，在国家自然科学基金委的资助下，中国环境科学院和中国科学院植物研究所于1999年6月15日至19日在北京召开了“第二届现代生态学讲座”。2004年，邬建国、于振良、葛剑平、韩兴国等在北京议定，将该讲座办成一个长期系列讲座（即《现代生态学讲座系列》，ISOMES），每两年举办一次，以作为对李博先生的永久纪念，同时也为国内外华人生态学者相互交流和培养研究生提供一个长期的高层次平台。

有关《现代生态学讲座系列》的历史、现状及将来的学术活动，请访问ISOMES的网站：http：//www.moderneco.net/index.htm，或其镜像站点：http：//leml.asu.edu/ISOMES/。

已出版系列图书：

□ 现代生态学讲座（Ⅰ）——若干生态学前沿问题

主编：李博

■ 现代生态学讲座（Ⅱ）——基础研究与环境问题

主编：邬建国　韩兴国　黄建辉

□ 现代生态学讲座（Ⅲ）——学科进展与热点论题

主编：邬建国

□ 现代生态学讲座（Ⅳ）——理论与实践

主编：邬建国　杨劼

□ 现代生态学讲座（Ⅴ）——宏观生态学与可持续性科学

主编：邬建国　李凤民

□ 现代生态学讲座（Ⅵ）——全球气候变化与生态格局和过程

主编：邬建国　安树青　冷欣

□ 现代生态学讲座（Ⅷ）——群落、生态系统和景观生态学研究新进展

主编：高玉葆　邬建国

本专著得到以下课题资助

● 国家自然科学杰出青年基金(B类)——“锡林郭勒草原景观格局与生态系统功能的综合研究”(批准号30028002)

● 国家重点基础研究发展规划“973”项目——“草地与农牧交错带生态系统重建机理及优化生态－生产范式”(G2000018603)

● 中国科学院知识创新工程重大项目——“浑善达克沙地与京北农牧交错区生态环境综合治理试验示范研究”(KSCX1-08)

编辑委员会名单

主编　邬建国　韩兴国　黄建辉

编委（按拼音顺序排列）：

白永飞　董　全　高　方　李凌浩

潘愉德　齐　晔　于砚民

再版前言

“现代生态学讲座”是我国为时最长、影响最广的高级生态学论坛。在过去的20多年中，“现代生态学讲座”为海内外华人生态学者提供了一个形式独特、内容丰富的学术交流平台和增进友谊之纽带。

1994年9月，我国著名的生态学家、中国科学院院士、内蒙古大学教授——李博先生在呼和浩特市主持召开了第一届现代生态学讲座，旨在邀请杰出的海外华人博士和博士后回国讲学，以促进国内生态学者更快、更直接地了解国际生态学前沿和动态。1995年，由李博先生主编的《现代生态学讲座》一书问世，并以其新颖的内容和独特的形式，迅速赢得了广大生态学者的喜爱。作为李博先生在内蒙古大学的弟子之一，我有幸应邀在这次讲座上做报告，并作为编委之一参与了该书的出版。

1998年5月，李博先生在参加一个国际生态学会议期间不幸遇难。1999年6月，为了纪念李博先生，中国环境科学研究院和中国科学院植物研究所在北京联合筹办了第二届“现代生态学讲座”。集会议之成果，继先生之遗志，《现代生态学讲座（Ⅱ）》由我、韩兴国和黄建辉主编，于2002年出版。自2005年开始，“现代生态学讲座”每两年举办一次，由高等教育出版社出版发行。迄今为止已经出版了五辑，每册印刷精良，内容精彩。

然而，《现代生态学讲座》的第一、二辑因为当时所用纸张粗劣，印刷技术落后，现存本已经“书老页黄”，且有文字或图标不清之处。而且，这两本书当时印刷数量极为有限，后又绝版，故而难以寻得。故此，在2015年，我与高等教育出版社联系，商定再版《现代生态学讲座》第一、二辑。再版后的这两本书不但旧貌换新颜，其原版中的不少错误亦得以勘正。

在这里，我衷心感谢高等教育出版社李冰祥和柳丽丽两位编辑对《现代生态学讲座》系列丛书出版的大力支持。同时，非常感谢北京师范大学黄庆旭副教授对第一辑再版样稿的校正，也非常感谢马群博士和尚辰蔚、刘芦萌、江红雷同学对第二辑的校正。他们对每一章节文字和图表的仔细核查和订正进一步提高了再版的质量。我为此而感动、感慨、感谢！最后，我也向《现代生态学讲座》第一、二辑的各位作者表示衷心的感谢。

书乃学者之财富，精神之食粮。随着第一、二辑的再版，《现代生态学讲座》系列丛书更加完善。它记载着过去，描述着现在，伴随着将来，堪称中国生态学书界一道靓丽的风景线。朋友，你的书架上有吗？

邬建国

2015 年12 月15 日，北京

1995 年11 月，李博院士和邬建国博士在珠海召开的中国生态学会第五次代表大会暨学术讨论会上

前　言

生态学是研究不同时空尺度上生物与环境之间相互关系的科学。自然界生物种类繁多，环境千变万化，生态科学可谓对象广泛，内容庞杂，囊括生物圈内千姿百态的格局与过程，横跨微观至宏观时空尺度，数、理、化、天、地、生各科以及经济、政治、管理与规划等社会科学诸领域都可以在生态学研究和应用中起重要作用。随着世界人口的迅速增加，环境日益恶化，生态学确实已经成为名副其实的有关人类生存的科学。

作为一个使命重大，但尚未成熟的学科，生态学在理论和实践诸方面发展迅速，日新月异。因此，若要保持与生态学发展的前沿同步，就必须了解其进程，把握其动向。要实现这一目标，及时地、准确地、周期性地将国内外生态学进展加以综合并广泛交流，无疑是一个极为有效的途径。正因为如此，我国著名的生态学家李博院士于 1994 年 9 月 4 ～ 12 日在内蒙古自治区呼和浩特市首次筹备和主持了“现代生态学讲座暨学术研讨会”。这也许是第一个完全由中国人（包括在海外工作的）主讲的，但又是名副其实的“国际”生态学研讨会。并非偶然，这次由国家自然科学基金委员会资助的盛会取得了极大的成功。基于这一研讨会的内容，1995 年由李博院士主编的《现代生态学讲座（Ⅰ）》一书出版发行。据悉，该书一售而空，至今在我国生态学同行中广为流传。

1998 年 5 月，李博院士在一次国际生态学会议期间不幸罹难。他的去世无疑是中国生态学界的一大损失。为了纪念这位为中国生态学做出了杰出贡献的著名学者，在中国环境科学研究院倡议和国家自然科学基金委员会的资助下，“第二届现代生态学研讨会”于 1999 年 6 月 15—19 日在北京召开。于砚民、黄建辉和韩兴国为筹备和组织这次研讨会做了大量工作。在这次聚会上，来自国内外的几十位生态学者缅怀了李博院士对中国生态学做出的丰功伟绩，并对世界生态学中的一系列理论和应用问题进行了交流和讨论。为了弘扬李博院士创导的“讲座”传统，并作为对李先生的永久纪念，参加讲座的代表欣然聚首并商定出版《现代生态学讲座（Ⅱ）——基础研究与环境问题》一书。

为了保证该书的广度、深度和整体水平，在编辑过程中，我们特邀了数位在国内外学有所成的生态学者为本书撰稿。连同从第二次“讲座”中选录的论文，本书共包括 18 篇文章。就其内容而言，该书涉猎广泛，理论和实践相结合。书中讨论了生态学中的一系列理论问题，如复杂性概念和理论以及生理、种群、群落和生态系统生态学的一些核心概念和研究热点，并介绍了一些新的生态学方法，如人工神经网络、整合分析和空间分析等方法。此外，本书还突出了一些应用生态学学科的最新进展和实际范例，如恢复生态学、景观经营、城市生态学、全球变化，以及空气污染和环境决策。

最后，我们向“第二届现代生态学研讨会”的筹办者、赞助者和全体与会者，尤其是本书的所有撰稿者，表示衷心感谢。此外，我们还感谢以下诸位特邀审稿人：唐艳鸿、何芳良、武昕原、王全禄、郭勤峰、缪世利、申卫军。董鸣博士提供了封面照片。

谨以本书献给我国著名生态学家李博院士。

邬建国　韩兴国　黄建辉

2001 年 11 月

著名植物生态学家
李博院士生平

杨 持　　杨 劼
（内蒙古大学生命科学学院生态与环境科学系，呼和浩特市，010021）

李博先生 1953 年毕业于北京农业大学农学系，分配到北京大学，任著名植物学家、植物生态学家李继侗教授的研究助教。1959 年随李继侗教授支援边疆来到内蒙古大学。从 20 世纪 50 年代起，一直从事干旱、半干旱地区植被及草地生态学的教学、科研工作，在这一时期，对我国草原地区及沙漠地区植被的基本类型与分布规律，对草原植被生产力与蒸腾、降水的关系做了充分阐述，完成了内蒙古草原的大面积调查及植被图的绘制，填补了内蒙古草原研究的空白；20 世纪 80 年代以后的成果明显地反映出李博先生学术思想的飞跃，紧跟国际科学前沿，率先应用遥感、GIS 等现代科学技术，对内蒙古自治区 118 万平方千米的草地资源进行调查与评价；20 世纪 90 年代，利用遥感信息与 GIS 技术系统，使我国草地信息管理进入国际现代化管理的行列。

李博先生一直兢兢业业地耕耘在科研、教学第一线 40 多年之久。1977 年他率先建成我国高校中第一个生态学专业；1981 年建立植物学硕士点（含植物生态学方向）；1990 年建立博士点，使内蒙古大学成为我国生态学人才培养的重要基地之一。

李博先生先后任讲师、副教授（1978）、教授（1983）、硕士生导师（1978）、博士生导师（1990）。1993 年当选为中国科学院生物学部院士。行政上先后任内蒙古大学生物系植物生态学教研室主任、生物学系主任、内蒙古大学自然资源研究所所长、内蒙古大学生命科学学院名誉院长。1988~1995 年任中国农业科学院草原研究所所长，1993 年任农业部草地资源生态重点开放实验室主任。主要的社会兼职有：内蒙古自治区科学技术顾问委员会委员、内蒙古自治区科协第三届名誉主席、中国科学院出版基金专家委员会生命科学专业组成员、北京大学遥感应用研究所兼职教授、北京师范大学国家教委环境演变与自然灾害开放研究实验室第二届学术委员会主任、中国生态学会副理事长、中国草原学会副理事长、中国自然资源学会副理事长、内蒙古生态学会理事长、中国植被图编委会副主编、《中国草地》主编、《生态学报》副主编、《遥感学报》副主编、《植物生态学报》常务编委。

李博先生生前是内蒙古自治区第五届、第八届人民代表大会代表，第九届全国人民代表大会代表。1986年被评为内蒙古自治区特等劳动模范，1990年被国家教委、国家科委评为全国高校先进科技工作者，1990年被评为中国农业科学院先进工作者，1991年享受中华人民共和国国务院政府特殊津贴。

李博先生于1980—1998年先后21次出访美国、法国、日本、俄罗斯、比利时、阿根廷、新西兰、澳大利亚、印度、匈牙利等国家进行学术交流活动，其中1980年10月—1981年7月，应美国爱达荷大学邀请，赴美进行了学术访问，并考察了北美草原，考察了美国21个州，行程8000多千米；1983年10月—11月受国家教育部委托率中国生态学教育考察团（任团长）访问比利时和法国；1995年9月赴俄罗斯圣彼得堡出席亚洲植被图工作会议，任中国代表团副团长，在会议上做了《内蒙古植被图及其应用》的报告，参观访问自然保护区、大学、研究所等并建立了学术交流联系；1996年8月作为特邀代表赴美国波罗温斯顿出席美国生态学会（ESA）年会“关于亚洲今天及未来的生态与环境问题”专题会议，并在大会上做《欧亚大陆草地生态研究的新进展》的特邀报告。

李博先生作为组织者之一，成功地主办了三次国际学术会议：1987年8月，内蒙古大学与中国“人与生物圈”国家委员会、中国科学院植物研究所联合发起并主持召开“国际草地植被会议（IGVC）”，李博任组织委员会副主席；1993年8月，中国农业科学院草原研究所与中国草原学会、农业部畜牧兽医司联合发起并主持召开“国际草地资源会议（ISGR）”，李博任大会秘书长；1994年9月，李博发起并组织了“现代生态学讲座暨学术研讨会”。1997年8月，为庆祝内蒙古自治区成立50周年、内蒙古大学建校40周年，与中国科学院内蒙古草原生态系统定位研究站联合发起并主持召开“蒙古高原草地管理国际学术会议（ISGM）”，李博任组织委员会主席。

李博先生先后主持国家科技攻关课题3项、专题4项、省部级课题多项。发表学术论文154篇，主编和参编学术专著22部，译著7部。先后获全国科学大会表彰奖；“六五”国家科技攻关表彰奖；国家自然科学二等奖；国家科技进步二等奖、三等奖各一项；省部级科技进步一等奖4项、二等奖2项、三等奖2项；内蒙古自治区第二届乌兰夫奖金基础科学特别奖等。

李博院士于1994年9月成功地主办了全国第一次现代生态学讲座，邀请在国外学有成就的博士、博士后回国演讲，既给这些海外学子提供一个为祖国做贡献的机会，又使国内的青年生态学工作者更快、更直接地了解国际生态学发展动态。会后由科学出版社出版了《现代生态学讲座（Ⅰ）》一书，深受广大生态学工作者的欢迎。在经历了李博先生不幸罹难的悲痛之后，1999年5月由中国环境科学研究院举办了第二次全国现代生态学讲座，以此来纪念这位故去的著名生态学家，我们作为李博先生的学生并在先生身边工作多年，深感意义深远，正如吴征镒院士在给《李博文集》所作的“序”中写道：“李博院士一生对科学与教育事业的贡献是卓著的，为了继往开来，应该把他一生的论著汇集起来，作为一项宝贵的科学财富为后人所用”。我们召开纪念会，再次出版《现代生态学讲座（Ⅱ）——基础研究与环境问题》，也都是为了这个目的。李博先生留下最宝贵的财富不只是对草地生态学研究的卓越贡献和人才培养，更是他那为科学献身的精神。

李博院士一生中共发表了183篇（部）学术论文和著作（包括译著7部）。下面是从《李博文集》目录中摘选的52篇，反映了李博院士近40年在干旱、半干旱区植被生态学方面的学术成果。

1. 内蒙古大学生物系治沙小组. 内蒙古荒漠区植被考察初报. 内蒙古大学学报，1960，No.1

2. 李博. 地植物学的产生、发展和展望. 内蒙古大学首届科学讨论会上报告，1961

3. 于守忠，李博，蔡蔚祺等. 内蒙古西部戈壁及巴丹吉林沙漠考察. 治沙研究（第3号），北京：科学出版社，1962

4. 李博，周万福，李文生. 内蒙古库布齐沙漠考察. 治沙研究（第3号），北京：科学出版社，1962

5. 李博，等. 中国西北和内蒙古沙漠地区的植被及其改造利用的初步意见. 治沙研究（第4号），北京：科学出版社，1962

6. 李博. 内蒙古地带性植被的基本类型及其生态地理规律. 内蒙古大学学报，1962. No.1

7. 李博. 试论草原生产力与蒸腾耗水量的关系. 全国畜牧学学术讨论会大会报告，1963

8. 李博. 内蒙古植被研究史. 内蒙古大学学报，1964，No.1

9. 李博，雍世鹏，刘钟龄. 对开展内蒙古植被研究工作的一些意见. 内蒙古大学学报，1964，No.1

10. 李博，曾泗弟，郝广勇. 内蒙古呼伦贝尔盟草原区羊草、丛生禾草群落水分生态的初步研究. 植物生态学与地植物学丛刊，1964，Vol.2 No.1

11. 杨宝珍，李博，曾泗弟. 关于草原群落研究中样方面积大小的初步探讨. 植物生态学与地植物学丛刊，1964，Vol.2 No.1

12. 李博. 中国草原植被的一般特征. 中国草原，1979，No.1

13. 李博. 大兴安岭兴安落叶松林的基本特征. 内蒙古大学学报，1980，Vol.11 No.1

14. 李博，雍世鹏，刘钟龄. 松辽平原的针茅草原及其生态地理规律. 植物学报，1980，Vol.22 No.3

15. 李博. 从生态学观点谈草原的科学管理. 西北地区农业现代化学术讨论会论文选集(第四卷)，1980

16. 李博，孙鸿良，曾泗弟等. 呼伦贝尔盟牧区草场植被资源及其利用方向的探讨. 自然资源，1980，No.4

17. 李博，孙鸿良. 论草原生产潜力及其挖掘的途径. 中国农业科学，1983，No.3

18. 李博. 中国的几种植被类型（Ⅱ）草原. 生物学通报，1987，No.5

19. 李博. 中国的几种植被类型（Ⅲ）草原. 生物学通报，1987，No.6

20. 李博. 内蒙古草场资源调查研究回顾及当前任务. 内蒙古草场资源遥感应用研究(第一卷)，呼和浩特：内蒙古大学出版社，1987

21. 李博，曾泗弟. 呼伦贝尔盟生态区域的划分. 内蒙古草场资源遥感应用研究（第一卷），呼和浩特：内蒙古大学出版社，1987

22. 李博，叶波. 兴安盟植被遥感考察报告. 内蒙古草场资源遥感应用研究（第二卷），呼和浩特：内蒙古大学出版社，1987

23. 李博，雍世鹏，曾泗弟等. 内蒙古草场资源遥感分析. 内蒙古草场资源遥感应用研究（第三卷），呼和浩特：内蒙古大学出版社，1987

24. 李博，黄文惠，马志广. 我国草地科学的成就与展望. 中国草地科学与草业发展，北京：科学出版社，1989

25. 李博，牛建明. 鄂尔多斯高原植被. 内蒙古鄂尔多斯高原的自然资源与环境研究，北京：科学出版社，1990

26. 李博，雍世鹏，曾泗弟等. 生态分区的原则、方法与应用——内蒙古自治区生态分区图说明. 植物生态学与地植物学学报，1990，Vol.14 No.1

27. 李博. 草地生态学. 现代生态学透视（第三篇第十五章），北京：科学出版社，1990

28. 李博. 我国草地生态研究的成就与展望. 生态学杂志，1992，Vol.11 No.3

29. 李博，史培军，任志弼等. 中国北方草地畜牧业动态监测技术系统设计. 中国北方草地畜牧业动态监测研究（一），北京：中国农业科技出版社，1993

30. 李博. 生态学与草地管理. 中国草地，1994，No.1

31. 李博. 我国草原生物多样性保护. 草地生物多样性保护研究，呼和浩特：内蒙古大学出版社，1995

32. 李博. 鄂尔多斯高原的自然条件与草地资源概况. 鄂尔多斯高原沙质灌木草地绒山羊试验区研究成果汇编，呼和浩特：内蒙古教育出版社，1995

33. 李博. 我国草地资源现况、问题及对策. 中国科学院院刊第1期，1996

34. 李博. 中国北方草地退化及其防治对策. 中国农业科学. 1997，Vol.30 No.3

35. 张新时，李博，史培军. 南方草地资源开发利用对策研究. 自然资源学报，1998，Vol.13 No.1

36. Li Bo. Outline of the Steppe Vegetation of China and Its Utilization: Remote Sensing for Grassland Types Survey and Mapping in Inner Mongolia, China. “第十四届国际草地会议”宣读. 美国肯塔基，1981

37. Chen Kai, Li Bo. The Application of Remote Sensing Technology to the Resource Investigation of Inner Mongolia.《第十五届国际草地学术会议论文集》. 日本，京都，1985

38. Chen Kai, Li Bo. Present Development in the Application of Remote Sensing to Grassland Resources Survey in China.《国际草地植被会议论文集》. 北京：科学出版社，1990

39. Li Bo, Yong Shipeng, Zeng Sidi. Principles, Methods and Application of Ecological Regionalization of the Inner Mongolia Autonomous Region.《国际草地植被会议论文集》，1990

40. Poissonet J., Li Bo. Relationships Between Main Plant Communities and Ecological Variables in the Steppe Region of Inner Mongolia: Application of Factorial Correspondence Analysis to Existing Data.《国际草地植被会议论文集》，1990

41. Li Bo. The Steppe and Its Development in China. Regional Conference on Asian Pacific Countries International Geographical Union. 1990, Vol.2

42. Li Bo, Yang Jie, Chen Kai. Remote Sensing Monitoring for Mao-Wu-Su Sandy Rangeland Dynamics in Inner Mongolia, China. 第四届国际草场会议论文. 法国. 蒙伯利诶，1991

43. Li Bo, Shi Peijun, Lin Xiaoquan. A Research on the Dynamic Monitoring System for Forage Livestock Balance in the Temperate Grassland of China. 全球变化监测与制图会议论文. 美国华盛顿，1992

44. Li Bo, Shi Peijun, Lin Xiaoquan. The Production Estimation by Remote Sensing and the Productivity Spatial Patterns of Grassland in Xilingol League of Inner Mongolia, China. 国际摄影测量与遥感协会第十七届年会上宣读. 美国华盛顿，1992

45. Li Bo, Yong Shipeng. Winter Cold Temperate Grasslands: Identifying Problems. 第十七届国际草地会议特邀报告. 新西兰梅泊密斯顿，1993

46. Li Bo, Shi Peijun, Chen Jin. Experiment on Dynamic Monitoring of Balance Between Forage-Livestock in Xilingole League of Inner Mongolia. 国际

草地资源会议. 中国，呼和浩特，1993

47. Li Bo. A Brief Introduction to the Research in the Impacts of Climate Change on Grassland and Rangeland in China. 政府间气候变化专门委员会第二工作组第三小组工作会议上报告. 阿根廷，戈罗泊兹镇，1993

48. Li Bo. The Degenerated Rangeland Restoration and Sustainable Development in China. 亚太地区退化土地持续发展学术会议大会报告. 印度，新德里，1994

49. Li Bo, Niu Jianming, Yang Chi. Study on Rangeland Biodiversity in China. 第五届国际草场会议论文. 美国，盐湖城，1995

50. Li Bo, Recent Development in Grassland Ecology of Eurasia. 美国生态学会，亚洲今天及未来的生态环境专题讨论会特邀报告. 美国，波罗温斯顿，1996

51. Li Bo, Vinczeffey. I. The Grassland Resources of China and Their Management Strategies. Ecological Aspects of Grassland Management. 第十七届国际欧洲草地管理学术会议报告，匈牙利，德布勒，1998

52. Li Bo. The Monitoring System and Information Management of Grassland in China. 第十七届国际欧洲草地管理学术会议报告. 匈牙利，德布勒森，1998

目　　录

复杂性科学及其生态学应用

第一章

邬建国[1] 申卫军[2]

([1]美国亚利桑那州立大学生命科学系，Phoenix，AZ 85069，USA

[2]中国科学院华南植物研究所，广州，510650)

摘要 本文简要地介绍复杂性科学在近年来的一些新进展，着重讨论复杂适应系统理论和自组织临界理论的主要内容和特征，以及它们在生态学研究中的应用前景。在此基础上，作者讨论了自组织临界性-等级结构连续带假说，认为大多数生态系统并非处于所谓的自组织临界态，而是处于自组织临界性-等级结构连续带上更接近等级结构一端的区域。复杂性科学为生态学研究提供了新方法、新理论，其应用和发展很可能是生态学在新世纪最富有挑战性和重要性的研究热点之一。

Abstract Wu J.[1], W. Shen[2] ([1]Arizoma State University West, Phoenix, AZ 85069, USA; [2]South China Institute of Botany, CAS, Guangzhou, 510650). The Sciences of Complexity and Ecological Applications. This papers discusses the problem of complexity and reviews some of the major developments in the sciences of complexity in recent years. It focuses on the main tenets and characteristics of the theory of complex adaptive systems and the theory of self-organized criticality. Based on these discussions, a self-organized criticality-hierarchy continuum hypothesis is proposed in which most ecological systems occur towards the hierarchy end. Furthermore, moving from the self-organized criticality end to the hierarchy end, spatial heterogeneity, component diversity, system stability, and the relative significance of external forces and constraints tend to increase. The application and development of the theory of complexity in the context of ecological and environmental issues may well be one of the most challenging and significant research foci for ecology in the new millennium.

与我曾想象的全然不同，科学的进步并不只是依赖于细致的观察、精确的实验，以及据此提炼出的理论。它始于观察者创造的一个抽象世界或其片断，然后与基于现实世界的实验结果进行对照。正是这种想象与实验间的不断对话，才使人们形成了对客观世界渐趋完美的理解。

——引自法国分子生物学家 Francois Jacob，1998

一、前言

人类面临着环境、政治、经济、社会等各种各样的复杂性问题的挑战。纵观生物学、医学、数学、物理学、化学、工程学、经济学、政治学、哲学、社会学、决策科学、计算机科学及人工智能等领域，科学家们正在探索这样的问题：是否存在任何普遍理论能够帮助我们理解种类繁多的复杂现象？复杂性科学（the sciences of complexity，简称复杂学，见 Cowan 等，1994；张知彬等，1998）是一门新兴的极度概括的综合性学科，其主要目的就是回答上述问题。复杂性科学专门研究复杂现象或复杂系统，以寻找一般性规律，因而涉及诸多学科。对于那些渴望理解和对付复杂现象的人们来说，复杂学可谓是理论基础所在，妙计锦囊之贮。这一新兴学科吸引了来自不同领域的杰出科学家对其理论框架和研究方法的探索，并正在形成各种各样有关复杂系统的新概念和新理论。

生态系统的组成单元数目多，且不尽相同，单元间常常存在强烈的非线性相互作用。生态系统中反馈与调节的方式多样且不断变化，系统组分与相关过程也往往表现出高度的时空异质性。一般而言，随着生物进化，群落演替过程趋于更加复杂化，并表现出对环境的适应性。以上几个特征使生态系统成为自然界最复杂的系统之一（O'Neill 等，1986；Wu 和 Loucks，1995；Wu，1999）。既然生态系统是复杂系统，那么我们自然会问：复杂性理论对生态学有何指导意义？生态复杂性研究对复杂性理论能做些什么贡献呢？本文将针对这些问题，就复杂性科学的一些新进展及其在生态学中的应用做一简要讨论。

二、复杂性及复杂性科学

1. 什么是复杂性

复杂系统通常具有大量组分，而且组分间存在非线性相互作用，从而使得系统能够表现出突现特征（emergent properties）。所谓突现特性是指单凭研究组分不可能获得的系统的聚合特征，它是多组分非线性作用的结果，也是复杂系统“整体”大于所有组分之“总和”的根本原因。复杂性就是复杂系统的特征和属性。一个较全面的复杂性概念除了包含复杂系统的固有属性外，还应包括观察者或研究者的特征（图 1.1）。这是因为对客观系统复杂性的表述及其特征不可避免地受到研究者的兴趣、能力，以及学术观点和信仰的影响。尽管科学家追求客观真理，科学最终还是客观世界和一群有特殊爱好和追求的人们相互作用的结果。因此，认清科学家作为观察者在研究结果中的作用是十分重要的，这往往也是被忽略的一点。

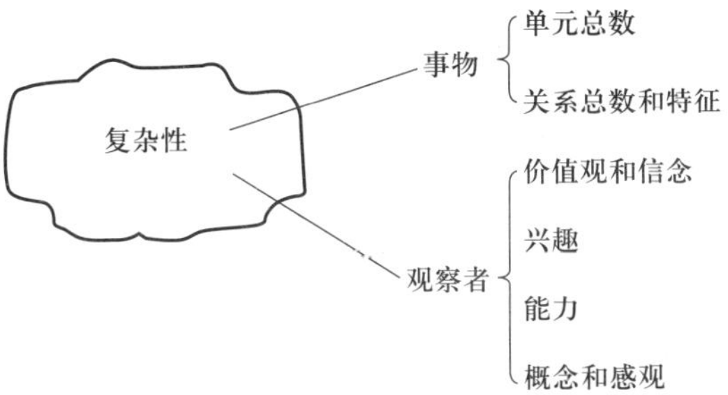

图 1.1　系统复杂性的组分：组成单元数目的多寡，单元间相互作用关系，以及人为因素都可能导致系统的复杂性（引自 Flood，1987）。

Weaver（1948）依据系统的组成结构特征把复杂性分为三类，即有组织简单性（organized simplicity）、有组织复杂性（organized complexity）和无组织复杂性（disorganized complexity）。这与 Weinberg（1975）提出的小数系统（small-number systems）、中数系统（middle-number systems）和大数系统（large-number systems）相对应。小数系统的组分数量少，相互作用方式简单，常表现出有组织简单性，因此可以用传统的数学分析方法来研究（如牛顿力学）。大数系统中的组成成分数量庞大，但各组分行为高度自由，表现出随机性，产生所谓的无组织复杂性。这类复杂性问题可用统计方法来有效处理（如统计物理学）。然而大多数生态学与环境科学中所要处理的系统是中数系统，它们表现出有组织复杂性（Allen 和 Starr，1982；O'Neill 等，1986；Flood，1987）。一方面，用简单数学分析方法不能对付此类系统中的大量成分；另一方面，传统统计方法又不宜用来研究中数系统组分间的非线性相互作用。等级理论认为，要处理此类复杂性，要么是把中数系统转化为小数系统，要么是发展出与简单数学分析和统计方法本质上不同的新方法（Wu，1999）。系统科学正是为了解决这种有组织复杂性而发展起来的（Weinberg，1975；Flood 和 Carson，1993）。系统方法强调过程与动态，在处理工程、社会、经济与生态系统中复杂的反馈与非线性相互作用时颇为有效，但在需考虑空间异质性的情况时又有局限性。

据系统结构本身是否随时间而变和变化方式的差异，还可以区分出静态复杂性（static complexity）、动态复杂性（dynamic complexity）和自组织复杂性（self-organizing complexity）。静态复杂性指一个系统的组成及其结构的多样性，不直接涉及系统的功能和动态。动态复杂性强调系统的功能及时间格局，但系统结构本身不因时间而变。自然界中的许多系统与其赖以存在的环境协同进化，而且组分间的非线性相互作用导致系统的突现特性（Nicolis 和 Prigogine，1989；Levin，1999）。这些突现特征又可以引起系统结构及功能的变化，产生所谓的自组织复杂性。这类复杂性是生物学家最感兴趣的，也是目前复杂性科学的主要研究对象。需要指出的是，尽管人们通常似乎把复杂性看作是复杂系统的属性，但是简单的物理系统在发生相变或处于临界态时表现出突现和自组织特征，其行为足可谓复杂。因此，复杂性概念应注重于与系统行为复杂性有关的特征（Nicolis 和 Prigogine，1989）。

2. 复杂性科学

诺贝尔经济学奖得主，等级理论的集大成者之一，Herbert A. Simon（1996）把 20 世纪有关复杂性的研究分为三个阶段。第一阶段是第一次世界大战后，以“整体论”（holism）、“完形论”（或格式塔，Gestalts）、“创世进化”（creative evolution）等概念和术语为代表，具有强烈反“还原论”（reductionism）的色彩。第二个阶段出现在第二次世界大战后，以“普通系统论”（general systems）、“信息论”（information）、“控制论”（cybernetics）和“反馈”（feedback）等理论和概念为特征，主要强调反馈及平衡过程在维持系统稳定性方面的作用。现在的复杂性研究的兴趣则聚焦于复杂性的产生、维持机理以及研究方法诸方面。近 30 年来，各种有关复杂性的观点和理论不断涌现，如“等级理论”、“耗散结构”（dissipative structures）、“自组织临界理论”（theory of self-organized criticality）、“混沌”（chaos）、“灾变”（catastrophe）、“分形”（fractals）、“细胞自动机”（cellular automata）和“遗传算法”（genetic algorithms）等。这些理论或概念强调了复杂性研究的不同侧面，也在一定程度上反映了当今复杂性科学的指导思想和研究手段。现在所说的复杂性科学可以认为是 Simon 所言的复杂性研究第三阶段的聚焦点。

近年来出现的许多有关复杂性的概念和理论实质上与 20 世纪 60 年代和 70 年代盛行的三大论（系统论、信息论和控制论）以及非线性非平衡态热力学有千丝万缕的联系。远离热力学平衡态的非线性开放系统可以表现出自组织行为，它们通过不断从外界吸收能量来维持其组织状态，形成耗散结构（Nicolis 和 Prigogine，1977，1989；Prigogine，1978）。例如，生态系统不断地与外界交换能量与物质，使它远离热力学平衡态，表现出结构和功能上的有序性。这也是生态系统等级结构产生的热力学理论基础（邬建国，1991；O’Neill 等，1986）。自组织性、临界性、相变和稳定性都是复杂学中的重要概念，近年来，在复杂性研究中有广泛影响。Bak 等（1987）甚至认为自组织临界性是自然界的普遍现象，是复杂系统最本质的东西。目前，复杂性研究在方法上也逐渐形成了明显的特色，如细胞自动机法（简称 CA 法）、遗传算法（简称 GA 法）、人工生命系统（artificial life systems）、博弈论（game theory）、分形几何（fractal geometry）等。对于生态学来说，目前的一系列著作和论文似乎代表着又一次复杂性理论和实践研究热潮的开始（Hartvigsen 等，1998；Levin，1999）。

三、复杂适应系统

美国圣特菲研究所（Santa Fe Institute，SFI）是目前复杂性科学研究的“圣地”。该研究所是在美国 Los Alamos 国家实验室的数位资深物理学家和诺贝尔奖获得者 Murray Gell-Mann 的倡导下于 1984 年建立的。SFI 旨在将传统科学方法与现代计算机技术结合起来，进行多学科的复杂系统研究。SFI 科学家认为，从物理学到化学、生物学、社会学、经济学等领域的复杂现象和行为来自自组织、突现和适应诸过程，故它们是“复杂适应系统”（complex adaptive systems，CAS；见 Waldrop，1992；Cowan 等，1994）。Gell-Mann（1994）认为复杂适应系统应具有以下特征：① 系统是开放的，即与其环境有能量和物质交换；② 系统能识别其动态过程中的一些规律性；③ 系统将无规律的信息作为随机信息处理（大多数信息确实如此）；④ 系统具有记忆、学习和产生对策的能力。Levin（1999）认为复杂适应系统是一个由多种异质成分组成的聚合体，其结构和功能来源于两个过程的相对均衡：一是多种力量使系统不断产生组成成分的多样性，二是系统在局部相互作用主导下对这一多样性进行筛选。复杂适应系统的主要特征是自组织过程（即小尺度上的局部相互作用导致大尺度上有序性的产生），而这种自组织过程往往由于不同的历史事件而产生多种不同的结果（Kauffman，1993；Levin，1999）。

Levin（1999）指出，复杂适应系统具有四大要素：异质性、非线性、等级结构和流，它们是系统产生自组织行为的根本原因。也就是说，系统通常是通过异质成分间非线性作用而自组织成等级结构，而这一结构又支配组成成分间的能量、物质和信息流，同时也受其影响。因此，复杂适应系统最本质的特性是自组织性；通过自组织，系统的整体属性由局部成分间的非线性相互作用产生，而系统又能通过反馈作用或增加新的限制条件来影响成分间相互作用关系的进一步发展。因此，自组织过程包括“旧约束”的破除和“新秩序”的建立。在复杂适应系统中，“破除”引发“重建”，有序出自无序。这种自组织性不是系统“自上而下”的“预定目标”，而是由于组成成分之间相互作用产生的“自下而上”的集体效应所不可避免的结果。

Brown（1994）认为生态系统是复杂适应系统的典型范例，因为生态系统具有如下的五个特征：① 具有大量的组分；② 是开放系统，通过不断地与环境进行能量、物质和信息交换而保持远离热力学平衡态；③ 具有适应性，即生态系统通过其生物组分能够对环境变化做出行为或遗传上的响应；④ 由于生物系统演化和其他原因，生态系统发展的历史不可逆转；⑤ 具有大量复杂的非线性关系。Brown 指出，“复杂适应系统的一个共性就是，‘革新’违背守恒定律的必然结果，从而冲破对系统的束缚，使系统复杂性逐渐演化。进化革新打破了原先存在的各种约束，使有机体能够获取更多的物质与能量，从而使系统离热力学平衡态更远，多样性和复杂性更高。”上述特性确实使生态系统成为无可非议的复杂适应系统。Levin（1999）进而指出，生态系统和生物圈本身是复杂适应系统的典型代表，在这样的系统中，大尺度上的格局是由小尺度上的局部相互作用和选择过程所产生的。理解环境条件和自组织因素在确定系统整体特征中的相对重要性是十分重要的。他认为，人类极度经营的生态系统（如农田和林地），就不是完全的复杂适应系统，因为其简化的结构并不是内在产生的，而是人为设计的。所以，这些系统缺乏适应性，对干扰的抵抗力比较弱（如病虫害爆发就很易使这样的系统崩溃）。Levin（1999）论述了有关生态系统作为复杂适应系统的 6 个基本问题：

（1）自然界存在什么样的格局?

（2）这些格局是否仅由局部时空因素决定，其发展历史也起重要作用吗?

（3）生态系统是如何自组织的?

（4）进化过程对生态系统的自组织结构有何影响?

（5）生态系统结构和功能间有何关系?

（6）进化是否增加生态系统的恢复力（稳定性）?

用传统系统途径来分析生态系统时，生物多样性和空间异质性往往被整合进同质的“库”和“流”中，因此忽略了组分的应变性和适应性对系统宏观特征的影响过程。与此不同，复杂适应系统理论明确强调多样性、异质性及适应性对系统宏观行为的影响，为研究非线性动态系统的结构、功能和动态提供了一个新途径。1998 年，《生态系统》（*Ecosystems*）出版了关于 CAS 及其生态学应用的专刊（Hartvigsen 等，1998），就 CAS 理论及其在生态学中的应用做了讨论。例如，Bonabeau（1998）讨论了社会性昆虫群体自组织格局的形成及其维持机理，认为蚂蚁通过个体间的交流和自组织产生社群行为，体现了 CAS 的一个重要特征，即突现特性。Jansen（1998）讨论了如何用 CAS 去管理相互作用和协同进化的社会与生态系统，并用遗传算法模拟了两种管理情况下系统的适应行为。显然，生态系统与复杂适应系统在概念上吻合。然而，就目前来说，这一理论在生态学中的应用主要还局限在概念水平上。复杂适应系统理论能否增进我们对生态学中复杂现象的理解还有待于深入探究。Levin（1999）认为把生态系统作为复杂适应系统来理解和研究不只是创造了一个新名词，它会给生态学家带来新的启迪。

四、自组织临界性

自组织临界理论（self-organized criticality，SOC）是一个有趣且影响较大的理论。该理论认为，由大量相互作用成分组成的系统会自然地向自组织临界态发展；当系统达到自组织临界态时，即使小的干扰事件也可引起系统发生一系列灾变。Bak 等人（1988; Bak，1996）用著名的“沙堆模型”（sandpile model）来形象地说明自组织临界态的形成和特点（图 1.2）。设想在一块平台上缓缓地添加沙粒，一个沙堆逐渐形成。开始时，由于沙堆平矮，新添加的沙粒落下后不会滑得很远。但是，随着沙堆高度的增加，其坡度也不断增加，而沙崩的规模也相应增大，但这些沙崩仍然是局部性的。到一定时候，沙堆的坡度达到一个临界值（即对于一个有限大的平台来说，添加沙粒和沙粒散落平台的平均速率相等）。这时，新添加一粒沙子（代表来自外界的微小干扰）可能引起不同大小的沙崩，小到一粒或数粒沙子，大到涉及整个沙堆表面的所有沙粒。这时的沙堆系统处于“自组织临界态”。有趣的是，临界态时沙崩的大小与其出现的频率呈幂函数关系，即：

$$N(s) \propto s^{-\tau}$$

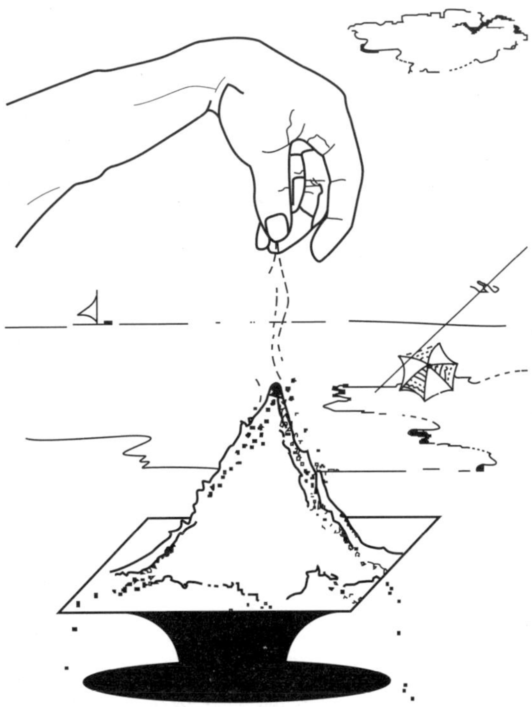

图 1.2　自组织临界理论的沙堆模式（根据 Bak，1996 改绘）。

式中，N是大小为s的沙崩的数量，τ是一个常数。

所谓“自组织”是指该状态的形成主要是由系统内部组分间的相互作用产生，而不是由任何外界因素控制或主导所致。所谓“临界态”是指系统处于一种特殊敏感状态，微小的局部变化可以不断放大、扩延至整个系统。也就是说，系统在临界态时，其所有组分的行为都相互关联。临界态概念与“相变”（phase transition）密切联系；相变是由量变到质变的过程，而临界态正是系统转变时刻的特征。因为在临界态时，系统内事件大小与其频率之间是幂函数关系，这时系统不存在特征尺度（characteristic scales）；也就是说，事件发生在所有尺度上，或与尺度无关（给定$f(x)=x^a$，$f(kx)/f(x)=k^a$；即$f(x)$的相对变化与x无关）。Bak（1996，又见Bak和Chen，1991）还把自组织临界态与分形结构联系在一起，并毫不含糊地指出分形结构是自组织临界态在空间上的“指纹”。因此，根据Bak所见，幂函数关系和分形结构分别可用来作为识别自组织临界态是否存在的充要条件（后面我们将讨论这是欠妥的）。Bak（1996）认为，自组织临界理论可以解释诸如地震、交通阻塞、金融市场、生物进化和物种灭绝过程以及生态系统动态诸现象，并认为SOC是目前描述动态系统整体性规律的“惟一的模型或数学表达”。与混沌行为不同，自组织临界态是一个吸引域（attractor），即使改变初始条件，系统最终都会达到这一临界态。Bak反复指出，“复杂系统必然在所有时空尺度上具有信息，简言之，复杂性就是临界性”；“自组织临界性是自然界趋向最大复杂性的驱动力”（Bak，1996）。

就生态系统来说，直接支持自组织临界性理论的证据尚乏。Solé等（1995）发现热带雨林林冠空间结构表现出多重分形（multifractal）特征，从而推论这是该生态系统自组织临界状态在空间上的反映。Keitt和Marquet（1996）分析了夏威夷群岛鸟类引入和灭绝的历史资料，发现鸟种灭绝事件的大小和出现频率符合幂函数关系（只有7个数据点！）。由此，他们认为这些岛屿上鸟种灭绝可视作是生态系统自组织临界态的属性；具体地说，是由内部因素（如种间竞争）引起，而不是人类干扰（如土地利用变化）所致。Jörgensen等（1998）发现菲律宾Lanao湖中净初级生产力（NPP）变化的强度与频率间呈幂函数关系，因此认为这个湖泊系统处于自组织临界态。Nikora等（1999）在研究新西兰一些景观的格局特征时发现，缀块大小的频率分布服从幂函数关系，而且不同景观特征（如植被和水文特征）的缀块性表现出相似的分形特征。因此，他们猜测作用于不同尺度上的不同机理产生了不同的景观格局，但其分形特征相似，而自组织临界性理论是解释这一景观缀块性的合理理论构架。上述研究非常有趣，但由于缺乏对过程和机制的考虑，有不少推测的成分，似乎还难以作为证明这些生态系统确实处于自组织临界态的直接证据。

那么，自组织临界态真像 Per Bak 所描述的那样，遍及自然界，是复杂性之源，多样性之动力吗？自然界或生态系统真是像沙堆那样形成和运转吗？这些问题的完整答案有待于进一步研究，但近年来的不少研究已表明 Bak 所代表的 SOC 理论似乎有言过其实之嫌。Jensen（1998）认为，究竟什么是 SOC 尚缺乏一个被普遍接受的明确定义；虽然 SOC 理论将自组织、临界性和复杂性这三个极为有趣的概念联系在一起，但还缺乏一个像平衡态统计力学模型那样的数学构架。Bak 等认为，复杂动态系统的行为与热力学系统在相变温度时的情形相同；不论这些系统的绝对空间尺度多大（大到宇宙，小到沙堆或分子系统），它们都将自组织到这种临界态。然而，从沙堆例子可以悟出，若要保证系统达到 SOC 状态，外部驱动过程必须比系统内部组分间的相互作用过程要缓慢得多（Jensen，1998）。但是，自然界中的驱动力是多尺度的，即轻、重、缓、急皆有（见 Werner，1999）。因此，并非所有多组分、非线性耗散系统都处于或趋于自组织临界状态。Jensen（1998）认为，SOC 只可能出现在那些具有许多相互密切作用的组分、存在局部阈限特征、并为外部因素缓缓驱动的系统（一个典型的例子就是地震），即所谓的 SDIDT 系统（slowly driven, interaction-dominated threshold systems）。尽管近年来不少作者声称他们对实际数据的分析支持 SOC 普遍存在的论点，但这些研究的前提假设都是：幂函数关系（SOC）或分形结构。然而，幂函数关系或分形结构的存在并不能完全保证所研究的系统是处于自组织临界状态（Raup，1997; Jensen，1998）。即使在一些影响颇广的 SOC 文献中（如 Bak，1996; Solé 等，1997），尚存在种种资料引用、分析和解释方面的错误（详见 Raup，1997; Kirchner 和 Weil，1998）。将 SOC 理论应用到生态学研究时，上述几个方面的问题必须要明确地认识到。

无论如何，许多复杂的生态学现象是不可能由自组织临界理论来解释的。难以想象所有具有自组织特征的物理和生物系统都像堆沙堆一样向自组织临界态演化！Bak 得出如此极端的论断的原因之一，就是他完全忽略了格局和过程的多尺度特征及其对系统动态的重要影响。与等级理论或其他整体论观点不同，自组织临界理论认为复杂系统中“自上而下”的约束作用对系统动态的控制根本不重要，这显然与许多生态学现象不相吻合。

五、讨论与结论

复杂适应系统是目前复杂性科学研究中的主要对象。复杂适应系统可由一种状态转变为另外一种性质明显不同的状态，这类似于物理学中的相变现象。如前所述，自组织临界理论也与相变概念密切相关，但 SOC 的重点在于事件发生的频率与大小之间的幂函数关系上。临界现象在自然界中非常普遍，近年来引起了生态学家们的广泛注意（邬建国，2000）。与耗散结构理论一样，复杂适应系统理论强调“有序来自无序”，这一特点意味着这些复杂系统能够在其发展和成熟过程中，通过内部因素的相互作用而表现出临界现象。这与渗透理论和空间相变理论在概念上是相同的。例如，当景观联结度增加到某一临界值时，景观格局及其相应的功能特征就会发生显著的骤然变化（邬建国，2000）。

目前，自组织临界性、等级组织与稳定性间的关系尚不明确。Levin（1999）认为，自组织临界性不可能是自然界中的一种普遍属性。例如，强烈的外部干扰可使种间竞争关系局部化，从而使物种之间的关联度下降，而相似的效应也可由非常强烈的内部作用引起，如强烈的竞争关系会使物种在空间分布上相对隔离（Levin，1999）。当种间关联度下降后，干扰的影响就会被削弱，系统出现大规模波动或突变的可能性就得以减小或避免。因此，Levin 认为，人们在自然界所观察到的系统是各种各样的：有一些接近自组织临界态，一些具有等级组织或模块化（modularized）结构（见 Wu，1999），而大部分系统则介于两种情况之间。

我们赞同 Levin 的观点，但认为大部分生态学系统在不同程度上具有等级结构。这里，我们在 Levin（1999）的基础上进一步提出自组织临界态 – 等级结构连续带假说（SOC-hierarchy continuum hypothesis）。如图 1.3 所示。这一假说认为，SOC 系统与等级系统分别代表系统结构连续带的两极，随着系统的等级结构化程度增强，系统自组织临界性逐渐减弱。大多数生态系统即不完全是 SOC 型，也不完全是等级型，而是兼具两者的某些特征。然而，我们认为等级结构特征在生态系统中更为普遍（图 1.3）。这是因为，一般来说，等级结构可以容纳更大的空间异质性和多样性，而且可以增加非线性系统的稳定性（阻力、恢复力、持续力和恒定度）（详见邬建国，1996；Wu，1999）。对

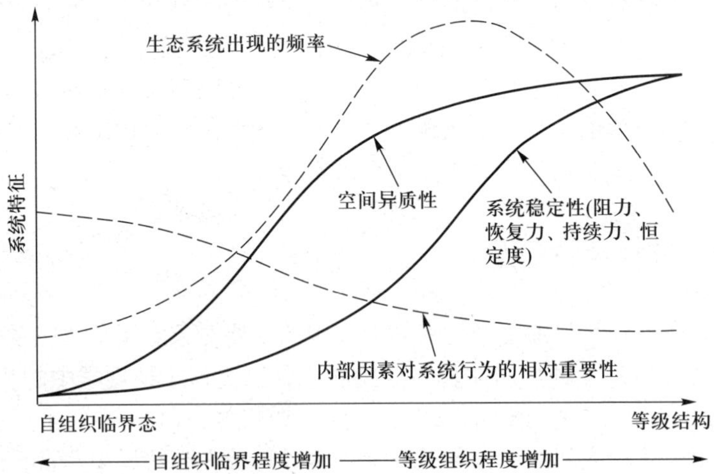

图 1.3　自组织临界态 – 等级结构连续带假说（SOC-Hierarchy Continuum Hypothesis）。

于 SOC 系统而言，环境因素对系统动态的影响是微弱的、缓慢的、非主导的，但在等级系统中其作用可以是多样的、非常重要的。虽然上述观点只是猜测，但我们希望这一等级观点能为更深入地研究系统的行为和探索生态学复杂性提供一些启示。

参考文献

邬建国．1991．耗散结构、等级理论和生态系统．应用生态学报，2：181~186

邬建国．1996．生态学范式变迁综述．生态学报，16（5）：449~460

邬建国．2000．景观生态学：格局、过程、尺度和等级．北京：高等教育出版社

张知杉，王祖望，李典谟．1998．生态复杂性研究综述与展望．生态学报，18：433~441

Allen, T. F. H., and T. B. Starr. 1982. Hierarchy: Perspectives for Ecological Complexity. University of Chicago Press, Chicago

Bak, P., C. Tang, and K. Wiesenfeld. 1987. Self-organized criticality: An explanation of 1/*f* noise. Physical Review Letters 59: 381~384

Bak, P., C. Tang, and K. Wiesenfeld. 1988. Self-organized criticality. Physical Review A 38: 364~374

Bak, P., and K. Chen. 1991. Self-organized criticality. Scientific American 264: 46~53

Bak, P. 1996. How Nature Works: The Science of Self-Organized Criticality. Copernicus (an imprint of Springer-Verlag New York, Inc.), New York

Bonabeau, E. 1998. Social insect colonies as complex adaptive systems. Ecosystems 1: 437~443

Cowan, G. A., D. Pines, and D. Meltzer, editors. 1994. Complexity: Metaphors, Models, and Reality. Perseus Books, Reading, Massachusetts

Flood, R. L. 1987. Complexity: A definition by construction of a conceptual framework. Systems Research 4: 177~185

Flood, R. L., and E. R. Carson. 1993. Dealing with Complexity: An Introduction to the Theory and Application of Systems Science, 2nd edition. Plenum Press, New York

Gell-Mann, M. 1994. The Quark and the Jaguar: Adventures in the Simple and the Complex. W. H. Freeman and Company, New York

Hartvigsen, G., A. Kinzig, and G. Peterson. 1998. Use and analysis of complex, adaptive systems in ecosystem science: Overview of special section. Ecosystems 1: 427~430

Janssen, M. 1998. Use of complex adaptive systems for modeling global change. Ecosystems 1: 457~463

Jensen, H. J. 1998. Self-Organized Criticality. Emergent Complex Behavior in Physical and Biological Systems. Cambridge University Press, New York

Jörgensen, S. E., H. Mejer, and S. N. Nielsne. 1998. Ecosystem as self-organizing critical systems. Ecological Modelling 111: 261~268

Kauffman, S. A. 1993. The Origins of Order. Oxford University Press, Oxford

Keitt, T. H., and P. A. Marquet. 1996. The introduced Hawaiian avifauna reconsidered: Evidence for self-organized criticality? Journal of Theoretical Biology 182: 161~167

Kirchner, J. W., and A. Weil. 1998. No fractals in fossil extinction statistics. Nature 395: 337~338

Levin, S. A. 1999. Fragile Dominion: Complexity and the Commons. Perseus Books, Reading

Nicolis, G., and I. Prigogine. 1977. Self-Organization in Non-equilibrium Systems. Wiley, New York

Nicolis, G., and I. Prigogine. 1989. Exploring Complexity: An Introduction. W. H. Freeman and Company, New York

Nikora, V. I., C. P. Pearson, and U. Shankar. 1999. Scaling properties in landscape patterns: New Zealand experience. Landscape Ecology 14: 17~33

O'Neill, R. V., D. L. DeAngelis, J. B. Waide, and T. F. H. Allen. 1986. A Hierarchical Concept of Ecosystems. Princeton University Press, Princeton

Prigogine, I. 1978. Time, structure and fluctuations. Science 201: 777~785

Raup, D. M. 1997. A breakthrough book? Complexity 2: 30~32

Simon, H. A. 1962. The architecture of complexity. Proceedings of the American Philosophical Society 106: 467~482

Simon, H. A. 1996. The Sciences of the Artificial, 3rd edition. The MIT Press, Cambridge

Solé, R. V., S. C. Manrubia, M. Benton, and P. Bak. 1997. Self-similarity of extinction statistics in the fossil record. Nature 388: 764~767

Solé, R. V., and S. C. Manrubia. 1995. Are rainforests self-organized in a critical state. Journal of Theoretical Biology 173: 31~40

Waldrop, M. M. 1992. Complexity: The Emerging Science at the Edge of Order and Chaos. Simon & Schuster, New York

Weaver, W. 1948. Science and complexity. American Scientist 36: 536~544

Weinberg, G. M. 1975. An Introduction to General Systems Thinking. Wiley, New York

Werner, B. T. 1999. Complexity in natural landform patterns. Science 284: 102~104

Wu, J., and O. L. Loucks. 1995. From balance-of-nature to hierarchical patch dynamics: A paradigm shift in ecology. Quarterly Review of Biology 70: 439~466

Wu, J. 1999. Hierarchy and scaling: Extrapolating information along a scaling ladder. Canadian Journal of Remote Sensing 25: 367~380

物种分布和丰度的关系

2

第 二 章

何芳良

（加拿大自然资源部太平洋林业中心）

摘要 物种的分布区域、体型大小和丰度是物种基本的生物和生态学参数。近年来，生态学家对这些参数在大空间尺度上的统计特性及它们之间的相互关系的解释产生了极大的兴趣。有关这方面的生态学研究被称为宏观生态学（macroecology）。在诸多的关系中，物种分布与丰度之间关系的研究可能是宏观生态学最为关心的一个领域。许多研究结果表明，分布与丰度间存在着正的相关关系，即丰度高的物种分布范围较大，反之亦然。本章从三个方面（分布与丰度的度量、机理解释和数学模型）对分布－丰度关系近年来的研究进展做了一个简介，最后讨论并提出了几个相关问题供读者思考。

Abstract He, F. (Pacific Forestry Centre, Canadian Forest Service, Natural Resources Canada 506 West Burnside Road, Victoria, BC, Canada V8Z 1M5). Species Abundance–Distribution Relationships. Distribution range, body size and abundance of a species are fundamental biological and ecological parameters. Recently, ecologists have shown a great interest in documenting and interpreting the statistical characteristics of these parameters and their interrelationships at large spatial scales. These researches of interest constitute the central subject of a research program, called macroecology. Among a number of relationships interested in macroecology, species distribution-abundance is probably the one most well documented and studied. The majority of reported studies demonstrate positive correlations between species distribution and abundance, suggesting that species being abundant be also widely distributed, and *vice versa*. In this chapter, I first introduce the concept of macroecology, then I give an up-to-date review on species–abundance relationships. Finally, I discuss some problems and make suggestions for further investigations on them.

我们对自然界的感知和认识很大程度上取决于我们观察自然现象的时空尺度（scale）。在不同的尺度上，我们会观察到很不一致或不同的现象和过程。在生态学中我们称这种现象为尺度效应（scale effect）。虽然尺度效应一方面给我们研究生态学带来了困难，但另一方面也为我们认识生态系统提供了一种方法。因为根据尺度的不同大小，生态系统可以较方便地被划分成不同的等级层次（Wu 和 Loucks，1995），这样，我们就可以在不同的层次上去认识生态系统。例如，在传统上我们将生态学分为个体生态、种群生态、群落生态、系统生态和景观生态，在很大程度上就是等级层次观点的反映。事实上，根据等级层次的观点，生态现象发生的尺度不应止于景观水平，有许多现象只有在更大的时空尺度上去观察和研究才显得更有意义。例如，物种入侵（species invasion）（Usher，1986；Hengeveld，1989）、物种灭绝（species extinction）（May 等，1995）、物种稀有程度（species rarity）（Rabinowitz，1981；Gaston，1994）等过程和现象都只有在大尺度上才能被正确地认识；甚至局部生态群落的生物多样性在很大程度上都取决于该群落所在的大生物区系（Schluter 和 Ricklefs，1993）。由于这些原因，近年来生态学家越来越认识到大尺度生态过程和现象的重要性（Edwards 等，1994）。他们最初是去观察和鉴定哪些现象与大尺度有关，继而去定义和规范研究内涵，逐渐形成了 一个叫“宏观生态学”（macroecology）的研究课题（Brown 和 Maurer，1989；Brown，1995；Gaston 和 Blackburn，1999）。Macroecology 或译作“大生态学”，以避免与国内通常所指的“宏观生态”相雷同。本文将用“宏观生态”的译法，以示比“景观生态”的尺度更为广大。

宏观生态的主要研究内容是在其他有关学科（例如生物地理学、古生物学、系统分类）的基础上去研究、综合和解释在大空间（地理）尺度上物种聚集群（species assemblages）的生态和统计特性，其研究手段大多借助于数量分析而非实验操作（Brown，1995）。就目前的情况而言，数量分析的水平和程度也是非常有限和简单。尽管从最初的定义来看，宏观生态的研究尺度可大可小，并非仅限于大尺度（Brown 和 Maurer，1989），但其主要目的还是在于解释大尺度现象。所以只要有助于这个目的，数据的类型和尺度并不是一个关键的问题。在本文稍后，我们将用实例表明，在一些情况下，小尺度数据具有类似于大尺度数据的特征，因此，可以同样地用于验证宏观生态的一些现象和假设。

具体地说，宏观生态是研究以下生态变量（参数）在大时空尺度上的变化规律和相互关系：物种多度（species richness）、丰度（abundance）、分布区域（range size）、体形大小（body size）、生活史（life history）和繁殖特征（reproductive traits）。然而从发表的文献看，该领域的兴趣主要集中于以下三大关系：分布与丰度的关系（distribution–abundance，或 range size–abundance）、体形大小与丰度的关系（body size–abundance）及分布与体形大小的关系（distribution–body size 或 range size–body size）。这三种关系可以是仅对一个种而言，相应地，这些关系就被称为种内关系（intraspecific relationships），但更常见的，这三种关系是指属于同一分类群（taxon）的若干个物种间所表现的关系，称为种间关系（interspecific relationships），种间关系是本文作者的兴趣。体形大小与丰度的关系和分布与体形大小的关系主要是动物种群而言，而丰度与分布的关系则适用于动物和植物分类群，它是目前研究较多和较成熟的一个方面。由于这个原因和作者的兴趣，本章将只介绍分布与丰度的关系。

分布与丰度的关系，有时也称作占据与丰度的关系（occupancy–abundance）。对于该关系的研究大约始于 20 世纪 80 年代 Brown（1984）和 Bock（1984）的工作，至今也不过 10 多年时间，其间虽然对这个关系的认识取得了许多进展，例如，大多数研究表明分布区和丰度普遍存在着正相关关系，即稀有物种倾向于具有小的分布区，而丰富的物种分布区较大，但这个关系并非一成不变，也有不少研究表明物种分布与丰度之间并不存在任何关系或有负相关（Gaston 和 Lawton，1990），即稀有物种分布区反而较丰富的物种大。除了对这一关系没有统一的结论外，对于如何去定量化这个关系也知之甚少，更不用说从机理上去认识和解释这个关系。造成这些困扰的原因有多方面，例如，与所研究的生物分类群（动物还是植物或是鸟类还是昆虫）有关，与所用的度量方法和度量单位有关（例如测量分布区和丰度的方法因研究者而异），同时还与研究的空间尺度有关（有的作者研究的尺度限于沙丘上或树上的昆虫，有的则研究景观尺度上的关系，还有的研究地理尺度上的关系）。作者不试图去统一分布与丰度的关系，而是准备从三个方面（分布与丰度的度量、机理解释和数学模型）去简单介绍这一关系，以期使读者对近年来在这一领域的研究有一个简明的了解。

一、分布区和丰度的概念和度量

物种分布区的大小，可用许多方法来度量（Gaston，1994）。这些方法大致分为两类：第一类为物种出现的范围（extent of occurrence），它等同于物种分布的地理区域（geographical range），一般由该物种的地理边界所圈定（图 2.1a）；第二类是在物种出现的区域内该物种所实际占有的面积（area of occupancy）或占据生境的数目（number of habitats or sites occupied）（图 2.1b）。例如，黑熊（Black bear）在整个北美分布的经纬跨度是第一类度量方法，而在加拿大不列颠哥伦比亚省（British Columbia）的分布面积就是第二类方法，所以，第二类方法适用于中小研究面积。Gaston 和 Blackburn（1996）称第一种方法为全局（comprehensive）方法，而第二种方法为局部（partial）方法。尽管根据局部方法所得到的分布面积并不是物种的实际地理分布区，但它与地理分布区有着某种正的相关关系。同时，许多研究结果表明分布区与丰度的定性（正）关系一般并不随着研究区尺度的变化而变化（Bock，1987；Collins 和 Glenn，1990；Brown，1995；He 和 Gaston，2000a）。这说明分布与丰度的关系可用小研究区域（例如数公顷研究样地）的数据来推断。这给研究带来了许多方便，因为通常物种的实际分布区并不容易准确地获取。确实，目前分布与丰度关系大都是用在较小尺度上获取的数据来研究的（Gaston，1996）。

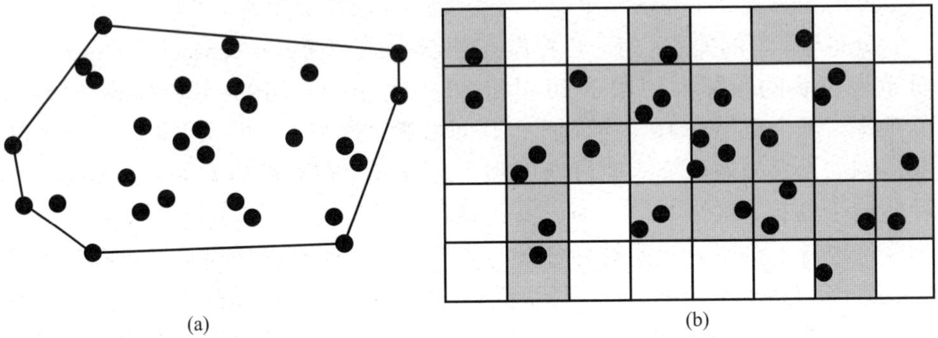

图 2.1 分布区的度量方法（a）表示物种分布的出现范围（extent of occurrence 或 range）；（b）表示物种的分布面积（area of occupancy），图中共有 28 个个体分布在 40 个格中，其中有 19 个空格。

不同于分布区，丰度的概念和度量要直观得多。它是一个物种在一定研究范围内的数量（例如个体数量或生物量）。通常丰度与密度相通用。密度是取样单位的平均丰度（= 总体个数 / 样方数）或者是单位面（体）积上的丰度（= 总个体数 / 总面积）。在生态学中，前一种密度定义用得较多，例如，假设图 2.1b 中每个点代表一个个体，该物种的密度 =28/40=0.7（28 个体分布在 40 样方上）。在图 2.1b 的 40 样方中有 19 是空样方（不含有任何个体），在计算密度时，有时我们将空样方排除在外，这样的话，图 2.1b 中，密度 =28/21=1.33，分布区与丰度有时也用这个密度来表达。除非特别指出，我们将用第一种密度来表达分布 – 丰度的关系，并用 μ 来表示这个密度。

尽管分布与丰度的关系可以是正、负或根本没有关系（Spitzer 和 Leps，1988；Arita 等，1990；Gaston 和 Lawton，1990），但正相关关系是一种最为普遍的关系（Gaston，1994）。图 2.2 展示英国白德福特郡 61 种雀形目（passerine）鸟类分布面积与丰度的关系及马来西亚 50 公顷[①] 热带雨林中 824

① 1 公顷 $=10^4$ 平方米。

种木本植物分布面积与丰度的关系（He 和 Gaston，2000a）。这两组数据展示了类似的正相关关系，即分布区面积随着丰度的增加而扩大，但当丰度达到一定水平后，分布区的上升则趋于平稳，即分布区存在一个上限，这个上限就是研究区域的总面积。因为给定了研究区域之后，无论物种丰度多大，其分布区也不可能超出给定的区域。

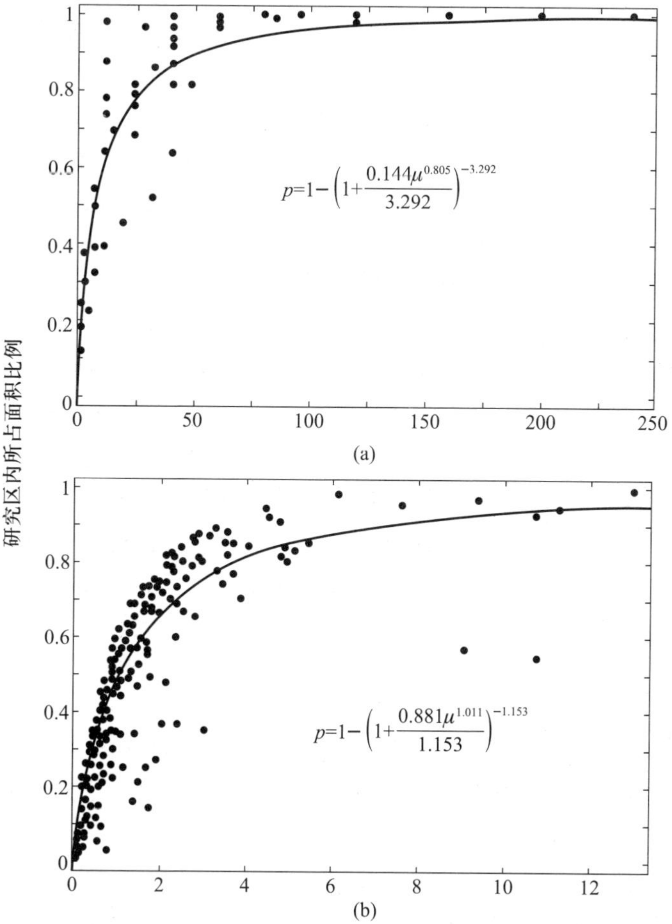

图 2.2　分布 – 丰度关系，在这里分布（p）是种在研究区域内所占领的面积比例（即分布面积与研究区面积的比），丰度用密度（μ）来表示。（a）英国白德福特郡（总面积 =1 512 km^2）61 种雀形目（passerine）鸟类的分布 – 丰度关系，密度是 2 km × 2 km 面积上某种鸟的数量（K. J. Gaston 提供数据）；（b）马来西亚热带雨林（总面积 =50 公顷）824 种木本植物的分布 – 丰度关系，密度 μ 是 25 m × 25 m 面积上某种植物植株的数量（J. V. LaFrankie 提供数据）。

既然许多数据已表明分布区与丰度之间的正相关关系是一个不争的事实（Gaston，1994；Brown，1995），那么，现在研究的兴趣已不再是去探讨分布区与丰度的正负关系问题，而是去解释为什么分布与丰度之间有正相关关系。

二、分布与丰度关系的机制解释

从广义来说，任何能影响物种分布和丰度的因素都能影响分布与丰度的关系。在这里我不准备去讨论为什么有的物种分布区大，而有的分布区小，或为什么有的物种丰富而有的稀有，这些问题在普通生态学和生物地理学中有专门的论述。在这里，我们的兴趣是去解释为什么局部丰富的物种分布区要比稀有的物种大，也就是解释为什么分布与丰度之间会存在正相关关系。

Gaston（1994）列举了 6 种可能的解释，但归纳起来，其中 3 种解释采用得较为广泛，即抽样假象（sampling artefact）、资源利用（resource usage）和复合种群动态（metapopulation dynamics）。

1. 抽样假象

两个丰度不同的种，即使它们实际上有相同的分布区，但在抽样调查时，丰度较大的种被抽取到的概率总比丰度较小的种要大。换句话说，对于丰度较大的种来说，被观察到的样地数目总要比丰度较小的种的多。这并不是由于丰度较小的种所分布样地的数目真的比丰度大的种少，而是由于抽样观察的人为偏差所致（例如，稀有种不易被观察到，并不是真的不存在）。由抽样调查所引起的这种正的分布－丰度关系被称为抽样假象。Wright（1991）试图用由 Poisson 分布推导出来的分布－丰度模型去检验实际观察到的分布区－丰度关系。该模型为（Wright，1991）：

$$p=1-e^{-\mu} \qquad (2.1a)$$

或写成（He 和 Gaston，2000b）：

$$A_a=A\left(1-e^{-\mu}\right) \qquad (2.1b)$$

其中，p 为物种在某一地点的出现概率（probability of occurrence）或该种所占据样地数目与总样地数目的比例，μ 为该种密度，A_a 为该种所占有的面积，A 为研究区总面积。

虽然抽样假象这个术语经常出现在群落生态学的文献中，但其概念并不明确，也很少看到有人给予明确定义。我认为将 Poisson 模型等同于抽样假象有些牵强。确切地说，Poisson 模型是由物种在空间上随机分布而导出的，本身与抽样没有什么关系。大概是由于该模型描述的是纯粹的随机性（randomness），不涉及任何生态学机理，所以，人们将其用于描述抽样假象。我们知道，在自然界中，很少种群真正处于随机分布，更多的种是处于聚集分布，因此在实际中，Poisson 模型并没有多少应用价值。在聚集分布的情况下，人们普遍用负二项分布（negative binomial distribution）模型来描述分布区－丰度的关系（Wright，1991）：

$$p=1-\left(1+\frac{\mu}{k}\right)^{-k} \tag{2.2a}$$

或写成（He 和 Gaston，2000b）：

$$A_a=A\left[1-\left(1+\frac{\mu}{k}\right)^{-k}\right] \tag{2.2b}$$

其中，k 是一个正参数，用于描述种的聚集程度。当 $k\to 0$ 时，说明物种个体极度聚集在一起；当 $k\to\infty$ 时，（2.2）变成了 Poisson 模型（2.1），即物种个体处于随机分布。可以看出，模型（2.1）与（2.2）实际上并没有严格的区分界限，尽管它们分别描述两类不同的统计过程。

2. 资源利用

也称为生态专有性（ecological specification）。这个假设首先是由 Brown（1984）提出来的。他认为物种之间若在多维生态位上存在差异并且环境条件在空间上异质，那么正的分布－丰度关系就会产生。换句话说，由广适种（generalists）和专性种（specialists）组成的聚集群将导致正的分布－丰度关系，因为广适种具有较大的环境耐性（tolerance），它们既能广泛分布，又能在分布区内茂盛成长，而专性种环境耐性小，只能分布在局部地点且丰度较低。总而言之，Brown 认为种间生态位的差别会产生正的分布－丰度关系。

另外一个类似的假说也是基于资源利用的观点，但不同于 Brown 的生态位差异假说，这个假说并不要求种间生态位一定要有差异，而是假定有些种群赖以生存的资源既局部丰富又广泛分布，而其他种群所依赖的资源既贫乏又狭窄分布。在这种情况下，正的分布－丰度关系并不是由于种群间生态位差异所致，而是由于它们所依赖的资源的分布区与丰富程度的差异所致。有关资源利用假说的实际证据和例子可参见 Brown（1984）和 Gaston（1994）第六章。

3. 复合种群动态

复合种群动态（metapopulation，见邬建国，1996，2000）是指在较大区域内由若干相对独立的较小种群组成的总种群。那些较小的种群当然是属于同一个种，它们在空间上分离，但相互间仍存在着基因交流。例如个体之间的迁移（migration）和扩散（dispersal）。有若干个数学模型用于描述复合种群动态（Hanski，1982，1991a），这些模型大都以 Levins（1969）的模型为基础。分布－丰度的正关系可从复合种群的模型中找到某种解释。流行的有两种假说，第一种称为（环境）承载力假设（carrying capacity hypothesis；Nee 等，1991），另一种是援救效应假设（rescue effect hypothesis；Hanski，1991a）。

Nee 等（1991）在重新诠释 Hanski（1982）的核心与卫星种假设（core and satellite species hypothesis）时提出，不同的种群具有不同的局部（环境）承载力（local carrying capacity）。那些能维持高的局部丰度的种群具有低的灭绝速率和（或）高的定居速率（colonization rate），而稀有种群却相反（高灭绝率，低定居率）。因此，局部丰度高的物种将会占有较多的生境缀块（patches），导致正的分布 - 丰度关系。Hanski（1991b）争论说，如果我们假设一个种的局部（环境）承载力是该种生态专有性的反映，那么承载力假说实际上等同于 Brown（1984）的生态位差异说。可是这两者间应该是有区别的（Gaston，1994），因为大种群动态模型通常假定在景观上所有的缀块都是匀质等同的，任何物种都有能力去占领任意缀块。Brown 的假说设定缀块有差异，不是所有种都能去占领任意缀块的。

援救效应假说并不需设定种群间的容纳量要有差异，而是认为种群的迁入（immigration）将会降低局部缀块种群灭绝的可能性，因此，如果某一种群占据许多缀块，其平均迁移速率就会比只占据少数缀块的种群大，前者的灭绝可能性较低而后者高，由此导致正的分布 - 丰度关系。

直接用观察数据证明大种群动态的假说比较困难，但 Hanski 等（1993）提供了若干实例。

三、分布与丰度的数学模型

宏观生态的核心内容之一是去归纳物种分布与丰度的统计关系（Brown 和 Maurer，1989; Brown，1995），这无疑说明了数量方法在研究宏观生态问题的重要性。目前有若干模型用于描述分布与丰度的关系，除了上面提到的 Poisson 模型（2.1）和负二项模型（2.2）外，还有下面的几种模型。

指数（Power）模型（Leitner 和 Rosenzweig，1997）：

$$p=\alpha\mu^{\beta} \qquad (2.3)$$

Nachman 模型（Nachman，1981）：

$$p=1-\exp(-\alpha\mu^{\beta}) \qquad (2.4)$$

Logistic 模型（Hanski 和 Gyllenberg，1997）：

$$p=\frac{\alpha\mu^{\beta}}{1+\alpha\mu^{\beta}} \qquad (2.5)$$

其中 p 和 μ 的定义见模型（2.1），α 和 β 是两个正参数。

表面上看这些模型互不相关，其实它们具有某种内在联系。He 和 Gaston（2000b）指出它们都可从负二项模型中推出。下面是一个更一般的模型：

$$p=1-\left(1+\frac{\alpha\mu^{\beta}}{k}\right)^{-k} \qquad (2.6)$$

其中 α，β 和 k 为参数。不难发现，其他 5 种模型都可由（2.6）推出：

当 $\alpha=\beta=1$ 时，（2.6）就是负二项分布（2.2）；当 $k=-1$ 时，（2.6）就是指数模型（2.3）；当 $k=1$ 时，（2.6）就是 Logistic 模型（2.5）；当 $k\to+\infty$ 时，很容易推导（2.6）就是 Nachman 模型（2.4）；当 $k\to+\infty$ 且 $\alpha=\beta=1$ 时，（2.6）

就是 Poisson 模型（2.1）。

在一研究区域内，每一个种的分布面积（A_a）和种群密度（μ）可用第二节提到的方法测得。p 值是分布面积（Aa）与研究区总面积（A）的比例。例如，在图 2.2a 中的白德福特郡共有 61 种鸟，该郡总面积 A=1 512 km^2，$p=A_a/A$。所以，实际数据就是：

p	p_1	p_2	…	p_{61}
μ	μ_1	μ_2	…	μ_{61}

这 61 对数据的关系展示在图 2.2a 中。类似地，图 2.2b 是马来西亚热带雨林 824 种树种的分布 - 密度关系。

图 2.2 的两套数据均可用上面提到的模型拟合。有若干方法可用于这些模型中的参数的估计，但是由于 p 通常不遵从正态分布，建议用最大拟然法（maximum likehood method）估计这些参数为佳。有关这个方法将在另文介绍。图 2.2 的曲线是模型（2.6）用最大拟然法估算参数后的结果。

四、讨论

本文从分布与丰度的度量、机理解释和数学模型三个方面对分布 - 丰度关系做了一个简介。下面，我想进一步提出几个我认为有趣但尚无明确答案的问题，供读者参考。

1. 分布区度量

上面提到分布区度量有两大类方法：分布区域（distribution range）和占据面积（area of occupancy），但具体量度方法则有 10 多种（Gaston，1994）。这些方法的应用也因人而异，使得比较不同的研究成为难题。更主要是在这许多的度量方法中，并非所有方法都是同等有效的。所以，目前需要回答的问题是哪些方法能较真实地测度物种的分布区。这个问题本身并不复杂，困难在于我们缺乏合适的数据去比较这些方法。理想的数据是，我们不但要知道某个分类群中各物种的丰度而且要知道每个个体的生境位置，显然这样的数据不太容易获得。

2. 机理解释

虽然许多机理（包括第二部分中介绍的 3 种）可以用于解释分布 - 丰度关系，但所有这些解释都不具有排他性（exclusive）。由于实验操作的不可行性，就不太可能推断是何种机理造成所观察到的分布 - 丰度关系。由于这个原因，目前的许多机理解释并不令人信服，也不是很有用处。但从生态学的角度看，机理解释却又是很重要的一环。如何在非实验的条件下区分各种机理对分布 - 丰度关系的影响是一个很困难却是值得思索的问题。也许从模型

（modeling）或模拟（simulation）角度来回答这个问题是一种可能的途径，但这要附加一个前提，即我们需要明确每个模型的产生机理。但在目前，这个前提还很难满足。在上文的6个模型中，除了Poisson模型（2.1）和负二项模型（2.2）外，其他模型都谈不上有什么机理基础。

3. 分布是一个随机过程

物种的分布事实上不仅仅与丰度有关，而是受许多过程所影响。例如，物种的扩散和退却、环境条件的变化、人类活动等。结果，分布区的大小总是随这些因素的变化而不断地变化。由此，物种分布或许可以更贴切地被认为是一个随机过程。从这个角度去解释和模拟物种分布可能更有效。最简单的情况可以假设分布区的扩张和收缩是一个随机游动过程（random walk），不同的模型可以由其他更复杂的假设推出，然后这些模型可以用实际的分布数据来验证。

4. 应用前景

分布－丰度关系之所以重要，不仅是由于分布区和丰度都是物种的基本参数，更是由于它们在保护生物学中有着重要意义（Lawton，1993）。显而易见，最需要保护的是那些分布区狭小且稀有的物种。正的分布－丰度关系说明了稀有物种具有双重脆弱性，即不但在数量上稀少而且在空间上特有（endemic）。换句话说，稀有物种倾向于生长在某些特定的狭小生境中，这将给物种保护带来极大的困难，但从另一方面也说明了自然保护区或许是保护稀有物种的有效手段。除了这些原则上的指导意义外，还鲜见具体应用分布－丰度关系来指导生物多样性保护和管理的实例，例如，如何用其来指导设计自然保护区。其他有关方面的应用，读者可进一步参考Gaston（1994）和Brown（1995）.

致谢

本章经郭勤峰博士和同川教授认真审阅，他们提出了许多宝贵建议，特此致谢！

参 考 文 献

邬建国．1996．生态学范式变迁综论．生态学报，16（5）：449~460

邬建国．2000．Metapopulation（复合种群）究竟是什么？植物生态学报，19（1）：42~52

Arita H. T., J. G. Robinson, and K. H. Redford. 1990. Rarity in Neotropical forest mammals and its ecological correlates. Conservation Biology 4: 181~192

Bock C. E. 1984. Geographical correlates of abundance vs. rarity in some North American winter landbirds. The Auk 101: 266~273

Bock C. E. 1987. Distribution-abundance relationships of some Arizona landbirds: A matter of scale? Ecology 68: 124~129

Brown J. H. 1984. On the relationship between abundance and distribution of species. American Naturalist 124: 255~279

Brown J. H. 1995. Macroecology. Chicago: University of Chicago Press

Brown J. H., and B. A. Maurer. 1989. Macroecology: The division of food and space among species on continents. Science 243: 1145~1150

Collins S. L., and S. M. Glenn. 1990. A hierarchical analysis of species' abundance patterns in grassland vegetation. American Naturalist 135: 633~648

Edwards P. J., R. M. May, and N. R. Webb (eds.) 1994. Large-scale ecology and conservation biology. London: Blackwell Science

Gaston K. J. 1994. Rarity. London: Chapman and Hall

Gaston K. J. 1996. The multiple forms of the interspecific abundance-distribution relationship. Oikos 76: 211~220

Gaston K. J., and T. M. Blackburn. 1996. Range size-body size relationships: Evidence of scale dependence. Oikos 75: 479~485

Gaston K. J., and T. M. Blackburn. 1999. A ctitique for macroecology. Oikos 84: 353~368

Gaston K. J., and J. H. Lawton. 1990. Effects of scale and habitat on the relationship between regional distribution and local abundance. Oikos 58: 329~335

Hanski I. 1982. Dynamics of regional distribution: The core and satellite species hypothesis. Oikos 38: 210~221

Hanski I. 1991a. Single-species metapopulation dynamics: Concepts, models and observations. Biological Journal of the Linnean Society 42: 17~38

Hanski I. 1991b. Reply to Nee. Gregory and May. Oikos 62: 88~89

Hanski I., and M. Gyllenberg. 1997. Uniting two general patterns in the distribution of species. Science 275: 397~400

Hanski I., J. Kouki, and A. Halkka. 1993. Three explanations of the positive relationship between distribution and abundance of species. In: (Ricklefs R. and D. Schluter, editors). Species diversity in ecological communities: Historical and geographical determinants of community diversity. University of Chicago Press, Chicago. 108~116

He F., and K. J. Gaston. 2000a. Occupancy-abundance relationships and sampling scales. Ecography 23: 503~511

He F., and K. J. Gaston. 2000b. Estimating species abundance from occurrence. American Naturalist. 156: 553~559

Hengeveld R. 1989. Dynamics of biological invasions. London: Chapman and Hall.

Lawton J. H. 1993. Range, population abundance and conservation. Trends in Ecology and Evolution 8: 409~413

Leitner W. A., and M. L. Rosenzweig. 1997. Nested species-area curves and stochastic sampling: A new theory. Oikos 79: 503~512

Levins R. 1969. Some demographic and genetic consequences of environmental heterogeneity for biological control. Bulletin of the Entomological Society of America 15: 237~240

May R. M., J. H. Lawton, and N. E. Stork. 1995. Assessing extinction rates. Extinction rates. (Lawton J. H. and R. M. May, editors). Oxford University Press, London. 1~24

Nachman G. 1981. A mathematical model of the functional relationship between density and spatial distribution of a population. Journal of Animal Ecology 50: 453~460

Nee S., R. D. Gregory, and R. M. May. 1991. Core and satellite species: Theory and artefacts. Oikos 62: 83~87

Rabinowitz, D. 1981. Seven forms of rarity. The biological aspects of rare plant conservation. (Synge H., editor). Wiley, New York. 205~217

Spitzer K., and J. Leps. 1988. Determinants of temporal variation in moth abundance. Oikos 53: 31~36

Schluter D., and R. E. Ricklefs. 1993. Species diversity: An introduction to the problem. Species diversity in ecological communities: Historical and geographical determinants of community diversity. (Ricklefs R. and D. Schluter. editors). University of Chicago Press, Chicago. 1~10

Usher M. B. 1986. Invasibility and wildlife conservation: Invasive species on nature reserves. Philosophical Transactions of the Royal Society of London, B 314: 695~710

Wright D. H. 1991. Correlations between incidence and abundance are expected by chance. Journal of Biogeography 18: 463~466

Wu J., and O. L. Loucks. 1995. From balance-of-nature to hierarchical patch dynamics: A paradigm shift in ecology. Quarterly Review of Biology 70: 439~466

物种在生态系统功能过程中的作用

3

第 三 章

黄建辉 韩兴国 马克平

（中国科学院植物研究所，北京，100093）

摘要 在过去的 20 年里，生物多样性越来越成为生物学上最为活跃的研究领域，主要原因是人类已逐渐意识到生物多样性的不断丧失正在或在不远的将来必然威胁到人类的生存。生物多样性的丢失所造成的影响很大程度上是通过生态系统功能或功益的减弱而产生的。因此，物种多样性对生态系统功能的影响又重新成为生态学家和保护生物学家的热点研究内容之一。本文主要通过综述有关内容的最新研究进展，阐述物种在生态系统中的作用。

Abstract Huang, J., X. Han, and K. Ma (Institute of Botany, the Chinese Academy of Sciences, Beijing 100093). Roles of Species in Ecosystem Functions. Biodiversity is increasingly becoming more and more an active research area in biology in the last two decades because human has gradually realized that increasing loss of biodiversity is now threatening or will threat the human life *via* impeding ecosystem functions and services. Thus, linking biodiversity with ecosystem function is now a hottest topic for ecologists and conservation biologists. In this article, we will address roles of species in ecosystem functions based on research achievements, reports and reviews in the last few years.

一、前言

生态系统功能（现在更多地用生态系统过程来表示），从某种含义上来说又被定义为生态系统功益（Ehrlich 和 Wilson，1991），是指一个生态系统执行基本的生态系统过程的能力。这些基本的过程包括水分的流动和贮存、生物的生产力、生物地球化学循环和贮存、分解过程以及生物多样性的维持等（Woodward，1993；Stork，1996；Christensen 和 Franklin，1997；Costanza 等，

1997）。除了这些总的生态系统过程外，还有内在的许多种群和群落水平上的过程，这些过程保证生态系统可以进一步履行其功能，因而也被称为“内生特征（intrinsic properties）”（Woodward，1993）。这样，生态系统功能同样具有等级化的特征，其中一些过程或功能被认为是生态系统功能作用的核心。如生态系统的养分循环可能取决于植物群落对外界干扰的响应、草食动物的放牧、氮固定的共生作用、植物与传粉者之间的相互作用等。此外，生态系统的弹性和对干扰的响应也是生态系统功能作用的重要内容。

生态系统的功能可以分成基本功能和衍生功能，基本功能包括能量的传输、养分的运输、水分的转移以及 CO_2 的转换；在基本功能基础上的衍生功能（或过程）则包括土壤形成和变化、养分吸收和释放、有机质的分解、水分吸收和蒸发、光合作用、牧食、传粉、繁殖传播和贮存、捕食（包括寄生和病原生物）、其他物种的相互作用以及对干扰的响应等（Hobbs，1993）。生态系统功能的多样性可以被定义为一个生态系统过程的集合，这些过程能维持物质和能量在生态系统中的正常流动或循环（Silver 等，1996）。

生物多样性影响生态系统功能吗？答案是显然的。物种包含了基因，而生态系统又由物种组成。离开了物种，生态系统也就不复存在。但物种和生态系统的相互关系远远超过了这种结构上的因果联系。当这种关系置于生态系统功能过程的高度时，则变得极其复杂。一个一直有争论但尚无定论的话题是物种的多少即多样性或生态系统的复杂性是否会导致生态系统的稳定性；另一个话题则是物种在生态系统功能过程中的作用是否有大小之分。这两个问题在某种程度上是有关联的。

二、生物的多样性能否导致生态系统的稳定性

20 世纪 50—70 年代期间，有关生物多样性与生态系统功能之间的关系则更是认为高的多样性是与更大的生态系统稳定性有关的（McNaughton，1988）。由于物种在系统学以及生态系统在生态学中的重要地位，物种多样性与生态系统功能之间的连接又被认为是生物学的两大分支学科之间的连接，因而具有重要的历史和理论意义（Behan-Pelletier 和 Newton，1999）。正因为如此，在物种如何影响生态系统功能过程的观点上曾经有过长期的、十分激烈的争论，这就是有关物种多样性或生态系统的复杂性是否能导致生态系统的稳定性。

有关的论述可以追溯到 19 世纪，当时的达尔文就意识到了生物多样性对生态系统功能的影响。达尔文认为群落的生物多样性源于共出现种的生境多样性，而这种多样性也将由于资源的有效利用导致更大的群落生产力（见 McNaughton，1993）。但真正有关这方面的激烈争论则始于 20 世纪 50 年代。

1. 20 世纪 50 年代的假说

1955 年，MacArthur 首次提出了由一个群落所形成的生态系统中的物种多样性与稳定性之间的相互关系（MacArthur，1955）。他在研究群落学时发现一些群落的物种多度保持恒定，而在另一些群落中则表现出有很大的变化。他把前者称为稳定的群落，而把后者称为不稳定的群落。群落的稳定性基本上取决于两个因素，首先是物种的多少，其次是物种间相互作用的大小。对于一个物种较少的群落，物种间的相互作用对于该群落的稳定性可以起到一定的弥补作用，但这种作用是有限的。这种现象可以用极地生长的群落为例说明。而对于一个物种较多的群落，即使物种间的相互作用极其专一（即物种间的相互作用相对较小）时，群落也能保持稳定。这种情形可以热带群落为例。因此，MacArthur 认为，一个群落内所含物种的多少对它的稳定性所起的作用是基本的，而物种间的相互作用或联结则对一个群落的稳定性起到一个补充的作用。

几乎在同时，英国著名动物生态学家 Elton（1958）根据他对物种侵入的研究，也提出了与 MacArthur 相类似的假说。Elton 认为对于一个相对较简单的植物或动物群落，易于受毁灭性的种群波动的影响，因而抵御外来种侵入的能力较弱。为证明此假说，他提出了 6 条证据：第一，描述种群动态的简单的数学模型本身是不稳定的；第二，在实验条件下，物种组成简单的群落要比组成复杂的群落易于灭绝，同时，为使捕食者和猎物能够共存，需要一定的生境复杂性；第三，小的岛屿比大陆地区更容易受到外来种的侵入；第四，在物种组成简单的农田生态系统中（特别是由单一作物构成的群落）外来种的侵入和某一种群爆炸式繁殖更加常见；第五，与温带和亚极地的群落相比，高度多样的热带群落的稳定性受种群密度波动的影响更小；第六，为控制害虫而大量使用的农药大大地简化了群落，由于某些捕食者种群的失去，导致了处于抑制状态种群的过量繁殖，这种情形在农田和果园等人工群落里经常出现。Elton 的这一思想早在他出版的《动物生态学》一书中就有所体现（Elton，1927）。

在 MacArthur 和 Elton 之间，尽管提法有很大的不同，但可以说是异曲同工。MacArthur 的稳定性是指一个群落内种类组成和种群大小保持不变；而 Elton 的稳定性是指一个群落难于受外来种群的侵入，其结果也是种类组成和种群大小维持恒定。

2. 20 世纪 70 年代的争论

MacArthur 和 Elton 的多样性–稳定性假说自从提出后，到 20 世纪 70 年代中期，一直被奉为生态学上最有影响的信条（McNaughton，1988），甚至被称为“核心准则”。Margalef（1968）还发现 MacArthur 的假说在生态系统的研究中有更加广泛的应用，并对该假说做了进一步的阐述。1969 年还在美国的 Brookhaven 专门举行了有关物种多样性同生态系统稳定性之间关系的研讨会。但由于生态系统是一个开放系统（Bertalanffy，1950），因而具备了系统的一般特征。Gardner 和 Ashby（1970）提出，对于一个百分之百联结的系统（系统中每一个种与其他种都有相互作用），每增加一个种，不稳定的可能性将增加 2^{n-1}。当然，对于一个生命系统，联结是不可能达到百分之百的。一个多物种的系统，其稳定性将取决于系统内物种间的联结作用。但联结作用对系统稳定性的影响也是有限度的。当一个系统的物种数等于 10 时，如果系统内物种联结超过 13% 时，系统立即从稳定变为不稳定。May（1972）进一步强调了 Gardner 等人的结论，并进一步论述了物种数（S）、种间联结（C）以及作用强度（β）对系统由稳定状态变为不稳定状态的过程中所起的作用（式 3.1）。

$$\beta(SC)^{1/2}<1 \qquad (3.1)$$

满足该不等式的系统被认为是稳定的系统。事实上，系统中物种作用强度 β 是很难得到的，因而通常假设 β 是一常量，即不随着物种数 S 改变。May 把他的观点扩展成了 *Stability and Complexity in Model Ecosystems*（May，1974）一书，不仅从理论上详细地描述了在多种群模型中，系统复杂性和稳定性之间的关系，还有一个最大的特点是，他将控制论中物理系统稳定性的分析方法应用到了生命系统，为生态学研究提供了一个新的手段。May 认为，作为数学上的一个常识，复杂性的增加，将不可避免地削弱系统的稳定性。而在一个没有普适系统的自然界，种群稳定性不见得肯定与营养水平的复杂性以及植物和动物的多样性有关。因此，Elton 的 6 条论据是经不起进一步推敲的。由于一个自然的生态系统，实际上是很长时间的共同进化的产物，因此总可以找到一些并非典型的例子来支持 MacArthur 和 Elton 这样的假说。关于这方面理论上的研究，在 20 世纪 70 年代至 80 年代初，可以说是风靡一时，可以随便举出很多例子（Hastings，1982；Cohen 和 Newman，1985；Roberts，1974；McNaughton，1978；Roberts 和 Tregonning，1980；）。不过，尽管 May 的数学逻辑和理论推导非常严密，他的理论的最大缺陷是没有考虑真实生态系统的调节机制。另外由于生态系统往往是远离平衡态的，因而与模拟的生态系统相差甚远。

除了这两种明显对立的观点以外，有关物种多样性和生态系统稳定性的关系上还存在一种介于这两者之间的观点，即适度稳定，认为太高的多样性或太低的多样性都可能不利于一个生态系统的稳定，而适度多样则可使系统最容易达到稳定（Odum，1975）。这种关系还可能与外界因子有关，例如对于一个具有不断的外界能量和养分输入的生态系统，低的多样性可能更有利于该生态系统的稳定；而一个生态系统受到了能量供给的限制，或者同时又依赖于养分的内部再循环，此时，高的多样性有利于其稳定。因此，Odum 认为多样性和稳定性之间的任何正向关联都只是次生的关系，而不是原生的。由于 Odum 的这一种观点的本身存在很大的不确定性，因而没有得到太多的响应。

3. 引起争论的部分原因

在物种多样性和生态系统稳定性两者关系问题上所产生的争论，后来被解释成是由于多样性或复杂性与稳定性等概念的不够精确和模糊所造成的。传统上根据系统的特征，稳定性有以下几种表述，即弹性、抗性、持久性和变异性。弹性是指一个稳定的系统在受到扰动后回到原来平衡状态的快慢；持久性是指一个系统受到扰动后，在产生变化之前所能维持的时间；抗性是指一个系统在受到扰动后，产生变化的大小或抵抗系统受到干扰的能力；而变异性则是指一个系统在被施予扰动后，种群密度随时间变化的大小。因此，假如一个系统是稳定的，那么该系统应该具有较大的弹性，或者较大的持久性，或者较大的抗性，或者较小的变异性。由于这些定义本身的抽象性而使得它们被应用时有各种各样的解释，造成了很大的混乱（黄建辉和韩兴国，1995）。

Pimm（1982，1984）指出，形成多样性－稳定性关系的两种相互对立的假说的原因在于多样性、复杂性和稳定性在生态学上有许多不同的定义。Grimm 和 Wissel（1997）曾经总结了 70 个不同的稳定性概念的 163 种定义。Elton 的种群密度的恒定性和 MacArthur 的生态过程的恒定性（均衡性）是稳定性的两个主要的方面。群落稳定性最原始的概念是指群落受到干扰后，种群密度回到平衡点的条件。生态系统中任一物种几乎都能抵御一定水平的生物或非生物因子的扰动，许多研究就认为在一些小的扰动下，种群密度能自动回到平衡点的情形称为稳定，但确切地来说，应称为持续性，这实际上是一种局部稳定，而不是全局稳定。事实上，当不同的作者谈及稳定时，往往会应用一些看来相似，但有区别的概念，因而常常引起混淆。稳定性目前被认为是整个生态学上最模糊的术语（Grimm 和 Wissel，1997）。根据系统理论，生态系统的稳定性可以被定义为生态系统受到扰动而离开原来状态后仍回到原点的能力，因而与生态系统的脆弱性概念相反（Nilsson 和 Grelsson，1995）。根据此定义，生态系统的稳定性总是与系统受到外界的干扰分不开的。但由于稳定性概念不仅具有丰富的内涵，还具有广泛的外延，使得其表现形式千变万化，完全因人而异（黄建辉和韩兴国，1995）。

4. 多样性－稳定性关系的最新研究进展

直至今天，有关多样性和生态系统稳定性相互关系的争论还没有停止，而且似乎不太可能在短时间内得到最后结论。尽管争论仍在继续，但却逐渐接近。普遍认为，多样性的增加或减少，对一个生态系统所造成的影响的大小取决于所增加或减少的物种在该生态系统功能过程中的作用或地位。一个生态系统增加或减少一个物种后能否保持稳定，可能取决于增加或减少物种的特性，是关键种，还是普通种、共生种或者是冗余种。这样，随着一个生态系统中物种数的减少，其稳定性有可能增加，也有可能降低，而且物种多样性对生态系统稳定性的作用可能随不同地区的生境，如热带、温带或者极地生境而改变（Schulze 和 Mooney，1993）。单个物种的功能，而不是所有物种的数目，对维持生态系统养分和物质循环的功能是十分重要的，但演替过程中替代物种密度制约型的补偿作用可以缓冲物种丢失所造成的不良影响。一个最新的研究还指出，对于一个生态系统的生产力或生物量等特征的稳定性必然随着物种多样性增加而增加，即使没有物种间的相互作用。原因是统计学上的平均使得物种多度的波动变小了（Doak 等，1998）。当然，Tilman（1998）对此提出了不同的看法，这里涉及一些统计学的内容，故不再赘述。

在生物多样性（物种多样性）与生态系统功能的关系问题上，一直困扰着我们的一个难点是，生物的多样性是否在自然生态系统的功能过程中起到显著的重要作用，以及一个生态系统中的生物多样性可以减少到何种程度仍不致影响生态系统的正常功能（Hobbs 等，1995）。同时，要了解生态系统在生物多样性保护中的作用，也牵涉到一个生态学家一直渴望解决的问题，那就是“物种与生态系统是如何连接的”，或者说物种是如何在生态系统中发挥其作用的。有关内容的研究已经被列为 Diversitas 的 5 个核心计划之首（Loreau 和 Olivieri，1999）。

有关生态系统功能与物种丰富度的关系，Lawton（1994）曾综合了 4 个假说：分别为冗余种假说、铆钉假说、不确定假说和无效假说。铆钉假说是由 Ehrlich P. R. 和 A. H. Ehrlich（1981）提出的。该假说认为物种多样性就像一个飞机上的铆钉，每一个铆钉在飞机上都起着虽然小但显著的作用，任何一个铆钉的丢失对飞机的功能都有一定程度的削弱。这就意味着该假说把所有物种都看成是同等重要的。但许多研究者认为这样做是很不明智的，因为对任何一个物种给予相同的注意力在生态学上是不可思议的（因为物种数目巨大），在技术上也是不可行的。于是，Walker（1992）提出了冗余种假说，认为生态系统中的许多种可能是多余的，与飞机上的铆钉相比，生态系统中的一个物种更像一个乘客，一个飞机的正常工作只需要一些诸如驾驶员等起关键作用的成员就可以了。不过到目前为止，支持任何一个假说的直接证据都很少。如果把两个假说作为物种与生态学功能关系的两个极端，那么或许实际的情形可能是界于两者之间。不确定假说表示生态系统功能随着生物多样性变化而变化，但变化的大小和方向却是不能预测的。而无效假说则是指生态系统中物种的去除或增加对生态系统的功能没有影响，或者说生态系统功能对物种数目不敏感。除了这 4 个假说外，还有：① 非线性假说，认为生物多样性与生态系统功能过程之间的关系呈不规则的曲线状；② 补偿 / 关键假说，认为一旦一个关键物种在生态系统功能过程中作用消失时，一些补偿物种很快取而代之；③ 驼峰形关系假说，则认为生态系统功能过程在低多样性时可能最大，也有可能最小，而当多样性达到最大时，生态系统功能过程特征则处于两个极值之间。这些假说虽然各有区别，但基本说明了这样一个事实，即两者（多样性和生态系统稳定性）之间关系的复杂性。

为了证明物种多样性与生态系统功能之间的关系，Naeem 等（1994）设计了一些人工系统，验证物种数目对净初级生产的影响，发现多物种系统比单优种系统具有更高的生产力（也见 Kareiva，1994）。Tilman 及其合作者同样进行了一系列的草地实验，证明多物种系统具有更大的稳定性（生产力水平的稳定性）（Tilman 和 Downing，1994；Tilman，1996；Tilman 等，1997a，1997b）。该结论很容易受到一些非生物因素的影响，从而掩盖真实的原因（Loreau，1998）。但有关专家则认为，在前者的实验中，生产力的提高是由于植物形态建成上的更大的复杂性，而不是单纯物种数目的增加导致了多物种系统的更多的物质生产。而后者的实验也证明了多物种系统的稳定性事实上是通过非耐旱种类生产降低后，而耐旱种类生产的增高这样一种补偿机制，而不是单纯的物种数量，才得以维持生产力的稳定性的。这与 Loreau（1998）的研究结果相似，该研究发现单纯植物种类的丰富度并不一定能增强系统的功能，而决定生态系统功能的则可能是物种在分布空间上的互补性。这样的观点是可能成立的，因为生态系统一直被看作是一类可适应、可调节或具有弹性或塑性的系统（Levin，1998；Bonabeau，1998），这里可能又回到了有关生态系统稳定性的问题。Hooper 和 Vitousek（1997）的研究也都得到了类似的有关物种多样性与生态系统功能之间关系的正面结论。假如在一个营养级水平上，一个物种在另一个物种消失后能及时地调整其生态位，系统的初级生产将可能不受影响（Mikola 和 Setala，1998）；反之，则降低初级生产。一旦初级生产受到影响，系统的次级生产也因此降低。根据冗余种假说，剩余物种对其生态位的调节是可能的。McGrady-Steed 等（1997）通过实验从生态系统可预测性的角度为上述结论提供了进一步的证据。类似研究还牵涉到更加复杂的内容，例如营养级水平的多样性、营养级之间的连续性、物种在营养级水平的生态等效性等（Naeem 和 Li，1998）。

5. 有关研究存在的问题

确切地来说，以上的假说或者实验都具有一定的主观性或片面性，主观性事实上是不言而喻的，缺乏事实依据，而片面性则来源于实验系统的人为修饰，或者是系统的过分简化，再或者是系统并没有考虑到所有其他生物，尤其是土壤动物和微生物（Beare 等，1995；Bengtsson 等，1997；Bloemers 等，1997；Bardgett 和 Shine，1999）、营养级的数目（Wootton，1998）、不同营养级物种间的相互作用（Sieman 等，1998）等，因而与实际的系统相差甚远，当然这些研究无疑是有意义的。国际上曾就土壤和沉积物中的生物多样性及与生态系统之间的关系的有关问题于 1997 年在荷兰召开了一个国际会议（Freckman 等，1997）。会议强调了研究物种多样性在生态系统功能过程中所起作用的重要性，并有了一些开拓性的工作（Snelgrove 等，1997；Palmer 等，1997；Brussaard 等，1997）。同年在美国，同样的内容成为美国科学进展协会（AAAS）的一个年会主题（Groffman，1997）。会议同样反映了一个事实，即我们对土壤或沉积物中的生物多样性了解甚少，更不要说对它们在生态系统功能中所起的作用有任何深入的了解。另外，在有关物种多样性和生态系统功能之间的关系问题上，通常把注意力放在物种对生态系统功能的影响上，但生态系统功能也可能对物种多样性产生影响，例如生产力高的立地被发现容纳更多的物种（Srivastava 和 Lawton，1998），类似的问题已经在生物多样性的形成机制中得到了讨论（黄建辉，1994）。生物和非生物之间的相互作用常增加了实验的设计和解释的困难（Huston，1997），一些实验常含有一些隐含的处理。此外，研究结果还可能受实验设计的影响（Allison，1999）。甚至有的研究结果认为高的物种丰富度本身并不是生态系统的一个特征，而是与某种特殊情形有关的种群过程的函数（Grime，1997）。

一个物种的优势度、多度，或者是生物量以及生产力可能会很自然地被作为在生态系统中的功能测度。虽然目前的研究还很难证明哪一个物种可能影响生态系统的功能，但用生物量或生产力来作为一种指标恐使人误入歧途（Grimm，1995）。也许科学会对这个问题能提供一个精确的理解，但遗憾的是人类对改变自然的速率高于对其理解的进程。因此，弄清生物多样性和生态系统功能的现存概念，提出可行的假设指导经验上的研究变得十分迫切。由于自然系统的复杂性，即使对于生态学家们来说，要了解一个物种在生态系统的功能过程中究竟起什么样的作用，以及不同物种在生态系统功能中贡献的可能重叠也倍感困难。

对有关物种在生态系统的功能中所起作用的认识上，目前存在着两种假设。假设 1：重要生态系统功能的维持依赖于生物的多样性（Ehrlich P. R. 和 A. H. Ehrlich，1992）。对于该假设主要通过一些物种的丢失对生态系统功能特征的影响来验证。假设 2：简单生态系统（低物种多样性）也同样可以完成复杂生态系统（高物种多样性）的基本功能（Solbrig，1992）。该假设与无效假设类似，认为一个生态系统中所有超过一定的必需数量以上的物种都是冗余种。但任何一种假设的检验都最终被证明并不容易，原因是类似的实验很难被重复。

生态系统是一个高度等级化的系统，随着等级层次的升高，生物多样性和生态系统功能之间的连接也变得愈加复杂。生物多样性在功能上的显著性可能要大于组成该多样性的单个物种的贡献之和，这就是所谓的“整体作用大于部分之和”的整合生物学的观点（Pace 和 Groffman，1998）。例如，任何单个个体的去除或增加在过程速率上的影响很小，但其累计效应并不是那样的简单。任何生物多样性层次上的丢失或增加的影响也是其他物种如何对这种多度变化响应的结果。于是，对生态系统功能过程中生物多样性作用的分析不能仅仅考虑该多样性的个别成分的作用，还必须考虑不同分类群之间的作用以及区域多样性不同组成是如何对群落中其他成员多度的变化产生影响的。另外，还应该考虑多样性在更大尺度上的作用，例如景观斑块和多样性可能在生态系统功能过程中是一个重要的组成成分，但目前还可能无暇顾及。

时至今日，连接生物多样性丢失和主要生态系统过程或群落功能的资料还很欠缺（Blondel 和 Aronson，1995）。由于这些资料的缺乏，许多有关生态系统中不同组分的重要性，以及生物多样性的大量快速丢失对生态系统的功能的可能后果等有关的结论仅建立在假设的基础上。为了阐明生物多样性与生态系统功能之间的相互关系，我们需要了解：① 能量、养分和水分是如何在系统中流动的，这是生态系统功能的精髓；② 确定种群内和种间有关有机体的种类、数量和作用强度。种间的这些相互作用保证了太阳辐射能和其他资源的吸收、利用和流通。冗余种存在可能是普遍的，而冗余意味着生态系统有一个内在的补充物种丢失的缓冲能力（Lawton 和 Brown，1993；韩兴国等，1995）。但是，我们可以很自然地想到，这种缓冲能力将是有限的，即物种丢失存在一个阈值。超过这个阈值，将导致系统质的改变，这在群落或生态系统发展过程中称为演替。对于一个生态系统的不同演替阶段，一个阶段的功能群或关键种并不一定是另一个阶段的功能群或关键种（Aronson 等，1993）。关键种在生态系统中所起到的作用与它们的多度无关，它们的丢失将导致整个系统的功能失衡（Paine，1966；Bond，1993）。

生物多样性和生态系统功能之间连接的研究所面临的另一个困难是尺度问题。生态系统是高度异质性的，群落在时间和空间上又是高度变化的（Lacroix 和 Abbadie，1998）。物种多样性的研究尺度与生态系统功能的尺度可能会不相吻合，而扰动可能对生态系统的结构和功能有更加长远的影响。这些都加深了了解有关物种多样性和生态系统功能之间关系的困难。生物多样性丢失的生态系统功能的影响被认为比全球变化的结果更难于捉摸（Schlapfer 等，1999），因此对所得的有关的解释及其应用要审慎。

三、物种在生态系统功能过程中的作用

任何一个生态系统都是由许多物种组成的，生态系统的功能过程离不开物种。但生态学家们普遍相信，不同物种在生态系统功能过程中的作用是有所区别的，即物种有主要和次要之分。例如，在群落生态学或植被生态学上，常将一个群落中的物种分成优势种和非优势种，或者建群种和伴生种。这些概念虽然与下文将要讨论的关键种、冗余种等的概念有所区别，但很容易使人们产生一个印象，当然事实上也可能如此，即不同的物种在一个生态系统的功能过程

中的作用大小有很大的不同。

1. 生态系统中的关键种

目前物种得到保护的原因主要根据其稀有性、特有性、大型或者重要的经济价值。这些物种得到保护无一不是从物种结构的特征考虑，而没有从物种在生态系统功能过程中的作用来考虑，但一些物种在生态系统中所起的生态学作用被认为是不可忽略的，而生态系统功能的维持对其他物种的保护又是至关重要的。这些具有重要生态学意义的物种被称为关键种（Bond，1993），它们的种群或者支撑或者足可以改变生态系统的主要格局（Khanina，1998）。“关键”的含义无非是表明什么的重要性（Hurlbert，1997），在此即为一个种在维持生态系统结构与功能中的重要性。关键种概念从字面上来看是比较清楚的，但仔细分析，就会发现其隐含着的一些不确定性。如关键种概念的模糊性，关键种和非关键种之间的二重性以及在实际研究中应用的困难等（韩兴国等，1995；Hurlbert，1997）。

自从 Robert Paine（1966，1969）最早提出有关关键捕食者的概念后，在保护生物学的研究中，关键的概念被扩展到了物种，即关键种。关键种的活性和多度基本决定了一个群落或生态系统的整体性和稳定性，而它们的人为去除或意外丢失将不仅导致其他物种的进一步丢失，还有可能导致整个群落或生态系统的崩溃（Mooney 等，1995）。关键种可能是稀有种，但也可能是常见种；可能具有普通的养分需求或食性，也有可能具有专一的养分需求或食性。曾经一度被赞同的“多样性导致稳定性”的假说由于关键种的存在而失效（Paine，1969）。

关键种可能有如下的特征，它决定了系统演替的镶嵌格局，其生命活动也决定了系统能量的流动和物质的周转以及它们存在的时空尺度上的主要变化。关键种的种群镶嵌具有最大的时空维度，其他物种因此而成为从属种（Smirnova，见 Khanina，1998）。关键种可以是植物、动物、微生物，甚至已经扩展到了非生物因子如关键资源（如盐渍地和矿物质库对野生动物的舔盐特性，Primack，1993）。Bond（1993）总结了主要关键种的形式，包括关键捕食者、关键草食动物、关键病原体、关键竞争者、关键共生者（植物、散布者和传粉者）、关键土壤搬运者、关键的系统过程驱动者以及关键的非生物过程等。

由于关键种的特殊性，使得有时对一些关键种的确定是极为困难的（黄建辉和韩兴国，2001）。另外，一些关键种将对其他哪些物种产生较大影响的预测也被证明是十分困难的。但可以有以下一些原则：① 长期生存物种相对竞争能力的识别；② 如果这些种不是群落的优势者，则确认影响及阻止其成为优势者的原因；③ 原因可能是如下之一，幼苗、幼树形态建成所需空间的可获得性，一些影响因子对物种表现的分异作用（Bond，1993）。坦率地说，上述的所谓原则是十分模糊的，并且缺乏可操作性。但可以有一个比较简单的判断，即任何因素（任何物种或非生物因子）的增加或去除改变了竞争优势者的多度，或导致局部的物种丢失的演替变化的，可以称为关键种。

如果将关键种与功能群结合起来考虑，一个关键种实际上是没有冗余的一个功能群（Chapin，1992）。而如果每个功能群只有一个物种组成时，那么意味着该系统每一个种都将是关键种，因为任何一个种都是不能缺少的。有观点认为，关键种应是生物多样性保护的优先考虑（Primack，1993）。虽然关键种不是濒临灭绝或受威胁程度较高的物种，关键种的划分不能作为生物多样性保护的依据，但很显然对它们的关注仍是保护生物多样性成功与否的关键。

2. 生态系统中的冗余种

物种在生态系统过程中的冗余概念被认为是最麻烦的一个概念，因为它与传统的以单一物种生态学为重点的思想冲突（Naeem，1998）。冗余意味着超过了需求。从根本上来说冗余是与生态系统的铆钉假说或者关键种的假说有冲突的，因为铆钉假说认为每一个物种的去除对生态系统的功能都有一定程度的影响，而关键种的假说则认为不同物种在对生态系统功能的贡献上有明显的差异，有些物种的存在对生态系统的功能过程是至关重要的。而生态系统的冗余概念则强调生态系统可以允许一定程度的物种丢失而不致影响其正常的功能过程。不过，在不同生态学过程之间确定究竟适合铆钉假说还是冗余种假说却是极其困难的（Lawton 和 Brown，1993）。

组成生态系统的功能群究竟至少需要多少物种才能完成其正常功能，对这个问题目前似乎还很难有一个确切的估计。但如果一个生态系统没有达到最大物种补充状态，那么其动态丰富度也将降低（Woodward，1993），这样就给物种侵入提供了可能性。一个生态系统可能会存在有一定程度的冗余，但冗余种并不一定意味着可以任意去除。事实上，在大多数生态系统中，生态系统的整个功能可能仍然可以维持，即使物种的数量有一定程度的减少。然而，物种多样性对生态系统在不断变化环境条件下的生存是极为重要的，冗余的一个重要作用是为系统“投了保”（Chapin，1992），从这个意义上来说，一个生态系统的物种可能并不存在任何冗余。

冗余种的存在已经在一些实验中得到了验证。Sullivan 和 Zedler（1999）通过采用聚类分析的手段，将一个地段的 8 个盐生植物分成 2 个功能群。通过比较这 2 个功能群中各个植物的生物量和氮的积累等功能特征，发现至少有 2 个种在系统功能上是冗余的。

但是，对待冗余种在生态系统功能过程中的作用问题似乎还存在着很大的不一致。在一个功能群中物种的冗余并不能成为可以丢失它的理由（de Leo 和 Levin，1997）。以前那种认为冗余种可以丢失而不影响生态系统功能过程的看法（Walker，1992），正逐渐被生态系统可靠性（ecosystem reliability）的观点代替。生态系统可靠性的观点认为一个生态系统功能过程的可靠性随着该系统中冗余种的增加而增加。而 Naeem（1998）则更进一步认为，我们应该接受物种的冗余，并领悟到冗余是生态系统至关重要的特征必须受到保护。从这个意义上来讲，冗余是一个容易引起误解的概念，尤其是对保护经营者和政治家，因此它被用于保护生物学实际上是很危险的（Gitay 等，1996）。被认为是冗余的物种通常与其他物种的连接是十分微弱的，不容易为人所觉察，但这些连接在维持生态系统的持久性和稳定性上却是十分重要的，因为它们可以弱化资源及其利用者之间的波动（McCann 等，1998）。同时，它们还有可能将生态系统结构和功能过程的时空变异放大而产生强烈的作用（Berlow，1999）。形象地说，它们可以被认为是一种胶水，将自然群落平稳地连接在一起。

3. 生态系统工程师

生态系统工程师是指那些生物，它们通过改变生物或非生物物质的物理状态直接或间接地调节资源对其他生物的可获得性（Jones 等，1994；Lawton，1994）。在这一过程中，它们可能或改变，或维持，也可能建立新的生境。根据此定义，构筑土丘的蚂蚁（Dangerfield 等，1998），甚至连肉眼看不见的病原体也可能被认为是生态系统的工程师（Thomas 等，1999）。生态系统工程师可以分成两类：一类是自生的，它们通过自生的结构改变环境，如它们的存活或死亡的组织；另一类则是异源的，它们通过采用机械或其他方式将生命或非生命物质从一种物理状态转变成另一种物理状态，从而改变整个环境（Lawton，1994）。

生态系统工程师最典型的例子是北美地区的河狸（*Castor canadensis*）。河狸属于异源工程师，它们将树叶和树枝等物质，从一种物理状态（存活或死亡枝条）转变成另一种物理状态（河狸所筑的坝），这个工程的结果是它们将原来连通的整个河流生态系统分割开来。蚯蚓也是一种典型的异源工程师。它们的钻洞、混合和搬运等活动改变了土壤中的矿物质和有机成分，为种子萌发提供更加安全的场所，同时，还可影响养分循环，改变水文，影响水分的排出等。

自生工程师比较普遍，但也因此而比较模糊。例如生长在森林中的某种树木和一个珊瑚礁的珊瑚。树木和珊瑚为其他无数生物提供了食物和生活的空间。然而，树木和珊瑚的发育改变环境和许多其他资源的分布和多度。这种改变形成了自生的工程。树木改变了水文、养分循环和土壤的稳定性，以及湿度、温度、风速和光照的格局，而珊瑚也改变潮汐的速度，淤泥化速率等。事实上，几乎没有哪一个生态系统没有一个或几个“工程师”的。很显然并不是所有生态系统中的物种都成为生态系统工程师。Lawton（1994）总结了 6 个影响生态系统中的物种成为工程师的因子，分别为：① 个体单位活性的生命时间；② 种群密度；③ 种群的空间分布；④ 种群出现某立地的时间长度；⑤ 原工程师对系统作用的耐久力；⑥ 受改变的资源流动的数量和种类，以及依赖其上的物种数。显然一些物种具有大的单位作用力，种群密度高，分布广而生活时间长，影响多种资源流动则是最明显的自生工程师。

生态系统工程师概念与其他诸如关键种、冗余种等概念不同的是，不仅注重物种间的相互作用，更重要的是还考虑物种与环境之间的作用（Brown，1995）。一个生态系统的工程师可能也是生态系统的关键种，如河狸、金花鼠、蚂蚁、美洲野牛，也可能是生态系统的一个功能群，如绿色植物，一些固氮微生物。但这两类生态系统工程师之间有一些区别，河狸坝、金花鼠和蚂蚁土丘和美洲野牛洼地的建设被称为物理工程，而营养作用则可以称为化学工程。虽然一个物种可能成为一个生态系统当前结构和动态中心的思想已经并不是什么新内容了，但生态系统工程师概念无疑是一个有效的方法（Dangerfield 等，1998）。

四、结论

物种在生态系统功能过程中的作用无疑是重要的，如果没有植物、动物以及微生物，生态系统也就不再存在，更谈不上生态系统的功能过程或者是为人类提供的服务了。因此，物种对生态系统的结构和功能都是必不可少的。那么，究竟需要多少物种才能完成生态系统的功能？到目前为止还没有一个确定的答案，而且对不同的生态系统的数目可能也有所不同，但关键是我们无法弄清目前自然界存在的生态系统共有多少物种。即使这样，我们还是可以进行一些理论上的探讨以及进行一些有关的实验。

第一，相似的物种在完成生态系统功能过程中所起的作用是不同的，定义其中的一些为关键种，并且断定关键种的丢失对一个生态系统功能过程的影响将是致命的。除了关键种以外，其他的有时被称为冗余种。之所以称为冗余是因为它们一旦被丢失对生态系统的正常功能过程的影响很小。那么对于一个生态系统来说，是否这些种就可以不要？对此没有最后定论，但大多数的观点认为一个生态系统的冗余种就像一个家庭的“存折”一样，虽然不是现在就需要，但迟早是有用的。另一个比喻则是“保险”，一个生态系统的冗余种的存在等于在保险公司投了保。两个比喻基本上表达了冗余种在生态系统中的作用。

第二，生态系统的物种数（物种多样性）是否会影响生态系统的稳定性，影响的方向是什么？有关这方面的争论已经持续了 40 多年了，但目前仍无定论，或可以说双方激战正酣。但越来越多的人则采用折中的观点，表示在物种丰富度和生态系统稳定性的关系上还存在着明显的不确定性（黄建辉和韩兴国，1994）。

第三，由于组成生态系统的巨大的物种数目，分别研究它们在生态系统中的功能就目前我们的能力是不可能的。因此，对生态系统的物种进行分组是十分明智的做法。功能群的划分与分类群无关，它主要根据物种在生态系统中所完成的功能进行分类，同时，功能群的划分也是十分主观的。

总结以上三点，我们认为，首先，物种的丢失可能改变或伤害生态系统的过程，降低其抗击任何极端事件以及受这些事件影响后恢复的能力，无论这些物种的作用大还是小，与生态系统中其他物种间相互作用的强还是弱；其次，一些生态系统确实依赖于一些物种（关键种，工程师）现象的存在说明了物种对生态系统功能贡献的大小有显著的不同。

致谢

本文得到了国家重点基础发展规划项目（G2000046802-04）的支持。中国科学院植物研究所白永飞博士提供了部分资料，董全博士在审阅过程中提出了宝贵意见，特此致谢！

参 考 文 献

韩兴国，黄建辉，娄治平．1995．关键种概念在生物多样性保护中的意义与存在问题．植物学通报，12（生态学专辑）：168~184

黄建辉，韩兴国．1995．生物多样性和生态系统稳定性．生物多样性，3：31~37

黄建辉．1994．物种多样性的空间格局及其形成机制初探．生物多样性，2：103~107

黄建辉，白永飞，韩兴国．2001．物种多样性与生态系统功能：影响机制及有关假说．生物多样性，9（1）：1~7

Allison, G. W. 1999. The implications of experimental design for biodiversity manipulations, American Naturalist 153 (1): 26~45

Aronson, J., C. Floret, E. Le Floc'h, C. Ovalle, and R. Pontanier. 1993. Restoration and rehabilitation of degraded ecosystems, I A view from the south. Restoration Ecology 1: 8~17

Bardgett, R. D., and A. Shine. 1999. Linkages between plant litter diversity, soil microbial biomass and ecosystem function in temperate grasslands. Soil Biology and Biochemistry 31: 317~321

Beare, M. H., D. C. Coleman, D. A. Crossley, Jr, P. F. Hendrix, and E. P. Odum. 1995. A hierarchical approach to evaluating the significance of soil biodiversity to biogeochemical cycling. The significance and regulation of soil biodiversity (Collins H. P., G. P. Robertson and M. J. Klug editors). Kluwer Academic Publishers, The Netherlands, 5~22

Behan-Pelletier, V., and G, Newton. 1999. Linking soil biodiversity and ecosystem function—The taxonomic dilemma. BioScience 49 (2): 149~153

Bengtsson, J., H. Hones, and H. Setala. 1997. The value of biodiversity. Trends in Ecology and Evolution 12 (9): 334~336

Berlow, E. L. 1999. Strong effects of weak interactions in ecological communities. Nature 398: 330~334

Bertalanffy. L. 1950. The theory of open systems in physics and biology. Science 111: 23~29

Bloemers, G. F. 1997. The effects of forest disturbance on diversity of tropical soil nematodes. Oecologia 111: 575~582

Blondel, J., and J. Aronson. 1995. Biodiversity and ecosystem function in the Mediterrean Basin: Human and non-human determinants. Mediterranean-type ecosystems the function of biodiversity (Davis, G. W. and D. M. Richardson editors). Ecological Studies Vol. 109, Springer, Berlin, 43~119

Bonabeau, E. 1998. Social insect colonies as complex adaptive systems. Ecosystems 1 (5): 437~443

Bond, W. J. 1993. Keystone species. Biodiversity and ecosystem function (Schulze, E. -D. and H. A. Mooney editors), Ecological Studies Vol. 99, Springer, Berlin, 237~253

Brown, J. H. 1995. Organisms as engineers: A useful framework for studying effects on ecosystems? Trends in Ecology and Evolution 10 (2): 51~52

Brussaard, L. 1997. Biodiversity and ecosystem functioning in soil. Ambio 26 (8): 563~570

Chapin, Ⅲ F. S. 1992. Biodiversity and ecosystem processes. Trends in Ecology and Evolution 7 (4): 107~108

Christensen, N. L., Jr, and J. F. Franklin. 1997. Ecosystem function and ecosystem management. Ecosystem function and human activities: Reconciling economics and ecology (Simpson, R. D. and N. L. Christensen, Jr. editors), Chapman & Hall, New York, 1~23

Cohen, J. E., and C. M. Newman. 1985. When will a large complex system be stable. Journal of Theoretical Biology 113: 153~156

Costanza, R., R. d'Agre, R. de Groots, S. Farber, M. Grasso, B. Hannon, K. Limburg, S. Naeem, R. V. O'Neill, J. Paruelo, R. G. Raskin, P. Sutton, and M. van den Belt. 1997. The value of the world's ecosystem services and natural capital. Nature 387: 253~260

Dangerfield, J. M., T. S. McCarthy, and W. N. Ellery. 1998. The mound-building termite *Macrotermes michaelseni* as an ecosystem engineer. Journal of Tropical Ecology 14: 507~520

de Leo, G. A., and S. Levin. 1997. The multifaceted aspects of ecosystem integrity, Conservation Ecology (online), 1 (1): r3

Doak, D. F., D. Bigger, E. K. Harding, M. A. Marvier, R. E. O'Malley, and D. Thomson. 1998. The statistical inevitability of stability-diversity relationships in community ecology. American Naturalist 151 (3): 264~276

Ehrlich, P. R., and A. H. Ehrlich. 1981. Extinction: The causes and consequences of the disappearance of species. Randon House, New. York

Ehrlich, P. R., and A. H. Ehrlich. 1992. The value of biodiversity. Ambio 21: 219~226

Ehrlich, P. R., and E. O. Wilson. 1991. Biodiversity studies: Science and policy. Science 253: 758~762

Elton, C. S. 1927. Animal Ecology, The MacMilan Company, New York

Elton, C. S. 1958. The ecology of invasions by animals and plants. Chapman and Hall, London, 143~153

Freckman, D. W., T. H. Blackburn, L. Brussaard, P. Hutchings, M. A. Palmer, and P. V. R. Snelgrove. 1997. Lingking biodiversity and ecosystem functioning of soils and sediments. Ambio 26 (8): 556~562

Gardner. M. R., and W. R. Ashby. 1970. Connectance of large dynamic (cybernetic) systems: Critical values for stability. Nature 228: 784

Gitay, H., J. B. Wilson, and W. G. Lee. 1996. Species redundancy: A redundant concept? Journal of Ecology 84: 121~124

Grime, J. P. 1997. Biodiversity and ecosystem function: The debate deepens. Science 277: 1260~1261

Grimm, N. B. 1995. Why links species and ecosystems? A perspective from ecosystem ecology. Linking Species and Ecosystems (Jones C. G. and J. H. Lawton editors), Chapman & Hall, New York, 5~15

Grimm, V., and C. Wissel. 1997. Babel, or the ecological stability discussion: An inventory and analysis of terminology and a guide for avoiding confusion. Oecologia 109: 323~334

Groffman, P. M. 1997. Global biodiversity: Is it in the mud and the dirt? Trends in Ecology and Evolution 12 (8): 301~302

Hastings, H. M. 1982. The May-Wigner stability theorem. Journal of Theoretical Biology 97: 155~166

Hobbs, R. J. 1993. Effects of landscape fragmentation on ecosystem processes in the Western Australian wheatbelt. Biological Conservation 64: 193~201

Hobbs, R. J., D. M. Richardson, and G. W. Davis. 1995. Mediterranean-type ecosystems: Opportunities and constraints for studying the function of biodiversity. Mediteraanean-type ecosytems: The function of biodiversity (Davis G. W. and D. M. Richardson editors), Ecological Studies Vol. 109, Springer, Berlin, 1~42

Hurlbert, S. H. 1997. Functional importance vs keystoneness: Reformulating some questions in theoretical biocenology. Australian Journal of Ecology 22: 369~382

Huston. M. A. 1997. Hidden treatments in ecological experiments: Re-evaluating the ecosystem function of biodiversity. Oecologia 10: 449~460

Jones, C. G., J. H. Lawton, and M. Shachak. 1994. Organisms as ecosystems engineers. Oikos 69:

373~386

Kareiva, P. 1994. Diversity begets productivity. Nature 368: 686~687

Khanina, L. 1998. Determining keystone species. Conservation Ecology (online) 2 (2): 2

Lacroix, G., and L. Abbadie. 1998. Linking biodiversity and ecosystem function: An introduction. Acta Oecologica 19 (3): 189~193

Lawton, J. H. 1994. What do species do in ecosystems? Oikos 71: 367~374

Lawton, J. H., and V. K. Brown. 1993. Redundancy in ecosystems. Biodiversity and ecosystem function (Schulze E. -D. and H. A. Mooney editors), Springer, Berlin, Ecological Studies Vol. 99. 255~270

Levin, S. 1998. Ecosystems and biosphere as complex adaptive systems. Ecosystems 1 (5): 431~436

Loreau, M. 1998. Biodiveristy and ecosystem functioning: A mechanistic model. Proceedings of National Academy of Sciences 95: 5632~5636

Loreau, M., and I. Olivieri. 1999. Diversitas: An international programme of biodiversity science. Trends in Ecology and Evolution 14 (1): 2~3

MacArthur, R. 1955. Fluctuations of animal populations, and a measure of community stability. Ecology 36: 533~537

Margalef, R. 1968. Perspectives in ecological theory. The University of Chicago Press, Chicago

May, R. M. 1972. Will a large complex system be stable. Nature 238: 413~414

May, R. M. 1974. Stability and complexity in model ecosystems, 2nd ed. Princeton University Press, Princeton

McCann, K., A. Hastings, and G. R. Huxel. 1998. Weak trophic interactions and the balance of nature. Nature 395: 794~798

McGrady-Steed, J., P. M. Harris, and P. J. Morin. 1997. Biodiversity regulates ecosystem predictability. Nature 390: 162~165

McNaughton, S. J. 1978. Stability and diversity of ecological communities. Nature 274: 251~253

McNaughton, S. J. 1988. Diversity and stability. Nature 333: 204~205

McNaughton, S. J. 1993. Biodiversity and function of grazing ecosystems. Biodiversity and ecosystem function (Schulze, E. -D. and H. A. Mooney editors). Ecological Studies Vol. 99. Springer, Berlin, 361~383

Mikola, J., and H. Setala. 1998. Relating species diversity to ecosystem functioning: Mechanistic backgrounds and experimental approach with a decomposer food web. Oikos 83: 180~194

Mooney, H. A., J. Lubchenco, R. Dirzo, and O. E. Sala. 1995. Biodiversity and ecosystem functioning: Basic principles. Global biodiversity assessment (Heywood V. H. editor), Cambridge University Press, Cambridge. 275~325

Naeem, S. 1998. Species redundancy and ecosystem reliability. Conservation Biology 12 (1):

39~45

Naeem, S., and S. Li. 1998. Consumer species richness and autotrophic biomass. Ecology 79 (8): 2603~2615

Naeem, S., L. J, Thompson, S. P. Lawler, J. H. Lawton, and R. M. Woodfin 1994. Declining biodiversity can alter the performance of ecosystems. Nature 368: 734~737

Nilsson, C., and G. Grelsson. 1995. The fragility of ecosystems: A review. Journal of Applied Ecology 32: 677~692

Odum, E. P. 1975. Diversity as a function of energy flow. Unifying concepts in Ecology (Dobben, W. H. and R. H. Lowe-Mc-Connell editors). Centre. for agricultural Publishing and Documentation, Wageningen, 11~14

Pace, M. L., and P. Groffman (editors). 1998. Successes, limitations, and frontiers in ecosystem science, Springer-Verlag, New York, 499

Paine, R. T. 1966. Food web complexity and species diversity. American Naturalist 100: 130~136

Paine, R. T. 1969. A note on trophic complexity and community stability. American Naturalist 103: 91~93

Palmer, M. A. 1997. Biodiversity and ecosystem processes freshwater sediments. Ambio 26 (8): 571~577

Pimm, S. L. 1982. Food webs, Chapman and Hall, London, 47~49

Pimm, S. L. 1984. The complexity and stability of ecosystems. Nature 307: 321~326

Primack, R. B. 1993. Essentials of conservation biology. Sinauer Associates lnc., Sunderland

Roberts, A. 1974. The stability of a feasible random ecosystem. Nature, 251: 607~608

Roberts, A., and K. Tregonning. 1980. The robustness of natural systems. Nature, 288: 265~266

Schlapfer, F., B. Schmid., and. I. Seidl. 1999. Expert estimates about effects of biodiversity on ecosystem processes and services. Oikos, 84 (2): 346~352

Schulze, E.-D., and H. A. Mooney. 1993. Ecosystem function and biodiversity: A summary. Biodiversity and ecosystem function (Schulze E. -D. and H. A. Mooney editors). Ecological Studies Vol. 99, Springer, Berlin, 497~510

Sieman, E., D. Tilman, J. Haarstad, and M. Ritchie. 1998. Experimental tests of the dependence of arthropod diversity on plant diversity. American Naturalist 152 (5): 738~750

Silver, W. L., S. Brown, and A. E. Lugo. 1996. Biodiversity and biogeochemical cycles. Biodiversity and ecosystem processes in tropical forests (Orians, G. H., R. Dirzo, Cushman, J. H, editors). Ecological Studies Vol. 122, Springer, Berlin, 49~67

Snelgrove, P. V. R. 1997. The importance of marine sediment biodiversity in ecosystem processes. Ambio 26 (8): 578~583

Solbrig, O. T. 1992. Biodiversity and global change and scientific integrity. Journal of Biogeography 19: 1~2

Srivastava, D. S., and J. H. Lawton. 1998. Why more productive sites have more species: An experimental test of theory using tree-hole communities. American Naturalist 152 (4): 510~529

Stork, N. 1996. Introduction to biodiversity. Biodiversity assessment: A guide to good practice (Jermy, A. C. editor), Vol.1. HMSO, London. 1~43

Sullivan, G., and J. B. Zedler. 1999. Functional redundancy among tidal marsh halophytes: A test. Oikos 84 (2): 246~260

Thomas, F., R. Poulin, T. de Meeus, J. -F. Guegan, and F. Renaud. 1999. Parasites and ecosystem engineering: What roles could they play? Oikos 84 (1): 167~171

Tilman, D. 1996. Biodiversity: Population versus ecosystem stability. Ecology, 77: 350~363

Tilman, D., and J. A. Downing. 1994. Biodiversity and stability in grasslands. Nature 367: 363~365

Tilman, D., J. Knops, D. Wedin, P. Reich, M. Ritchie, and E. Siemann. 1997a. The influence of functional diversity and composition on ecosystem processes. Science 277: 1300~1302

Tilman, D., C. L. Lehman, and C. E. Bristow. 1998. Diversity-stability relationships: Statistical inevitability or ecological consequences? American Naturalist 151 (3): 277~282

Tilman, D., C. L. Lehman, and K. T. Thomson. 1997b. Plant diversity and ecosystem productivity: Theoretical considerations. Proceedings of National Academy of Sciences 94: 1857~1861

Walker, B. H. 1992. Biodiversity and ecological redundancy. Conservation Biology 6 (1): 18~23

Woodward, F. I. 1993. How many species are required for a functional ecosystem? Biodiversity and ecosystem function (Schulze, E. -D. and H. A. Mooney editors). Ecological Studies Vol. 99, Springer, Berlin, 271~291

Wootton, J. T. 1998. Effects of disturbance on species diversity: A multitrophic perspective. American Naturalist 152 (6): 803~825

种内相食行为的一项理论

4

第四章

董 全[1] Gary A. Polis[2]①

([1]佛罗里达国际大学，SERC/FIU，OE 148，University Park，Miami，FL 33199，USA

[2]加州大学戴维斯分校，环境科学系，2132 Wickson Hall，CA95616，USA)

摘要 本文根据经验知识，结合觅食理论的择食模型和亲族选择理论中的Hamilton法则，提出了一个说明种内相食现象的理论模型。首先，本文综述了在野外和实验室观测到的种内相食现象的主要特征，根据这些特征，我们选择了择食模型和Hamilton法则作为研究种内相食行为的新模型的基础。经过对这两个模型的分析、整理和综合，本文提出，种内相食发生的条件是：$Ec/Tc-rL/b>E/T$。这项理论预测种内相食发生的可能性：① 与捕食产生的净能量收益值成正比；② 与被食者的亲缘关系成反比；③ 与环境中日常喜好的食物供应量成反比；④ 与能量单位和适合度单位之间的转换系数成正比。这个新的理论模型为种内相食行为的定量研究提供了一个理论框架。

Abstract [1]Dong Q. and G. A. Polis[2] ([1]SERC/FIU, OE 148, University Park, Miami, FL 33199, USA; [2]Department of Environmental Sciences and Policy, 2132 Wickson Hall, University of California, Davis, CA 95616). A Theory of Cannibalistic Foraging. This paper proposes a theory of cannibalistic foraging. The theory was based on empitical information, the classic diet selection model and the Hamilton's rule. First, we will review the empirical observations. Empirical studies suggest that the most important factors and variables that affect the occurrence of cannibalism are relative size, hunger, age and developmental stage, kinship between potential cannibals and victims, relevant densities, and age or size distributions of con-

① 2000年3月27日，Cortez海上的狂涛暴浪卷去了Gary A. Polis的生命。当时，他正在从事野外生态学研究。Polis博士是卓越的自然学家，对野外观察情有独钟，以至献身。他对种内相食和许多其他生态学领域的发展做出了重要的贡献。遗憾的是，他没有看到本文的发表。特加此注，以表深切的悼念！

and hetero-specific prey and predators. These factors determine the voracity of potential cannibals, encounter rates, and vulnerability of potential victims. These variables are key factors; they vary and interact to affect foraging decisions. We argue that most variables in foraging decisions are the same as those influence cannibalism. Loss of inclusive fitness is a major cost of cannibalism, but is irrelevant to interspecific predation and absent in the classic diet selection models. We contend that foraging theory and kin selection theory together facilitate and provide a particularly appropriate approach. Cannibalism can be viewed as a series of foraging decisions by each predator. Foraging theory can be modified to analyze cannibalism by incorporating non-energetic costs and benefits. By incorporation of inclusive fitness and kinship in the formula, we suggest a new criterion for cannibalistic foraging: for a con-specific to be included in optimal diet, it is necessary that $Ec/Tc-rL/b>E/T$. Ec/Tc is the energetic profitability from the con-specific item. E/T is the expected profitability from the environment from the optimal diet during a feeding period, and is the threshold value in the decision to select a food item during a search-encounter-attack sequence. r is the relatedness coefficient, L is the fitness loss of the victim, and b is conversion coefficient between energy and fitness. This theorem predicts that the likelihood for cannibalism to occur: ① increases with the profitability of the con-specific encountered; ② decreases with the increase in the relatedness; ③ decreases with the increases in the preferred hetero-specific food; and ④ increases with the conversion coefficient, which can be regarded as a surrogate of hunger. These predictions are consistent with documented observations.

一、前言

种内相食（cannibalism）指某动物个体食取其他的同种动物个体。这种现象在动物界中广泛存在。根据现有文献，鸟、兽、虫、鱼各类，从单细胞的原生动物到具有复杂社群结构的灵长类，种内相食都有发生（Fox，1975；Polis，1981；Elgar 和 Crespi，1992）。种内相食不仅发生于不相关的个体之间，还发生在有亲缘关系的个体之上。就血缘关系而言，有如下几类相食现象：① 食取子女（filial cannibalism），指父母食取子女的现象，进一步还可分为父亲取食与母亲取食；② 近亲相食（sibling cannibalism），指兄弟姐妹之间的食取过程；③ 配偶相食（sexual cannibalism），指雌雄之间的相食，主要是雌性在交配过程中某一时间食取雄性个体或器官，既可以发生在觅偶、前戏，也可发生在交配中或交配刚结束时。以上这 3 种相食现象都有广泛报道（Polis，1981；Elgar 和 Crespi，1992）。在有的种群，同种个体竟是胃检发现的主要食物

（参见 Dong，1994 的综述）。早先，种内相食被认为是一种病态现象（Fox，1975；Polis，1981）。20 世纪 80 年代以来，种内相食的广泛存在得到了学术界的承认。它在种群动态和遗传进化方面的重要性逐渐受到关注。关于种内相食的研究报道日趋增多。例如，1992 年牛津大学出版了一本文集：《种内相食的进化与生态学》（Elgar 和 Crespi，1992），该书对种内相食的研究进行了回顾与展望。这些文章综述了大量文献，记载了大量的种内相食现象，总结了前一段关于种内相食的生态和进化研究的大体趋势，为进一步更深入的研究奠定了一定基础。

就种群生物学来说，种内相食是一个重要的死亡因素（Dong，1994），甚至，种内相食造成的死亡率很高。高死亡率还常在短时间内发生，有时会使整个年龄组消亡。这直接影响种群结构及其动态。种内相食怎样影响种群动态是一个富有争议的论题，一些人认为种内相食可导致种群稳定（Fox，1975；Polis，1981 引述了 40 多项研究报告），这些人强调种内相食是一个密度制约过程，因此可以调节种群；另一些人则发现种内相食导致种群不稳定（Radovich，1962；Mertz，1969，1972；DeAngelis 等，1979；Higgins，1990；Orr 等，1990）。Dong（1994）提出，大强度的年龄组之间的种内相食倾向使种群结构发生波动，使种群偏离种群平衡状态；同时，这种种内相食过程也有助于种群延续，避免灭绝。因此，对于平衡态局部稳定性和种群延续这两种不同意义的稳定性，种内相食可以导致不同后果。在以往的研究中，种群的稳定性分析常常假定平衡态局部稳定性与种群延续成正相关。实则不然，Dong（1994）的研究显示一种行为机制可以在不同的稳定性意义上起不同的作用。目前对种内相食与种群动态关系的研究正在迅速发展（例如 Bjonstad 等，1999）。

了解后果，须知前因。物种的生活史特征和种群中个体的行为表现往往可以决定种群的动态变化（Hassell 和 May，1985；Koehl，1989）。理解种内相食的行为特征可以帮助了解预测其种群动态效应（Dong 和 Polis，1992；Dong 和 DeAngelis，1998）。本文从觅食行为的角度探讨种内相食的发生条件。以下几节将首先引入关于种内相食的基本经验材料。然后，根据经验材料建立理论假设，发展理论模型。本文将借用觅食行为研究的择食模型和社会行为研究的 Hamilton 模型，将它们结合运用，提出一个定量的说明种内相食行为的新理论。

二、种内相食现象的背景知识

生活于同一地区的同种个体属于同一个种群。在它们中间，种内相食发生之后，捕食者获取能量与养分，被食者消亡。显然，对捕食者与被食者而言，种内相食的后果大不相同，虽然是同种个体，它们在该过程之中的行为特征亦完全不同。因此，本文在进行种内相食现象的行为分析和种群后果分析时，尽量把捕食者与被食者区分对待。下面，本节将首先综述与种内相食发生相关的主要因素，然后介绍种内相食的利害得失。

1. 决定种内相食的主要因素

决定种内相食是否发生和发生频率的因素很多。主要可以归结为三大类：① 个体状态；② 种群特征；③ 环境条件。

1.1　个体状态

首先，个体状态直接影响捕食者的捕食愿望和被食者的拒捕与逃避能力。影响和决定种内相食的个体特征主要包括：① 体形大小；② 年龄；③ 发育阶段；④ 饥饿程度；⑤ 亲缘关系。

1.1.1　个体尺寸

个体尺寸是最常见的决定种内相食发生与否的因子。大吃小是动物界的普遍现象，几乎放之各门类而皆准。当同种个体相遇，捕食者与潜在被食者的尺寸比例通常决定是否发生相食现象。对捕食者而言，一系列特征同尺寸成正比：食物与能量的需求、寻食与捕食效率（发现距离、追击速度、学习能力、搜寻区域和嘴宽）等。这些特征影响捕食者与被食者的相遇率和捕食成功率。而对被食者而言，其对捕食者的发现率和逃避能力则随尺寸提高。关于尺寸怎样决定种内相食，可进一步参见其他文章（Dong 和 Polis，1992；Foldkvord 和 Hunter，1986；Fuiman，1989；Crowley，1984；Barlow，1992）及其所引用的文献。由于尺寸是决定种内相食的重要因子，在研究种内相食的种群效应时，种群中尺寸的分布方式和大小组成是一个不宜忽略的方面。

1.1.2　年龄和发育阶段

通常，尺寸随年龄和发育阶段变化。然而年龄和发育阶段还会带来其他的变化。这些变化影响种内相食的发生。例如，在个体发育早期——卵、胚胎、幼体，或在发育变化阶段——蜕变或脱皮时，或在蛹期，个体常常静止不动或没有防捕能力，因此极易受到攻击而成为同类相食的目标。动吃静是普遍现象。在这种情况下，甚至可以出现小吃大的情况（具体例子可参见 Polis，1981）。年龄和发育阶段不仅决定形态变化，也同时决定对营养和能量的特殊需要。许多无脊椎动物的幼体比成体更倾向于食取同类，甚至依赖于同种个体作为食物以完成一个阶段的发育。例如，拟谷盗（Park 等，1965；Ho 和 Dawson，1966；Rich，1956），蜗牛（Bauer，1992）。食取同类的倾向和食取率都常常同年龄和发育阶段相关。这种相关关系在不同的种类中往往各具特色。

1.1.3　饥饿程度

饥饿是导致种内相食现象发生的最主要的原因（Fox，1975；Polis，1981）。解除饥饿是觅食行为的内在驱动力。在不同的时间尺度上，饥饿通过不同的机制影响种内相食的发生。短期的饥饿会直接驱动动物增加寻食活动，包括扩大寻食范围、加长寻觅时间和增大猎物起追距离。饥饿动物还会到有被同类相食危险的地区寻食，这都会增大捕食者与被食者的相遇概率和种内相食现象的发生（Hassell 和 Southwood，1978；Polis，1980，1981；Richards，1983）。饥不择食，饥饿致使捕食者降低择食标准，把日常不吃的同类也包括在食谱上。长期的饥饿会导致身体虚弱，发育不良。从而使被食者成为容易招致攻击的牺牲品（Folkvord 和 Hunter，1986）。长期的饥饿还往往阻碍个体生长，导致种群内个体之间的体况和尺寸差异加大。下面还会谈到，大的种群内尺寸差异会导致比较多的种内弱肉强食现象的发生。

1.1.4 亲缘关系

捕食者同被食者之间的亲缘关系影响个体捕食同种的倾向性。在亲缘关系远的群体之中，种内相食发生更为频繁（Bry 和 Gillet，1980；Pfennig 和 Collins，1993；Pfennig 等，1993；Wade，1980）。捕食者常常更乐于捕食无关系的个体，并且会避免捕食亲戚（Elwood，1992；Loekle 等，1982；MacGintie，1939；Nummelin，1989）。还有人提出，亲缘识辨的功能就是为了避免种内相食（Wilson，1987）。显然，在种内相食的行为发生过程中，遗传因素起了显著作用。把亲缘关系考虑在内的综合适合度（inclusive fitness）概念对于理解种内相食应该具有重要意义。

1.2 种群特征

种群密度和种群结构是影响种内相食发生率的主要种群特征。一般而言，种内相食的发生率随种群密度增加而增加。上百篇文献记载了种内相食强度同密度的相互关系（见 Fox，1975；Polis，1981；Bozhkov，1992；Elgar 和 Crespi，1992）。其中有些是指捕食者密度，有些是指被食者密度，有些是指上述两者，有些则是指种群总密度（例如，Thibault，1974；Nakamura，1976a，1976b；Landry，1978；Hunter 和 Kimbrell，1980；Polis；1980；Meffe，1984；Crowley 等，1987；Pajunen 和 Ukkonen，1987；Orr 等，1990）。因此，在种内相食的研究中，研究人员至少使用了 3 种密度测度。值得注意的是，种内相食的动态同这 3 种密度量度的函数关系很不同。例如，作为被食者密度的函数，每个捕食者的种内相食率可以遵从功能反应（functional response）（Valdes 等，1987；van den Bosch 等，1988；Crowley 和 Martin，1989）。捕食者密度对种内相食发生率的影响则是可正可负（Dong 和 Polis，1992）。相互干扰会降低捕食率，而相互合作则可以加大捕食率。Stevens（1992）和 Polis（1981）的报道提供了这方面的具体例子。在种间捕食的过程中，捕食者会呈现数值反应（numerical response）。与此相反，在种内相食过程中，通过繁殖而实现的数值反应很少会出现，因为捕食者的加大繁殖增加了幼小个体的数量，往往也就增加了被食者的密度。

如果种内相食发生在不同的年龄组或者尺寸组之间，捕食者同被食者的区别往往就比较明显。有时，种内相食发生在同一年龄组或者尺寸组之内，捕食者同被食者的密度就很难区别。因此，捕食者和被食者总密度亦有用。要准确地理解和描述种内相食现象对种群动态的影响，必须对捕食者密度、被食者密度和种内相食的发生率对于捕食者密度和被食者密度的依赖方式有比较准确的测定和描述。

1.3　环境条件

食物是影响种内相食现象发生的最主要的环境因素。在食物质量低下、数量不足的情况下，种内相食较易发生。这方面的例子很多（见 Fox，1975；Polis，1981；Bozhkov，1992）。饥饿和营养不良是食物质量和数量影响个体种内相食倾向的重要机制。由于种群中间的个体差异，即使同时生活在同一栖息地，在食物条件不好时，不同个体受到非常不同的影响。个体之间，觅食能力有别，大的个体往往觅食范围大，可选食物类别多，受某一特定种类食物丰盛程度变化的影响往往小。有时候，不同年龄或者不同大小的个体在生理状态、甚至在运气上的微小差别，可以导致食物摄取上的巨大差异，以及饥饿状态、体况的明显不同。低的或者不稳定的食物供应量常常使种群内部个体之间在食物获取、生长、发育和个体尺寸上的差异增大（Nikolskii，1962；Wilbur 和 Collins，1973；de Jong，1976；Murton 等，1966；Lomnicki，1980；Rubenstein，1981；Dong 和 DeAngelis，1998）。如前所述，种群内部大的个体差异常常增大种内相食的倾向性（DeAngelis 等，1979；Bry 和 Gillet，1980；Kusano 等，1985）。

2. 种内相食的收益和代价

从进化的角度看，行为的得益与代价决定该行为能否持续存在。作为一种非常自利的行为，种内相食现象对捕食者的益处比较明显。这些益处主要包括：能量摄取、养分获得、减少潜在竞争者和减少儿女的潜在天敌。能量和养分的摄取是最为显而易见的得益，是短期的直接的益处。以长期的眼光看，捕食同类可以消灭潜在竞争者。这些竞争者可以是食物的竞争者，亦可以是对配偶的竞争对手。它们可以是自身的竞争对象，亦可能是子代的竞争对头，甚至可能是子代的潜在天敌——它们的捕食者。就能量和养分的益处而言，种内相食也不仅限于单纯的摄取。种内相食的行为，为能量和养分重新投入和重新分配的可控途径。父代可以通过生产营养个体和食取子代，循环利用能量和养分，以应付不可预测的环境变化和能量养分需要的变化。对种内相食所能带来的能量和养分的重要性，已有一些实地观测和研究报道（见 Hill，1969；Hyatt 和 Ringler，1989，Bulkey，1970，Rhodes 等，1974；Nikolsky，1963；Chikova，1970；Tarby，1974；Treasurer，1989，Ogari 和 Dadzie，1988；Fox，1975；Polis，1981 及 Elgar 和 Crespi，1992 书中的许多章节）。

食取同类亦有风险和代价。其中主要包括：损失综合适合度、反击报复、传播疾病。首先，潜在被食者如果具有同捕食者相似的尺寸或攻击能力，防捕反击就会给捕食者带来危险，甚至捕食与被食的关系可以发生逆转。一些凶猛的捕食性动物，例如蝎子，这类现象比较常见（Polis，1980，1981；Crowley，1984）。其次，一些致病因子可借种内相食过程而传播，其中包括寄生生物和病毒。这方面的例子可以参见 Polis（1981），Pfennig 等（1991）及其所引用的文献。然而，最主要的潜在代价是食取亲戚后遗传适合度的降低。例如，食取子女直接减少自己的基因后代数量，而食取近缘亲戚则会减少同自己相似的行为基因的传播。这一点还将在下一节更详细地讨论。如本文开头所述，种内相食的结果对捕食者和被食者来说很不相同。被食者是捕食对象，在种内相食发生之后，损失其生命和传宗接代的可能性。

上面，我们总结了种内相食现象的主要特征。现在，我们选择可以反映一些重要特征的理论，评价和探讨它们在种内相食现象的分析和描述上的应用。下面，我们首先引入觅食理论。

三、觅食理论

觅食理论试图描述和预测个体觅食的决策方式，阐明动物在哪里和怎样寻找选择食物的规律。在觅食过程中，寻觅、相遇、判断、选择和攻击的决策标准，是觅食理论研究最常关心和重视的问题（Stephens 和 Krebs，1986）。觅食理论为分析觅食行为提出定量的明晰的可验证的假说奠定了基础。种内相食也是觅食行为，与异种觅食相似，它的过程也涉及寻觅、相遇和判断攻击，可以视为一种特定的觅食过程。因此，现存的用于阐述异种之间的觅食规则的理论应该能为研究种内相食提供理论框架。那么，经典觅食模型是否能为我们研究种内相食提供指导，应用这种模型分析种内相食过程受到哪些限制，这是本节关心的问题。

觅食理论假设进化过程优化行为方式。经典的觅食模型大都包含三个部分：功能效益函数、约束条件、决策面临的抉择。决策面临的抉择规定了模型所研究的问题，功能效益函数设定分析和评价行为的标准和测度，约束条件决定行为出现的可能性。最经典的觅食模型是择食模型（Schoener，1971；Charnov，1976）。择食模型假设觅食者有能力把食物按其益处大小排序。那么，每当觅食者发现一个食物，它就面临是否要去捕获的决定。择食定理明晰定量地给出了在此时的决策标准。基本的择食定理可以用以下公式表示，相遇时，觅食者应该去获取这个食物，如果：

$$E_i/T_i>E/T \tag{4.1}$$

在公式之中，E_i/T_i 是摄取该食物项 i 的净得益值，而 E/T 是优化摄食策略在此时此地的期望净得益值。这里，E/T 是寻觅、相遇、判断、捕获过程中的决策域值。这些净得益值之中的 E 常常以能量为测度单位。T 则常以时间为单位，计入寻觅、捕获、摄取和消化的平均时间。因此，E_i/T_i 和 E/T 都是单位时间内的净能量收入。当然，有些研究会用营养价值作为 E 的测度单位。上面这项定理说明的是：为了尽可能多地获得净能量收入，第一，食物的摄取只取决于该食物的净能量收入及更好的食物丰盛度，而与该类食物本身的丰盛度无关；第二，高能量收入的食物丰盛了，低能量收入的食物就不吃了。换言之，有好的不吃差的，无论差的食物有多丰富。

这项择食定理曾经得到过比较广泛的研究和检验，一般认为能够比较准确地描述和预测择食现象（Pyke，1984；Stephens 和 Krebs，1986）。种内相食的发生也常常似乎同这项理论相符合。例如，在觅食理论中，净得益值，E_i/T_i，往往取决于猎物的大小。捕食者常用猎物尺寸大小做出是否捕食的决策（O'Brien 等，1976，O'Brien，1987，Werner 和 Hall 1974；Goss-Gastard，1977；Bailey 和 Polis，1987）。这也发生于种内相食。择食理论的 E/T 同栖息地种中各类食物的丰盛程度有关。择食理论预测，好的食物丰富，就不吃差的。假设摄取同种个体的净得益值排序比较低，这项理论也与种内相食的现象相符。当日常异种食物丰富的时候，种内相食现象不常发生。反之，择食理论预测，好的食物不足，就要吃差的。种内相食的确往往发生在日常所喜好的食物缺乏的时候。

这里，值得讨论的是摄取同种个体的净得益值排序比较低的假设。若单从能量或者营养的角度分析计算，同种的个体往往具有很高的价值，为捕食同种所需付出的消耗亦低。按传统的择食定理去测量和计算，摄取同种食物的净得益值 E_c/T_c 会很高，这里，下标 c 指同种个体。这样，种内相食应该发生得远较实际情况更为普遍。但是，实际情况是，能量上很值得选食的同种个体往往不被食用。比如说，大鱼一般不去吃自己产下的小鱼，尽管小鱼易捕而且营养丰富。这是因为，如果它们吃掉这些小鱼，自己的基因就无法经过后代传递下去。用进化论的话来说，它们在吃这些小鱼的时候损失了适合度。与此相似，如果捕食者食取有亲缘关系的个体，这些亲缘个体所携带的相同行为基因也会消失，使得该基因的综合适合度在进化过程中减少。传统的觅食理论主要用来说明和解释以其他物种为食的取食过程。显然，异种之间没有亲缘关系，适合度的损失不在异种之间的取食过程中发生，异种之间的取食理论也就不需要考虑这种损失。在种内相食现象当中，亲缘关系和适合度损失却是重要因素。这种损失或许可以解释，为什么同种个体并不是像纯能量分析所意味的那样成为受喜爱的食物。因此，觅食理论在种内相食分析中的应用应该考虑到亲缘关系，考虑后代被捕食所带来的直接的适合度损失和亲缘个体被捕食而造成的综合适合度损失。在这里，引入阐述亲缘关系同行为特征的关系的理论应该是既有必要又有帮助。在这方面的研究领域里，最广为应用的一个理论是

Hamilton 的亲族选择理论。

四、Hamilton 的亲族选择理论

Hamilton（1964a，b）提出亲族选择理论。这项基于种群遗传学原理建立的理论现在已经在利他行为的研究中普遍应用，是迄今为止得到的被广泛接受的理论（见 Krebs 和 Davies，1993 的综述）。亲族选择理论的核心是 Hamilton 法则。

Hamilton 法则：一个行为基因可以在种群中增加其相对比例，如果：

$$rB - C > 0 \tag{4.2}$$

这里，r 是一个行为的授者同该行为的受惠者之间的亲缘系数；B 是该行为使受惠者在适合度上的所得；C 是做出该行为所付出的适合度代价。

Hamilton 的这项法则说的是，如果一项利他行为给自己带来的潜在害处小于它带给有相同行为基因的亲戚的可能好处，这个行为的基因频率就可以在种群中增加。换言之，一种可遗传的行为不但可以直接通过子女而且可以间接通过具有相同基因的亲戚在种群中传播。Hamilton 提出这项法则以解释和说明利他行为。在其公式中，行为后果对受影响者而言是益也是惠，而对授者而言是不利和损失。因此，B 和 C 是正值，而 C 之前有一个负号。Hamilton 的亲族选择理论的提出为利他行为的研究奠定了理论基石。它本身也是建立在种群遗传学理论基础上的新达尔文主义的重大发展。

要把 Hamilton 法则移用到种内相食的行为描述上来，必须注意到利他行为同种内相食的根本区别。种内相食同利他行为相反，行为的发生会有能量和营养收益，而行为的受者蒙受生命损失。因此，把亲缘选择理论应用于种内相食的分析须反其道而用之。也就是说，要把 Hamilton 法则应用到种内相食行为的分析中，B 和 C 的符号应该同它们在上面（4.2）式中相反。

五、种内相食的觅食理论

上面，我们介绍了影响种内相食的基本因素、种内相食的利害、觅食理论和 Hamilton 的亲族选择理论。有了这些基本材料和基本理论为基础，我们可以探讨种内相食的发生条件。现在的目标是把觅食理论和 Hamilton 法则结合起来，从而建立一项新的公式，一项可以定量描述的理论。为此，需要把觅食理论和 Hamilton 法则进行一些形式变换。

首先，令 $L=-B$，并且 $G=-C$，它们分别代表种内相食发生后被食者的损失和捕食者的得益。这两者皆为在综合适合度意义上的量度。把它们代入公式（4.2），就是，

$$G - rL > 0 \tag{4.3}$$

也就是说，从亲缘关系和综合适合度的角度看，种内相食发生条件是：$G-rL>0$。这可以说是表述种内相食发生条件的、移用改造过的 Hamilton 法则。这项新法则说的是，一项极端利己行为给自己带来的潜在好处要大于它带给有相同行为基因的亲戚的可能害处。在这种情况下，这个行为的基因频率才可以在种群中增加。换言之，如果一种可遗传的利己损它行为会造成具有相同基因的个体比较大的数量减少，这种行为在种群中的频率会下降以至不存在。

Hamilton 法则和择食定理使用了不同的测度单位。把两者结合在一起，需要使用统一的单位。由于两者都建立在进化优选的假设之上，使用适合度作为统一测度单位似乎比较方便。事实上，在择食定理中，有一条隐含的假设。这就是，摄食在适合度意义上的得益（F）是食物的净能量（或营养）收益值（E/T）的线性函数（Pyke，1984）。这种适合度同净能量收益值的线性转换关系写出来就是：

$$F=a+bE/T$$

或者，对于特定食物项 i，

$$F_i=a+bE_i/T_i \tag{4.4}$$

这里，a 是一个常数，设定在 E_i/T_i 为零时的 F_i 值；b 为 E_i/T_i 的能量单位同 F_i 的适合度单位之间的转换系数。

把公式（4.4）代回公式（4.1），说明了公式（4.1）的内在含义是：

$$F_i>F \tag{4.5}$$

换句话说，公式（4.1）是建立在这样一项假设之上：一个优化的摄食策略应该有助于摄食者的行为基因频率在未来的增加。

现在考虑种内相食在适合度意义上的得益。假设种内相食的得益来自获得食物中的能量，且与其成正比。于是：

$$G=a+b\,(E_c/T_c) \tag{4.6}$$

把此公式代入公式（4.3）。改造过的 Hamilton 法则就可以写成：

$$a+b\,(E_c/T_c)-rL>0 \tag{4.7}$$

公式（4.7）只是说，从进化的角度来讲，同不摄食相比，在满足以上条件时，种内相食行为的发生不会造成适合度的损失。

再从择食理论的角度看，如果计入种内相食所涉及的潜在综合适合度损失和能量获取中的得益，摄取同种个体的适合度意义上的得益值（F_c）应为：

$$F_c=G-rL=a+bE_c/T_c-rL \tag{4.8}$$

对于异种捕食来说，r=0。本式还原回到公式（4.4）。

有了适合度同净能量收益值的转换关系，特别是有了公式（4.8），就可以讨论在一个特定的栖息环境里，根据那里日常喜欢的食物的供应量和在该条件下的优化摄食策略，决定是否食取一个同类的条件。把公式（4.8）和公式（4.4）代回公式（4.5），于是有：

$$a+b\ (E_c/T_c)\ -rL>a+b\ (E/T)$$

把上述公式简化，则种内相食的发生条件是：

$$E_c/T_c-rL/b>E/T \qquad (4.9)$$

公式（4.9）预测种内相食发生的可能性：① 同捕食产生的净能量收益值成正比；② 同与被食者的亲缘关系成反比；③ 同环境中的日常喜好的食物供应量成反比；④ 同能量单位与适合度单位之间的转换系数成正比。这些预测同我们上面介绍的经验观察是相符的。含高能量营养，或者体弱的个体更可能被吃，近亲更少可能被吃。环境食物供应的缺乏使择食域值降低，并且使潜在的捕食者的饥饿程度增加，进一步激发种内相食现象的发生。

上面公式（4.4）假设适合度是食物净能量值的线性函数。因为觅食理论一般不考虑饥饿状况。其实，这个线性假设可以放松。这是因为，种内相食带来的潜在综合适合度损失（$-rL$）在公式中始终是一个单独的附加项。即使 F 成为 E/T 的非线性单调上升函数，在上面这类简单运算中不影响结论。如果假设食物对捕食者的适合度意义随饥饿程度上升。换言之，如果 b 随着饥饿程度增加，上述公式预测，种内相食也将随着饥饿程度上升而更可能发生。

同异种觅食的择食定理——公式（4.2）相比，公式（4.9）中多了一个 $-rL/b$ 项。由于 $-rL/b$ 的存在，摄取同种个体，特别是亲缘个体的综合得益值就可以在排序中处于比较低的位置，可以比其纯能量值分析中的排序低很多。也就是说，即使 $E_c/T_c>E/T$，种内相食仍然未必发生。这样，公式（4.9）解决了在种内相食分析中直接应用公式（4.2）所遇到的主要问题。总而言之，我们觉得，基于公式（4.9）的种内相食觅食法则，同经验观察比较一致。这项理论相对完整，为研究种内相食的觅食过程提供了一个定量的框架。

在上述种内相食觅食理论的基础之上，公式（4.9）可以用于进一步提出一系列假说。例如，同 j 类食物相比，同种个体可以成为受喜爱的食品，假如，$E_c/T_c-rL/b>E_j/T_j$。据此可以预测，如果潜在被食者的密度增大，j 类食物就不再摄取。公式（4.9）还可以用来探讨是否降低竞争是种内相食的主要功能。如果种内相食在 $E_c/T_c-rL/b<E/T$，甚至 $E_c/T_c<E/T$ 的情况下发生，可以推论，竞争可能是种内相食进化的主要动力。这样的推论和预测是可检验的假说。通过有控制的实验，研究人员就能够寻找理论假设之中的主要问题，进一步增强人们对种内相食现象的理解。

六、结语

种内相食是相当普遍的现象。对许多物种来说，种内相食现象在生态学和遗传进化上都具有重要意义。目前，对种内相食现象的定量描述仍然十分不足。各种主要生理行为、过程和环境因子，以怎样的形式定量地影响和决定种内相食过程，仍亟待深入理解。探索决定规律与形式的内在机制是当代生态学研究的重点（董全，1996；邬建国，1996），进化的思想在生态学研究中占有极为重要的地位（董全，1996）。本文应用基于种群遗传进化理论的 Hamilton 法则，把它同觅食理论中的择食定理相结合，提出了用于阐述种内相食行为的一项理论。我们希望，这项理论有助于建立可选择证伪的定量假说，为进一步研究种内相食行为的机制奠定一定的基础。行为机制的理解则有助于我们进一步探讨行为在个体的生长发育、存活和种群动态方面的后果。

致谢

在此项理论的发展过程中，董全曾经得到李博院士的鼓励，特书此文于此以致怀念之情。潘愉德博士和申卫军先生对本文进行了审阅，提出了宝贵意见。在理论发展和成文修改过程中，董全得到了 the Electric Power Research Institute（the fellowship in population dynamics），the U. S. Department of the Interior South Florida Ecosystem Restoration Program "Critical Ecosystems Studies Initiative"（经 the National Park Service 管理），U. S. Geological Survey，Florida Caribbean Science Center，and the U. S. Army Corps of Engineers 的研究基金的资助。谨此一并感谢。

参 考 文 献

董全．1996．西方生态学近况．生态学报，16：314~324

邬建国．1996．生态学范式变迁综论．生态学报，16（5）：449~460

Bailey, K. H., and G. A. Polis. 1987. An experimental analysis of optimal and central place foraging by the harvester ant, *Pogonomyrmex californicus*. Oecologia 72, 440~448

Barlow. J. 1992. Nonlinear and logistic growth in experimental population of guppies. Ecology 73 (3): 941~950

Bauer. B. 1992. Cannibalism in gastropods. The Ecology and Evolution of Cannibalism. (Elgar, M. A. and B. J. Crespi editors.), Oxford University Press, Oxford. 102~1237

Bjnstad, O. N., J. Fromentin, N. C. Stenseth, and J. Gjer. 1999. Cycles and trends in cod populations. Proceedings of the National Academy of Sciences of USA 96: 5066~5071

Bozhkov, D. K. 1992. Cannibalism in the Animal Kingdom. "St. Kliment Ohridski" University Press, Sofia. Bulgaria

Bry, C., and C. Gillet. 1980. Reduction of cannibalism in pike (*Esox lucius*) fry by isolation of full-sib families. Reproduction, Nutrition, Development 20 (1 A): 173~182

Bulkey, R. V. 1970. Feeding interactions between adult bass and their offspring. Transactions of the American Fisheries Society 99: 732~738

Charnov, E. 1976. Optimal foraging: Attack strategy of a mantid. American Naturalist 110: 141~151

Chikova, V. M. 1970. The feeding of the perch〔*Perca fluviatilis* (L.)〕in the drawn-down zone of Kuybyshev Reservior around the Dam. Journal of Ichthyol. 10: 328~332

Crowley, P. 1984. Evolutionarily stable strategies for larval dragonflies. Lecture notes in Biomathematics (Levin, S. and T. Hallam editors.), No. 54. Springer Verlag. 55~74

Crowley, P., and E. Martin. 1989. Functional responses and interference within and between year classes of a dragonfly population. Journal of the North American Benthological Society 8: 211~221

Crowley, P., R. Nesbit, W. Gurney, and J. Lawton. 1987. Population regulation in animals with complex life histories: Formulation and analysis of damselfly model. Advances in Ecological Research 17, 1~59

De Jong, G. 1976. A model of competition for food: I. Frequency-dependent viabilities. American Naturalist 110: 1013~1027

DeAngelis, D., D. Cox, and C. Coutant. 1979. Cannibalism and size dispersal in young-of-the-year-largemouth bass: Experiment and model. Ecological Modeling 8: 133~148

Dong, Q. 1994. A Theoretical Analysis of Cannibalism: From Foraging Behavior To Population Consequences. Dissertation. Vanderbilt University, Nashville, TN, USA

Dong, Q., and D. L. DeAngelis. 1998. Population consequences of cannibalism and competition for food in a smallmouth bass population: An individual-based modeling study. Transactions of the American Fisheries Society 127 (2): 174~191

Dong, Q., and G. A. Polis. 1992. The dynamics of cannibalistic populations: A foraging perspective. The Ecology and Evolution of Cannibalism (Elgar, M. A. and B. J. Crespi editors.), Oxford University Press, Oxford. 13~37

Elgar. M. A., and B. J. Crespi (editors). 1992. The Ecology and Evolution of Cannibalism. Oxford University Press, Oxford

Elwood. R. 1992. Pup-cannibalism in rodents: Causes and consequences. Cannibalism: Ecology and Evolution among Diverse Taxa (Elgar, M. A. and B. J. Crespi ediotrs.), Oxford University Press, Oxford

Folkvord. A., and J. R. Hunter. 1986. Size-specific vulnerability of northern anchovy, *Engraulis mordax*., larvae to predation by fishes. Fishery Bulletin (U. S.) 84: 859~869

Fox, L. R. 1975. Cannibalism in natural populations. Annual Review of Ecology and Systematics 6: 87~106

Fuiman, L. A. 1989. Vulnerability of Atlantic herring larvae to predation by yearling herring. Marine Ecology Progress Series 51: 291~299

Goss-Custard, J. D. 1977. The energetics of prey selection redshank, *Tringa totanus* (L.), in relation to prey density. Journal of Animal Ecology 46: 1~9

Hamilton, W. D. 1964a. The genetical evolution of social behaviour. I. Journal of Theoretical Biology 7: 1~16

Hamilton, W. D. 1964b. The genetical evolution of social behaviour. II. Journal of Theoretical Biology 7: 17~52

Hassell, M., and T. R. E. Southwood. 1978. Foraging strategies of insects. Annual Review of Entomology 9: 75~98

Hassell, M. 1981. Arthropod predator-prey systems. Theoretical ecology: Principles and applications (May, R. M. editor). Sinauer Associates, Sunderland, Mass. 105~131

Hassell, M., and R. May. 1985. From individuals behaviour to population dynamics. Behavioural Ecology, (Sibly, R. M. and R. H. Smith, editors.), Blackwell, Oxford. U. K. 3~32

Higgins, J. 1990. Age structure and population dynamics of flour beetles. Dissertation, University of Illinois at Chicago Circle

Hill, L. G. 1969. Feeding and food habits of the spring cavefish, *Chologaster agassizi*. The American Midland Naturalist 82: 110~116

Ho, F. K., and P. S. Dawson. 1966. Egg cannibalism by Tribolium larvae. Ecology 47: 318~322

Hunter, J. R. and C. A. Kimbrell. 1980. Egg cannibalism in the northern anchovy, *Engraulis mordax*. Fishery Bulletin (U.S.) 78: 811~816

Hyatt, K. D., and N. H. Ringler. 1989. Egg cannibalism and the reproductive strategies of three spin sticklebacks (*Gasterosteus aculeatus*) in a coastal British Columbia lake. Canadian Journal of Zoology 48: 977~987

Koehl, M. A. R. 1989. Discussion: From individuals to populations. In Perspectives in Ecological Theory, (Roughgarden, J., R. M. May and S. A. Levin editors.). Princeton University Press, Princeton, NJ. 39~52

Krebs, J., and N. Davis. 1993. An Introduction to Behavioral Ecology. (3rd ed.). Sinauer Associates, Sunderland, Mass

Kusano, T., H. Kusano, and K. Miyashita. 1985. Size-related cannibalism among larval *Hynobius nebulosus*. Copeia, (2): 472~476

Landry M. 1978. Population dynamics and population of a planktonic marine copepod *Acarcia clausi* in a small temperate lagoon on San Juan Island, Washington. Internationale Revue der Gesamten Hydrobiologie 63: 77~119

Loekle, D. M., D. M. Madison, and J. J. Christian. 1982. Time dependency and kin recognition of cannibalistic behavior among poeciliid fishes. Behavior and Neural Biology 35: 315~318

Lomnicki, A. 1980. Regulation of population density due to individual differences and patchy environment. Oikos 35: 185~193

MacGintie, G. E. 1939. The natural history of the blind goby, *Typhlogobius californiensis*

Steindachner. The American Midland Naturalist 21: 489~505

Meffe, G. K. 1984. Density-dependent cannibalism in the endangered Sonoran topminnow (*Poeciliopsis occidentalis*). Southwestern Naturalist 29: 500~503

Mertz, D. B. 1969. Age-distribution and abundance in populations of flour beetles. I. Experimental studies. Ecological Monographs 39: 1~31

Mertz, D. B. 1972. The Tribolium model and the mathematics of population growth. Annual Review of Ecology and Systematics 3: 51~78

Murton, B. K., A. J. Issaason, and N. J. Westwood. 1966. The relationship between wood-pigeons and their clover food supply and the mechanism of population control. Journal of Applied Ecology 3: 55~96

Nakamura, K. 1976a. Studies on the population dynamics of the 28-spotted lady beetle, *Henosepilachna vigintioctopunctata* F. I. Analysis of life tables and mortality process in the field population. Japanese Journal of Ecology 26: 49~59

Nakamura, K. 1976b. Studies on the population dynamics of the 28-spotted lady beetle, *Henosepilachna vigintioctopunctata* F. I. Analysis of regulatory system under semi-natural and laboratory conditions. Japanese Journal of Ecology 26: 125~134

Nikolskii, G. V. 1962. On some adaptations to the regulation of population density in fish species with different types of stock structure. The Exploitation of Natural Animal Population (LeCren, E. D. and M. W. Holdgold, editors.). John Wiley & Sons. New York

Nikolsky, G. V. 1963. The Ecology of Fishes. Academic Press, London

Nummelin, M. 1989. Cannibalism in waterstriders (Heteroptera: Gerridae): Is there kin recognition? Oikos 56: 87~90

O'Brien, W. J. 1987. Planktivory by freshwater fish: Thrust and parry in the pelagic. Predation: direct and indirect impacts on aquatic communities (Kerfoot, W. C. and A. Sih editors.) , University Press of New England, Hanover

O'Brien, W. , N. Slade, and G. Vinyard. 1976. Apparent size as the determinant of prey selection by bluegill sunfish (*Lepomis macrochirus*) . Ecology 57: 1304~1310

Ogari, J., and S. Dadzie. 1988. The food of the Nile perch, *Lates niloticus* (L.) , after the disappearance of the haplochromine cichlids in the Nyanza Gulf of Lake Victoria (Kenya) . Journal of Fish Biology, Progressive Fish Culturist 32: 571~577

Orr, B. , W. Murdoch, and J. Bence. 1990. Population regulation, convergence, and cannibalism in a backswimming bug. Ecology 71: 68~82

Pajunen, V. I., and M. Ukkonen. 1987. Intra-and inter-specific predation in rock-pool corixids (Hemiptera, corxidae) . Annales Zoologici Fennici 24: 295~304

Park, T. , D. B. Mertz, W. Grodzinski, and T. Prus. 1965. Cannibalistic predation in populations of flour beetles. Physiological Zoology 38: 289~321

Pfennig, D. W., and J. P. Collins. 1993. Kinship affects morphogenesis in cannibalistic salamanders. Nature 362: 836~838

Pfennig, D. W. , H. K. Reeve, and P. W. Sherman. 1993. Kin recognition and cannibalism in spadefoot toad tadpoles. Animal Behavior 46: 87~94

Pfennig, D. W. , M. L. G. Loeb, and J. P. Collins. 1991. Pathogens as a factor limiting the spread of cannibalism in tiger salamanders. Oecologia (Berlin) 88: 161~166

Polis. G. 1980. The significance of cannibalism on the population dynamics and surface activity of a natural population of desert scorpions. Behavioral Ecology and Sociobiology 7: 25~35

Polis, G. 1981. The evolution and dynamics of intraspecific predation. Annual Review of Ecology and Systematics 12: 125~151

Pyke, G. 1984. Optimal foraging theory: A critical review. Annual Review of Ecology and Systematics 15: 523~575

Radovich, J. 1962. Effects of sardine spawning stock size and environment on year-class production. California Fish and Game Bulletin 48: 123~140

Rhodes, R. J. , D. A. Webb, and T. S. McComish. 1974. Cannibalism by the adult alewife (*Alosa pseudoharengus*) in southern Lake Michigan. Proceedings of the 17th Conference on Great Lakes Research 17: 593~595

Rich, E. L. 1956. Egg cannibalism and fecundity in Tribolium. Ecology 37: 109~120

Richards, L. 1983. Hunger and optimal diet. American Naturalist 122: 326~334

Rubenstein, D. I. 1981. Individual variation and competition in the Everglades pygmy sunfish. The Journal of Animal Ecology 50: 337~350

Schoener, T. 1971. Theory of feeding strategy. Annual Review of Ecology and Systematics 11: 369~404

Stephens, D. W., and J. R. K rebs. 1986. Foraging theory. Princeton University Press, Princeton

Stevens. L. 1992. Cannibalism in beetles. Cannibalism: Ecology and evolution among diverse taxa (Elgar, M. A. and B. J. Crespi editors.) . Oxford University Press, Oxford. 156~175

Tarby, M. J. 1974. Characteristics of yellow perch cannibalism in Oneida Lake and the relation to first year survival. Transactions of the American Fisheries Society 103: 462~471

Thibault. R. E. 1974. Genetics of cannibalism in a viviparous fish and its relationship to population density. Nature 251: 138~140

Treasurer, J. W. 1989. Mortality and production of perch, *Perca fluviatilis* L. , in two Scottish lakes. Journal of Fish Biology 34: 913~928

Valdes, E. , P. Shelton, M. Armstrong, and J. Field 1987. Cannibalism in South African anchovy: Egg mortality and egg consumption rates. South African Journal of Marine Science 5: 613~622

van den Bosch, F. A. M. de Roos and W. Gabriel. 1988. Cannibalism as a life boat mechanism. Journal of Mathematical Biology 26: 619~633

Wade, M. J. 1980. An experimental study of kin selection. Evolution 34: 844~855

Werner, E. , and D. Hall. 1974. Optimal foraging and the size selection of prey by the Bluegill Sunfish (*Leponis macrochirus*). Ecology 55: 1042~1052

Wilbur, H. M., and J. P. Collins. 1973. Ecological aspects of amphibian metamorphosis. Science 182: 1305~1314

Wilson, E. O. 1987. Kin recognition: An introductory synopsis. Kin Recognition in Animals (Fletcher, P. J. C. and C. D. Michener editors) . John Wiley & Sons Ltd. , New York

人工神经网络在森林资源管理中的应用

5

第 五 章

彭长辉[1] 林 辉[2]

（[1]加拿大自然资源部 Ontario 林业研究所，Ontario，P6A 2E5

[2]加拿大 Toronto 大学地球科学研究中心，Ontario M5S 3B3

[2]中南林学院环境与资源系，湖南株洲市，412006）

摘要 为林业管理部门提供正确的决策依据变得日益困难。传统的数量方法难以解决森林资源管理中的许多无结构性问题。人工智能新技术能将人类积累的知识转化到决策支持系统中。作为人工智能的一个分支，人工神经网络已经成为传统统计方法之外的一个十分引人注目的新方法，并开始用于预测生物系统中的非线性行为。本文从人工神经网络在：① 森林立地分类和制图；② 森林生长和动态模拟；③ 空间数据的分析和拟合；④ 植物病虫害动态的预测；⑤ 气候变化研究等方面的应用进行综合评述，并对人工神经网络在应用中的优势，存在的问题和局限性，以及对未来的前景等提出了初步看法。此外，本文提供了一个人工神经网络方法在生态系统模拟中应用的实例。介绍了应用三层反向传播网络确定生物群区指数和气候变量之间的非线性关系，并用这种关系提高根据植被花粉重建陆地生态系统的精度。

Abstract Peng[1] C., and H. Lin[2] ([1] Ministry of Natural Resources, Ontario Forest Research Institute, 1235 Queen Street East, Sault Ste. Marie, Ontario P6A 2E5, Canada; [2] Faculty of Forestry, University of Toronto, Earth Sciences Center, 33 Willcocks St. Toronto, Ontario M5S3B3, Canada). Artificial Neural Networks and Their Applications in Forest Resource Management. Making good decisions for adaptive forest management has become increasingly difficult. New artificial intelligence (AI) technology allows knowledge processing to be included in decisionsupport system. The application of Artificial Neural Networks (ANN), a branch of AI known as Parallel Distributed Processing (PDP), to predict the behaviours of nonlinear systems has become an attractive alternative to traditional statistical methods. This paper aims to provide an up-to-date synthesis of the use of ANN in forest resource management. Current ANN applications include: ① forest land mapping and classification, ② forest growth and dynamics modelling, ③ spatial data analysis and modelling, ④ plant disease dynamics modelling and ⑤ climate change research. The advantages and disadvantages of using ANN are discussed. Although the ANN applications are at an early stage, they have demonstrated potential as a useful tool for forest resource management. As a specific example of an ANN dealing with forest ecosystem mapping, the paper will present an application of a three-layer back-propagation neural network to calibrate the nonlinear relationships between biome scores and climate variables, which can improve the accuracy of mapping terrestrial biomes from pollen data.

一、前言

多年来，森林资源研究人员和管理人员使用经典的统计模型或复杂的数学模型预测不同的森林管理方式和行为可能产生的结果，以及利用这些预测的信息来帮助制定决策。这些模型通常以数学方程的形式表述。然而，有些决策制定过程中包含一些自身不能并入数学方程的定性的成分。正如 Gimblett 和 Ball（1995）指出的那样：资源管理决策的制定过程常常引起一些问题的复杂性超越经典的统计技术，有些需要更多的启发式的研究，而不是数学计算。对许多实际情况，统计模型不能用来解决森林资源管理中许多的无结构性问题（unstructed problems）。

人工神经网络（artificial neural network，ANN）是人工智能（artificial intelligence，AI）的一个分支，通常也叫并行分布式计算（parallel distributed processing，PDP）。它是一种模仿人脑和神经网络系统的功能，并进行简单模拟计算的形式。ANN 传统地被用来实现人脑本能性所产生的识别工作，包括：面貌识别、语音识别、文字和手写体的特征识别等。专家系统是最早用于帮助解决林业工作中的实际问题和制定决策的人工智能（AI）技术工作之一（Coulson 等，1987）。然而，随着计算机技术的迅速发展，ANN 的应用领域不断开拓，应用的数量不断增加。近 10 年来，ANN 的预测技术已经成功地用于经济、商业、水资源、生态学和空间数据分析等领域（Lisboa，1992；Swingler，1996）。尤其是最近几年，ANN 在林业科学中的应用日益增加，并已成为在传统方法之外用于预测和模拟森林系统中非线性行为和解决复杂问题的新方法（McRoberts 等，1991；Gimblett 和 Ball，1995；Lek 等，1996；Atkinson 和 Tatnall，1997；Peng 和 Wen，1999）。

本文将从：① ANN 的主要特征；② ANN 在森林资源管理中的应用；③ ANN 的优点、问题、局限性以及未来的应用前景；④ ANN 应用实例等几方面进行综述和介绍。

二、ANN 的主要特征

自 1943 年第一个 ANN 的原型产生（McCulloch 和 Pitts，1943）以来，相继发展了 30 个左右不同类型的 ANN。Sui（1994）简要地评述了 10 个最著名的 ANN 的特征和范式。其中在自然资源管理中最常用的一个分支就是反向传播反馈网络（back-propagation feed-forward network），也叫多层感知网络（multi-layer perception network，MLP）（Rumelhart 等，1986a，1986b）。这里，仅以反向传播网络为例对 ANN 的主要特征作简单介绍。

1. ANN 的结构

ANN 是一种由许多小的处理单元（PE：processing elements）或结点（nodes）结合在一起构成的并行计算体系。众多的处理单元通常被组织成三个层（图 5.1）：输入层用来提供给网络的输入数据；输出层是输入数据的响应；中间的一层叫作隐层，有时隐层可以增加到 2 层或 3 层（图 5.1a）。在不同层中的结点部分或全部地互相连接。这些连接与对应结点的权重（weight）相关，权重常常根据连接的强弱进行调整。

2. ANN 的运行

在多层反向传播网络的算法中，经过网络传播的数据在输入层开始刺激输入的模式，直到在输出层产生一些激活输出（图 5.1b）。每一个 PE 或结点接收来自前一层的权重后输出。在前一层，总输入的结点（net_j）是权重输入的总和，即有：

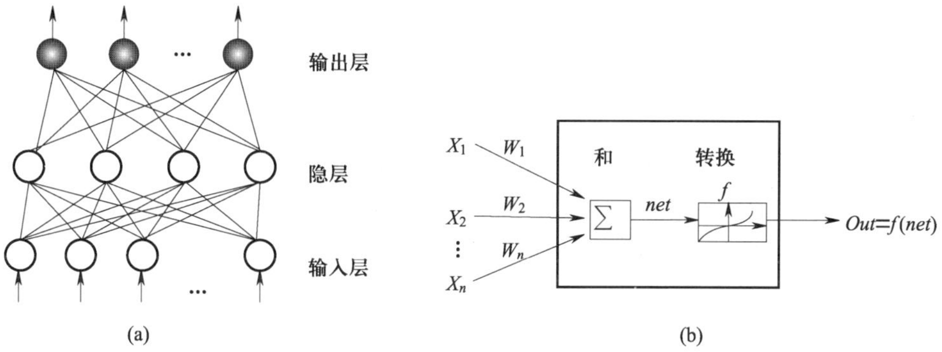

图 5.1 （a）ANN 的典型构筑学；（b）单个神经元的功能，包括输入，输出，权重，总和，传递函数。

$$net_j = \Sigma W_{ij} X_i \tag{5.1}$$

权重 W_{ij} 表示在结点 i 和 j 之间的权重值，X_i 表示来自结点 i 的输出。

然后，输入结点通过一个非线性的 S 形曲线产生结点的输出（Y_j），Y_j 被传输到其他结点权重后的输入路径。对于给定的结点 j，其输出可用下列公式计算：

$$Y_j = f(net_j) = 1/(1+\exp^{-(net_j+b)}) \tag{5.2}$$

参数 b 叫作偏差值，权重（W）是根据目标值与估算值之间的最小偏差来估算的。

3. 学习和训练

学习（learning）和训练（training）是几乎所有神经网络的基础。训练是网络的学习过程，而学习是训练过程的最终结果。学习包括网络对权重进行系统的改变，改进网络的操作和响应，使之能达到可以接受的标准。网络通过学习过程来不断调整相互连接的在不同单层之间的权重，并且从寻找输入和输出层之间的线性关系着手。权重值然后被分配给连接输入和输出层间的神经元（neuron）。一旦这种关系确定，神经元就被分配给隐层，以便能找到非线性关系。训练的目的是寻找能产生最小偏差的权重。在训练过程中，均方差（mean squared error）是网络根据预测的输出值（$Y_{(t)}$）与实际需要的输出值（$A_{(t)}$）之间的差值来估算的。即有偏差（E）在时间 t 内可表示为：

$$E(t) = 0.5\Gamma\left[Y_{(t)} - A_{(t)}\right]^2 \tag{5.3}$$

学习算法（learning algorithm）不断改变与每个处理单元（PE）有关的权重（W），以保证网络系统在目标输出和网络实际输出之间的误差达到最小。这种反向传播算法是训练多层感知网络（MLP）最直观的方法。有关学习算法的详细解释可以参阅大多数有关 ANN 的教材和书本（Caudill，1994a，1994b；Bishop，1995）。

三、ANN 在森林资源管理中的应用

1. 森林土地分类和制图

土地分类是 ANN 在遥感中最广泛的应用领域之一。以生态为基础的分类和制图在森林资源管理中起着十分重要的作用。ANN 已成为土地分类研究中构造计算机模拟系统的主要技术（Huang 和 Lippmann，1987；Hepner 和 Ritter，1989；Hepner 等，1990；Civco，1993；Gong 和 Chen，1996）。Decatur（1989）利用 ANN 和 SAR（synthetic aperture radar）数据对土地的覆盖类型进行了分类。Campell 等人（1989），McClelland 等人（1989），Hepner 等人（1990）和 Downey 等人（1992）都报道了他们应用 ANN 技术和 LTM（landsat thematic mapper）数据在土地分类方面的研究。他们发现 ANN 在不同的程度上都要比传统的统计分类方法精确。正如 Atkinson 和 Tatnall（1997）所指出的那样，ANN 在土地分类中最大的优点是它能将不同来源的数据和信息综合到同一分类系统之中。好几个实例研究证实了 ANN 能对多来源的空间数据进行分类。例如，Benediktsson 等人（1990）用 Landsat MSS（multispectral scanner network）的图像和三维地形数据（即海拔、坡度和方位）并运用 ANN 模型进行土地分类研究。Peddle 等人（1994）报道了他们利用多源遥感数据和 ANN 对阿尔卑斯地区（Alpine region）进行土地分类。Gong 和 Chen（1996）利用数值化海拔高度和森林覆盖资料对反向传播 ANN 的应用进行了可行性研究。

2. 森林生长和动态过程的模拟

用于描述森林动态过程（即更新、生长、演替和死亡）的森林生长模型已广泛地用于森林资源管理活动，其中包括更新资源清查，预测林木产量，评价树种组成和在不同环境条件下生态系统的结构和功能。尽管在林分和单株生长模型方面取得了很大进展，但是对林木死亡率（mortality）的预测仍十分简单（常使用随机的概率估算），并且导致生长和产量模型在预测中产生较大的变化和实际偏差（Gertner，1989）。突破性的进展始于 1991 年，当最早的 ANN 模型用来预测单株树木的死亡率的研究发表后（Guan 和 Gertner，1991a），同年，Guan 和 Gertner（1991b）成功地开发了一个基于 ANN 的林木生长模型，并用于红松（*Pinus resinosa* Ait）存活率（survival）的预测。他们发现基于 ANN 的红松生长模型不仅比统计模型有较好的数据拟合性，而且对新数据的预测也表现出优越性。同时，该模型对幼树以及生长缓慢的红松也表现出相当的灵活性。尔后，Guan 和 Gertner（1995）将适宜的训练规则和计算平台结合到模拟单株林木生存率的模型之中，使以往的方法得到进一步完善。另一方面，Hasenaur 和 Merk（1997）最近报道了他们在奥地利的一个用于预测单株树木死亡率的无导向神经网络（unsupervised neural networks）。他们发现 ANN 比基于 LOGIT 的死亡率统计模型好。此外，Guan 等人（1997）首次提出了基于 ANN 的技术框架，并用于评价林木生长机理预测模型效果。这种方法包括 4 个主要步骤：① 假定参数值的分布；② 投影参数；③ 根据取样，描述模型的行为；④ 在所取的样点近似模型的行为。这一方法已被用于 Valentine（1988）开发的碳平衡基础上的树木生长模型，而且结果证实该方法在分析复杂的生长模型中有较高的效率。

3. 空间数据分析和地理信息系统（GIS）的模拟

ANN 最广泛的应用是对多源空间数据进行分析。自从 Ritter 等人（1988）首次提出将 ANN 技术与 GIS 结合为一体的方法已经 10 多年了。尔后，各种有关 ANN 在空间数据分析中的潜能的探讨，在不同的研究范围内迅速开展

（Sui，1994; Gong，1994）。Sui（1994）就 ANN 在空间数据处理方面进行了综述，并将最近的应用划分为两大类，即：ANN 在遥感中的应用和 ANN 与 GIS 的耦合。

3.1 卫星图像的处理

在过去 10 年里，由于大量的遥感数据存在，极大地增加了 ANN 的可用性，这样也为检验 ANN 的应用能力（尤其是反向传播的网络）以及对比特定的 ANN 同传统方法在卫星图像处理过程中的优与劣提供了一个极好的机会（Atkinson 和 Tatnall，1997）。Ryan 等人（1991）根据 Landsat-TM（Thematic Mapper）数据开发了一个可用于描绘海岸线的反向传播网络。他们证实了使用 PSR（power spectral ring）数据，ANN 能在训练后用于区分陆地和水域。Herman 和 Khazenie（1992）、Pierce 等人（1992）、Wilkinson 等人（1992）和 Jan（1997）在早期的研究中也显示，ANN 被成功地用于多光谱遥感数据的分类。同时，ANN 技术也被用于追溯（retrieve）陆地粗糙表面的长度和方差的关系（Yoshitomi 等，1993），重建雪地参数（Tsang 等，1992），估算叶面积和恢复生物量包括树冠高度，林冠水的含量和物质的比重（Jin 和 Liu，1997）。Zhang 等人（1997）报道了他们根据 TM（Thematic Mapper）卫星图像，使用反向传播 ANN 模型，来识别在亚利桑那州（Arizona）北部地区的植被类型。他们发现 ANN 能在十分复杂的地面上达到平均相关性为 94% 的精度，而且这种分类方法所需的成本和时间比其他传统的技术要少得多。

3.2 空间模拟

最近的研究（Peuquet，1991; Sui，1993）表明，耦合 ANN 和 GIS 极大地增强了 GIS 在空间决策制定和模拟的能力。在 Wang（1992）具有开拓性的研究中，成功地将 ANN 耦合于 GIS 环境中，使得 GIS 在分析和研究农用土地的适宜性中的空间模拟功能大大增强。在与 Wang 相类似的研究中，Sui（1993）把标准的反向传播 ANN 与 GIS 结合在一起，并用于适合性分析。研究结果表明：基于 ANN 上的 GIS 模拟能近似专家的决策，而不需将专家的知识结合到启发式的 if-then 规则中。Zhou 和 Civco（1996）进一步报道了耦合通用的学习神经网络和 GIS，并用于适宜性的研究。最近，Deadman 和 Gimblett（1997）提供了一个将 ANN 和 GIS 结合于一体并用于制定植物管理计划方案的实例研究。正如 Sui（1994）所总结的那样：“尽管全方位地耦合 ANN 和 GIS 仍然十分遥远，但是，这些初期的探讨已证实了 ANN 对 GIS 的深远影响。显而易见，在空间分析和模拟方面，有效地将 ANN 和 GIS 结合在一起，是将来一个十分重要的研究领域，它将对新一代的 GIS 的设计做出重要的贡献。”

4. 植被病虫害的动态监测

植物的病虫害是资源管理中的一个重要的问题。为了降低植物病虫害所造成的损失，森林资源管理者需要及时了解有关病虫害的动态信息。传统上，植物病理学家们使用统计方法（即 Logistic 生长模型）和数学模型来模拟和预测病虫害的发生。这些模型主要是根据描述生物系统的关键过程及其相互关系而建立的。主要的挑战是必须知道描述每个过程的数学关系式。如果这些数学关系式有误，就会影响模型所预测的结果，并可能带来更多的误差。新的人工智能技术，譬如说 ANN 可能有助于克服这些困难。例如，Yang 和 Batchelor（1997）成功地使用三层反向传播的 ANN 模型来预测植物病害的动态。他们认为 ANN 将成为预测植物病害和检测不同时空尺度病害格局的有力工具。ANN 在其他方面的类似应用，如预测病害发展（Yang 等，1995；Batchelor 等，1997）、叶面湿度（Francl 等，1995；Francl 和 Panigrahi，1997）和虫害的管理（McClendon 和 Batchelor，1995），最近也在研究文献中开始出现。

5. 气候变化的研究

尽管气候变化是全球变化和可持续发展研究中一个十分活跃的领域，但只是最近几年里研究人员才开始使用 ANN 技术来预测气候事件，评价气候变化对树木生长的影响和重建古气候的模式。例如，Cook 和 Wolfe（1991）最初发展了一个反向传播 ANN 模型，并使用该模型和特定地点上的小规模的观测数据对未来 3 个月的平均气温进行了成功的预测。他们同时也证实了 ANN 具有提供许多应用模型所需的随机天气输入变量的潜在能力。在全球范围内，Derr 和 Slutz（1994）应用反向传播 ANN 和 1884 年以来的海洋大气数据库，对作为 ElNino 现象指示物的海面温度进行预测。其研究结果表明预测未来 1~6 月的温度的精度在 1℃左右。Tangang 等人（1997，1998）也有类似的报道。一般来说，与其他有用的传统方法相比，ANN 能提供更好的对未来短期的预测。Yi 和 Prybutok（1996）在城市工业区内通过预测每日最大的臭氧浓度来验证 ANN 的预测能力。他们发现 ANN 比他们曾使用过的两个回归模型要优越。最近，Keller 等人（1997）提出应用 ANN 来增强传统统计模型在模拟非线性的年轮－气候关系的能力，并且用该方法对法国东南部地区，二氧化碳加倍状态下的气候对树木生长的潜在影响进行分析。与 Keller 的研究方法相似，Guiot 等（1996）最近开发了一个三层反向传播的 ANN 模型，并用它来校准生物群区指数（biomes score）和气候变量之间的非线性关系。这种关系能提高利用植被的孢粉（pollen）对陆地生物区制图的准确性。这种灵活的非线性方法被进一步用来内插现代孢粉数据实地的气候变量，在内插过程中，通常是使用经度、纬度和海拔高度作为输入变量，而且最后用于重建古气候的空间格局（Peyron 等，1998）。

6. 其他领域中的应用

除此之外，ANN 还有许多在其他领域中的应用，包括应用 ANN 预测水质（Maier 和 Dandy，1996）、土壤水力学的传导性（soil hydraulic conductivity）（Tamari 等，1996）、土壤中的有机碳（Levine 和 Kimes，1997）和加拿大东部酸化湖的 pH 的变化（Ehrman 等，1996）。同时，Vega-Garcia 等人（1996）使用反向传播的 ANN 对加拿大艾伯塔省 White Cowt 地区的野火进行预测，他们的研究结果表明，ANN 能有效地预测 85% 非火和 87% 有火的观测数据。还有，ANN 技术也开始应用到水生生态系统（Recknagel 等，1997; Maier 等，1998）、农业（Verdenius 等，1997）和野生动物的保护和管理（Spitz 和 Lek，1999）。

四、优点、问题和前景

一般来说，ANN 模仿人脑自身对问题的处理过程。随着人们对人脑在对多源信息有效处理过程和在复杂环境中进行决策的深入了解和认识，激发了研究人员在森林资源管理中采用 ANN 新技术的动机。如同人类把从过去经历中获得的知识用于处理新的情况和问题那样，ANN 采用事前已存在的模式（或样板）来建造一个神经元系统。这个独特的系统能准确和迅速地制定新的决策，分类和预测。特别是 ANN 在研究自然生物系统中同传统的统计模型相比，具有以下几个方面的优越性（Gimblett 和 Ball，1995; Atkinson 和 Tatnall，1997; Cuykendall 等，1992）：

（1）比其他统计技术更精确。特别是当问题和所从事的任务不能充分定义或者产生一定的歧义，以及实测的过程可能十分困难或者使用不完整的数据难以实现。

（2）比其他的技术更迅速。尤其是当所要解决的问题特别复杂，结果能降低用户对已知信息的要求，这时，ANN 能根据变量之间的关系，发展自身的权重组合。

（3）不需要有关模拟过程和目标方程结构假定的预前知识。一旦受训，神经网点（nets）能用于分析新的情况和提供建议性的解决办法，神经网点这种能从定性和定量的数据中学习复杂关系的能力，使得 ANN 的探讨非常灵活。

但是，了解 ANN 在实际工作中的最基本问题也是同样重要的。总的来说，对于那些刚涉足于该领域的人来说，需要了解下面 3 个方面的问题：

（1）黑箱（black-box）：ANN 通常作为一个“黑箱”。在这个“黑箱”中，由于隐层和非线性激活方程的作用，权重难以解释，而且不具有生物学的意义。神经网络结点也不能自我解释。对于一些输入变量或重要水平的预测，没有一个标准的检验方法能测定输出变量的可变程度。这就是为什么森林管理人员在具有一个较熟悉，能充分理解的统计分析技术时，较少应用 ANN 方法的主要原因（Vega-Garcia，1996）。

（2）训练时间：训练和检验 ANN 需要充足的时间。学习规则是险峻的（steep），唯独具有丰富经验的模型开发者使用这种技术才更具有效率。主要的挑战是通过选择合适数量的层次结点，合理地训练网络，并保持其准确性和通用性来缩短整个训练的时间。

（3）过度拟合数据（over fit data）：由于 ANN 具有十分复杂的建筑学（architecture）最佳网络的几何学（geometry）（即隐层的数目和隐层中的结点数目）。它可能对某一组数据的模拟表现出很好的结果，而对另一组数据则相反。这种情况的出现通常是由于 ANN 内在的非线性关系导致它过度拟合数据。最佳隐层和每层结点的数目常取决于问题的本身和由反复实验来决定。假若隐层的结点数目太小，反向传播的算法将不能在训练中聚焦到最小；相反，太多的隐层结点将导致网络的过度拟合数。一些研究已对这些问题提供了有指导意义的建议（Baum 和 Haussler，1989；Maren 等，1990；Weigend 等，1990）。有关该方面的进一步讨论可参阅 Sui（1994）公开在 Internet 上的有关 ANN 问题的通讯（Sarle，1997）。

总之，尽管 ANN 管理和解决森林资源管理中某些复杂问题上显示出潜在的能力，但是，它的应用仍处于发展的初期。一方面，目前 ANN 应用被 ANN 自身的理论研究，软件和硬件的发展水平所牵制（Sui，1994）。进一步加强对这三个领域的研究将有利于推动 ANN 在森林资源管理和制定决策的实际应用。另一方面，与其他人工智能技术（即专家系统）相比，当务之急是要在林业科学界进一步加强对 ANN 的了解和认识，开拓应用范围，促进国际交流（Peng 和 Wen，1999）。

五、案例研究

在本例中，我们用 ANN 法建立欧洲陆地生态系统非线性关系模型，该地区位于北纬 35° 到 75°，西经 10° 到东经 60°。

1. 数据

花粉数据：花粉数据由 2 284 个样本组成，这些样本都是从欧洲收集来的。例如，在前面的工作中已经使用过的那些数据（Guiot，1991；Peng 等，1994；Guiot 等，1996），另外还增加了 2 180 个样本，这些样本是来自北美寒温带及寒带植被区（Bartlein 和 Prentice，1986），以覆盖更大范围的植被类型（寒温带草原、冻土、北部森林）。4 464 个样本中的一些是从文献中选择出来的，一些是由花粉分析者提供的。一些样本包含了明显的气候信息，另外一些样本或多或少地受到人类活动或长距离的花粉运输的影响。大约有 30 个花粉样本在气候上定义为寒带落叶或寒带混交林生物群落。但是，仅从它们的花粉数据来看，还不能确认是这样，保留这些样本，是为了避免生物群区（Guiot 等，1996）失去代表性，最后数据库中保留了 2 014 个花粉样本。

气候数据库：在 BIOME 模型（Prentice 等，1992）中，花粉所在地按经纬网（0.5° ×0.5°），计算了 4 个主要的气候因子。这些气候变量因子是：气温变化在 5℃以上的生长天数（GDD5：growing degree-days above 5℃），最冷月份的平均气温（MTCO：mean temperature of the coldest month），最热月份的平均气温（MTWA：mean temperature of the warmest month），以及实际蒸发散与潜在蒸发散的比率（AET/PET：actual evapotranspiration/potential evapotranspiration）。这些气候参数进一步用来描述基于表面花粉数据的生物群区指数间的关系。

2. 方法

2.1 生物群区化

Prentice 等人（1996）开发了一个非统计“生物群区化”方法，给每一个花粉集合定性为一个生物群区。每一个花粉类型指定了一个或几个植物（花粉类型没有标识到种的水平）的功能类型（PFT：plot functional type）——即具有相似气候要求的结构组，如那些在 BIOME 模型中定义了的类型（Prentice 等，1992）。PFT 是指那些在功能上相似的植物类型并适于生态系统的重建。每一个 PFT 计算一个可能性指数（likelihood index），并根据已定义的 BIOME 模型集合向生物群区方向转变。最后，每一个生物群区指数定义为在这个生物群区中 PFT 可能存在的百分比平方根总和。对这些指数进行比较，指数最大的生物群区就被归于数集内。

这种方法首先是把花粉类型转变为 PFT，PFT 的使用允许样本被指定到过去的生物群区，这些生物群区应不同于现在的生物群区。利用花粉数据重建欧洲生物群区自 13000BP（Peng 等，1995；Prentice 等，1996；Guiot 等，1996）以来的变化和冰川气候（Peyron 等，1998），已有若干报道。

2.2 ANN 和生物群区的指数内插

生物群区指数与气候变量之间的关系通常是非线性、单峰的。在本例中，我们使用训练后的反向网络。神经层之间的权重和偏差被递推改变。图 5.2 显示了输入变量的信号（如 AET/PET，MTCO 和 GDD5）通过这些神经元到达每一个输出变量的途径。隐层大小根据不同的目的设置为 4 个。在操作 ANN 之前，输入和输出数据被标准化为 0 到 1 之间的数据，这通常是通过减去最小值并除以范围得到的，这里我们使用更灵活的标准化方法，这种方法是受模糊逻辑（fuzzy logic）启发而得到的（Caudil 和 Butler，1992a，b）。在 Guiot 等人（1996）的研究中可以找到 ANN 操作的更详细的讨论。

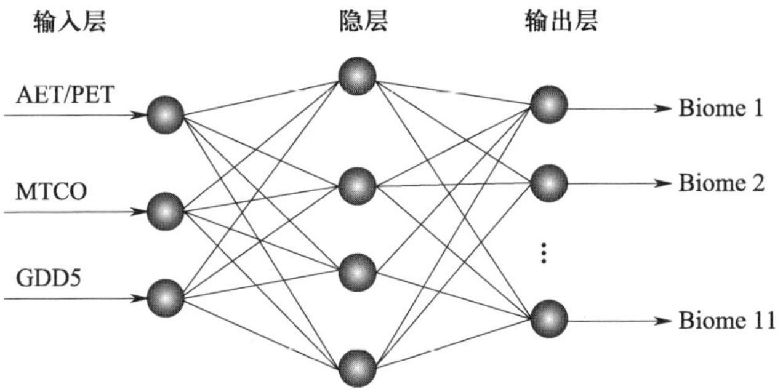

图 5.2　根据三个气候变量（AET/PET：实际蒸发散与潜在蒸发散的比率；MTCO：最冷月份的平均气温；GDD5：温度大于 5℃的生长天数）进行 BIOME 估算的三层反向传播人工神经网络。

3. 结果

3.1　计算源于气候的生物群区指数

第一步，在 0.5° ×0.5° 网格上，计算 3 个主要气候变量的生物群区指数。为此，我们训练了神经网络，来估计 3 个气候变量的生物群区指数。共训练了 2 014 个花粉样本。这是一个重复的过程，经过几千次重复，神经网络学会了适应来自 3 个气候变量的 11 个生物群区指数。表 5.1 说明了用这种方法得到的全部观察值和计算值之间的相关系数非常好，变化范围在 0.83~0.94 之间，相关系数最低的是在半荒漠地区，这是由荒漠生物群区温度变化幅度较大造成的。这些标准化关系接着被用来获得网格化生物群区指数，这些数据是根据全球气候数据和曾用于模型的 3 个气候变量集来估计的。然后，将具有最大估计值的生物群区指数划定到对应生物群区网格上。图 5.3a 说明在山区和远北部地区冻土占主要部分，而寒带落叶林标志着从冻土苔原到北部针叶林的过渡，在北纬 60°针叶林占主要地位，虽然也能看到寒温带针叶林，但它向南扩展得更多。在西欧同样温带地区，寒带混交林、寒温带针叶林和寒温带混交林均有分布。常绿阔叶林和热带混交林分布在大西洋海岸和地中海地区。旱生乔木和灌木植被，南部常绿阔叶林和温带混交林主要分布在地中海盆地，草原及沙漠主要分布在地中海东南部和南部。

3.2　生物群区图比较

使用 ANN 内插法（图 5.3a）获得生物群区指数，可重建生物群区图，同 Prentice 等人（1992）全球 BIOME 模型模拟得来的生物群区图进行比较（图 5.3c），我们使用了 Kappa 统计法，这种方法是通过两种图（Cohen，1960；Monserud，1990）格网单元的一致性，数量测量格网单元数值，Monserud（1990）和 Prentice 等人（1992）根据 Kappa 统计法，使用了以下的定性描述值来定量它们的一致性程度：$K<0.4$，为很差；$0.4<K<0.55$ 为差；$0.55<K<0.7$ 为好；$0.7<K<0.85$ 为很好；$K>0.85$ 为优。

表 5.1 相关性检验

生物群区	相关系数[1]	Kappa 系数[2]	ANN 方法系数（K）[3]
草原（温带 / 寒温带草原和灌木）（STEP）	0.91	0.85	0.73
半荒漠（DESE）	0.83	0.72	0.68
寒温带混交林（COMX）	0.93	0.56	0.72
北部针叶林（TAIG）	0.93	0.62	0.86
温带落叶林（TEDE）	0.94	0.56	0.71
旱生乔木 / 灌木（XERO）	0.91	0.62	0.87
冻土苔原（TUND）	0.85	0.19	0.63
寒温带针叶林（COCO）	0.93	0.28	0.81
寒带落叶林（CLDE）	0.89	0.01	0.00
寒带混交林（CLMX）	0.90	0.02	0.03
常绿阔叶林 / 温带混交林（WAMX）	0.90	0.26	0.85
均值	0.90		
整体均值		0.57	0.65

1. 观测数据和估计值的相关（481 观测值来源于 STEP 和 DESE，974 观测值来源于其他生物群区）；
2. 常规统计方法（SM）（Peng 等，1995）；
3. ANN 方法（Guiot et 等，1996）。

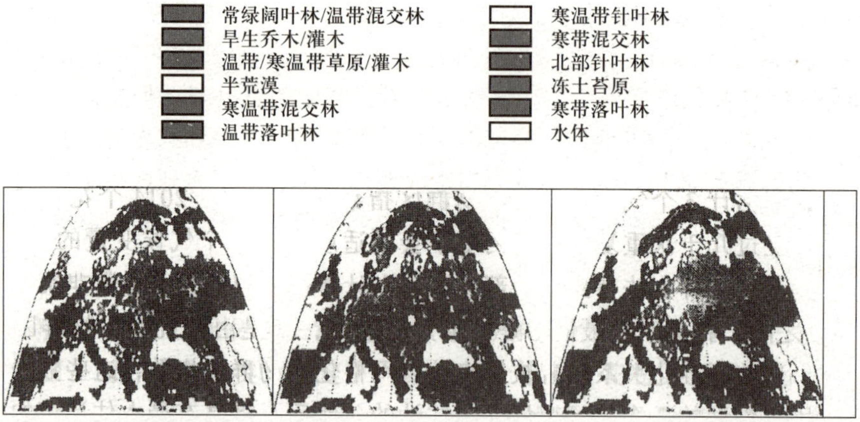

(a) ANN方法(Guiot 等，1996) (b) 常规统计方法(Peng 等，1995) (c) 生物群区模型(Prentice 等，1992)

图 5.3 比较欧洲生物群区（BIOME）的格局。（a）使用 ANN 方法内插生物群区指数后重建的图；（b）使用常规统计方法内插生物群区指数后重建的图；（c）根据 BIOME 模型模拟的目标对比图。

在欧洲（表 5.1）除了一些模糊边界外，如北部针叶、冻土苔原和寒温带针叶、寒温带混交林（图 5.3），生物群区模型获得的结果图和由 BIOME 模型获得的理想图之间进行综合比较，其结果是好（K>0.65），差异可能是由于非常接近的生物群区指数造成的，因为很小的差异常常足以产生一个意外的生物群区（Guiot 等，1996）。对每一个现代生物群区，旱生乔木 / 灌木生物群区（K=0.87）和北部针叶林（K=0.86）的一致性为优，常绿阔叶林 / 温带混交林（K=0.85），寒温带针叶林（K=0.81），草原（温带 / 寒温带草原和灌木）（K=0.73）；寒温带混交林（K=0.72）和温带落叶林（K=0.71）为很好；半荒漠（K=0.68）、冻土苔原（K=0.63）为好。从花粉数据中，我们还不能获得寒带落叶林和寒带混交林生物群区的一致性数值，这可以解释为很差（Guiot 等，1996）。

4. 讨论

最近 Peng 等人（1995）用与 Prentice 等人（1996）近乎同样的生物群区化方法，通过 13 000 ^{14}C yr B. P. 以来花粉数据重建了欧洲生物群区变化。唯一不同的是在 0.5° × 0.5° 格网上使用了反向空间距离（Guiot，1991）加权平均标准统计法，线性内插生物群区指数。这种传统内插方法用于维持（通过花粉记录，即使是一个零星的花粉记录）地形图对植被的影响。用花粉数据重建获得的生物群区同 BIOME 模型预测的生物群区进行可视化比较，表明在欧洲有好的适应性（图 5.3b，c）。用 Kappa 统计法计算的两种图形的数值也支持了这一结果（K=0.57）（表 5.1）。但是不能获得某些生物群区指数和气候变量之间的非线性关系。例如：冻土，寒温带针叶林和常绿、热带混交林（K<0.4）一致性差。使用 ANN 内插生物群区指数（表 5.1）获得的估计值和观察值之间的相关系数大大提高。通过综合比较 Kappa 统计法系数，说明 ANN 技术在内插生物群区指数方面比传统的统计方法有较好的表现。

值得注意的是，在本例中，这种方法是在规则网格上，内插花粉数据的生物群区分布是以一般地形图为基础的，这种方法是假设生物群区指数和气候之间具有相关关系，并且要求大量高分辨率的现代花粉数据集来标准化这些线性和非线性关系（Guiot 等，1996）。生物群区制图时受到所得到的花粉数据的数量和质量的限制（Peng 等，1995，1998）。花粉数据是区域性的，高密集的全球性或陆地覆盖将永远也不可能达到。在这一方面，本例中所描述的应用 ANN 新方法似乎很有前景，它能提高生物群区重建和零星及不规则花粉数据的气候重建的精度（Guiot 等，1996；Peyron 等，1998），对生物群区化过程及其相应的标准化过程也有帮助。

六、结论

综上所述，ANN 在森林资源管理中已被证实为一个可以用来进行分类、模拟和预测的有用工具，并且正在日益扩大其应用领域。ANN 在处理复杂问题，模拟非线性系统行为方面比传统的统计方法更准确和迅速。但是它也有一些不足之处，包括难以解释的“黑箱”，大量的训练时间和潜在的对数据的过度拟合等。我们应该在与其他经典的方法进行比较时，权衡其利与弊。案例研究表明：ANN 三层反向传播网络方法能成功地提高由欧洲花粉数据获得的现代生物群区图的精度。目前，ANN 的应用仍处于不成熟阶段，它将不可能完全替代传统的数量方法。相反，只有开展多样性的探讨，充分发挥它们各自的长处，并将这些不同的方法和技术结合到决策支持系统（decision support system）之中，才能成为 21 世纪森林资源管理的有用工具。

致谢

本文承蒙 J. Guiot 提供了部分数据和资料，齐晔、邬建国和郭勤峰审阅，特此致谢。本研究得到了加拿大自然资源部安大略省森林生产和产量项目的资助，并于 1998 年 10 月 21 至 23 日在加拿大 Victorial 举办的“人工智能在环境科学中的应用研讨会”上介绍。

参 考 文 献

Atkinson, P. M., and A. R. Tatnall. 1997. Introduction: Neural networks in remote sensing. International Journal Remote Sensing, 18: 699~709

Bartlein, P. J., and I. C. Prentice. 1986. Climatic response surface from pollen data for some eastern North American taxa. Journal of Biogeography, 13: 35~57

Batchelor, W. D., X. B. Yang, and A. T. Tschanz. 1997. Development of a neural network for soybean epidemics. Transactions ASAE 40: 247~252

Baum, E. B., and D. Haussler. 1989. What size net gives valid generalization? Neural Computation 1: 151~160

Benediktsson, J. A., P. H. Swain, and O. K. Esroy. 1990. Neural network approaches versus statistical methods in classification of multisource remote sensing data. IEEE Transaction on Geoscience and Remote Sensing 28: 540~552

Bishop, C. M. 1995. Neural Networks for Pattern Recognition. Clarendon Press, Oxford

Campbell, W. J., S. E. Hill, and R. F. Cromp. 1989. Automatic labeling and characterization of objects using artificial neural networks. Telematic and Informatics 6: 259~271

Caudill, M., and C. Butler. 1994a. Understanding neural networks: Vol. 1 Basic networks. The MIT Press, Massachusetts

Caudill, M. and C. Butler. 1994b. Understanding neural networks: Vol. 2 Advanced networks. The MIT Press, Massachusetts

Civco, D. L. 1993. Artificial neural networks for land cover classification and mapping. International Journal of Geographical Information Systems 7: 173~186

Cohen, J. 1960. A coefficient of agreement for nominal scale. Educational and Psychological Measurement 20: 37~46

Cook, D. F., and M. L. Wolfe. 1991. A back-propagation neural network to predict average air tempetature. AI Applications 5: 40~46

Coulson, R. N., L. J. Folse, and D.K.Loh.1987. Artificial intelligence and natural resource management. Science 237: 262~267

Cuykendall, R. R., N. M. French, and W. F. Krajewski. 1992. Rainfall forecasting in space and time using a neural network. Journal of Hydrology 137: 1~31

Deadman, P. J., and H. R. Gimblett. 1997. Applying neural networks to vegetation management plan development. Artificial Intelligence Application 11: 107~112

Decatur, S. E. 1989. Application of neural networks to terrain classification. Proceedings of International Joint Conference on Neural Networks 1: 283~288

Derr, V. E., and R. J. Slutz. 1994. Prediction of El Nino events in the Pacific by means of neural networks. Artificial Intelligence Applications 8: 51~63

Downey, I. D., C. H. Power, I. Kanellopoulos, and G. G. Wilkinson. 1992. A performance comparison of Landsat Thematic mapper land cover classification based on neural network techniques and traditional maximum likelihood algorithms and minimum distance algorithms. Proceeding of the Annual Conference of the Remote Sensing Society, 518~528

Ehrman, J. M., T. A. Clair, and A. Bouchard. 1996. Using neural networks to predict pH changes in acidified eastern Canadian lakes. Artificial Intelligence Applications 10: 1~8

Francl, L. J., S. Panigrahi, and T. Pahdi. 1995. Neural network models that predict leaf wetness. Phytopathology 85: 1182

Francl, L. J., and S. Panigrahi. 1997. Artificial neural network models of wheat leaf wetness. Agricultural and Forest Meteorology 88: 57~65

Gertner, G. 1989. The need to improve models for individual tree mortality. Proceedings of Seventh Centre Hardwood Conference USDA For. Serv., Carbondale, IL, 59~61

Gimblett, R. H., and G. L. Ball. 1995. Neural network architectures for monitoring and simulating changes in forest resources management. Artificial Intelligence Applications 9: 103~123

Gong, P. 1994. Integrated analysis of spatial data from multiple sources: An overview. Canadiana Journal Remote Sensing 20: 349~359

Gong, P., and J. Chen. 1996. Mapping ecological land systems and classification uncertainties from digital elevation and forest-cover data using neural network. Photogrammetric Engineering and Remote Sensing 62: 1249~1260

Guan, B. T., and G. Gertner. 1991a. Using a parallel distributed processing system to model individual tree mortality. Forest Science 37: 871~885

Guan, B. T., and G. Gertner. 1991b. Modelling red pine tree survival with an artificial neural network. Forest Science 37: 1429~1440

Guan, B. T., and G. Gertner. 1995. Modelling individual tree survival probability with a random optimization procedure: An artificial neural network approach. Artificial Intelligence Application, 9: 39~52

Guan, B. T., G. Gertner, and P. Parysow. 1997. A framework for uncertainty assessment of mechanistic forest growth models: A neural network example. Ecological Modelling 98: 47~58

Guiot, J. 1991. Methods and Programs of Statistics for Paleoclimatology and Paleoecology, Centre Universitaire d'Arles, France

Guiot, J., R. Cheddadi, I. C. Prentice, and D. Jolly. 1996. A method of biome and land surface mapping from pollen data: Application to Europe 6000 years ago. Palaeoclimate 1: 311~324

Hasenauer, H., and D. Merk. 1997. Forest tree mortality simulation in uneven-aged stands using connectionist networks. Neural Networks in Engineering, Proc. Int. Conf. on Engineering Applications of Neural Networks（EANN'97）（A. B. Bulsari and S. Kallio editors）, Stockholm, Sweden, June 16~18. 341~348

Hepner, G. F., and N. Ritter. 1989. Application of an artificial neural network to land cover classification of thematic mapper imagery, JPL Int. Tech. 1 Rep

Hepner, G. F., T. Logan, N. Ritter, and N. Bryant. 1990. Artificial neural network classification using a minimal training set: Comparison to conventional supervised classification. Photogrammetric Engineering and Remote Sensing. 56: 469~473

Hermann, P. D., and N. Khazenie. 1992. Classification of multispectral remote sensing data using a back-propagation neural network. IEEE Transaction on Geoscience and Remote Sensing 30: 81~88

Huang, W., and R. Lippmann. 1987. Comparisons between neural net and conventional classifies, IEEE First International Conference on Neural Networks, Vol. IV. San Diego, California, 21~24 June 485~494

Jan, J. F. 1997. Artificial neural networks for classification of remote sensing data. Quart. J. Exp. For. Nat. Taiwan Univ. 11: 79~89

Jin, Q. Y., and C. Liu. 1997. Biomass retrieval from high-dimensional active/passive remote sensing data by using artificial neural networks. International Journal Remote Sensing 18: 971~979

Keller, T., J. Guiot, and L. Tessier. 1997. Climatic effect of atmospheric CO_2 doubling on radial tree growth in south eastern France. Journal of Biogeography 24: 857~864

Lek, S., M. Delacoste, P. Baran, I. Dimopoulos, J. Lauques, and S. Aulagnier. 1996. Application of neural networks to modelling nonlinear relationships in ecology. Ecological Modelling 90: 39~52

Levine, E. R., and D. Kimes. 1997. Predicting soil carbon in Mollisols using neural networks, Soil Processes and the Carbon Cycle,（Lal, R., J. K. Kimble, and R. F. Follett editors）, CRC Press, FL

Lisboa, P. G.（ed.）. 1992. Neutral networks: Current applications. Chapman and Hall Press, London

Maier, H. R., and G. C. Dandy. 1996. The use of artificial neural networks for the prediction of water quality parameters. Water Resources Research 32: 1013~1022

Maier, H. R., G. C. Dandy, and M. D. Burch. 1998. Use of artificial neural networks for modelling cyanobateria *Anabaena* spp. in the River Murray, South Australia. Ecological Modelling 105: 257~272

Maren, A., C. Harston, and R. Pap. 1990. Handbook of Neural Computing Applications, Academic Press, San Diego, California

McClelland, G. E., R. N. Dewitt, T. H. Hemmer, L. N. Matheson, and G. O. Moe. 1989. Multispectral image-processing with a three-layer back-propagation network. Proceedings of International Joint Conference on Neural Networks 1: 151~153

McClendon, R. W., and W. D. Batchelor. 1995. Insect pest management neural network. American Society of Agricultural Engineers, St. Joseph, Michigan, ASAE paper no. 95~3560

McCulloch. W. C, and W. Pitts. 1943. A logical calculus of the ideas immanent in nervous activity. Bulletin of Mathematical Biophysics 5: 115~133

McRoberts, R. E., D. L. Schmoldt, and H. M. Rauscher. 1991. Enhancing the Scientific process with artificial intelligence: Forest science applications. Artificial Intelligence Applications 5: 5~26

Monserud, R. A. 1990. Methods for comparing global vegetation maps. International Institute of Applied Systems Analysis, Working paper 90~40, Laxenburg

Peddle, D. R., G. M. Foody, A. Zhang, S. E. Franklin, and E. F. Ledrew. 1994. Multisource image classification II: An empirical comparison of evidential reasoning, linear discriminant analysis, and maximum likelihood algorithms for alpine land cover classification. Canadian Journal of Remote Sensing 20: 397~408

Peng, C. H., and X. Wen. 1999. Recent applications of artificial neural networks in forest resource management: An overview. Environmental Decision Support Systems and Artificial Intelligence（Corte, U. and M. Sanche-Marre editors）. 15~22, AAAI Technical Reports WS-99-07, AAAI Press, Menlo Park, CA

Peng, C. H., J. Guiot, E. Van Campo, and R. Cheddadi. 1994. The vegetation carbon storage variation in Europe since 6000 yr BP: Reconstruction from pollen. Journal of Biogeography 21: 19~31

Peng, C. H., J. Guiot, E. Van Campo, and R. Cheddadi. 1995. Temporal and spatial variations of terrestrial biomes and carbon storage since 13 000 yr BP in Europe: Reconstruction from pollen data and statistical models. Water, Air and Soil Pollution 82: 375~391

Peng, C. H., J. Guiot, and E. Van Campo. 1998. Estimating changes in terrestrial vegetation and carbon storage: Using palaeoecogical data and models. Quaternary Science Review 17: 719~735

Peuquet, D. J. 1991. An overview of the applications of artificial intelligence approaches for geographic Information Systems. Processing of the Seventh Annual Conference on Interactive Information and Processing Systems for Meteorology Oceanography and Hydrology, New Orleans, LO.

Peyron, O., J. Guiot, R. Cheddadi, P. Tarasov, M. Reille, J. L. de Beaulieu, S Bottema, and V. Andrieu. 1998. Climate reconstruction in Europe for 18 000 yr B. P from pollen data. Quaternary Research 49: 183~196

Prentice, I. C., W. Cramer, S. P. Harrison, R. Leemans, R. A. Monserud, and A. M. Solomon. 1992. A global biome model based on plant physiology and dominance, soil properties and climate. Journal of Biogeography 19: 117~134

Prentice, I. C., J. Guiot, B. Huntley, D. Jolly, and R. Cheddadi. 1996. Reconstruction biomes from paleoecological data: A general method and its application to European pollen data at 0 and 6 ka. Climate Dynamics 12: 185~194

Prentice, I. C., and T. Webb. 1998. BIOME 6000: Reconstructing global mid-Holocene vegetation patterns from palaeoecological records. Journal of Biogeography 25: 995~1006

Pierce, L. E., D. Sarabandi, and F. T. Ulaby. 1992. Application of artificial neural networks in canopy scattering inversion. IEEE Transaction on Geoscience and Remote Sensing 91: 1067~1069

Recknagel, F., M. French, P. Harkonen, and K.I. Yabunaka. 1997. Artificial neural network approach for modelling and perdiction of algal blooms. Ecological Modelling 96: 11~28

Ritter, N. D., T. L. Logan, and N. A. Bryant. 1988. Intergartion of neural network technologies with geographic information systems. GIS Symposium-Integerating Technology and Geoscience Applications, Denver, CO 102~103

Rumelhart, D. E., J. McClelland, and PDP Research Group(eds.). 1986a. Parallel Distributed Processing: Exploration in the Microstructure of Cognition, Vol.1: Foundations, MIT Press,

Cambridge, MA 318~368

Rumelhart, D. E., G. E. Hinton, and R. J. Williams. 1986b. Learning representations by back-propagation errors. Nature 323: 533~536

Ryan, T. W., P. J. Sementilli, P. Yuen, and B. R. Hunt. 1991. Extractions of shoreline feactures by neural nets and image processing. Photogrammetric Engineering and Remote Sensing 57: 947~955

Sarle, W. 1997. Comp. ai. neural-nets Frequently Asked Questions, ftp: //ftp. sas. com/pub/nerual/ FAQ. html

Spitz, F., and S. Lek. 1999. Environmental impacts prediction using neural network modelling: An cxamplc in wildlife damage. Journal of Applied Ecolology 36: 317~326

Sui, D. Z. 1993. A neural network-based GIS approach to spatial decision making. The Operational Geographer 11: 12~20

Sui, D. Z. 1994. Recent applications of neural networks for spatial data handling. Canadian Journal Remote Sensing, 20: 368~380

Swingler, K. 1996. Applying neural networks: A practical guide. Academic Press, San Diego, CA

Tamari, S., J. H. M. Wösten, and J. C. Ruiz-Suárez. 1996. Testing an artificial neural network for predicting soil hydraulic conductivity. Soil Science Society America Journal 60: 1732~1741

Tangang, F. T., W. W. Hsieh, and B. Tang. 1997. Forecasting the equatorial pacific temperatures by neural network models. Climate Dynamics 13: 135~147

Tangang, F. T., B. Tang, A. H. Monahan, and W. W. Hsieh. 1998. Forecasting ENSO events: A neural network-extended EOF approach. Journal of Climate 11: 29~41

Tsang, L., Z. Chen, S. Oh, R. J., Marks II, and A. T. Chang. 1992. Inversion of snow parameters from passive microwave remote sensing measurements by a neural network trained with a multiple scattering model. IEEE Transaction on Geoscience and Remote Sensing 30: 1015~1024

Valentine, H. 1988. A carbon balance model of stand growth: A derivation employing pipe-model theory and the self-thinning rule. Annals of Botany 62: 389~396

Vega-Garcia, C., B. S. Lee, P. M. Woodard, and S. J. Titus. 1996. Applying neural network technology to human-caused wildfire occurrence prediction. Artificial Intelligence Applications 10: 9~18

Verdenius, F., A. J. M. Timmermans, and R. E. Schouten. 1997. Process models for neural network applications in agriculture. Artificial Intelligence Applications. 11: 31~44

Wang, F. J. 1992. Incorporating a neural network into GIS for agricultural land suitability analysis. GIS/LIS'92 2: 804~815

Weigend, A. S., D. E. Rumelhart, and B. A. Huberman. 1990. Predicting the future: A connectionist approach. Internationl Journal Neural Systems 1: 193~209

Wilkmson, G. G., I. Kanellopoulos, C. Kontoes, and J. Megier. 1992. A comparison of neural network and expert system methods for analysis of remotely sensed imagery. IEEE Transaction on Geoscience and Remote Sensing 91: 62~64

Yang, X. B., and W. D. Batchelor. 1997. Modelling plant disease dynamics using neural networks. Artificial Intelligence Application 11: 47~55

Yang, X. B., W. D. Batchelor, and A. T. Tschanz. 1995. A neural network model to predict soybean rust. Phytopathology 75: 1172

Yi, J., and V. R. Prybutok. 1996. A neural network model forecasting for prediction of daily maximum ozone concentration in an industrialized urban area. Environment Pollution 84: 349~357

Yoshitomi, K., A. Ishimaru, J. N., Hwang, and J. S. Chen. 1993. Surface roughness determination using spectral correlation of scattered intensities and an artificial neural network technique. IEEE Transaction on Geoscience and Remote Sensing 41: 498~502

Zhang, X., C. Li, and Y. Yuan. 1997. Application of neural networks to identifying vegetation types from satellite images. Artificial Intelligence Application 11: 99~106

Zhou, J., and D. L. Civco. 1996. Using genetic learning neural networks for spatial decision making in GIS. Photogrammetric Engineering and Remote Sensing 11: 1287~1295

空间异质性及其研究方法

6

第六章

刘先华
（中国科学院植物研究所，北京，100093）

摘要 生态因子的空间异质性具有重要的生物生态学意义。本文回顾了空间异质性研究从被忽视到受重视、从单一尺度到多尺度、从定性描述到定量分析和预测的发展历史；结合应用实例，重点介绍了自相关系数分析方法、变样方分析方法、谱分析方法、Mantel 检验方法、半方差分析方法和分形分维方法等 6 种空间异质性分析方法；最后，对各种方法的技术要点、适用范围和优缺点等方面进行了总结评价。

关键词 空间异质性 尺度 分析方法

Abstract Liu, X. (The Institute of Botany, Chinese Academy of Sciences, Beijing 100093). Spatial Heterogeneity and Ecological Analysis. Spatial heterogeneity has been recognized to be a biologically and ecologically significant property of both biotic and abiotic components in ecosystems.Firstly, this paper gave a brief retrospect to the developing history of the recognition and research of spatial heterogeneity.In the second part, I mainly discussed the methodology of spatial heterogeneity. Six methods that analyse spatial heterogeneity were introduced. They were autocorrelation analysis, mantel test, block-size analysis, semi-variance analysis, spectral analysis, fractal geometric analysis. Examples were also introduced for each method to demonstrate its application to simulated or field data. Finally, a comprehensive comparison among the six methods was performed to identify the technique points, usage limitation and drawbacks of each method.

一、前言

生态因子或各生态因子之间相互关系的空间异质性（spatial heterogeneity）

是指其空间分布的非随机性，即偏离随机分布状态的程度。空间异质性普遍存在于生态学研究的各个水平层次和研究的各个方面，比如，水生附着生物在附着物上形成一定大小和间距的聚集斑块，山体不同高度和坡向上形成不同特点的植物群落，不同生态系统的组合和相互作用形成一个地区特有的景观。更有趣的是物种间的资源竞争关系或捕食－被捕食关系在不同的空间尺度上表现出不同的甚至是相反的特点。空间异质性的普遍性从一个侧面说明了对其进行研究的重要性。

实际上，任何一个生态客体皆处于一定的时空尺度内，并在一定的时空尺度上同其他生态客体相互联系和相互作用。生态学研究的主要任务就是要揭示这种联系和作用的规律。比如，不同地点的植物群落在多大的空间尺度上具有怎样的相关性，又是什么原因造成的？物种间资源竞争关系的最大维持距离有多大？捕食－被捕食关系是否在整个空间范围内保持不变？对于这些问题的回答，都必须对相应因子及其间关系的空间异质性进行深入的研究。

本文将按空间异质性研究发展的顺序，以方法为重点，分别讨论单一尺度和多尺度空间异质性研究的主要进展。由于单一尺度上的空间异质性主要用于种群空间分布格局研究，而且不适于生态因子间的比较研究，本文将只做概略性总结。尽管如此，这部分对于多尺度空间异质性的理解还是十分重要的。

二、空间异质性研究的发展简史

19 世纪生态学的定量分析基本上都基于这样的假设，即数据的空间位置独立性和空间分布均一性或随机性（Darwin，1881）。而生态学现象往往不能满足这样的假设。20 世纪初就有人对物种分布的斑块现象进行过描述。其后大量的证据表明生态因子的空间分布常常呈现出一定的格局。这种矛盾使得空间异质性起初被认为是统计学上十分棘手而烦琐的问题（Steele，1976）。

随着生态学研究尺度的不断扩大，空间因子对生态学现象抽样调查分析结果的影响也愈发明显。生态因子空间异质性被逐渐认为是一个具有重要生物学和生态学意义的特性（Greig-Smith，1952；Huffaker，1958；Lasker，1975；Platt 和 Harrison，1985）。这种重要性不仅表现在它是许多生态学理论的基础，而且还表现在取样分析方法方面的应用价值（Legendre 和 Fortin 1989）。实际上物种竞争和群落演替、进化与适应、捕食－被捕食关系等许多生态学理论都基于这样的假设，即时空相近的生态因子更有可能受到相同作用过程的影响；另外有关生态系统结构、动态与稳定性的理论与模型都是基于生态因子匀质区域之间的不连续性发展起来的。

在空间异质性受到重视的同时，许多生态学家还发现生态因子的空间变异格局对测量尺度的依赖性。在一个特定的取样空间尺度上，也就是在单一尺度上考察生态因子的空间变异特性是从种群生态学开始的。物种分布格局是其对相关因子综合适应机制的反映，是种群生态学研究的重要内容之一。种群生态学发展了许多理论和经验的空间格局表征指数（Ripley，1981；Green，1966；Lefkovitch，1966；Pielou，1969）。无论这些指数基于何种原理，它们都具有一个共同的弱点：取样尺度依赖性。许多野外调查数据证明，当取样空间尺度变化时，这些指数也随之变化，这意味着由这些指数所表征的某种空间格局的显著程度甚至是其性质会随尺度的变化而变化。

对取样尺度依赖性的认识推动了空间异质性研究从单一尺度向多尺度的发展。另外计算机硬件技术的提高和空间数据处理软件的成熟，也为这一发展提供了有力的支持，使得尺度依赖性研究成为生态学理论研究的一个热点。自20世纪70年代以来，已有不少关于生态学尺度的研究，如等级理论（Simon，1962），生态因子测量的尺度依赖性，时空尺度图（Stommel，1963；Haury等，1978），和有机体群体与时空尺度的关系（Steele，1978）。

尺度依赖性表明生态变量的空间异质性不仅仅表现在某一个空间尺度上，还可能存在一定的由多个空间尺度构成的等级序列，在各个尺度等级上表现不同程度甚至不同性质的异质性。这实际上是生态学等级理论（hierarchy theory）的基本思想（邬建国和Loucks，1992；Wu和Loucks，1995）。等级理论将尺度等级与斑块动态紧密结合在一起，详细阐述了斑块结构的多尺度特性，认为某一尺度上的斑块在其内部包含较低一级尺度上的斑块结构，同时包含该尺度斑块的嵌块体的结构由较高一级尺度上的斑块所确定。多尺度空间异质性研究发展了许多方法，如变样方分析方法、谱分析方法和半方差分析方法等。这些方法不仅实现了对空间异质性的多尺度全面考察，而且此统计方法还实现了基于数据空间相关性的插值和预测，这与传统的用均值替代的方法有本质的区别。

空间异质性研究经历了从受忽视到被重视，从单一尺度到多尺度，从描述性研究、定量研究到预测研究的发展过程。这一过程并未终止，空间异质性理论有待进一步完善，其在预测方面的应用还存在诸多不足之处，需加以修改或补充。这也是空间异质性研究发展的一个主要方向。

三、空间异质性的研究方法

1. 单一尺度上的空间异质性

统计学中常用的表征数据间差异程度的统计量为样本方差：

$$s^2 = 1/(n-1)\sum(x_i-\bar{x})^2$$

其中，s^2 为样本方差，n 为样本数目，x_i 为第 i 个样本值，$\bar{x}$ 为样本平均值。样本方差应用十分广泛，但在生态学中，对于样本方差的计算往往忽视了其对取样尺度的依赖性。因此，下面将要谈到的单一尺度空间异质性一系列基于 s^2 的度量指数都只能局限于所考察的特定尺度，而不能将这一尺度上得出的结论外推到更大或更小的尺度上。

一个经常使用的表征物种空间分布格局或空间聚集程度的指数是方差（s^2）与平均值（m）的比值：s^2/m（Fisher 等，1922；Clapham，1936；Blackman，1942）。该指数的依据是波松分布，波松分布的方差和均值的期望值相等。因此，当 $s^2/m=1$ 时，物种为随机分布；当 $s^2/m > 1$ 时，物种为聚集分布；而当 $s^2/m<1$ 时为均匀分布。有关该指数发展的详细情况可参考 Ripley（1981）的文章。虽然 s^2/m 具有尺度依赖性（Patil 和 Stiteler，1974），甚至受到强烈否定（Hurlbert，1990），但 s^2/m 具有其理论基础，并能在一定尺度上反应物种的分布格局，因此仍具有一定的应用价值。

基于 s^2 与 m 之间的关系，Taylor（1961）又提出了幂函数规律，表示为

$$s^2 = am^b$$

其中 a、b 为常数，s^2、m 分别为方差和平均值。a 的大小与基本样方大小以及方差计算方法有关，b 则被认为是物种聚集分布指数。实际上，b 的生物学含义并不独立于 a。显然，对于均匀分布必须有 $a=0$，对于随机分布，$a=b=1$，而当它们的值 > 1 时则为聚集分布。Taylor 等（1977）对这种规律的生态学意义进行了解释，他认为为了争取最大限度的资源利用，个体间的吸引和排斥行为将受到密度制约因子的调节而趋于平衡，而幂函数规律正是这种平衡的反映。Hanski（1982）对这种解释提出了疑问，认为幂函数规律并不反映个体间的相互关系。Taylor 的幂函数规律是一个经验关系，具有大量的实验基础，因此具有一定的实用价值，而且，函数中 a 与 b 之间的关系从一个侧面反映出取样方法和取样尺度对实验结果的影响，因此也具有一定的理论价值。

同样基于方差与均值关系的指数还有很多，如拥挤度指数（Lloyd，1969）、负二项分布 k 指数（Waters，1959）等，这里不再讨论，有兴趣者可参考 Rogers（1974），Douglas（1979）和 Greig-Smith（1983）等人的文章。

尺度依赖性限制了各种单一尺度经验分布指数和理论分布指数的应用。单一尺度下的指数不适于对物种的空间分布做全面完整的描述，不能明确空间异质性的产生过程，不能在不同物种之间进行比较。因此多尺度空间异质性的研究变得十分必要。

2. 多尺度空间异质性研究方法

2.1　变样方分析方法（block-size analysis）

最初的多尺度空间异质性分析是由 Greig-Smith（1952）进行的，他在数据分析过程中首次将数据的空间变异作为尺度的函数来考察。该方法以面积不

断倍增的样方来表示空间尺度的不断扩大，因此作者称之为变样方分析方法。变样方分析方法的一般步骤如下：

（1）确定所要研究的最小样方网格和最大样方网格，最小网格也被称为单位网格，最大样方网格要求为单位网格的整数倍；

（2）在取样点按最大样方网格确定取样区，将取样区划分为相邻的单位网格形成取样网格，对每一单位网格取样；

（3）从单位样方开始逐次倍变样方大小，即样方大小依次为单位样方的1、2、4、8、…、$2n$倍，对每一样方尺寸计算相邻取样均方（mean square），绘制均方－样方尺寸图（以下简称均方图）；

（4）通过均方图特点解释空间异质性：均方峰值点的出现说明空间分布存在一定格局，否则为随机分布或均匀分布，而且峰值出现的样方尺寸即为空间格局尺度；

（5）均方峰值显著性检验有两种方法：① 理论方法，在均方图上加上随机分布的置信区间，区间外峰值点为显著，否则不显著；② 经验方法，多次平行实验对比，各次实验皆出现的峰值认为显著。

Kershaw（1957）采用样线法对该方法进行了改进，同网格取样法相比，样线法更容易实现在较大的空间尺度上沿环境梯度取样。改进后的方法被广泛地应用于各种群落空间异质性的研究（Greig-Smith，1983）。

变样方分析方法可以确定所研究指标的最大空间变异尺度，即所谓特征尺度。特征尺度可用来确定野外采样尺度，应保证采样尺度能覆盖特征尺度，否则将不能完整反映被研究对象的空间变化特点。另外，如果某一生态因子受到某个或某些环境因子的制约作用，则它们很可能表现出相同或相似的空间特征尺度。基于这样的原理，可以通过比较被考察对象与有关因子的特征空间尺度来发现其空间变异性产生原因与过程的线索。Ashton（1969）采用变样方分析方法对多种热带植物的空间异质性进行了研究，结果发现热带植物的空间分布格局同它们的种子扩散机制有非常密切的关系，即种子扩散能力差或不具有明显扩散机制的物种具有较小的特征尺度，而扩散能力强的物种则具有较大的特征尺度。

变样方分析方法同传统的分析方法相比，其优点是在多个空间尺度上考察生态因子的空间异质性。但该方法也存在不少缺陷，如，均方图峰值受样方形状影响，两取样尺度间的空间异质性存在空缺，不能明确有机体存在或不存在状态的空间异质性等（Pielou，1969），但该方法最大的缺点是均值和方差对初始样方的大小和取样网格的位置具有依赖性（Skellam，1952）。虽然Usher（1969）和Hill（1973）分别针对取样起始位置依赖性问题作过一些改进，但未获得广泛的应用。因此，仍然需要新的理论和新的方法来完善、补充和改进。

2.2　空间自相关系数分析方法（spatial autocorrelation coefficient analysis）

对于数值变量，其空间自相关性可以用Moran系数I（1950）或Geary系数C（1954）表示，这两种系数的计算公式见附录。Moran系数I（d）包含空间所有相距为d的点对数据中心化后的交叉乘积和，因此同Pearson协相关指数相似。而Geary指数C（d）则是所有相距为d的点对的平方差和。

自相关图（correlogram）是自相关指数随空间距离（尺度）的变化图，是以空间距离为横坐标，以自相关系数为纵坐标绘制各计算距离所对应自相关系数的连线图，并在各空间距离点表示出自相关性显著性检验的结果。自相关图上处于波峰或波谷的显著点是对空间异质性进行解释的关键点。有关空间自相关系数显著性检验的方法和计算，可参看Sokal和Oden（1978）、Cliff和Ord（1981）的文章。

图6.1所示的是以Moran系数为例，对人工数据进行空间异质性分析的结果。图6.1a为人工数据，由9个等间距排列的大小形状完全一样的正态曲面组成，将整个区域均匀地分成10×10的网格（共100个小网格），对每一网格取其高度值进行分析。将空间距离从小到大分成12个距离组。图6.1b显示的是自相关图，图中第一个正值显著点对应距离为取样网格上相邻点的距

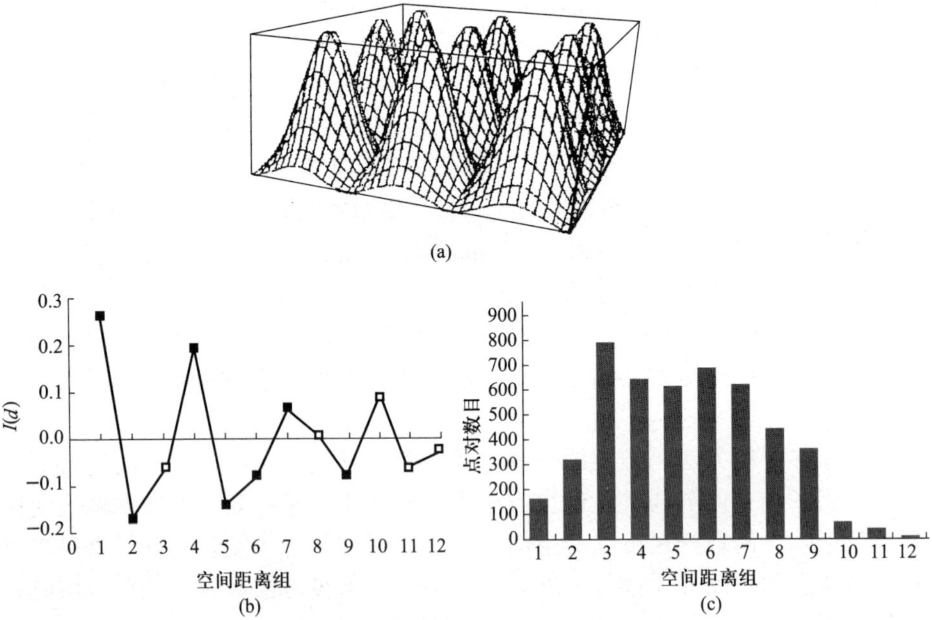

图6.1　人工结构全方向自相关图。（a）由9个二维正态曲面组成的人工结构；（b）全方向自相关图，黑框和白框分别表示5%显著点和不显著点；（c）各距离段点对数目的统计直方图（引自Legendre和Fortin，1989）。

离，这意味着斑块尺度比相邻点距离大。第二个正值显著点出现在第 4 距离组，其对应距离为 3.18~4.24 单位距离（两相邻取样点间的距离），这正好是两个相邻正态曲面顶点间的距离。类似地，第一个负值显著点对应顶点到谷点的距离，即单个正态曲面斑块的半径。可以预见，如果本例中正态曲面是非均匀分布的，其自相关图小距离组的变化将会很小，而较大距离组则会发生很大变化，而且它们所包含的点对的数目也将迅速减少，因此，对应较大距离组的显著点不具有普遍的统计学意义。图 6.1c 所示为落在各距离组的点对数目。

以上实例中，自相关系数的计算是包括空间各个方向的，称为全方向自相关系数 (all-directional), 这要求变量各向同性，但生态学因子往往表现出各向异性，因此需要在距离的基础上再考虑方向，其基本计算与全方向自相关系数的计算相似（Oden 和 Sokal，1986）。对非数值性变量也可进行空间自相关性分析（Cliff 和 Ord，1981），比如植物种性别的空间异质性（Sakai 和 Oden，1983）。

2.3 谱分析方法（spectral analysis）

谱分析方法是基于随机过程理论的一种分析变量时空变化特点的方法。它假设变量是静态的，不具有空间梯度而且可以用一组不同频率的谐波的组合来表示（Priestly，1964；Rayner，1971；Ripley，1981；Renshaw 和 Ford，1984）。谱分析方法的基本思路是将等间隔（时间或空间）序列数据分解成一系列不同周期或频率的谐波的组合，然后比较各周期或频率谐波对序列数据的拟合程度。拟合最好的谐波的波长即为时空格局的控制尺度（domain scale）（Jenkins 和 Watts，1968；Platt 和 Denman，1975；Chatfield，1980），控制尺度也称作特征尺度。对于多维空间，变量的空间格局还具有方向特征，也可以利用最佳拟合的原理进行分析。

谱分析方法可以是一维的、二维的或多维的，但一般用于一维和二维分析。一维谱分析方法适用于一维时空序列数据的分析，二维谱分析方法则应用于二维空间数据分析。这里主要介绍二维谱分析方法。

谱分析方法采用与自相关系数分析方法不同的结构函数，它所要计算的核心变量为自相关函数 r_{gh} 和谱强度 $I(p, q)$。有关计算公式见附录。r_{gh} 包含在取样空间两个分析上分别相距 g，h 的所有点对变量值中心化后的乘积和。$I(p, q)$ 是频率分量分别为 p，q 的谐波的强度，即振幅，它的实际含义就是变量以 (p, q) 组合频率发生空间变化的强弱。为了将频率大小和空间方向分别进行分析，需要计算 R– 频谱图和 θ– 频谱图（Renshow 和 Ford，1983）。R– 频谱图是同一频率所有方向上 $I(p, q)$ 的平均值，而 θ– 频谱图则是同一方向上所有频率 $I(p, q)$ 的平均值。因此，根据 R– 频谱图、θ– 频谱图可分别从尺度与方向两方面来考察变量的空间异质性。

我们以中科院内蒙古草原生态系统定位研究站放牧对照样地星毛委菱菜斑块密度数据为例，说明谱分析方法的应用。数据采用网格法获取，将取样区用纵横各 7 条等间距（10 m）线的网格覆盖，对每个网格点以 1 m^2 样方取样，记录星毛委菱菜斑块密度，最后获得 7×7 的数据矩阵。图 6.2 为二维谱分析结果。由谱强度图（图 6.2a），$(p,\ q)=(0,\ -1)$ 和 $(0,\ 1)$ 两种频率组合的谱强度极为显著，占总强度 90% 以上。这意味着星毛委菱菜斑块密度主要沿东西方向变化，变化频率约为 1。R– 频谱图和 θ– 频谱图更为直接地显示了这种特点（图 6.2b，c）。这同半方差分析结果一致（图 6.3）。

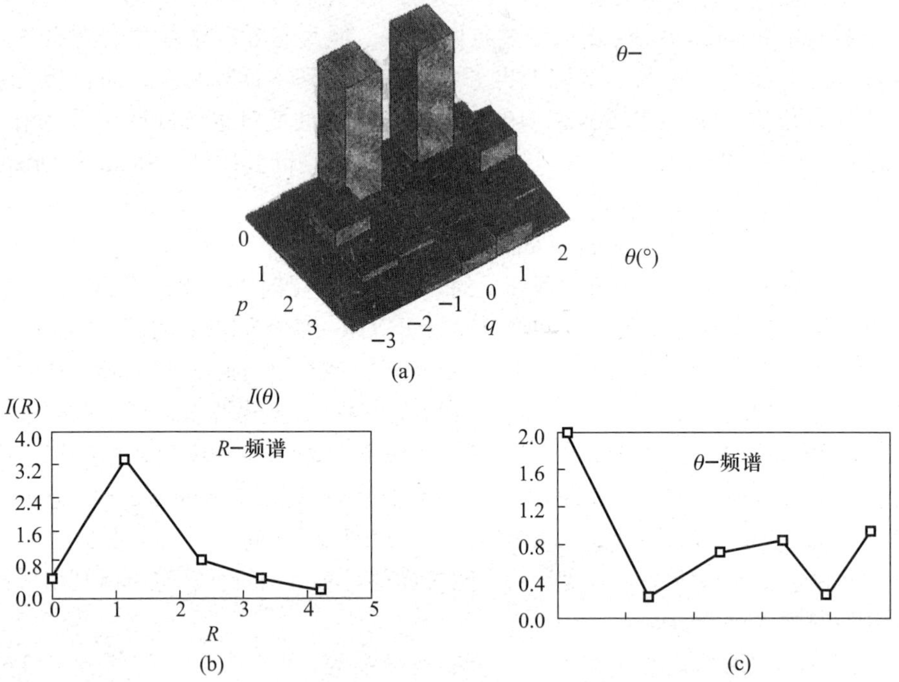

图 6.2　星毛委菱菜（*Potentilla acaulis*）斑块密度谱分析结果。（a）二维谱强度图，柱体高度表示谱强度的相对大小；（b）R– 频谱图；（c）θ– 频谱图，黑框和白框分别表示 5% 显著点和不显著点。

谱分析方法曾被广泛地应用于生态空间异质性的研究（Richerson 等，1978）。谱分析方法克服了变样方分析方法对取样起始点依赖性以及对峰值点缺乏有效判别等弱点，对于时间周期序列或某一方向上的空间周期序列数据的分析特别有效。但是，谱分析方法在分析斑块分布、数量稀少的有机体空间异质性时并不理想。正弦波和余弦波可以很好地表示空间连续的过程，点过程的非连续性则限制了谱分析方法的应用。

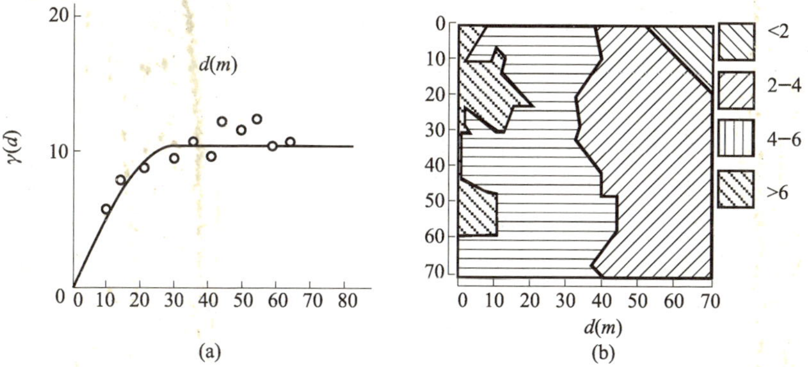

图 6.3　星毛萎菱菜斑块密度（*Potentilla acaulis*）数据半方差分析结果。（a）半方差图；（b）Kriging 插值图。

2.4　Mantel 检验方法（Mantel test）

Mantel 检测方法是一种多变量空间异质性的检测方法（Mantel，1967）。该方法适用于分析一系列规则或不规则分布取样点数据的分析，其核心思想是研究两个关系矩阵之间的相关性。一个关系矩阵为取样点两两之间的生态距离阵或生态相似阵 $\boldsymbol{X}$，另一个矩阵为空间距离阵 $\boldsymbol{Y}$，$\boldsymbol{Y}$ 的每一个元素即为取样点两两之间的实际空间距离。生态相似阵 $\boldsymbol{X}$ 可通过许多不同的测度方法从取样点多变量的实测数据获得，这些变量可以是数值性的，也可以是非数值性的。生态相似矩阵 $\boldsymbol{X}$ 和空间距离矩阵 $\boldsymbol{Y}$ 应保持相同的采样点排列顺序。

生态相似矩阵 $\boldsymbol{X}$ 和空间距离矩阵 $\boldsymbol{Y}$ 建立后，便可进行空间异质性的检验。该方法的两个用于检验的辅助变量为 z 和 r，实际计算可用其中的任意一个。具体的原理和方法见附录。我们采用前述星毛萎菱菜斑块密度数据，对从中随机选择的 10 个数据点的数据进行了 Mantel 检测。图 6.4 所示是统计量 z 的概率分布图，正常样点排列顺序时的 z=787.94。根据 z 的概率分布图可知，在假设 H_0：随机或均匀分布的情况下，z=787.94 的概率几乎为 0，因此拒绝零假设，而认为星毛萎菱菜斑块密度的分布具有空间依赖性。该结论是进行半方差分析的基础。

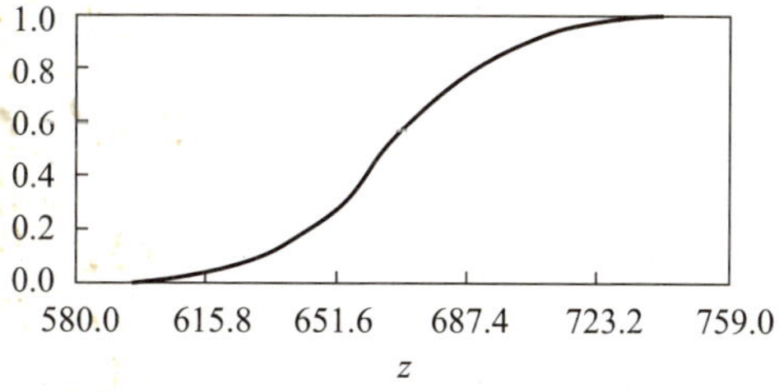

图 6.4　辅助变量 z 的概率分布图。

应该指出，虽然Mantel检测方法同传统的判别分析相似，但同后者相比，Mantel方法主要具有两个方面的优点（Legendre 和 Fortin，1989），一方面，它并不一定要满足判别分析对数据的限制性假设，而实际上这种假设在生态学研究中往往不能满足；另一方面，Mantel方法可以灵活应用具有生态学意义、能体现生态学关系的相似系数来获得生态距离矩阵X。应该看到，Mantel方法在回答空间格局存在性问题的同时，也忽视了其他一些有关空间异质性的问题。比如，它不能提供空间异质性的尺度信息和方向信息，而这正是谱分析方法、变样方分析方法、自相关系数分析方法以及后面将要谈到的半方差分析方法所能提供的信息。当然，同这些方法相比，Mantel方法也具有其突出的特点，即它对取样方法的要求很宽松，可以对不规则样点进行分析，因此，在大尺度范围取样分析时具有一定优势。

2.5 半方差分析方法（semi-variogram analysis）

半方差分析方法（Matheron 1962）与空间自相关系数分析方法相似，也是将空间自相关性作为空间距离的函数，但半方差分析方法的核心变量——半方差 $\gamma(d)$ 的计算采取另外一种形式（见附录）。半方差方法已被广泛地应用于生态学的研究（Richard 等，1992）。

半方差方法是描述生态学空间数据的有效方法，但在应用过程中必须注意对其结果的生态学解释，否则有可能导致该方法的误用（李哈滨等，1998）。半方差图（semi-variogram）是半方差 $\gamma(d)$ 随空间距离 d 的变化图，它具有两种形式，即实验半方差图和理论半方差图。实验半方差图是根据实验数据按公式计算得到的半方差图，实验半方差图直观地描述了空间格局的特点，是进一步分析的基础。理论半方差图是对实验半方差图的理论模拟。对于不同的实验半方差图或不同的空间格局特点，应采取不同的模拟模型，主要包括线性模型（linear model）、球面模型（spherical model）、高斯模型（Gaussian model）和指数模型（exponential model）（图6.5）。理论模型一般具有3个特征参数，它们分别是：① 自相关尺度阈值（range），以下简称尺度阈值，它是半方差开始趋于平缓的那一点所对应的空间距离，在自相关阈内，半方差随空间距离的增加而增大，表现样地的空间格局；而在自相关阈值以外，半方差不随距离的变化而变化，表现出随机或均匀分布特征；② 半方差阈值（sill），最大的半方差；③ 块金方差（nugget variance），即半方差在空间距离为0时的半方差值。按定义，块金方差应为0，但实际应用过程中，往往出现块金方差大于0的情况。这可能是由于数据的随机误差或小于取样尺度上的格局所引起的（Legendre 和 Fortin，1989），对于后者，可通过缩小取样尺度来揭示。理论半方差图将在空间插值方面发挥核心作用。图6.3a是对前面放牧样地数据进行半方差分析的结果，采用球面模型对实验半方差图进行拟合，其块金方差为0，半方差阈值sill=10.5，自相关尺度阈值range=30 m。

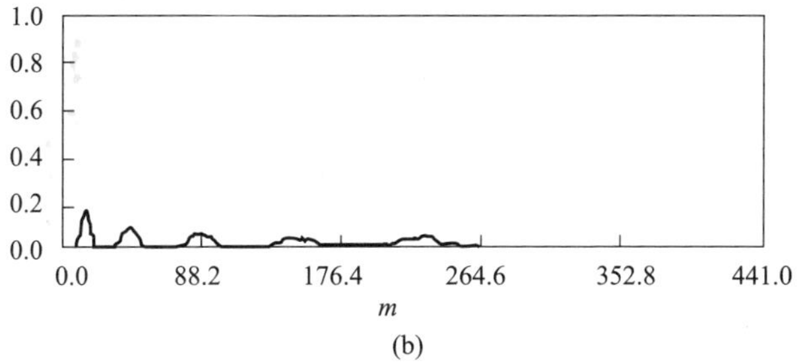

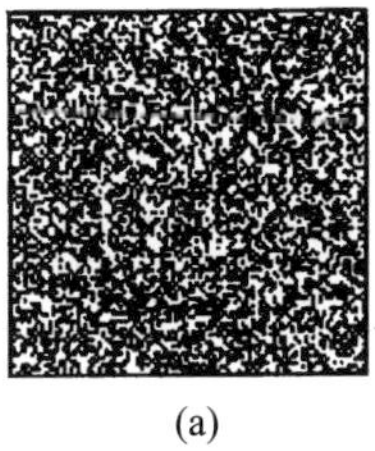

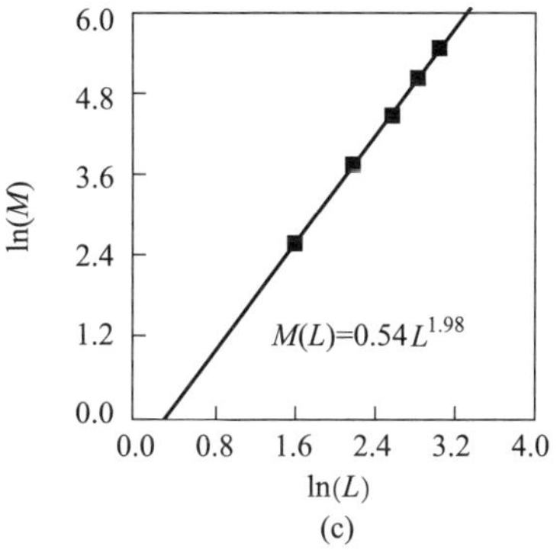

图 6.5　随机分布数据分形分维分析结果。（a）随机分布数据，100 × 100 点阵；（b）各窗口尺寸下被占领栅格数 m 的概率分布，从左到右 L=5，9，13，17，21；（c）不同窗口尺寸下 m 的一阶矩，直线斜率即为分数维。

半方差分析方法的突出优点是能够在理论半方差图的基础上进行空间插值，这种方法称为 Kriging（Krige，1966）。Kriging 方法采用已知点的加权平均值来预测未知点的值，各点的加权值由理论半方差决定。Kriging 方法的预测值不仅是最小二乘估计，而且还是无偏估计，从这种意义上说，Kriging 方法得到的预测值是最优的。图 6.3b 所示是以图 6.3a 理论半方差图为基础进行 Kriging 插值的结果，可见明显的东西方向的变化。

某空间距离所对应的半方差实际上是局部半方差的平均值的一半，因此，半方差分析方法以及建于理论半方差的 Kriging 空间插值方法都假设局部均值和方差在整个研究区域的一致性。但事实上，这种假设不是都能满足的，例如具有周期性的空间分布数据，这时应采用其他适合的方法进行分析，如二维谱分析方法。

2.6　分形方法（fractal geometric analysis）

分形方法是以分形几何学（fractal geometry）为基础的空间异质性分析方法。分形几何学提供了描述和研究不规则物体的方法，如云、海岸线和地形等。分形几何突破了欧氏几何整数维的限制，允许维数为分数。分数维一方面描述了物体不规则程度，另一方面也揭示了不规则表象后面的某种规则性，即自相似性。

生态学中许多问题如景观格局、资源分布和生态系统异质性等都可应用分形分维方法进行描述和研究（Mandelbrot，1982；Gardner 等，1987；Krummel 等，1987；Barnsley，1988；Feder，1988； 祖元刚等，1997； 张文辉等，1999）。同前面所讨论的方法一样，分形分维方法也提供某一尺度依赖性指标，不同的指标可获得不同的分维计算方法，因此，分形分维方法具有很多分维模式，但这些模式具有两个共同的特点：① 分形皆为它们所处欧氏空间的低维部分；② 分形的分维数比它所处欧氏空间维数小。分维一般从如下的测度与测量尺度之间的依赖关系求得：

$$Q(L) = k \cdot L^{Dq}$$

其中，L 为测量尺度，$Q(L)$ 为在 L 测量尺度下测得的分形测度量，k 为常数，Dq 即为分维数。

应该指出的是，分形几何学是从一些理论分形模式发展而来的，这些理论模式具有严格不变的分维数，而且部分与整体之间存在严格一致的自相似形。因此，早期分形几何学强调不同尺度下一致的分维数，但自然分形体极少能满足这样的条件，因此分形分维理论的实际应用所强调的是分形分维概念对不规则程度进行描述的价值。

我们以变窗口方法为例介绍分形分维方法的过程。变窗口方法（Milne，1992）首先需要研究区域内被研究对象的分布信息，因此特别适合于同地理信息系统相结合。地理信息系统中各种栅格形式的专题图都可作为变窗口方法的原始数据。变窗口方法以每一栅格为中心，采用一系列不同边长的正方形窗口对整个研究区域取样，记录窗口内研究对象所占栅格数 m，这样对于一定的窗口大小 L，可获得 m 的密度分布 $f(m, L)$。以 m 的期望值即 $f(m, L)$ 的一阶矩 $M(L)$ 为测度指标，它与 L 存在指数函数关系（Voss，1988）：

$$M(L) = k \cdot L^{D}$$

D 即为分维数，可对上式两边进行对数变换，再进行线性回归求得 D。我们以随机分布数据（图 6.5a）为例，计算了一系列窗口尺寸（L=5，9，13，17，21）下栅格数 m 的概率密度函数（图 6.5b），可以看出，不同的窗口尺寸所对应的概率密度函数特点是一致的，类似于正态曲线。经过对数变换和回归分析，得到随机分布数据的分数维为 1.98（图 6.5c），非常接近于二维平面。

四、小结

上面对 6 种主要的空间异质性分析方法进行了介绍，并用实例说明了它们的实际应用。这些方法都提供一个依赖于空间尺度的指标，并通过该指标随尺度变化的规律来反映空间异质性。这些指标包括自相关性系数［($I(d)$，$C(d)$］、谱强度（I_{pq}）、半方差［$\gamma(d)$］等。这里 Mantel 检测方法是一个例外，它并不提供这样的尺度依赖性指标，而是直接考察生态距离与空间距离之间的关系。

从实际应用的角度出发，更重要的是明确各种方法的特性，包括它们的功能、适用范围以及限制性条件等方面。表 6.1 对各种方法进行了比较。有的方法既能进行空间异质性描述，又可进行显著性统计检验，如自相关系数分析方法、谱分析方法和 Mantel 检测方法。半方差方法虽然不能进行统计检验，但提供了空间插值途径。谱分析方法对周期性的时空分布具有良好的显示度，但它对研究对象非梯度分布的前提条件又大大限制了它在空间异质性分析中的应用。Mantel 检测方法虽然不提供空间依赖性指标随空间尺度变化的直观图，但它对空间数据的要求很弱，而且能对非数值性变量进行分析，因此具有较强的普适性。

表 6.1　6 种空间异质性分析方法的比较

分析方法	技术要点	功能	数据	缺点
变样方分析方法	取样均方	描述空间异质性 确定特征尺度大小	一维样线数据	忽略倍增样方尺寸之间的取样均方 对取样起始点有依赖性
自相关系数分析方法	Moran 系数 $I(d)$ Jeary 系数 $C(d)$ 自相关图	描述空间异质性 检验空间异质性 确定特征尺度大小和方向	一维样线数据 二维网格数据	
谱分析方法	谱强度 I_{pq} R– 谱强度 θ– 谱强度	描述空间异质性 检验空间异质性 确定特征尺度大小和方向	一维样线数据 二维网格数据	不适用于间断分布数据 不适用于梯度分布数据 不适用于稀疏分布数据
Mantel 检测方法	生态距离矩阵或生态相似矩阵 X 空间距离矩阵 Y	检验空间异质性	规则或不规则分布的取样点多变量（数值型或非数值型变量）数据	不能提供特征尺度的有关信息

续表

分析方法	技术要点	功能	数据	缺点
半方差分析方法	半方差 $\gamma(d)$ 实验半方差图 理论半方差图	描述空间异质性 确定特征尺度大小和方向 空间插值预测	一维线样数据 二维网格数据 二维不规则取样数据	不能对空间异质性进行显著性统计检验
分形分维方法	分维数 D	描述空间异质性	一维线样数据 二维网格数据 尤其是 GIS 数据	需要的数据量较大，对于一般野外调查数据不容易实现

总之，在分析空间异质性的过程中，应根据数据来源、数据特点和研究目的等方面的情况选择适当的分析方法，有时还可采取功能互补的多种方法的组合，如先用自相关系数分析方法对空间异质性进行统计检验，再用半方差方法进行空间插值。

参考文献

李哈滨，王政权，王庆成．1998. 空间异质性定量研究理论与方法．应用生态学报，9（6）：615~657

邬建国，O. L. Loucks. 1992. 自然均衡观与现代生态学理论——生态学思想中的一场根本性变革．当代生态学博论．北京：中国科学技术出版社，16~29

张文辉，祖元刚，马克明．1999. 裂叶沙参与泡沙参种群分布格局分形特征的分析．植物生态学报，23（1）：31~39

祖元刚，马克明，张喜军．1997. 植被空间异质性的分形分析方法．生态学报，17（3）：333~337

Ashton, P. S. 1969. Speciation among tropical forest trees: Some deductions in the light of recent evidence. Biological Journal of the Linnean Society 1: 155~196

Barnsley, M. F. 1988. Fractals evcrywhere. Academic Press, New York

Blackman, G. E. 1942. Statitstical and ecological studies in the distribution of species in plant communities. I. Dispersion as a factor in the study of changes in plant populations. Annals of Botany 6: 351~370

Chatfield, C. 1980. The analysis of time series: An introduction. 2nd ed. Chapman and Hall, London

Clapham, A. R. 1936. Over-distribution in grassland communities and the use of statistical methods in plant ecology. Journal of Ecology 24: 232~251

Cliff, A. D., and J. K. Ord. 1981. Spatial processes: Models and applications. Pion Limited, London

Darwin, C. 1881. The formation of vegetation mould through the action of worms. John Murray, London

Douglas, J. B. 1979. Analysis with Standard Contagious Distributions. International Co-operative Publishing House, Burtonsville Feder, J. 1988. Fractals. Plenum, New York

Fisher, R. A., H. G. Thornton, and W. A. Mackenzie. 1922. The accuracy of the plating method of estimating the density of bacterial populations, with particular reference to the use of Thornton's agar mediun with soil samples. Annals of Applied Biology 9: 325~359

Gardner, R. H., B. T. Milne, M. G. Turner, and R. V. O'Neill. 1987. Neutral models for the analysis of broad-scale landscape pattern. Landscape Ecology 1: 19~28

Geary, R. C. 1954. The contiguity ratio and statistical mapping. Incorp. Statist. 5: 115~145

Green, R. H. 1966. Measurement of non-randomness in spatial distributions. Researches on Population Ecology 8: 1~7

Greig-Smith, P. 1983. Quantitative Plant Ecology. University of California Press, Berkeley, CA

Greig-Smith, P. 1952. The use of random and contiguous quadrats in the study of the structure of plant communities. Annals of Botany 16: 293~316

Hanski, I. 1982. On patterns of temporal and spatial variation in animal populations. Annakes Zoologici Fennici 19: 21~37

Haury, L. R., J. A. McGowan, and P. H. Wiebe. 1978. Patterns and processes in the time-space scales of plankton distribution. Spatial pattern in plankton communities (Steele, J. H. editor). Plenum Press, New York, 277~327

Hill, M. O. 1973. The intensity of spatial pattern in plant communities. Journal of Ecology 61: 225~235

Horne, J. K., and D. C. Schneider. 1995. Spatial variance in ecology. Oikos 74: 18~26

Huffaker, C. B. 1958. Experimental studies on predation: Dispersion factors and predator-prey oscillations. Hilgardia 27: 343~383

Hurlbert, S. H. 1990. Spatial distribution of the montane unicorn. Oikos 58: 257~271

Jenkins, G. M., and D. G. Watts. 1968. Spectral analysis and Its Applications. Holden-Day, San Francisco

Kershaw, K. A. 1957. The use of cover and frequency in the detection of pattern in plant communities. Ecology 38: 291~299

Krige, D. G. 1966. Two dimensional weighted moving average trend surfaces for ore evaluation. Journal South African Institute of Mining and Metallurgy 66: 13~38

Krummel, J. R., R. H. Gardner, G. Sugihara, R. V. O'Neill, and P. R. Coleman. 1987. Landscape pattern in a disturbed environment. Oikos 48: 321~324

Lasker, R. 1975. Field criteria for the survival of anchovy larvae: The relation between inshore chlorophyll maximun layers and successful first feeding. Fishery Bulletin 73: 453~462

Lefkovitch, L. P. 1966. An index of spatial distribution. Research Population Ecology 8: 89~92

Legendre, P., and M. J. Fortin. 1989. Spatial pattern and ecological analysis. Vegetatio 80: 107~138

Lloyd, M. 1969. Mean crowding. Journal of Animal Ecology 36: 1~30

Mandelbrot, B. 1982. The Fractal Geometry of Nature. Freeman, New York

Mantel, N. 1967. The detection of disease clustering and a generalized regression approach. Cancer Research 27: 209~220

Matheron, G. 1962. Traité de géostatistique appliquée. Tome 1. Éditions Technip, Paris

Milne, B. T. 1992. Spatial aggregation and neutral models in fractal landscape. American Naturalist 139(1): 32~57

Moran, P. A. P. 1950. Notes on continuous stochastic phenomena. Biometrika 37: 17~23

Oden, N. L., and R. R. Sokal. 1986. Directional autocorrelation: An extension of spatial correlograms to two dimensions. Systematic Zoology 35: 608~617

Patil, G. P., and W. M. Stiteler. 1974. Concepts of aggregation and their quantification: A critical review with some new results and applications. Research on Population Ecology 15: 238~254

Pielou, E. C. 1969. An introduction to mathematical ecology. Wiley, New York

Platt, T., and K. L. Denman. 1975. Spatial analysis in ecology. Annual Review of Ecolology and Systatics 6: 189~210

Platt, T., and W. G. Harrison. 1985. Biogenic fluxes of carbon and oxygen in the ocean. Nature 318: 55~58

Priestly, M. B. 1964. The analysis of two dimensional stationary processes with discontinuous spectra. Biometrika, 51: 195~217

Rayner, J. N. 1971. An introduction to spectral analysis. Pion Ltd. , London

Renshaw, E., and E. D. Ford. 1984. The interpretation of process from pattern using two-dimensional spectral analysis: Methods and problems of interpretation. Applied Statistics 32: 51~63

Richard, E. R., J. M. David, G. J. Andre, and H. F. Eldon. 1992. Geostatistical tools for modeling and interpreting ecological spatial dependence. Ecological Monographs 62(2): 277~314

Richerson, P. J., T. M. Powell, M. R. Leigh-Abbott, and J. A. Coil. 1978. Spatial heterogeneity in closed basins. Spatial pattern in plankton communities (Steele, J. H. editor). Plenum Press, New York 239~276

Ripley, B. D. 1981. Spatial Statistics. Wiley, New York

Rogers, A. 1974. Statistical Analysis of Spatial Dispersion. The Quadrat Method. Pion, London

Sakai, A. K., and N. L. Oden. 1983. Spatial pattern of sex expression in silver maple (*Acer saccharinum* L.): Morisita's index and spatial autocorrelation. American Naturalist 122: 489~508

Shugart, H. H. (ed.). 1978. Time Series and Ecological Processes. Society for Industrial and Applied Mathematics, Philadelphia Simon, H. A. 1962. The architecture of complexity. Proceedings-American Philosophical Society 106: 467~482

Skellam, J. G. 1952. Studies in statistical ecology. I. Spatial pattern. Biometrika 79: 346~362

Sokal, R. R., and N. L. Oden. 1978. Spatial autocorrelation in biology, 1. Methodology. Biological Journal of the Linnean Society 10: 199~228

Steele, J. H. 1976. Patchiness. Ecology of the sea (Cushing, D. H. and J. J. Walsh editors). Blackwell, London 98~115

Steele, J. H. 1978. Some comments on plankton patches. Spatial pattern in plankton communities (Steele, J. H. editor). Plenum Press, New York 1~20

Stommel, H. 1963. Varieties of oceanographic experience. Science 139: 572~576

Taylor, L. R. 1961. Aggregation, variance and the mean. Nature 189: 732~735

Taylor, L. R., and R. A. J. Taylor. 1977. Aggregation, migration and population mechanics. Nature 265: 415~421

Usher, M. B. 1969. The relation between mean square and block size in the analysis of similar pattern. Journal of Ecology 57: 505~514

Voss, R. F. 1988. Fractals in nature: from characterization to simulation. The Science of Fractal Images (Peitgen, H. -O. and D. Saupe editors), Springer, New York

Waters, W. E. 1959. A quantitative measure of aggregation in insects. Journal of Economic Entomology 52: 1180~1184

Wu, J., and O. L. Loucks. 1995. From balance of nature to hierarchical patch dynamics: A paradigm shift in ecology. The Quarterly Review of Biology 70: 439~446

附录：空间异质性研究方法的有关计算公式

1. 空间自相关系数计算公式

Moran 系数：$I(d)=[n\sum\sum w_{ij}(y_i-\bar{y})(y_j-\bar{y})]/[W\sum(y_i-\bar{y})^2]$

Jeary 系数：$C(d)=[(n-1)\sum\sum w_{ij}(y_i-y_j)^2]/[2W\sum(y_i-\bar{y})^2]$

其中：d 为空间距离；n 为数据点的个数；y_i，y_j 分别为数据点 i 数据点 j 的数值；$\bar{y}$ 为 y 的平均值；当 i 与 j 相距为 d 时，$w_{ij}=1$，否则 $w_{ij}=0$；W 为所有相距为 d 的点对的数目。

2. 谱分析方法计算公式

（1）自相关系数 r_{gh}

$$r_{gh}=(1/mn)\sum_{i=1}^{m-g}\sum_{j}(y_{(i,j)}-\bar{y})(y_{(i+g,j+h)}-\bar{y})$$

其中：g 为取样矩阵的行向距离，$0\leqslant g\leqslant m$；h 为取样矩阵的列向距离，$-n<h<n$；若 $h<0$，$j=|h|+1,\cdots,n$；若 $h\geqslant 0$，$j=1,\cdots,n-h$。

（2）谱强度 Ipq

$$Ipq=\sum_{g=-m+1}^{m-1}\sum_{h=-n+1}^{n-1}r_{gh}\cos[2\pi(gp/m+hq/n)]$$

或 $Ipq=mn(Apq_2+Bpq_2)$

其中：$Apq=(1/mn)\sum_{i=1}^{m}\sum_{j=1}^{n}(y_{ij}-\bar{y})\cos[2\pi(ip/m+jq/n)]$

$$Bpq=(1/mn)\sum_{i=1}^{m}\sum_{j=1}^{n}(y_{ij}-\bar{y})\sin[2\pi(ip/m+jq/n)]$$

（3）R- 频谱图 IR

$IR=(1/nR)\sum_{p}\sum_{q}Ipq$ 对所有满足 $R-\Delta R/2\leqslant\sqrt{p^2+q^2}<R+\Delta R/2$

其中：nR 为所有满足上述不等式的（p，q）的组合数；ΔR 为某一确定的间隔。

（4）θ- 频谱图 $I\theta$

$I\theta=(1/n\theta)\sum_{p}\sum_{q}Ipq$ 对所有满足 $\theta-\Delta\theta/2\leqslant\tan^{-1}(p/q)<\theta+\Delta\theta/2$

其中：$n\theta$ 为所有满足上述不等式的（p，q）的组合数；$\Delta\theta$ 为某一确定的间隔。

3. 半方差分析方法的有关计算公式

（1）半方差 $\gamma(d)$

$$\gamma(d)=(1/2n_d)\sum_{i=1}^{n_d}(y_{(i+d)}-y_{(i)})^2$$

其中：n_d 为所有相距为 d 的点对的数目。

（2）半方差理论模式

线性模型：$\gamma(d)=C_0+bd$

其中：b 为斜率。

指数模型：$\gamma(d)=C_0+C[1-\exp(-|d|/a)]$

其中：C=sill−C_0，a=range

球面模型：

$$\gamma(d)\begin{cases}=C_0+C[(3d/2a)-(d^3/2a^3)] & d\leqslant a\\ =C_0+C & d>a\end{cases}$$

其中：a=range

高斯模型：$\gamma(d)-C_0+C[1-\exp(-d^2/a^2)]$

以上各式中：C_0 为块金方差；sill 为半方差阈值；range 为空间自相关尺度阈值。

（3）Kriging 方法

已知 n 个点 $Pi=(xi,\ yi)$ 的值 $Z(Pi)$，则未知点 P_0 的值可以用这 n 个点的加权平均值 $\hat{z}(P_0)$ 进行估计，即：

$$\hat{z}(P_0)=\sum_{i=1}^{n}\lambda iZ(Pi)$$

λi 为第 i 个点的加权值，由下列 2 个条件：

- 最小二乘估计：$E[(Z(P_0)-\hat{z}(P_0))^2]$ 最小
- 无偏估计：$\sum\lambda i=1$

得：$\sum_{i=1}^{n}\lambda j\gamma(P_i,\ P_j)+\mu=\gamma(P_0,\ P_j)\quad i=1,\cdots,\ n$

μ 为拉格朗日参数

用矩阵表示有：$A\begin{bmatrix}\lambda\\ \mu\end{bmatrix}=b$，故$\begin{bmatrix}\lambda\\ \mu\end{bmatrix}=A^{-1}b$，其中：

$$A=\begin{vmatrix}\gamma(P_1,P_1) & \gamma(P_2,P_1) & \cdots & \gamma(P_n,P_1) & 1\\ \gamma(P_1,P_2) & \gamma(P_2,P_2) & \cdots & \gamma(P_n,P_2) & 1\\ \cdots & \cdots & \cdots & \cdots & \cdots\\ \gamma(P_1,P_n) & \gamma(P_2,P_n) & \cdots & \gamma(P_n,P_n) & 1\\ 1 & 1 & \cdots & 1 & 0\end{vmatrix}\quad b=\begin{vmatrix}\gamma(P_1,P_0)\\ \gamma(P_2,P_0)\\ \cdots\\ \gamma(P_n,P_0)\\ 1\end{vmatrix}\quad \begin{bmatrix}\lambda\\ \mu\end{bmatrix}=\begin{vmatrix}\lambda_1\\ \lambda_2\\ \cdots\\ \lambda_n\\ \mu\end{vmatrix}$$

估计的标准差为：$\sigma=b\begin{bmatrix}\lambda\\ \mu\end{bmatrix}$

4. Mantel 检测方法

（1）辅助变量计算公式

统计量 Z：

$Z=\sum\sum x_{ij}y_{ij}$，$i\neq j$

i，j 分别为行下标和列下标

统计量 r：

$$r=[1/(n-1)]\sum\sum[(x_{ij}-\bar{x})/s_x][(y_{ij}-\bar{y})/s_y] \quad i\neq j$$

i，j 分别为行下标和列下标

（2）统计检验

H_0：生态距离（X）与空间距离（Y）不存在线性相关关系；

H_1：生态距离（X）与空间距离（Y）存在线性相关关系；

统计检验过程：在 H_0 下，随机地改变 X 或 Y 的行列顺序，每次改变均按上述公式计算 z 或 r，大量的 z 或 r 值代表了它们在 H_0 条件下的取样分布。按显著水平 a，参照 z 或 r 的取样分布，若取 z 或 r 的概率小于 a，则拒绝 H_0，而接收 H_1，即认为生态距离与空间距离具有线性相关的关系；否则，认为它们不存在线性相关的关系。

整合分析法——生态与进化生物学中数据综合分析的新方法

7

第 七 章

方 炜

（美国纽约州立大学石溪分校生态进化学系，NY11794-5245）

摘要 整合分析是用来整合一系列独立实验研究结果的一类统计综合分析方法。它自从20世纪90年代初期从其他学科引入生态进化研究，迄今已开始对本学科产生重大的影响。在中国，整合分析于1998年首次被引入生态学。整合分析使用统计学方法来估测同一研究问题的不同单项研究的实验处理平均效应值。通过计算置信区间，可评估总平均效应的大小与方向，而且可对处理效应进行一致性检验。本文将整合分析与其他几种定量综合研究方法进行了比较，指出它们各自的长短。同时讨论了一系列影响整合分析在生态进化研究中合理使用的因素，尤其对数据缺乏、出版偏差、数据质量及其筛选、观测结果的非独立性以及将不同的研究混合后所引起的问题及处理对策进行了探讨。最后，本文对如何提高数据综合分析的质量提出建议，并对整合分析在生态进化学中的应用前景进行了展望。

Abstract Fang, W.（Department of Ecology & Evolution, State University of New York at Stony Brook, Stony Brook, NY, 11794-5245, USA）. Meta-analysis: An Emerging Quantitative Synthesis Technique in Ecology and Evolution. Meta-analysis is a statistical synthesis of the results of independent experiments for integrating the findings. It was imported from other disciplines to ecology and evolution at the beginning of 1990's, and has started to have a substantial impact in these fields. It was introduced into Chinese literature in 1998. In meta-analysis, formal statistical methods are developed to estimate mean treatment effects across studies addressing common research questions. Through the calculation of confidence limits, the magnitude and direction of the effects can be evaluated, and consistency among studies in effect size can be tested. A comparison between meta-analysis and a few alternative methods for quantitative summary of research results is made, and various challenges and solutions to the validity of meta-analysis in ecology and evolutionary biology are discussed in this paper.

一、整合分析在生态与进化生物学研究中的地位及其发展史

20 世纪 60 年代以前，很少有人在生态学研究中使用统计学检验。将正规的统计学手段应用到科研实践，微妙却又深远地影响了生态学的发展。早期的生态学家往往对他们所研究的生物及其居住环境（从系统分类学到地理学等一系列领域）有谙熟的自然博物学知识。但随着时间的推移，对单个生物的细节记载以及对生物进行归纳、分类的需求逐渐被统计学的种群均值、方差以及假设检验的比较方法所取代。统计方法在生态与进化生物学研究里的引入起初也曾在某些方面受到抵制（见 Simpson 等，1960），但最终彻底改变了这个学科的性质。伴随同时发生的许多其他变化，它是促成生态学由自然博物学转化为一门现代学科的重要驱动力。

尽管任何一个受过现代生态学培训的人都至少熟悉一些基本统计方法，许多人尚未了解对多个研究的结果进行综合分析的新方法的发展。这类定量综合分析的统计方法统称为整合分析法（meta-analysis），于 20 世纪 90 年代初期引进生态学和进化生物学。Cochran（1937），Fisher（1932），Pearson（1904，1933）和 Tippett（1931）在早期提出了诸如统计学显著性的混合检验等方法。但正规的数据定量综合分析方法直到 20 世纪 70 年代才在社会科学的几个分支里真正起步，特别是临床心理学、教育心理学与工业心理学（参见 Cooper 和 Hedges，1994；Hunt，1997）。Glass（1976）创造了“整合分析”（meta-analysis）一词，将其定义为“对一系列独立个别研究所获的大量数据的统计学分析，旨在整合研究结果”。随后的 10 年间，整合分析统计手段得到了长足的发展与改善（尤其是在医学研究中，如 Chalmers 等，1989；Sacks 等，1987；Mann，1990，1994）。

生态与进化生物学中的首篇整合分析论文发表于 1991 年。自此，有关使用整合分析的论文发表数目逐年增长（图 7.1）。Gurevitch 等（1992）对竞争实验的整合分析对此后整合分析在生态学界的应用起了深远的影响。整合分析曾用于整合个人或一个集体所做系列实验的结果（如 Hechtel 和 Juliano，1997），也曾用于整合某一专题的所有文献结果（例如，Myers 和 Mertz（1998）包括了 500 多个鱼类种群；Curtis 和 Wang（1998）评估了 500 多篇有关 CO_2 浓度升高对木本植物影响的报道）。迄今为止，整合分析在生态进化学

中的应用已相当广泛：从评估在保护生态学中有应用价值的专题到鉴定进化生物学理论的证据均有实例。

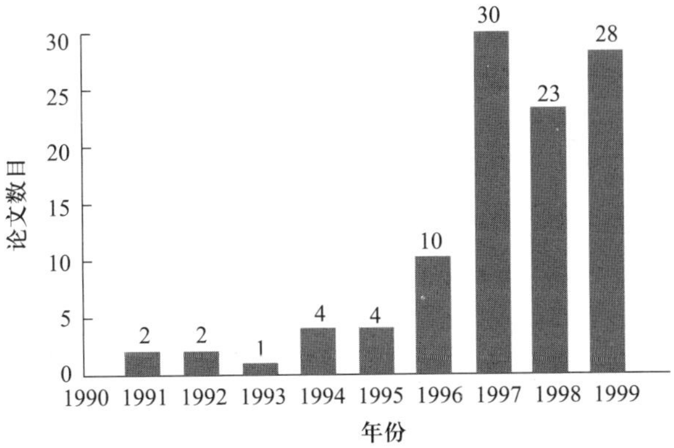

图 7.1　过去 10 年间生态进化学有关整合分析的英语论文发表数目。

有关整合分析在生态与进化生物学中应用的第一篇综述文章发表于 1995 年（Arngvist 和 Wooster，1995）。“生态学中的整合分析”的专题研讨会于 1996 年在美国生态学年会上召开，旨在将整合分析更广泛地介绍给生态学家。整合分析的应用软件 Meta Win1.0（Rosenberg 等，1997）在该研讨会上首次问世。同时，美国生态分析与综合中心（National Center for Ecological Analysis and Synthesis）于 1996 年组织了一个研讨班，讨论了整合分析在生态学问题上的应用（Osenberg 等，1999a）。通过一系列的专题讨论，与会者检验了效应值统计量与生物学模型的联系，评估了这些统计量的特性，并对一系列种群、群落和生态系统生态学中有价值的专题所发表的实测数据组进行了整合分析。这些研究涉及植物群落生态学（Goldberg 等，1999），溪流生态系统的捕食者 - 被捕食者相互作用（Englund 等，1999），和海洋食物网等方面（Downing 等，1999）。这些工作表明，生态学数据的特征有别于心理学或医学数据。这一点在 Osenberg 等（1999b）探讨生态学整合分析里的假设验证的特性，以及在 Gurevitch 等（1999）和 Hedges 和 Hedges（1999）讨论适合于生态学应用的统计方法时有更进一步的分析。

在我国，彭少麟首次将整合分析引入生态学界（彭少麟和唐小焱，1998），利用此方法进行生态学分析（郑凤英和彭少麟，1999），并介绍了 MetaWin 软件的早期版本（彭少麟和郑凤英，1999）。

在过去的 20 年中，整合分析在行为学和医学领域有近乎革命性的发展（Cooper 和 Hedges，1994），而只是近年来才对生态和进化生物学领域产生影响。正如生态学早期完成了由描述与分类到现代定量化手段的转变，整合分析为当今的生态与进化生物学研究预示了进一步由描述到定量的方法转变。整合分析研究者提供了一个统观全局的工具，它能将各个独立的研究实例得出的许多“小照片”拼成一个独特的复合“大照片”，从而在更大的时空尺度上回答单项研究无法完全解答的问题。可以预测，采用这类手段将转变人们对研究结果的理解方式。

生态学家们对于研究结果的推广往往存在着矛盾的心理。一方面，许多生态学家对于自己的研究结论外推到其他生物的情况非常谨慎，不肯越雷池一步；另一方面，人们又往往习惯于毫无疑问地全盘接受教科书上用来证明各种基本生态学原理的单项研究结果及其推理逻辑。在这两个极端之间，生态学家和进化生物学家们需要深入地思考如何从实验结果中提炼出对自然界更广泛的理解。

生态学研究往往是在不同的情况下采用不同方式来回答具有普遍性意义的问题。如同综述性文章一样，整合分析旨在总结一系列研究的结果。不同的是，整合分析是特别为量化综合分析整个数据组与假设检验而创造的一种正规的统计方法。对于某种我们感兴趣的生态效应，整合分析可以定量回答一系列重要问题，如这种效应总体上有多大？当考虑到取样方差时，这种效应是否显著？效应大小是否在不同类别的研究之间存在系统的差异（例如，不同的营养级之间，或短期与长期研究之间）？整合分析统计法对这类问题提供了直截了当的量化方法。

关于整合分析在生态与进化生物学中的应用一直存在有争议。人们需要时间来充分理解整合分析的应用价值。其中一个例子是采用整合分析对营养级瀑布（trophic cascade）假说的检验（Brett 和 Goldman，1996，1997；Osenberg 等，1999b）。Brett 和 Goldman（1996，1997）的整合分析结果不能证实当今有关捕食速度导致被捕食者数量的两种假说中的任何一个。McCann 等（1998）继之创立了一个新的被捕食者相关（prey-dependent）模型。新模型引入水生动物的干扰，导致更加网状分布的食物网，而这与整合分析的结果更为吻合。由此可见，整合分析在生态与进化生物学中的使用不仅仅限于整合数据以检验现有的假说（如 Wand 等，1999）或为现有模型提供参数测定（如 Medlyn 等，1999），整合分析问题所带来的新理解或许会引起新方法、新理论的发展。

二、传统数据综合分析方法的局限性

记叙性综述法（narrative review）有许多有价值的功能，在整合分析已有稳固地位的学科里仍在沿用。记叙性综述可以允许作者阐述有关学科地位的观点，对流行技术以及技术状况进行评估，提出有争议性的问题，以及阐明对未来研究方向的理解。但这类综述同时也存在一些不足。无论是对单个研究的选择还是对其结论的概括，记叙性综述几乎总是主观的。综述人根据单个研究结果的统计显著性来评估所有被综述的个例，与表决计数法具有同样的统计学缺陷（见下文）。综述人的印象往往是根据文章的摘要与讨论部分而非源于对实际数据的考证。更重要的是，记叙性综述不能像整合分析那样提供定量化信息，对诸如以下问题提供答案：总体反应（response）的大小是多少？这一反应大小是否在所有单个研究中都一致？什么变量（什么原因）可解释单个研究之间反应大小的不一致？

在过去的20年间，生态学家逐渐转向采用较定量的方法来综合分析研究结果。最常见的是累计统计结果显著与不显著的单个研究实例数，然后相互比较（有时采用统计测试）来判定有关效应的大小及其重要性。这一方法称作表决计数法（vote-counting）。它在生态学以外的许多领域里也曾有应用。但表决计数法存在着严重的问题，基本上不宜在任何情况下使用。在其他学科，该法已停止使用，但在生态学中，表决计数法仍是屡戒不止（Gurevitch 和 Hedges，1993）。

表决计数法的关键问题在其统计效力（statistical power）。实验结果的统计显著性取决于反应大小和样本大小。这两个因子共同决定了一个实验是否能成功地探测出一个真实的反应。由于生态与进化生物学中的研究多数都是样本数量小而效应也不大，结果统计效力不足，往往产生负偏差（negative bias），即不足以检测实际存在的效应。这样一来，即使实际拥有相同效应大小的单个研究也很可能随机地表现出不同结果（如 Gurevitch 和 Hedges，1999）。表决计数法由于未考虑单个研究的样本大小与方差大小（个例结果置信度），不仅本身缺乏统计效力，结果严重误偏，而且其统计效力会随所包括的研究实例数的增长而进一步削减（Hedges 和 Olkin，1980，1985）。如同记叙性综述，表决计数法也无法提供有关效应大小及其均质性（跨研究一致性）的可靠信息。而这些问题在标准的整合分析中均可加以避免。

有些研究者由于对整合分析中的统计方法不熟悉，也许倾向使用更熟悉的方法，如方差分析（ANOVA）和普通的最小二乘法（least square regression）来进行跨研究的效应大小估测和定量综合分析，这也是不合适的。因为这类数据不同于原始数据，样本大小和方差通常有极大的差异。通常的方差分析与回归要求的方差均质性几乎总是不可能满足的，即使进行数据转换也解决不了异质性问题。在这种情况下常规方法所得结果就很不准确。而标准的整合分析法由于明确地把样本方差考虑在内，可以避免这一系列问题。

三、生态学整合分析中的统计手段

整合分析要求所有单个研究的结果置于同一尺度上，以便相互比较及取平均值。最常见的方法是采用某种形式的“效应值”（effect size）来将实验结果标准化。在众多的效应值统计量中，有四种最常用（表 7.1）。当结果是反映实验组与对照组的反应差异时，最常用的是标准化平均值差（standardized mean difference，又称 Hedges'd）和对数反应比（log response ratio，或称 *Lr*）。例如，我们可以说，实验组的平均生物量比对照组高出一个标准差（即 d=1.0），或实验组的平均生物量是对照组的 1.25 倍（即 Lr=ln1.25）。在有些研究领域，结果用相关系数（correlation coefficients）来记录，这类数据需进行 Fisher 的 Z 转换（表 7.1），再用于整合分析。

对于类型（categorical）结果的实验，常用方法为差额比例（odds ratio）（或类似的其他统计量，见 Rosenberg 等，2000）。例如，我们对种子被染成红色或不染色（colored/uncolored）时是否被传播者移走感兴趣（结果可记录为转移或未转移的种子数目）。我们可将所有反应值如表 7.2 列入一个联列表中。如表 7.2 所示符号，实验组染红的种子的反应率 P_t 为：

表 7.1 常用效应值及其取样方差的计算公式

效应值	表示符	计算公式	取样方差
Hedges 效应值	d	$d=\dfrac{(\overline{X}^E-\overline{X}^C)}{S}J$	$v_d=\dfrac{N^C+N^E}{N^CN^E}+\dfrac{d^2}{2(N^C+N^E)}$
对数反应比	Lr	$Lr=\ln\left(\dfrac{\overline{X}^E}{\overline{X}^C}\right)$	$v_{lr}=\dfrac{(s^E)^2}{N^E(\overline{X}^E)^2}+\dfrac{(s^C)^2}{N^C(\overline{X}^C)^2}$
相关系数的 Z 转换	z	$z=\dfrac{1}{2}\ln\left(\dfrac{1+r}{1-r}\right)$	$v_z=\dfrac{1}{N-3}$
相对差额比	lnOR	$OR=\dfrac{P_t(1-P_c)}{P_t(1-P_t)}$	$v_{\ln OR}=\dfrac{1}{T}+\dfrac{1}{C}+\dfrac{1}{t}+\dfrac{1}{c}$

注：$X(E)$ 和 $X(C)$ 为实验组与对照组的平均值；s 为两组的共同标准离差；$N(E)$ 和 $N(C)$ 为实验组与对照组的样本大小；r 为 Pearson 相关系数，其样本大小为 N；相对差额比是差额比效应值的一种，P_t 和 P_c 分别为实验组与对照组的反应率（详见文中）。T、C、t、c 详见表 7.2。

表 7.2 差额比效应值计算中的 2×2 表（详见文中）

	实验组	对照组	总计
被移走种子数	T	C	$T+C$
未被移走种子数	t	c	$t+c$
总计	$n_t=T+t$	$n_c=C+c$	$T+C+t+c$

$$P_t=T/n_t$$

这里 T 为实验组中呈现“反应”（被转移）的种子数目，n_t 为实验组的种子总数（包括反应者和未反应者）。而对照组（未染色的种子）的反应率 P_c 为

$$P_c=C/n_c$$

这里 C 为对照组中呈现“反应”的种子数目，n_c 为对照组的种子总数。差额比例及其样本方差的计算方法列于表 7.1。与此相似，许多生态学研究的反应可归入类型结果（死亡 / 存活、交配 / 未交配、变态 / 保留蛹态等）。尽管该方法在医学研究中应用更为广泛，在生态学中也将有广泛前景。

当所有单项研究取得合适的可比效应值后，这些数值可用几种不同的方法结合起来。这里我们只提及加权分析法，它将样本方差的倒数加权于其效应值上，有许多可取之处（见 Gurevitch 和 Hedges，1999；Hedges 和 Olkin，1985），如此可得加权总平均效应值 $\overline{\overline{E}}$：

$$\overline{\overline{E}}=\frac{\sum_{i=1}^{n}W_iE_i}{\sum_{i=1}^{n}W_i}$$

这里 n 为研究项目数，E_i 为第 i 个单个研究的效应值，根据数据特点，也可以是 d，或 Lr，z 或 $\ln OR$，第 i 个研究的权重是其样本方差 V_i 的倒数 W_i，$W_i=1/V_i$（表 7.1）。而 $\overline{\overline{E}}$ 的方差为

$$S_{\overline{\overline{E}}}^2=1/\sum_{i=1}^{n}W_i$$

$\overline{\overline{E}}$ 的置信区间为

$$CI=\overline{\overline{E}}\pm t_\alpha/2\,[\,n-1\,]\,(S_{\overline{\overline{E}}})$$

这里 t 为 student t 分布的双尾关键值（two-tailed critical value），其自由度为 $n-1$，临界值（critical level）为 α。总平均效应值提供了跨研究评估总体效应值的手段，而根据置信区间可判断是否该效应为零，还是显著大于或小于零。

以上是整合分析最基本的一步。根据数据的特点，整合分析可进一步分作类别型（与方差分析类似）和连续型（与回归类似）两类。目前两类的统计学方法都存在，都是用样本方差的倒数来加权，但前者在生态与进化生物学中的使用更为普遍。类别型方法依赖于均质性测度，即测试个例间的取样误差是否相互吻合，或测试研究之间效应值幅度是否存在异质性。如果研究结果是异质的，就应根据现有假说的推测对单个研究进行分组（例如肉食类与草食类，长期研究与短期研究等），然后进一步测试研究组之间是否存在差异。与此不同，连续性模型适用于效应值随某个独立变量（例如生物量，Goldberg 等，1999）而变化的情况。

类别型和连续型数据类型都可以用几种不同的方法来分析处理。这些方

法最重要的差异在于固定效应（fixed effects）与随机效应（random effects）模型的区别。单纯的固定效应模型假设所有的研究共享一个“真实的效应值”，其差异只源于取样误差。相反，随机效应模型则假定所有研究的“真实效应值”之间存在着随机性的差异。而混合效应（mixed effects）模型将二者结合，假设组内的单个研究效应值之间存在随机差异，而组间存在着固定的效应差异（Gurevitch 和 Hedges，1993）。固定与随机效应模型存在前提假设上的差异，因而对它们分析结果的解释方式也应有所不同（如 Gurevitch 和 Hedges，1993，1999；Raudenbush，1994）。这些分析的实际操作方式可参见有关教科书（如，Hedges 和 Olkin，1985），也可参见一些软件程序（如，Rosenberg 等，2000）。

其他被引入整合分析的统计学方法还包括重复取样法（resampling tests，包括 randomization 和 bootstrapping）。当常规参数检验法不适用（如前提假设不能满足）时，重复取样法可作为合理的替代（Adams 等，1997；Rosenberg 等，2000）。整合分析近期的进展在于对多因子正交实验的分析方法。所有用来分析的研究都在两个水平上对同样两个因子进行了调控（如竞争与捕食，Gurevitch 等，2000）。这一方法不仅可以评估主因子效应，而且可以跨研究评估双因子相互作用的效应。贝叶斯（Bayesian）方法也曾应用到生态与进化生物学中的整合分析（Ellison，1996；Hilborn 和 Liermann，1998；Liermann 和 Hilborn，1997；Myers 和 Mertz，1998；Piegorsch 等，1998）。

四、生态与进化生物学中整合分析现存及可能存在的问题

尽管整合分析的使用在生态与进化生物学界日益受到重视，新的统计方法也不断在适应需要中发展与传播，有一些问题或多或少地为使用整合分析设置了障碍。其中大部分问题并非生态与进化生物学所特有，在其他很多学科中也普遍存在。本节将探讨由于数据缺失或粗略、出版偏差、数据筛选、观测间的非独立性以及非相似数据组的结合所引起的种种困难。

1. 数据缺失或粗略

在所有妨碍使用标准参数整合分析方法的因素里，最严重的莫过于原始文献中测量统计值报道的不全面。最常见的是没有清楚地记载取样大小及反应值的标准差（即文章不报道平均值，任何形式的方差，相关系数或实验结果的统计方法）。这一事实往往降低了可利用单个研究的数量及所覆盖的信息量。

有几种途径可以改变这一现状。一个长期的办法是提高发表论文的标准。草率地报道结果（如略去取样大小）应完全不为生态学的主流期刊所接受。目

前这已是普遍存在的一条标准（图解形式的结果可以接受，因为整合分析通常可将图形结果扫描并数字化）。该标准可通过更严格的编辑和同行审稿来强化。对于已发表的工作，作整合分析者可以直接与作者联系以获取有关数据。尽管这一方法也许能带来一定的帮助与学者间的相互联系，但几乎总是费时费神而收效甚微。

对于已经发表的大量生态学信息，即使缺乏样本大小，标准方差或甚至是平均值，许多综述者还是希望有办法来概括这些数据，因为他们觉得，就算数据质量再差，总比没有数据要好。这种情况只能计算非加权的平均值，但到底怎样估测非加权总平均值的方差呢？

有一种办法是使用随机检验（randomization tests）。通过靴袢（bootstrap）非加权数据来产生置信区间，再通过随机取样方法来进行均质性检验。连续型模型也可通过随机取样法来检验斜率的显著度（如 Rosenberg 等，2000）。这一方法的效力与可靠性将取决于数据组的误差结构，其效果不仅不及标准的加权过程，而且也无从知晓这一过程到底有多不准确，同时也无法将研究组内与组间的取样误差分开来（Gurevitch 和 Hedges，1999）。

2. 出版偏差

前面已提到，表决计数法会产生负偏差。也有人担心整合分析有可能带有系统性的正偏差。这主要源于带有某类结果的文章被选择性地发表，也称为出版偏差（publication bias）（Begg，1994）。出版偏差通常指编辑倾向于拒绝研究结果统计检验不显著的稿件，也指选择性地发表与传统常识相吻合的结果。如果研究结果不拒绝零假设会导致更高的拒稿率（或作者自己选择不发表，从而降低此类结果的投稿率），则该类研究的整合结果便有正向偏差（Begg 和 Berlin，1988）。

出版偏差不仅影响着整合分析的合理性，也同样影响对该专题文献的综合分析与提炼的可靠性与准确性。记叙性综述的结论同样会像整合分析一样受到出版偏差的影响。一篇展示有某种效应的文章，如果和另五篇证明无此效应的文章放在一起，对这种效应的理解会有改变，而若这后五篇由于出版偏差被全部拒掉，这唯一一篇发表的文章就会导致偏差的结论。

尽管人们怀疑出版偏差的存在，它对文献综述影响的程度仍停留在猜测阶段。对出版偏差作正规研究的论文在生态与进化生物学领域和其他学科都有发表（见 Rosenberg 等，2000；Bauchau，1997；Csada 等，1996；Palmer，1999）。但这些研究结果并不一致。整合分析本身有一系列手段来检测和量化出版偏差，其中包括图表性和分析性的方法。

最常见的图解性方法是“漏斗图”（funnel plots），是由效应值对样本大小所做的散点图（Light 和 Pillemer，1984）。根据取样理论，当样本小时，所测效应值围绕效应值的变差就大，随着样本数逐渐增加，实测效应值会围绕“真实”效应值，如平躺的漏斗般收敛。当出版存在偏差，即报道无显著效应的单个研究被系统性地拒稿时，漏斗图在样本数小的一端就会缺乏数据。其他一些图解方法包括加权的直方图和标准的四分图（normal quantile plots）（Rosenberg 等，2000；Wang 和 Bushman，1998）。而非图解式方法复杂且至今没有得到广泛使用，这里不复赘述。

3. 数据筛选

一次文献检索到底需多全面？人的精力与财力总是有限的。Laird（1990）称他企图针对某个专题对所有发表与待发表的文献进行检索是“一生只能犯这一次的大错”（引自 Sharpe，1997）。但有两点非常重要：第一，为避免有偏见地检索文献，必须在作整合分析之前就明确检索范围（例如在某些杂志，或某些年份，或仅使用特定的数据库等）；第二，检索范围应依据作者期望整合分析所得出的结论而定。如果整合分析的目的是概括该领域的所有相关研究，则检索范围应全面覆盖包括未发表文献在内的所有资料；如果文献中的某一特定部分被系统地忽略了，则分析结论不可外推至这一部分（Sharpe，1997）；如果目的只是对一个专题的主流倾向进行定量评估，检索强度则不必要求这么高。但无论哪种情况，文献的选择必须是不带偏见的。

挖掘出可能使用的文献之后，还必须决定如何将研究质量优劣不等的数据放在一起处理（Sharpe，1997）。整合分析的有些批评家们抨击这类综合分析为“垃圾进垃圾出”的过程。整合分析通常倾向于纳入所有的研究，但对数据质量加上代码，这样就可以直接测试纳入低质量数据的后果（见下文）。但也有人喜欢将低质量的数据剔除。发表在经同行审阅过的期刊上数据本身可认为经过质检，未发表在该类期刊的文章不见得就一定是质量不过关，期刊之间的审稿质量也差别很大。很难找出两全之策。

与其根据一些主观的评判标准来筛选数据，对数据的一个或多个统计置信量加上代码来评估更为可行（Wortman，1994）。例如，用来将研究质量分类的标准可以包括：所有实验处理是否完全重复（还是假重复 pseudo-replication）？处理是否随机分配给研究主体？实验处理是否有其他不可分割的因子存在？等等。通过这些标志“研究质量”的指标，我们可以测试“低质量”研究与“高质量”研究是否可得出不同结论。如果不同，低质量研究就应被剔除。

4. 观测之间的非独立性

与许多其他的推理统计手段一样，传统的整合分析要求数据库中单个研究的结果之间是相互独立的。整合分析对于不同程度地违背该前提到底有多敏感，这还是个未知数。而原始数据分析里的非独立性也是个悬而未解的问题。原始研究可以通过控制实验设计来避免非独立性，有时也可通过统计模型或计算去除数据里的自相关（autocorrelation）。但整合分析一来无法控制原始研究的实验设计，二来用来校正非独立性的统计手段也相对少些。Gurevitch 和 Hedges（1999）对生态学中整合分析的非独立性问题有所探讨。

一个可能的解决办法是：每篇正式发表的论文只取用一个效应值（如 Werf，1992）。这种办法假设每篇论文发表彼此独立的实验，而同篇论文里的实验相互不独立。但在现实中，有些人倾向于将大型、多个实验发表在一篇论文里，而另一些人喜欢将结果拆成多篇小论文发表。即使同样的实验结果出现在两篇论文里也不罕见。

生态学中常见的多因子正交实验是另一个棘手的问题。主因子效应之间何时是相互独立的，在整合分析里如何处理其独立性关系？这也取决于整合分析在什么水平上进行概括与总结。选择或不选择某个效应值（或某因子效应值的平均值）既是个生态与进化生物学问题，又是个统计学问题。

当多因子实验涉及多个物种或多个生态型时，情况就更为复杂。如果认为效应值之间缺乏独立性而取平均值或只取一个物种（生态型）的效应值，大量的信息就丢失了。如果认为不同的物种之间已是足够相互独立，则拥有多物种的单个研究可为整合分析提供大量观测值。

也有些导致非独立性的因素相当隐蔽。不同物种对实验处理的效应值大小与方向也许与它们在系统发生学上的远近相关。这一由系统发生导致的非独立性问题在进化生物学文献里曾被广为探讨过（Harvey 和 Pagel，1991；Silvertown 和 Dodd，1996）。另一形式的非独立性源于学术思想体系的非独立性。可以想象，在同一实验室里工作过或培训过的研究人员比一般情况下更可能持有类似的学术观点，使用同样的手段，从而导致最终发表相似的效应值。当整合分析数据组里的结果未能实现独立性时，平均效应值的标准方差就会被过小估计，从而增大第一类误差（type I error，指错误地推翻了本为正确的零假设）的产生机会，对此，一个保守的措施是将显著性检验的标准由 5% 降为 1% 或更小。

5. 影响整合分析合理性的其他因素

批评家们攻击整合分析的又一论点是：整合分析将不同的研究混在一起，产生毫无意义的结果。Glass，心理学整合分析的创导人之一，在回复这一论点时说：如果人们想了解水果的特性，也许将苹果和橘子混在一起是件好事（Smith 等，1980）。但这一论证并未说服所有人。每一整合分析必须有充分理由来选择所覆盖的范围。如果覆盖面太广，结果可能毫无意义；但若过窄，不仅结果可能无价值，而且当结果外延至分析以外的领域时会误导他人（Sharpe，1997）。另一途径是采用均质性检验来评估研究结果之间的一致性，并根据研究的相似性来分组。但若所有研究的反应都一致，分组便不必要，也不合适。在混合效应值之前，Hedges 等（1999）建议将单个研究之间的方差与个例内部方差的平均值相比较。如果个例间的方差比个例内部方差的平均值大上许多倍，就说明这些单个研究差异太大，不适宜混合起来。归根到底，“苹果与橘子”的问题本质上涉及如何将实验结果提炼到自然界真理的问题，绝非轻易能够解决。

除去前面提及的影响分析合理性的因素（出版偏差，“垃圾进，垃圾出”，“苹果与橘子”）之外，Sharpe（1997）还讨论了其他一些在社会科学中一直反对使用整合分析的可能原因：对早期的整合分析第一印象不好；根据个别错误使用整合分析的例子而否认整个整合分析这一方法；担心整合分析的结果看上去过分确定，从而抑制将来的研究；不喜欢定量分析中描述性与非理论性的东西。这里需要补充的是：整合分析本身是一种非常有效但粗放的手段。定量综合分析的研究还刚刚起步。大家仍在探索什么方面的工作它能做好，而什么方面的工作不适合用它来做。

五、结语

正如任何的统计学方法一样，整合分析也存在着被错用、滥用的风险（就好比方差分析在生态与进化生物学中被大量错用一样）。使用任何一种方法之前，无论是测定 CO_2 吸收量，进行 t 检验，或进行整合分析，操作者都应理解所使用的方法，包括它的局限、前提假设和易犯的错误。在认真推敲下使用这些方法一定会带来新的信息；而不恰当地使用整合分析则会产生误导人的结果。

无论是在纯粹的统计学，还是在生态学与进化生物学意义上来看，生态与进化生物学中的整合分析在实用性和精确度方面还亟待提高。例如，更好地理解各种形式的数据非独立性对整合分析结果的影响就会非常有用。对于出版偏差，我们不仅要设法创立更好的探测与纠正方法，而从更广的意义上来说，增强这方面的意识也许能改变出版的标准。综述者与编辑也许会渐渐明白，统计“不显著”的结果并非就是不包含信息或无意义。因此对整合分析更广泛地接纳与使用也许会改变论文被评判可否被发表的常规。同时，每个接触过整合分析的人都应深有感触，这一改变还应包括对数据记录标准的提高（即明确地解释实验是如何操作的，报道样本大小与标准方差等）。尽管整合分析目前仅用于分析实验数据，随着它在生态与进化生物学的普及，人们也许会感兴趣将这类方法用于不同类型的数据，如非实验数据上，进一步激发新方法的诞生。

致谢

本文的撰写得益于 Dr. Jessica Gurevitch 提供的大量文献与培训。中国科学院鹤山丘陵综合开放实验站为本文提供了中文资料及有关帮助。二位匿名编辑从结构到文字均提供了大量而细致的建议。笔者在此表示诚恳的感谢。

参 考 文 献

彭少麟，唐小焱．1998. Meta 分析及其在生态学上的应用．生态学杂志，17（5）：74~79

彭少麟，郑凤英．1999. Meta 分析及 Meta 软件．土壤与环境，8（4）：295~299

郑凤英，彭少麟．1999. 捕食关系的 Meta 分析．生态学报，9（4）：448~452

Adams, D. C., J. Gurevitch, and M. S. Rosenberg. 1997. Resampling tests for meta-analysis of ecological data. Ecology 78: 1277

Arngvist, G., and D. Wooster. 1995. Meta-analysis-synthesizing research findings in ecology and evolution. Trends in Ecology and Evolution 10: 236~240

Bauchau, V. 1997. Is there a "file drawer problem" in biological research? Oikos 79: 407~409

Begg, C. B. 1994. Publication bias. The Handbook of Research Synthesis（Cooper, H. and L. V. Hedges, editors）. Russell Sage Foundation, N. Y. 399~410

Begg, C. B., and J. A. Berlin. 1988. Publication bias: A problem in interpreting medical data. Journal of the Royal Statistical Society-Series A 151: 419~463

Brett, M. T., and C. R. Goldman. 1996. A meta-analysis of the freshwater trophic cascade. Proceedings of the National Academy of Sciences of USA 93: 7723~7726

Brett, M. T., and C. R. Goldman. 1997. Consumer versus resource control in freshwater pelagic food webs. Science 275: 384~386

Chalmers, I., M. Enkin, and M. J. N. C. Keirse. 1989. Effective Care in Pregnancy and Childbirth. Oxford University Press, Oxford

Cochran, W. G. 1937. Problems arising in the analysis of a series of similar experiments. Journal of the Royal Statistical Society-Supplement 4: 102~118

Cooper, H., and L. V. Hedges. 1994. The Handbook of Research Synthesis. Russell Sage Foundation, N. Y., 573

Csada, R. D., P. C. James, and R. H. M. Espie. 1996. The "file drawer problem" of non-significant results: Does it apply to biological research? Oikos 76: 591~593

Curtis, P. S., and X. Z. Wang. 1998. A meta-analysis of elevated CO_2 effects on woody plant mass, form, and physiology. Occologia 113: 299~313

Downing, J A., C. W. Osenberg, and O. Sarnelle. 1999. Meta-analysis of marine nutrient-enrichment experiments: Variation in the magnitude of nutrient limitation. Ecology 80: 1157~1167

Ellison, A. M. 1996. An introduction to Bayesian inference for ecological research and environmental decision-making. Ecological Applications 6: 1036~1046

Englund, G., O. Sarnelle, and S. D. Cooper. 1999. The importance of data-selection criteria: Meta-analyses of stream predation experiments. Ecology 80: 1132~1141

Fisher, R. A. 1932. Statistical Methods for Research Workers 4th ed. Oliver and Boyd, London

Glass, G. V. 1976. Primary, secondary and meta-analysis. Educational Researcher 5: 3~8

Goldberg, D. E., T. Rajaniemi, J. Gurevitch, and A. Stewart-Oaten. 1999. Empirical approaches to quantifying interaction intensity: Competition and facilitation along productivity gradients. Ecology 80: 1118~1131

Gurevitch, J., and L. V. Hedges. 1993. Meta-analysis: Combining the results of independent experiments Design and Analysis of Ecological Experiments（Scheiner, S. M. and J. Gurevitch editors）. Chapman and Hall, New York and London. 378~398

Gurevitch，J., J. A. Morrison，and L. V. Hedges, 2000. The interection between competition and predation: A meta-analysis of field experiments. American Naturalist 155（4）: 435~453

Gurevitch, J., and L. V. Hedges. 1999. Statistical issues in ecological meta-analysis. Ecology 80: 1142~1149

Gurevitch, J., L. L. Morrow, A. Wallace, and J. S. Walsh. 1992. A meta-analysis of competition in field experiments. American Naturalist 140: 539~572

Harvey, P. H., and M. D. Pagel. 1991. The Comparative Method in Evolutionary Biology. Oxford University Press, Oxford, 239

Hechtel, L. J., and S. A. Juliano. 1997. Effects of a predator on prey metamorphosis: Plastic responses by prey or selective mortality? Ecology 78: 838~851

Hedges, L. V., and I. Olkin. 1980. Vote counting methods in research synthesis. Psychological Bulletin 88: 359~369

Hedges, L. V., and I. Olkin. 1985. Statistical Methods for Meta-Analysis. Academic Press, NY

Hedges, L. V., J. Gurevitch, and P. S. Curtis. 1999. The meta-analysis of response ratios in experimental ecology. Ecology 80: 1150~1156

Hilborn, R., and M. Liermann. 1998. Standing on the shoulders of giants: Learning from experience in fisheries. Review of Fish Biology and Fisheries 8: 273~283

Hunt, M. 1997. How Science Takes Stock: The Story of Meta-analysis. Russell Sage Foundation, NY, 256

Laird, N. M. 1990. A discussion of the Aphasia Study. The Future of Meta-analysis(Wachter K. W. and M. L. Straf, editors）. The Russel Sage Foundation, New York. 47~52

Liermann, M., and R. Hilborn. 1997. Depensation in fish stocks: A hierarchic Bayesian meta-analysis. Canadian Journal of Fisheries and Aquatic Sciences 54: 1976~1984

Light, R. J., and D. B. Pillemer. 1984. Summing Up: The Science of Reviewing Research. Harvard Univ. Press, Cambridge, MA

Mann, C. 1990. Meta-analysis in the breech. Science 249: 476~480

Mann, C. 1994. Can meta-analysis make policy? Science 266: 960~962

McCann, K. S., A. Hastings, and D. R. Strong. 1998. Trophic cascades and trophic trickles in pelagic food webs. Proceedings of the Royal Society of London Series B-Biological Sciences 265: 205~209

Medlyn, B. E., F. W. Badeck, D. G. G. de Pury, C. V. M. Barton, M. Broadmeadow, R. Ceulemans, P. de Angelis, M. Forstreuter, M. E. Jach, S. Kellomki, E. Laitat, M. Marek, S. Philippot, A. Rey, J. Strassemeyer, K. Laitinen, R. Liozon, B. Portier, P. Roberntz, K. Wang, and P. G. Jarvis. 1999. Effects of elevated [CO_2] on photosynthesis in European forest species: A meta-analysis of model parameters. Plant, Cell and Environment 22（12）: 1475~1495

Myers, R. A., and G. Mertz. 1998. Reducing uncertainty in the biological basis of fisheries management by meta-analysis of data from many populations: A synthesis. Fisheries Research 37: 51~60

Osenberg, C. W., O. Sarnelle, and D. E. Goldberg. 1999a. Meta-analysis in ecology: Concepts, statistics, and applications. Ecology 80: 1103~1104

Osenberg, C. W., O. Sarnelle, S. D. Cooper, and R. D. Holt. 1999b. Resolving ecological questions through meta-analysis: Goals, metrics, and models. Ecology 80: 1105~1117

Palmer, A. R. 1999. Detecting publication bias in meta-analyses: A case study of fluctuating asymmetry and sexual selection. American Naturalist 154: 220~233

Pearson, K. 1904. Report on certain enteric fever inoculation statistics. British Medical Journal 3: 1243~1246

Pearson, K. 1933. On a method of determining whether a sample of size n supposed to have been drawn from a parent population having a known probability integral has probably been drawn at random. Biometrika 25: 379~410

Piegorsch, W. W., E. P. Smith, D. Edwards, and R. L. Smith. 1998. Statistical advances in environmental science. Statistical Science 13: 186~208

Raudenbush, S. W. 1994. Random effects models. The Handbook of Research Synthesis（Cooper, H. and L. V. Hedges, editorss）. Russell Sage Foundation, N. Y. 301~321

Rosenberg, M. S., D. C. Adams, and J. Gurevitch. 1997. Meta Win: Statistical Software for Meta-Analysis with Resampling Tests. Ver. 1.0. Sinauer Assoc., Sunderland, MA, USA

Rosenberg, M. S., D. C. Adams, and J. Gurevitch, 2000. Meta Win: Statistical Software for Meta-Analysis with Resampling Tests. Ver. 2.0. Sinauer Assoc., Sunderland, MA, USA

Sacks, H. S., J. Berrier, D. Reitman, V. A. Ancona-Berk, and T. C. Chalmers. 1987. Meta-analyses of randomized controlled trials. New England Journal of Medicine 316: 450~455

Sharpe, D. 1997. Of apples and oranges, file drawers and garbage: Why validity issues in meta-analysis will not go away. Clinical Psychology Review 17: 881~901

Silvertown, J., and M. Dodd. 1996. Comparing plants and connecting traits. Philosophical

Transactions of the Royal Society of London 351: 1233~1239

Simpson, G. G., A. Roe, and R. C. Lewontin. 1960. Quantitative Zoology. Revised Ed. Harcourt, Brace and Co., N Y., 440

Smith, M. L., G. V. Glass, and T. I. Miller. 1980. The Benefits of Psychotherapy. Johns Hopkins Press, Baltimore, MD, USA

Tippett, L. H. C. 1931. The Methods of Statistics. Williams & Norgate, London, England

Wand, S. J. E., G. F. Midgley, M. H. Jones, and P. S. Curtis. 1999. Responses of wild C_4 and C_3 grass Poaceae species to elevated atmospheric CO_2 concentration: A test of current theories and perceptions. Global Change Biology 5: 723~741

Wang, M. C., and B. J. Bushman. 1998. Using the normal quantile plot to explore meta-analytic data sets. Psychological Methods 3: 46~54

Werf, V. E. 1992. Lack's clutch size hypothesis: An examination of the evidence using meta-analysis. Ecology 73: 1699~1705

Wortman, P. M. 1994. Judging research quality. The Handbook of Research Synthesis（Cooper, H. and L. V. Hedges editors）. Russell Sage Foundation, N. Y. 97~110

木本植物对水分胁迫的生理生态反应——木质部空穴与栓塞化

8

第 八 章

申卫军[1] 张硕新[2]

（[1] 中国科学院华南植物研究所，广州，510650；

[2] 西北农林科技大学资环学院，杨凌，712100）

摘要 木质部栓塞化是木本植物对水分等环境因子的胁迫反应之一，发现至今已有近 80 年的研究历史。国外学者对此做了较多的研究，国内此方面的研究极少。木质部空穴和栓塞化研究是木本植物水分关系研究的前沿所在，不同学者在不同地区对不同材料的研究结果各异，争议颇多。本文对这一研究方向近年来的资料做了概括和总结，包括空穴和栓塞化现象的发现、空穴和栓塞的检测方法、空穴和栓塞化的诱因及形成机理、栓塞化同输水结构间的关系、栓塞化的季节变化和日变化规律、栓塞脆弱性及其与植物耐旱性间的关系、栓塞恢复机理等方面。结合我们的研究结果，本文提出了一些新的思路和观点，以供商榷。

Abstract Shen[1], W., S. Zhang[2] ([1]South China Institute of Botany, Guangzhou, 510650; [2]Northwestern Agriculture and Forestry University, Yangling, 712100). Ecophysiological Response of Woody Plants to Water Stress: Xylem cavitation and embolization. Xylem Cavitation and Embolization is one of the responses of woody plants to water or other environmental stress. It is also an advanced research direction of water relations in woody plants. There have been lots of papers published, but different viewpoints exist among scholars. Based on the last 80-years-studies around the world, the literature about xylem cavitation and embolization research is summarized and discussed in this paper, which include the parts relating to their discovery, measuring methods, induced factors, formation mechanism, the relationship between hydraulic architecture and xylem embolism, seasonal and diurnal variation; xylem vulnerability to embolism and its relationship with plant drought-resistance, the restoration mechanism of xylem embolism and so on. Combined with our research results in recent years, some new ideas and viewpoints are also mentioned for further discussion.

生命起源于水，水分之于植物的生理生态重要性不言而喻，它直接或间接地影响着植物的分布、形态乃至植物生长发育过程中的各种生理活动。对植物水分关系的研究包括细胞水分关系，水分的吸收、运输和散失，植物体内的水分平衡及水分胁迫对植物生理生态行为的影响等方面。水分在植物体内的传输，尤其在高大木本植物体内的传输问题是植物水分关系研究中一个很重要的课题，迄今，人们已经认识到木质部管道分子（导管或管胞）是木本植物体内水分运输的主要通道。关于木质部内水分传导或树液上升的机理，不同学者先后提出了根压、水分以蒸汽状态在树体内移动及活体论等机理，可并非所有的植物都能产生根压，大量研究都证明木质部内的水分确是以液态形式进行传导的，直至爱尔兰学者 Dixon 和德国学者 Renner 提出了关于树液上升的内聚力学说（the cohesion theory），这一问题才得到较好解释。内聚力学说提出后经过了大约 3~4 个世纪的争论，其焦点主要在于木质部在张力作用下水柱的不稳定性，也即木质部内存在的空穴（cavitation）与栓塞化（embolization）现象。

一、木质部空穴和栓塞化现象的发现及其概念

最初，空穴现象是在船桨设计时碰到的一种工程问题时发现的。在植物体内，Renner 和 Ursprung 首次用显微镜观察到一种蕨类植物（Sporangia）一年生环带细胞受 30 MPa 张力作用时发生的空穴化现象（Tyree 和 Ewers，1991）。Peirce 是最早用液氮冷冻实验演示枝条木质部内空穴化现象的学者（见 Tyree 和 Dixon，1986）。相继有学者在蕨类植物的子囊细胞、大豆根系中观察和检测出了空穴和栓塞（见 Tyree 和 Dixon，1983）。后来大量的研究都证明空穴和栓塞化现象是植物体上很易发生的一种“平常事件”（Tyree 和 Dixon，1986；Sperry 等，1988b）。由于缺乏较有效的定量研究空穴化现象的方法，很多植物生理学家曾认为假如内聚力学说正确，则空穴化现象当是非常少见的。但是大量的研究都表明，内聚力学说的正确性并不与空穴化现象相矛盾，相反，空穴化现象恰恰是内聚力理论最有力的证据。

从物理学角度来说，把一根末端封闭充满水的长玻璃管竖起来，开口一端浸在水中，那么，在气压计高度处的压力为 0，而在此高度以上水就会变成蒸汽，即会发生真空沸腾，甚至在 0℃以下也会沸腾，这种形成水蒸气而使其

蒸汽压达到或低于液态水蒸汽压的现象称为空化或空穴化（Salisbury 和 Ross，1981）。就植物体来说，对空穴和栓塞化概念的观点主要有两种，两种观点的主要分歧在于栓塞化的形成机理上。其一是早期以 Tyree 等为代表的学者基于内聚力学说的观点，认为空穴和栓塞化是同一过程的两个阶段，从空穴转化为栓塞需几分钟或几小时的时间（Tyree 和 Dixon，1986）；其二为近年来诸多学者以“空气充散假说”（air seeding hypothesis）为基础的观点，认为空穴和栓塞化现象是同时发生的（Salleo 和 Lo Gullo，1989b），但目前还没有一个明确的能为广大学者所接受的空穴与栓塞化的概念。

依据内聚力学说，木质部内的水柱是连续的，并且处于一定的张力（负的木质部压力势）下，也即木质部大多情况下都是在低于真空的压力（一般为 −1 ~ −2 MPa，很少降至 −10 MPa）下运输水分的，因此木质部作为一种水分传输系统，从物理学角度来讲，是在其“可能性的边缘”进行运作，有学者形象地称之为“脆弱的管道”（“the vulnerable pipeline”）。水的蒸汽压要高于真空状态，因此亚真空状态下木质部内的水分也处于一种亚稳态。木质部内水柱的抗张强度是有限的，当因水分胁迫等因素使张力增大时，木质部内水分就会向蒸汽阶段过渡以求平衡，Tyree 和 Dixon（1986）把这种过渡阶段的突然变化定义为空穴化，引起这种突然变化需 −1~−5 MPa 的张力。因空穴化而留下的空腔很快便会被从周边组织液体或大气空间逸出的气体（空气）所填充，这一过程称之为栓塞化。然而，木质部空穴和栓塞化所需的水势远高于 −5 MPa，一般来说为 −1 MPa 或更高。在如此高的水势下，植物木质部管道内是不会发生类似上述物理实验中的真空沸腾现象的，由此也可看出，在解释生物体的生理现象时，仅从物理学的角度出发是远远不够的。

“空气充散假说”认为，木质部管道内的栓塞是由于空气自外界大气空间或者已栓塞化的木质部管道内，经由管道间纹孔膜上的微孔充散至充水管道内所形成，因而空穴和栓塞化是同时发生的。这一学说自 Zimmermann（1983）提出后，得到越来越多学者的支持（Lewis，1988；Sperry 和 Tyree，1988），我们的实验也支持这一假说（张硕新等，1997），并认为木质部栓塞化实质上是由于水分胁迫和维管病害等引起，空气或病毒粒子经由木质部管道壁上的纹孔膜进入充水管道，使木质部输水能力下降，从而影响植物体正常的生理生态行为的一种生理现象。

二、空穴和栓塞化的检测方法

检测空穴或栓塞的方法大体可概括为以下几种：解剖学方法、重力法、空气动力学方法、音频（低频）检测法、超声波检测技术、水力学方法。Sperry 等（1988b）在水力学方法的基础上又发明了一种称之为“冲洗法”（flushing method）的栓塞检测方法。在上述方法中，超声波检测法和“冲洗法”以其简便准确而得到广泛应用，下面分述之。

1. 声波（低频）检测法和超声波（高频）检测法

木质部管道内产生一个空穴可导致一次快速的液体张力的释放，张力释放时会产生一种声波发射（acoustic emissions，AEs），这些 AEs 可通过音频（低频）传感器和放大器检测出来。Milburn（1973）检测出了很多树种上的 AEs，证明了 AEs 的产生的确与空穴化有关，并发现任何一种增加或减少蒸腾速率的因素都可使 AEs 的数量增加或减少。在使用声频检测法测定木质部内的空穴化时，由于其发射的信号弱，不易检测，且易被因仪器或人为处理材料时所引起的噪音所干扰，这样就必须把材料放在隔音室内进行测定，并且在测量过程中不能触及材料，野外实验就更难进行，这给实验带来了极大的不便。尽管这一方法存在着上述缺陷，声频检测法使对植物体内空穴化的研究迈出了重要的一步。

Tyree 和 Dixon（1983）从机械上改进了 AAE（audio acoustic emission）技术，使用超声波传感器和放大器来检测频率范围在 0.1~1 MHz 内的信号，从而过滤了由实验过程中振动等因素所造成的干扰，并可同时进行其他水分参数如木质部水势、气孔传导率等的测定。经过大量的实验（Jones 和 Pena，1986; Tyree 等，1984），证实了超声波发射数（ultrasonic acoustic emissions，UAEs）的确由木质部管胞内产生的空穴所致，而非木质部细胞壁的变形或木纤维断裂所引起。UAEs 开始出现的木质部水势阈值约在 –1 MPa，而且在小的茎段或枝条上，每个空穴只会诱导产生一个 UAE。后来又通过改进计数器等方式（Tyree 和 Sperry，1989a），提高了 UAE 信噪比，使超声波技术在研究木质部空穴化方面更趋完善。

UAEs 技术在针叶树中的研究较多，而在阔叶树中的研究较少。有些研究只测定了 AAEs；有些研究只测定了 UAEs。据 Ritman 和 Milburn（1988）对两种技术的对比研究，茎段（枝条或整个植株）脱水期间木质部内的空穴化可引起较宽频率范围的声波发射，既包括 AAE；也包括 UAE。较大尺寸的导管可同时产生 AAE 与 UAE，而纤维素分子及小导管（或管胞）则仅产生 UAE，即大导管产生较低频率的信号，而小导管或管胞则产生较高频率的信号。随后他们在 Sporangium 一年生环带细胞上的研究证实了这一假说，AAEs 在整个 Sporangium 植株上都能检测到，而 UAEs 只在小的环带细胞上可检测出。在不同树种（阔叶树和针叶树）、树体的不同部位（茎段、枝条、整个植株）和不同长度的测定样品上，植物组织上 AAE 产生的速率要比 UAE 低，UAE 在检测针叶树的较短切段时效果最好，随切段长度的增加，AAE 的检测效果提高，而 UAE 的检测效果则下降，单位长度上产生的 AAE 和 UAE 的总数在针叶树上要比阔叶树上多。因此，在使用声波检测法（包括低频和超声检测法）

时，应根据所测定的树种，样品大小来决定用哪种方法。Ritman & Milburn（1991）研制出一种双探头的声波检测仪可同时检测待测样品上的 AAEs 与 UAEs，这种仪器将具有更加广阔的应用前景。

2. 水力学检测方法——冲洗法

木质部管道栓塞化最主要的后果是引起了木质部导水率的下降，如果木质部管道内产生了栓塞，无疑会增加水分传导的阻力，据此，Sperry 等（1988b）设计出了一种在一定压力梯度下测量茎段内水流阻力变化从而定量表示栓塞化程度的方法，称为水力学方法。其他学者的研究也表明可通过测定木质部管道内水流阻力的变化来衡量木质部栓塞程度。这一方法更加完善，通过用特殊溶液在一定压力梯度下"冲洗"枝条木质部内的栓塞，称之为"冲洗法"。由于木质部导管或管胞壁上纹孔的直径极小，若冲洗液中基本粒子或微气泡的直径大于纹孔直径，在测定时会引起导水率下降，冲洗后绝对导水率下降也与所用冲洗液的种类有关。可引起导水率下降的冲洗液有蒸馏水、10 $mol \cdot L^{-1}$ NaCl 溶液、混合盐溶液（1 $mol \cdot L^{-1}$ NaCl，0.5 $mol \cdot L^{-1}$ $CaCl_2$，0.2 $mol \cdot L^{-1}$ KCl）、苹果树树液、柠檬酸（10 $mol \cdot L^{-1}$，pH 为 4.0）；可阻止下降的溶液有：甲醛（0.05% 和 0.5%）、戊二醛（0.05%）、柠檬酸（10 $mol \cdot L^{-1}$，pH 小于 3.0）及草酸（10 $mol \cdot L^{-1}$，pH 为 1.3~2.4），用这些溶液冲洗两周时间也不会引起下降。张硕新在测定 13 种树种的导水率时，比较了四种溶液（草酸（0.01 $mol \cdot L^{-1}$）、氯化钙（0.000 1 $mol \cdot L^{-1}$）、亚硫酸钠（0.01 $mol \cdot L^{-1}$）和抗坏血酸（14.2 $mmol \cdot L^{-1}$））对不同树种在不同时期测定时的适用情况，发现 14.2 $mmol \cdot L^{-1}$ 的抗坏血酸溶液最佳（张硕新和 Richter，1996）。据我们的实验，用 14.2 $mmol \cdot L^{-1}$ 的抗坏血酸溶液对不同树种测定时，引起导水率下降的时间长短不同。总的来说，引起针叶树下降的时间短，而阔叶树时间长，因此，对不同树种采用不同的"冲洗液"可能更为合适，但却给研究的可比性带来困难，这是急需解决的问题之一。

目前，由于冲洗液而引起导水率在短期（$<$4 h）内下降的原因还不甚明确，有学者认为是空穴和某些特殊物质、周围组织膨胀使导管或管胞直径变窄、电解质渗透及纤维间纹孔膜膨胀等原因所引起；经较长时间（$\geq$ 4 h）冲洗，导水率下降的主要原因是由于导管内微生物增殖所致（Sperry 等，1988b）。在测量导水率（单位压力梯度上水流的流速）时，切段长度对测定结果影响不大，而在同一个枝条上，不同部位却对测定结果有影响，基部和顶部切段测出的导水率要比中间的切段小，节部在导水率测量上的影响不甚明显。运用冲洗法所测量出的是栓塞化的累积结果。由于测量时是在一定压力推动下冲洗待测材料，故此方法具有一定的破坏性，所以即使在相同的压力梯度下，可能对不同树种的破坏程度不同，破坏大的导水率下降的时间就短，但因其简便，而且与栓塞对水分传导所造成的影响，即导水率下降直接相关，因而此法

优于声波检测技术，更适合于测量较长时期内不同因素所引起的栓塞化程度。

除上述检测方法外，还有一种称之为光密度检测的测定方法（Dixon 等，1984），这种方法主要是以 γ 射线测量木质部密度的变化从而定量表示栓塞程度。所有检测方法都各有其优缺点，如声波检测技术和光密度测定法是非破坏性的，可用于在田间进行连续观测，但却不能衡量栓塞化后样品导水能力的下降，而且也不能区别来自木质部导管和木质部其他部位（如纤维）的音频信号。由于声波信号的强弱依赖于其频率的高低，而且这种振动波是经过胞壁传导的（Lo Gullo 和 Salleo，1991）。声波检测在很大程度上就依赖于其木材的致密程度及传导系统的几何形状，这也意味着对不同树种、树体不同部位的组织进行测量时，达到传感器信号的衰减程度就存在着差异。水力学方法必须在水势接近 0 MPa 时才能测量水流阻力，这与自然状况有一定差距。声波（低频）检测法受人为和环境因子干扰太大。解剖学方法主要是用液氮冷冻栓塞化的枝条或茎段，作超薄切片在扫描电镜下观察栓塞化木质部管道内的气泡，耗时较多。因此，将超声检测与冲洗法结合使用较好，解剖学方法在研究植物种演化和遗传改良问题时很有用。使用何种方法，宜根据研究目的和具体情况而定。

三、木质部空穴和栓塞化的诱因及形成机理

任何使木质部张力增加的因素都可能引起木质部空穴化或栓塞化，目前已知的诱因有水分胁迫（自然的或人为的）、冬季木质部管道内树液结冰及一些维管病害等。各种不同的诱因引发木质部空穴与栓塞化的机理是不同的。

1. 水分胁迫引起的木质部空穴和栓塞化

世界上约有 1/3 的地区属于限制树木达到最大生长量的干旱地区，干旱是一个使植物产生水分亏缺（水分胁迫）的环境因子，而木质部栓塞化最常见的诱因是水分胁迫，可见木质部栓塞化在干旱或半干旱地区是非常普遍的。

水分胁迫直接引起木质部水势下降，张力增加，即使在离体茎段或枝条上也如此。已提出的解释水分胁迫引起木质部空穴和栓塞化的机理有很多种，最简单的一种就是认为木质部压力变负时，木质部内的水分子就克服分子间内聚力而发生蒸发，从而形成空穴，进而栓塞化。然而蒸发所需的负压要比实际观测到的可引起栓塞化的张力负得多（Pickard，1981），因此活的植物体上木质部管道内发生蒸发的可能性是非常小的。

最初提出的空穴形成机理有五种：① 电离辐射的吸收；② 核磁共振；③ 张力振荡；④ 有孔壁上弯液面破裂；⑤ 弯曲机理。这些机理都是从纯物理学的角度来考虑，均不能完美地解释植物木质部内发生的空穴化现象，因这些机理多适合于水势低于 −5 MPa 时的情况，而植物体在 −1 MPa 左右即可产

生空穴与栓塞化。后来 Pickard 提出了两种适合张力范围在 –5 ~ – 1 MPa 空穴化形成机理：气泡在液体中形成的同型成核作用与在固液表面上形成的异型成核作用（Pickard，1981），虽然得到了一些学者的支持（Pallardy，1989），但不能说明气泡的来源和输送机制，最后被 Cochard 等（1992）的实验所否定。

Zimmermann 提出的“空气充散假说”（air seeding hypothesis）认为，木质部管道内连续水柱的抗张强度是有限的，当水势下降超过一定阈值后，水柱即会断裂，外来的微气泡就会进入原本充水的管道，形成栓塞，阻滞水分的运输。充散假说认为，木质部管道内的栓塞是由于空气泡自外界大气空间或者已栓塞化的管道内，经由管道间纹孔膜上的微孔传送到充水管道内所形成，这一学说的主要依据是毛细管作用和诱导栓塞所需的木质部张力与纹孔膜上气泡的压力相似（Lewis，1988；Sperry 和 Tyree，1988）。尽管充散假说用于解释因水分胁迫引起的木质部栓塞化已为广大学者所接受，但还有很多细节值得进一步研究，诸如栓塞时空气的来源和途径上仍存在争议，对纹孔膜的理化性质、纹孔塞封闭功能等方面的了解还相当浅薄。

2. 冬季木质部树液结冰引起的空穴和栓塞化

木质部树液结冰的确可引起木质部空穴和栓塞化，并且木质部树液结冰期间气泡的形成速度及大小由成冰速度的大小所决定（Robson 等，1988）。空气溶于水而不溶于冰，因此溶解在木质部树液中的空气在树液结冰时就从溶液中逸出，由于张力的变负气泡会扩大，进而栓塞化，此即为树液结冰引起木质部栓塞的冻融交替（freeze-thaw cycles）机理（Tyree，1983）。有实验表明树液结冰时针叶树木质部的透水性并未受影响（Hammel，1967），对此的解释是结冰时管胞内产生的空穴，其扩散因结冰管胞中产生的高压而受阻，这是由于管胞上的具缘纹孔因高压或纹孔膜上形成的冰水界面使纹孔关闭，从而阻止了空穴在管胞间的扩散。也有实验证实了结冰期间所产生的高压，并且在结冰木质部管胞内发现了未关闭的和关闭着的具缘纹孔（Robson 等，1988）。但 Sucoff（1969）有与此假设相反的观点，认为结冰时空穴可从结冰管胞移向未结冰管胞，结冰时未产生压力，消融时只有 1/11 的管胞发生空穴化。虽然在针叶材内空穴有否经纹孔膜扩散上存在歧义，但两者都承认是冻融交替引起了木质部空穴化。

另一种机理为结冰木质部管道内冰的升华作用。这一机理主要源自 Sperry 等的实验（Sperry 等，1988a），他们认为糖槭上发生的栓塞化现象主要是由于冰的升华作用所引起，因为栓塞主要位于树干南侧受太阳直射的一面，而且他们认为在解释木质部内因结冰所引起的栓塞化时，升华作用和冻融交替很可能都起作用。虽然木质部树液结冰所引起的栓塞不如水分胁迫那么普遍，但我们在实验过程中发现（张硕新等，2000），木质部栓塞脆弱性大的树种在经过寒冷的冬季后，早春时其一年生枝枝梢多枯死，而木质部栓塞脆弱性相对较弱的树种却没有这种现象，因此木质部栓塞化可能与树种耐寒性也有一定关系，值得进一步研究。

3. 维管病害引起的木质部栓塞化

对因维管病害引起的木质部栓塞研究较少。有实验证明在感病的榆树上有一种真菌（*Ceratocystis ulmi*）可引起榆树木质部导水率的下降（Alfen 和 Turner，1975），甚至可引起气孔关闭、蒸腾下降或幼苗萎蔫，且对导水率下降的影响程度与起作用毒素分子量的大小有关。Alfen 和 Turner（1979）用一种分子量相似的多聚糖来代替从 *Ceratocystis ulmi* 分离出的毒素，结果在不同的植物（*Ulmus americana*，*Medicago sativa*）上得出的结论相似，即一定分子量的化合物可引起维管栓塞。

Tyree 和 Sperry（1989b）曾假设充散假说亦可解释病害所引起的维管栓塞，这种假设基于以下两种解释，一种与人们普遍认为的一样，由于病原体导致气孔运动改变或干扰了根部吸水，从而引起水分胁迫继而木质部管道栓塞化；另一种是因病原体使气泡扩散的临界压力值降低，故在水势较高时就发生栓塞化，如用草酸可使糖槭茎发生气泡扩散的临界压力值大大降低（Sperry 等，1988b）。真菌丝穿透胞壁亦可引起木质部管道栓塞化，Zimmermann（1983）对此做了详尽的论述，此处从略。

四、木质部栓塞化同木本植物输水结构（hydraulic architecture）之间的关系

输水结构一词由 Zimmermann（1983）提出，用它来描述整个树体上茎导水率与其结构之间的关系。维管植物体内的水分流动主要是经过木质部管道分子，即导管和管胞来进行的，水流在成熟的导管中比在管胞中传导快，在宽管道中要比在窄管道中传导快。建立管道分子结构与其中水流之间的关系对于理解植物体内的水分流动十分重要和必要。首先介绍几个与输水结构有关的导水率的概念。

（1）绝对导水率（the absolute hydraulic conductivity，简称 K_h），这也是通常所说的导水率，即单位压力梯度下流经离体茎段水流的流速。

$$K_h=F/(\mathrm{d}p/\mathrm{d}x) \tag{8.1}$$

式中：F 为流速（单位时间内的水通量），dp/dx 为压力梯度。19 世纪，Hagen 和 Poiseuille 分别独立地获得了计算流体流经一束圆柱形管道时导水率的方程（Tyree 和 Ewers，1991），即 Hagen-Poiseuille 方程：

$$K_h=(\pi\rho/128\eta)\times\sum_{i=1}^{n} d_i \tag{8.2}$$

式中：K_h 为一束不同直径的管道在单位压力梯度下的传导率；ρ 为流体的密度

（kg/m^3）；η 为流体的动态黏滞度（MPa/s）；d_i 为第 i 个管道的直径（m）；n 为管道的总数量。把按此方程计算出的 K_h 称为理论导水率。

（2）比传导率（the special conductivity，简称 K_S），用 K_h 除以木质部边材横截面面积时，即得到 K_S。它是茎段横切面上孔隙度大小的反映。

$$K_S=K_h/A_S \quad (8.3)$$

式中：A_S 为边材横截面面积。

（3）叶比传导率（the leaf special conductivity，LSC），用 K_h 除以所测茎段支持的总叶面积时，即得到 LSC。由（8.1）式及蒸腾速率的计算公式可得出：

$$\mathrm{d}p/\mathrm{d}x=E/LSC \quad (8.4)$$

式中：E 为蒸腾速率。由上式可知，在相同的蒸腾速率下，LSC 越大，茎段供水给叶子所需的压力梯度就越小，也即茎段的输水能力越强。

（4）虎伯值（the Huber Value，HV），此概念由 Huber 提出，把茎或枝条木质部横截面面积（或边材横截面面积）除以所测茎段或枝条支持的叶面积（或叶重）定义为虎伯值。由（8.3）、（8.4）两式知，

$$LSC=HV\cdot K_S \quad (8.5)$$

（5）水容（water-storage capacity，简称 C），把植物组织水势每变化 1 MPa 所能得到的水量称为贮水容量或水容。习惯上把水容 C 定义为单位体积或干重的组织，或单位叶面积上水势每变化 1 MPa 所能得到的水量称为水容。

$$C_{stem}=\Delta w/(\Delta\varphi\cdot V) \text{ 或 } C_{leaf}=\Delta w/(\Delta\varphi\cdot A_l) \quad (8.6)$$

式中：Δw 为水量差，$\Delta\varphi$ 为水势差，V 和 A_l 分别为组织的体积及叶面积。

以上是描述植物输水结构导水率的 5 个重要参数，各参数之间既相互独立又存在着联系。用 Hagen-Poiseuille 方程计算出的理论导水率与在不同的植物种（裸子植物、被子植物及蕨类植物）上与实测导水率相比，一般都约大 2 倍（Tyree 和 Sperry，1989b）。但 Hagen-Poiseuille 方程说明了管道直径在决定木质部导水率上的重要作用。理论值与实测值之间的差异受很多因素影响。参数 LSC 在比较相似直径茎段的导水能力时非常有用。

很多植物种和植物体的不同部位存在着“水流限制区”，这些限制区一般位于节部或叶痕处、根到茎的过渡区、枝条间的连接处（Davis，1995）。由于这些区域管道直径较小，而且导管或管胞的末端多位于枝条节部，不仅较窄木质部管道对空穴化的抵抗能力强，节部的导管末端也限制了气泡在管道内的扩散，因此很多学者都认为这些区域为“安全区”。这些区域与节间相比，其 LSC（叶特殊传导率）小而 HV（虎伯值）大。依据 Hagen-Poiseuille 定律，木质部导水率与导管或管胞直径的 4 次方成正比，因此这些区域的传导效率就低。在不同的树种之间也存在着这种关系，相似尺寸环孔材树种茎或枝条的导水率要比散孔材树种和针叶树的高，而环孔材树种要较其他树种木质部栓塞脆弱性大，输水结构的有效性与安全性不可兼得。植物体可采取多种途径来防御

栓塞化造成的危害，“分节假说”（the segmentation hypothesis）认为一个植物体所有输水结构特征都具有把栓塞化的危险限制在最小的和最外围的可消耗器官上，从而保护那些代表年生长量和碳水化合物积累较多的器官。

木质部栓塞化与木质部输水结构之间存在着一定的联系，普遍认为直径大的木质部管道要比小的易栓塞化。但最近的很多研究都表明这一关系在种内比较时成立。同株树体上，木质部栓塞脆弱性与茎或枝的直径有关，茎或枝的直径越大，则木质部栓塞脆弱性越大（Salleo 和 Lo Gullo，1986）；同一茎段上，大导管要比小导管脆弱（Tyree 和 Dixon，1986）；同一年轮内，早材导管（或管胞）要比晚材导管（或管胞）易空穴化，木材学上的研究也表明脱水期间晚材保持透水的时间要比早材长（见 Tyree 和 Sperry，1989b）。然而大部分学者的研究发现，在树种间进行比较时，木质部栓塞的脆弱性与管道类型、大小及茎或枝的直径之间均不存在上述关系（Davis，1995；Lewis Harnden 和 Tyree，1994），而由纹孔膜透气，纹孔的大小所决定。透气性和纹孔直径越大，木质部栓塞脆弱性越大（Crombie 等，1985）。

纹孔膜在木质部水分传导上充当了重要的角色，因为它是水流从一个导管（或管胞）流向另一个导管（或管胞）的入口（Zimmermann 和 Brown，1971）。它对导管或管胞内的蒸腾流起微过滤作用，对水分的自由流动没有影响，但可限制从导管间经过的气泡及病毒粒子（Alfen 和 Turner，1979）。纹孔膜是导管壁上最薄的部位而且其上具有大量的微孔，这些微孔成了气泡在导管间进行传递时可调节的入口，木质部栓塞化不仅是对水分胁迫的反应，而且也是对纹孔膜透气性增加的反应。当受到水分胁迫的伤害时，纹孔膜上的微孔可像一种膜瓣一样阻止空气或蒸汽泡扩散进充水管胞。导管或管胞内水流的主要阻力存在于纹孔膜上，对大导管尤其如此。纹孔膜阻力也主要取决于其上微孔的形状、大小和多少，微孔的直径越小，气泡通过时所需的张力就越大，导管越不易受栓塞化的危害。

纹孔膜的孔隙度也在一定程度上决定了导管栓塞的脆弱性。纹孔膜的透气性和透水性对导管（或管胞）内气泡及水流的传输起重要的调节作用，而且在遭受水分胁迫时纹孔膜透气性会增加，这是对水分胁迫的适应性反应。纹孔膜的超微结构、理化性质和功能及其与木质部栓塞化之间的关系将是今后的研究方向，而且在研究植物对环境胁迫的适应性反应如植物耐旱性具有重要意义。

五、木质部栓塞的季节变化及日变化规律

同植物体的含水量与水势一样，木本植物木质部导水率也存在着季节变化。木质部导水率季节变化与土温、气温的季节变化，树种、树体不同部位及树种气候起源均有关。我们对中国北方地区 10 种木本植物木质部栓塞季节变

化的研究表明，木质部栓塞程度与木质部水势季节变化趋势相反，阔叶树冬、春季木质部栓塞程度大于夏、秋季（图 8.1）。以榛木（*Corylus heterophylla* Fisch.）为例，最低的木质部栓塞程度出现在秋季降水最多的月份，而最高的木质部栓塞程度出现在冬季气温最低的月份，月均木质部栓塞程度环孔材树种 > 半环孔材树种 > 散孔材树种 > 针叶树（图 8.2），即使在同一季节里，也存在上述关系（申卫军等，1999）。针叶树木质部栓塞的季节变化不明显，冬季时栓塞亦不严重，落叶阔叶树种中，木质部栓塞程度还与树种物候期有关，冬季栓塞越严重，春季展叶时间越晚（张硕新等，2000；Wang 等，1992）。

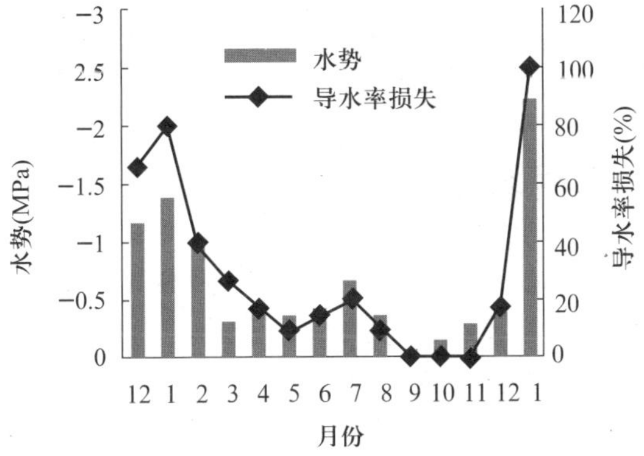

图 8.1 榛木木质部栓塞与水势月变化。

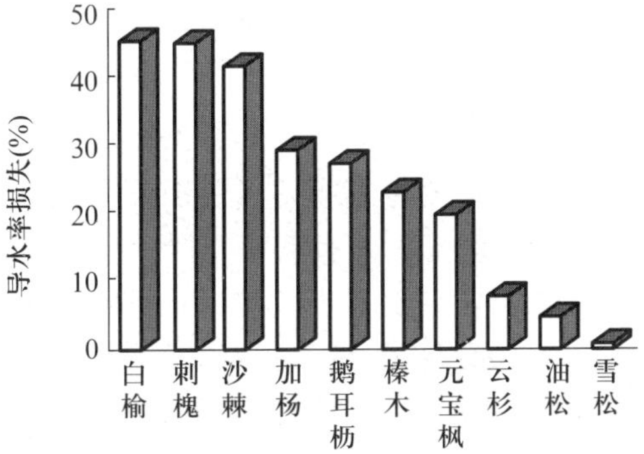

注：白榆为环孔材，刺槐和鹅耳枥为半环孔材，沙棘、加杨、榛木、元宝枫为散孔材树种，云杉、油松和雪松为针叶材树种。

图 8.2 10 个树种一年生枝平均木质部栓塞程度的比较。

我们对中国北方地区 10 种主要造林树种木质部栓塞日变化规律的研究表明（申卫军等，1999），阔叶树生长季节清晨和傍晚时的木质部栓塞程度小于白天中的其他时间，冬季则与此趋势相反，针叶树木质部栓塞日变化不明显，变化幅度不如阔叶树大，木质部栓塞日变化趋势也与水势日变化趋势相反（图 8.3 以榛木为例）。

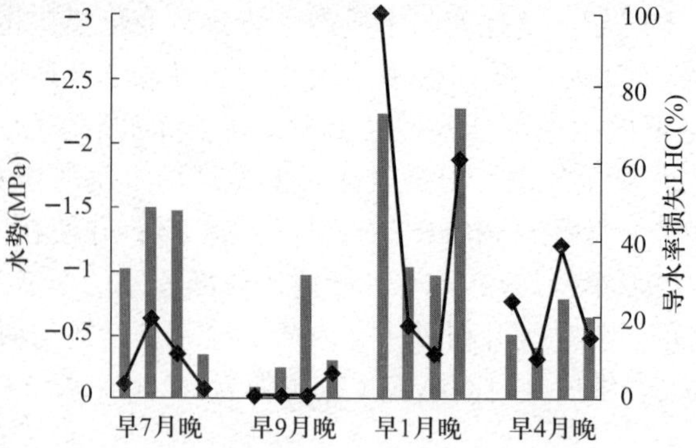

图 8.3　榛木木质部栓塞与水势日变化。

六、木质部栓塞脆弱性

木质部栓塞化与木质部水势之间存在着直接的联系，木质部栓塞脆弱性即反映了这种水势与栓塞化程度之间的关系，这种关系可用“脆弱曲线”（vulnerability curve，*VC*）来描述，*VC* 即根据导水率损失的百分数与相对应的水势绘制而成的曲线。脆弱曲线可提供有关植物生理生态行为的信息（Cochard 等，1992）。通过已建立的很多植物种的脆弱曲线可以发现，不同种类植物都有一个引起明显导水率下降的水势阈值（张硕新等，1997；Tyree 和 Sperry，1989b）。在水势近于这一阈值时，木质部栓塞程度明显增加，阈值越高，木质部栓塞脆弱性越大。

依据待测样品的脱水方式不同，建立脆弱曲线的方法有两种：传统方法和压力室法。传统方法是把枝条放在实验台上使其自然风干，而压力室法则是把枝条放在压力室内于一定的压力下使枝条脱水，两种脱水方式都是为了获得不同的水势及与之对应的导水率损失。脆弱曲线依据检测栓塞的方法不同也可分为两种，即用 UAEs 的累积数量与相对应的水势绘制而成的曲线和用导水率损失百分数与相对应的水势绘制而成的曲线。两种方法在相同树种上获得的脆弱曲线形状相似，而且获得的诱导栓塞的水势阈值也相似（Cochard 等，1992），但用 UAE 技术获得的曲线所反映出的脆弱性要高些（Tyree 和 Sperry，1989b）。除方法学的研究外，木质部栓塞脆弱性的研究主要集中在两个方面：其一为木质部栓塞脆弱性与输水结构差异的关系，其二为木质部栓塞脆弱性与植物耐旱性的关系。

空穴和栓塞化引起的木质部功能障碍可影响植物的气孔运动及它的抗旱能力（LoGullo 和 Salleo，1988；Davis，1995；Salleo 和 Lo Gullo，1989b）。有研究表明耐旱树种没有避旱树种脆弱，其木质部能忍受很低的水势而不产生栓塞，甚至认为树种耐旱性可部分由其木质部栓塞的脆弱性来决定（Cochard等，1992），他们对几种栎类的研究也发现有个抗旱的欧洲栎类在水分传导结构上也具有降低其导管内空穴化危险性的某些特征，但也有一个很抗旱的树种，从抗空穴化的角度来说其结构上的优点较少。目前，大多数学者倾向于认为耐旱树种对木质部栓塞化的抵抗能力也强。但还没有足够的田间实验能够证明耐旱树种就是耐栓塞化的或耐栓塞化的树种也是耐旱的。

一般来说，干旱地区植物木质部管道的直径较小（Carlpuist，1975）。植物木质部管道大小可能与植物抗旱性之间也存在一定的关系，Lo Gullo 和 Salleo（1988）调查了包括环孔材和散孔材树种在内很多树种输水结构与其抗旱策略之间的关系，结果发现这些树种所采取的抗旱策略与导管直径和长度有关。避旱期间耗水多的树种具有较宽的导管，而耐旱树种则具有窄而短的导管；避空穴化树种通过其具有的窄而短的导管来抵御空穴化，耐空穴化树种则可忍受一定程度的导水率下降，原因可能是其输水分子的传导效率高，或其形成层在产生新输水分子时非常活跃。另外一种逃避木质部栓塞化伤害的方式就是一旦发生栓塞，在遇雨或其他条件使水势升高时，栓塞可很快恢复。

耐旱树种在长期适应干旱条件的过程中，形成了一套自身的调节机制。我们对中国北方地区 6 种较为耐旱的造林树种白榆（*Ulmus pumila*）、沙棘（*Hippophae rhamnoides*）、刺槐（*Robinia pseudoacacia*）、加杨（*Populus canadensis*）、元宝枫（*Acer truncatum*）、榛木（*Corylus heterophylla*）一年生枝木质部栓塞脆弱曲线研究表明，它们的水势阈值在 −0.3~−1 MPa，约在 −2 MPa 时栓塞程度达最大值，即水势较高时木质部栓塞程度即较大（图 8.4）。这就减少了水分散失，以此来增强茎固持水分的能力，减少对土壤水分的需求，这是树木采取的一种节水策略，因此适当的木质部栓塞可能对植物的节水

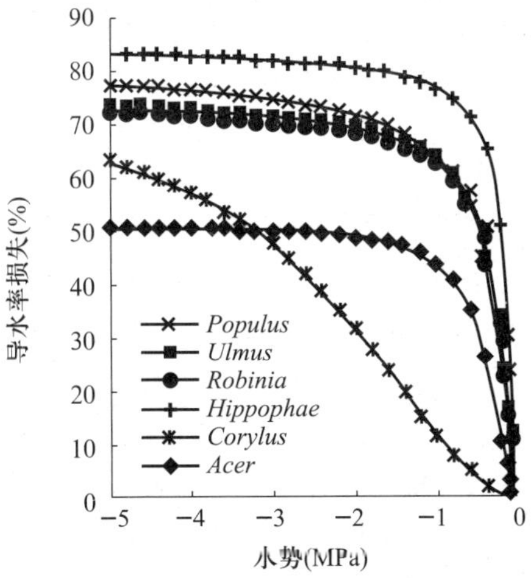

图 8.4　6 树种的最优模型曲线。

利用和树木在干旱条件下生存有利；白榆和沙棘是典型的耐旱树种，它们栓塞化的木质部恢复能力强、速度也快。从这一结果看出，耐旱树种不一定对木质部栓塞化的抵抗能力就强，我们认为木质部栓塞化是耐旱树种对水分胁迫的适应性反应之一，这种适应性调节是通过木质部管道壁上的纹孔来实现的。纹孔调节可能是未发现的植物耐旱机理之一。

七、木质部栓塞恢复机理

对木质部栓塞恢复过程的了解甚少，在一些重要的文献中也未做很好的综述（Pickard，1981；Tyree 和 Sperry，1989b；Zimmermann，1983），仅有极少量讨论。对恢复状况的探讨主要集中在恢复时木质部水势的正负和恢复时间长短上。很多权威人士都认为木质部栓塞只有在水势达到正压或稍负时才能恢复（Milburn，1979；Yang 和 Tyree，1992；Zimmermann，1983），在干旱期间或生长季节木质部栓塞是不可能恢复的（Tyree 和 Sperry，1989b）。但也有学者的研究表明不尽全然，如表 8.1 中所列的研究结果显示，在一定水势条件下，一定时间内栓塞是可以恢复的，但不同学者对不同树种的研究结果有所差异，可见木质部栓塞化的恢复所需水势和时间与树种有很大关系。

表 8.1　一些树种木质部栓塞恢复所需时间长短及水势

树种	水势（MPa）	时间	资料来源
Ceratonia siliqua	−0.101	12 h（夜）	Salleo 和 Lo Gullo，1989b
Taxus baccata	−1.62	2 h	张硕新和 Richter，1996
Hippophae rhamnoides	−1.00	0.5 h	申卫军等，2000
Ulmus pumila	−0.60	0.5 h	申卫军等，2000
Corylus heterophylla	−0.30	0.5 h	申卫军等，2000
Vitis vinifera	—	1 d	Salleo 和 Lo Gullo，1989a
Pinus sylvestris	—	1 d	Borghetti 等，1991
Rhapis excelsa	—	5 h	Sperry，1986

很多学者的研究都表明根压与茎压均与木质部栓塞的恢复有关（Sperry，1986；Sperry 等，1988a；Sperry 等，1987），这些学者认为根压从土壤中驱动水分进入木质部管道，直接迫使气泡经干燥的纹孔膜到达茎或其他器官的表面（如叶痕、花序痕等）使栓塞消除。可并非所有的植物都能产生根压，而栓塞化则是很多植物都会遭遇到的“平常事件”，栓塞化亦可在没有根压的条件下恢复，因而即使根压恢复机理能解释一些植物木质部栓塞恢复问题，但它肯定不是唯一的机理。

已证明木质部内射线薄壁组织细胞在维持茎的水分平衡上起一定作用，解剖学上的研究也表明针叶林中每个管胞间都有髓射线相通（Carlquist，1975），因此水分进入管胞时就受与管胞相连的薄壁组织细胞代谢活动的影响，Borghetti 等（1991）称此为栓塞恢复的活体论。活体论最主要的证据来自 Wordzicki 和 Brown（1970）的研究，他们发现在许多被子植物和一种单子叶植物上，把木质部薄壁组织杀死后茎段的吸水和导水能力均有所下降。然而利用热水或叠氮化钠将栓塞后的 *Pinus sylvestris* 茎段、盆栽苗或幼树木质部薄壁组织杀死后，与对照相比，杀死后的组织其栓塞恢复并未减慢，因而他们认为薄壁组织在栓塞恢复上并不起作用，并认为栓塞恢复过程可能是一种纯物理的或物理化学过程，由此看来，栓塞恢复的活体论机理是不合理的。

针叶树叶簇有从针叶基部未角质化区域吸收水分的能力，而且这种情况在自然条件下很易发生，Milburn（1979）据此提出了栓塞恢复的“逆向蒸腾”假说，认为栓塞化的木质部可经针叶吸收来自露水或雨水中的水分而发生再填充。但这一假说只适合于解释针叶树针叶吸收叶簇基部的露水或雨水而使已栓塞化的木质部管道发生再填充的情况。

Sperry 等（1987）提出了 3 种栓塞恢复的可能机理：① 水汽冷凝；② 气泡溶解（bubble dissolution）；③ 气泡逐出。实验分析表明，木质部空穴中气泡由富 O_2 和 CO_2 的空气组成，因此水汽冷凝引起的栓塞恢复是不可能发生的。冬季时充满空气的葡萄藤导管末端对空气完全可透，气泡逐出可能是葡萄藤内栓塞恢复的主要机理之一，因为在实验中观察到了死藤节、花序痕及叶痕等处一定压力上被逐出的气泡。

Yang 和 Tyree（1992）分析了这 3 种恢复机理，认为气泡中空气溶解是栓塞恢复的最主要机理。他们以毛细管方程、Henry 定律、Fick 定律及 Charles 定律为基础，运用计算机进行迭代计算，建立了一个栓塞恢复的理论模型：

$$t_p=\alpha\,(1.95\times10^5/D_a)\,(\gamma_{cs}+0.046)\,[\,(1/\varphi_{xp}+4\tau/D_c)+9.710\times10^{-6}]D_s^{1.86}$$

式中：t_p 为恢复时间；α 为温度系数；D_a 为 25℃时空气在木材中的扩散系数；γ_{cs} 为导管总横截面积占茎横截面积的比率；φ_{xp} 为木质部水势（MPa）；τ 为溶液的表面张力（25℃时为 0.072 Nm^{-1}）；D_c 和 D_s 分别为导管和茎的直径（m），模型在 $\varphi_{xp}>-4\tau/D_c$ 时有效，$\varphi_{xp}\leqslant-4\tau/D_c$ 不会发生恢复。后来 Tyree 和 Yang（1992）又利用此模型对 *Acer saccharum* 枝条木质部栓塞恢复条件进行了研究，发现温度对栓塞恢复的影响较小，茎木质部栓塞恢复所需时间随直径平方增加而增加，木质部水势越低，恢复耗时越多。除此而外，栓塞恢复所需时间也与栓塞化的严重程度和枝条本身的输水特性有关。Yang 和 Tyree（1992）所建立的数学模型是以理想毛细管为基础的，与自然状况下观察到的恢复情况还有很大差距，按模型的有效条件来说，一个典型导管（直径 50 μm）内栓塞恢复的临界水势为 –0.0058 MPa，这与张硕新等（1996b）和 Salleo 和 Lo

Gullo（1989a）的发现相去甚远，尽管如此，这也是首次应用数学模型和有关的物理定律对栓塞恢复进行量化研究，对后来的研究有很大影响，如 Lewis 等（1994）在此模型的基础上结合对解剖结构的观察，对栓塞恢复的动力学基础做了进一步研究，认为栓塞恢复所需时间应与气泡中的空气量成正比，并且直接在解剖镜下观察到了 *Thuja accidentalis* 的脱水管胞重新浸湿后栓塞的恢复过程。

近来，Salleo 等（1995）发现给已栓塞化的 *Laurus nobilis* 小枝在有压或无压的条件下供给生长素，小枝木质部栓塞可完全恢复。他们认为这是生长素刺激了离子流的流向，使韧皮部产生了一个较高的正压，这一正压驱动水分流入已栓塞化的木质部，使栓塞消除，这是首次从生物化学的角度来探讨栓塞恢复机理。

纵观上述学者提出的栓塞恢复机理，大多学者都认为木质部栓塞的恢复是借助于正压，这种正压包括根压，正的木质部压力和韧皮部产生的正压。栓塞恢复时间则因树种，树体不同部位而异。究竟什么是栓塞恢复的主要机理呢？并非所有的植物都能产生根压；逆向蒸腾只在针叶树叶簇有露水或雨水的情况下来较为合理；Yang 和 Tyree（1992）的恢复模型是建立在理想毛细管方程基础之上的，与自然状况有一定差距，Salleo 和 Lo Gullo（1995）的观点还有待进一步验证。由此看来，还没有一个统一的能为广大学者所接受的栓塞恢复机理，探讨栓塞恢复机理具有很重要的理论意义和实践价值。木质部栓塞恢复的确切机理有待更深入的研究。

在自然生长条件下，阔叶树木质部栓塞随水势的波动在一天中不断地产生和恢复，恢复过程也多是在负压下进行的（申卫军等，2000）。用压力套处理后栓塞化的木质部可在负水势下进行恢复，是因为处理部位和未处理部位间存在着水势差，正是这一水势梯度把水分从高势区推进低势区，从而使低水势区的栓塞消除。推及整个植物体，由于植物体内栓塞化后水势较低，只要土壤与植物体间的水势梯度足够大，那么这一水势梯度就会把水分从土壤推进植物体，使植物体内的栓塞消除。因此，木质部栓塞可否进行恢复决定于相邻区域（如土壤和植物体）或部位（如植物体不同部位）间是否存在足够大的水势差。水势梯度越陡，恢复速率越快，恢复耗时越少。恢复时所需水势差的大小应由木质部输水分子的结构特征来决定，尤其可能与纹孔膜的结构特征有关。依据毛细管方程，纹孔膜上微孔的直径越小，恢复所需的水势差就应越大。事实上，通过生长季节木质部栓塞化的日变化过程也可以看出（申卫军等，1999），木质部栓塞的产生和恢复是两个动态的此消彼长的过程，这两个过程受叶面蒸腾失水、根系吸水及纹孔膜的调控，也即受整个植物体水分平衡关系的调控。

八、展望

综上可看出，木质部空穴和栓塞化是木本植物遭受水分亏缺等环境胁迫时产生的木质部功能障碍，对这一生理现象的研究还很不成熟，很多方面都未定论。我国存在大面积的干旱与半干旱地区，生长于这些地区的木本植物都不同程度地受干旱胁迫的影响，因此而产生的木质部空穴与栓塞化也不同程度地影响着木质部输水给叶面，从而影响整个植物体正常的生理活动，限制其生长发育。近来的许多研究都表明木质部栓塞的脆弱性可能与植物耐旱性存在着密切的关系，至今对植物耐旱性研究多局限于叶片、根系等部位，因此探明木质部栓塞脆弱性与植物耐旱性的关系，尤其是木质部管道壁上的纹孔与纹孔膜抵御木质部空穴与栓塞化的机理，就有可能突破传统的植物耐旱机理理论，这具有非常重大的理论意义。另外，栓塞化的木质部是如何恢复的，其恢复机理何在，揭示这些规律在植物生理生态学上都具有重要价值，不仅对造林树种的选择有指导意义，而且在苗圃经营管理上也有重要的参考价值。

木质部栓塞的脆弱性与木质部栓塞的恢复可能均与纹孔膜的结构特征密切相关，因此，对木质部栓塞化在微观方向的研究应侧重于对纹孔膜结构和功能的研究，而在宏观方向则应把木质部栓塞化同植物体其他部位水分关系的研究协同起来，作为一个整体进行研究，这样才能更加全面而深刻地认识木质部栓塞化这一生理现象。

致谢

本文承蒙邬建国教授与张利权博士审阅，深表谢意！

参 考 文 献

申卫军，张硕新，刘立科．1999. 几种木本植物木质部栓塞的日变化．西北林学院学报，14（1）：22~27

申卫军，张硕新，金燕．1999. 几种木本植物木质部栓塞的季节变化．西北林学院学报，14（1）：28~32

申卫军，彭少麟，张硕新．2000. 三个耐旱树种木质部耐旱特性的研究．生态学杂志，19（6）：1~6

张硕新，申卫军，张远迎．2000. 六种木本植物木质部栓塞化生理生态效应的研究．生态学报，20（5）：788~794

张硕新，申卫军，张远迎，周新霞．1997. 几个耐旱树种木质部栓塞脆弱性的研究．西北林学院学报，12（2）：1~6

张硕新，H. Richter. 1996. 浆果紫杉木质部栓塞恢复状况的研究．西北林学院学报，11（1）：5~8

Alfen, N. K. V., and N. C. Turner. 1975. Influence of a Ceratocystisulmi toxin on water relations of elm (*Ulmus americana* L.). Plant Physiology 55: 312~316

Alfen, N. K. V., and V. A. Turner. 1979. Susceptibility of plants to vascular disruption by Macromolecules. Plant Physiology 63: 1072~1075

Borghetti, M., W. R. N. Edwards, J. Grace, P. G. Jarvis, and A. Raschi. 1991. The refilling of embolized xylem in *Pinus sylvestris* L. Plant, Cell and Environment 14: 357~369

Carlquist, S. 1975. Ecological strategies of xylem evolution. University of California Press, Berkeley

Cochard, H., N. Breda, H. Granier, and G. Aussencu. 1992. Vulnerability to air embolism of three European oak species (*Quercus petraea* (Matt.) Liebl, *Q. Pubescens* Willd, *Q. Robur* L.). Annual Science of Forestry 49:225~233

Cochard, H., P. Cruiziat, and M. T. Tyree. 1992. Use of positive pressures to establish vulnerability curves. Further support for the air-seeding hypothesis and implications for pressure-volume analysis. Plant Physiology 100:205~209

Crombie, D. S., M. F. Hipkins, and J. A. Milburn. 1985. Gas penetration of pit membranes in the xylem of Rhododendron as the cause of acoustically detectable sap cavitation. Australian. Journal of Plant Physiology 12:445~453

Davis, S. D. 1995. Susceptibility to xylem embolism as an index of drought tolerance in Chaparral shrubs of California(USA). Caring for the Forest: Research in a Changing World Abstracts of Invited Papers, IUFRO XX World Congress August 1995. Tampere, Finland 6~12

Dixon, M. A., J. Grace, and M. T. Tyree. 1984. Concurrent measurements of stem density, leaf and stem water potential, stomatal conductance and cavitation on a sapling of *Thuja occidentalis* L. Plant, Cell and Environment (7):615~618

Hammel, H. T. 1967. Freebing of xylem sap without cavitation. Plant Physiology 42：55~66

Jones, H. G., and J. Pena. 1986. Relationship between water stress and ultrasound emission in apple (*Malux domestica* Borkh.). Journal of Experimental Botany 37：1245~1254

Lewis, A. M., V. D. Harnden, and M. T. Tyree. 1994. Collapse of water-stress emboli in the tracheids of *Thuja occidentalis* L. Plant Physiology 106:1639~1646

Lewis, A. M. 1988. A test of the air-seeding hypothesis using Sphagnum hyalocysts. Plant Physiology 87: 577~582

Lo Gullo, M. A., and S. Salleo. 1988. Different strategies of drought resistance in three Mediterranean sclerophyllous trees growing in the same environmental conditions. New

Phytologist 108:267~276

Lo Gullo, M. A., and S. Salleo. 1991. Three methods for measuring xylem cavitation and embolism: A comparison. Annals of Botany 67:417~424

Milburn, J. A. 1979. Water flow in plants. Longman, London.

Milburn, J. A. 1973. Cavitation studies on whole Ricinus plants by acoustic detection. Planta(Berl.) 112:333~342

Pallardy, S. G. 1989. Hydraulic architecture and conductivity: An overview, structural and functional responses to environmental stresses. Kreeb, K. H., H. Richter and T. M. Hinckley. Structural and functional responses to environmental stresses. Spbacademic Publishing, the Hague 3~19

Pickard, W. F. 1981. The ascent of sap in plants. Progress in Biophysics and Molecular Biology 37:181~229

Ritman, K. T., and J. A. Milburn. 1991. Monitoring of ultrasonic and audible emissions from plants with or without vessels. Journal of Experimental Botany 42:123~130

Ritman, K. T., and J. A. Milburn. 1988. Acoustic emissions from plants: Ultrasonic and audible compared. Journal of Experimental Botany 39:1237~1248

Robson, D. J., W. J. Mchardy, and J. A. Petty. 1988. Freezing in conifer xylem, II. Pit aspiration and bubble formation. Journal of Experimental Botany 39:1617~1621

Salisbury, F. B., and Ross C. 著 . 1981. 北京大学生物系等译 . 植物生理学 . 北京 : 科学出版社 . 88~106

Salleo, S, M. A. Lo Gullo, D. D. Paoli, and M. Zippo. 1995. Refilling of cavitated xylem conduits in young plants of *Laurus nobilis* L.: A possible mechanism caring for the forest:Research in a changing world Abstracts of invited papers, IUFRO XX world congress August 1995. Tampere, Finland

Salleo, S., and M. A. Lo Gullo. 1986. Xylem cavitation in nodes and internodes of whole *Chorisia insignis* H. B. Et K. plants subjected to water stress: Relations between xylem conduit size and cavitation. Annals of Botany 58: 431~441

Salleo, S., and M. A. Lo Gullo. 1989a. Xylem cavitation in nodes and internodes of *Vitis vinifera* L. plants subjected to water stress. Limits of restoration of water conduction in cavitated xylem conduits. Structural and functional responses to environmental stresses: Water shortage (Kreeb, K. H., H. Richter and T. M. Hinckley editors). SPB Academic Publishing, The Hague, The Netherlands, 33~42

Salleo, S., and M. A. Lo Gullo. 1989b. Different aspects of cavitation resistance in *Ceratonia siliqua* L., a drought-avoiding Mediterranean tree. Annals of Botany 64:325~336

Sperry, J. S, N. M. Holbrook, M. H. Zimmermann, and M. T. Tyree. 1987. Spring filling of xylem vessels in wild grapevine. Plant Physiology 83: 414~417

Sperry, J. S., and M. T. Tyree. 1988. Mechanism of water stress-induced xylem embolism. Plant

Physiology 88: 581~587

Sperry, J. S., J. R. Donnelly, and M. T. Tyree. 1988a. Seasonal occurrence of xylem embolism in sugar maple (*Acer saccharum* Marsh.). American Journal of Botany 75(8): 1212~1218

Sperry, J. S., J. R. Donnelly, and M. T. Tyree. 1988b. A method for measuring hydraulic conductivity and embolism in xylem. Plant, Cell and Environment 11: 35~40

Sperry, J. S. 1986. Relationship of xylem embolism to xylem pressure potential, stomatal closure, and shoot morphology in the palm *Rhapis excelsa*. Plant Physiology 80:110~116

Sucoff, E. 1969. Freezing of conifer xylem and the cohesion-tension theory. Physiologia Plantarum 22:424~431

Tyree, M. T., and F. W. Ewers. 1991. Tansley Review No. 34, The hydraulic architecture of trees and other woody plants. New phytologist 119: 345~360

Tyree, M. T., and J. S. Sperry. 1989a. Characterization and propagation of acoustic emission signals in woody plants: Towards an improved acoustic emission counter. Plant, Cell and Environment 12:371~382

Tyree, M. T., and J. S. Sperry. 1989b. Vulnerability of xylem to cavitation and embolism. Annual Review of Platn Physiology and Molecular Biology 40: 19~38

Tyree, M. T., and M. A. Dixon. 1983. Cavitation events in *Thuja occidentalis* L. ultrasonic acoustic emissions from the sapwood can be measured. Plant Physiology 72:1094~1099

Tyree, M. T., and M. A. Dixon. 1986. Water stress induced cavitation and embolism in some woody plants. Plant Physiology 66: 397~405

Tyree, M. T., and S. D. Yang. 1992. Hydraulic conductivity recovery versus water pressure in xylem of *Acer saccharum*. Plant Physiology 100:669~676

Tyree, M. T., M. A. Dixon, and R. G. Thompson. 1984. Ultrasonic acoustic emissions from the sapwood of *Thuja occidentalis* measured inside a pressure bomb. Plant Physiology 74: 1046~1049

Tyree, M. T. 1983. Maple sap uptake, exudation and pressure changes correlated with freezing exotherms and thawing endotherms. Plant Physiology 73: 277~285

Wang, J., N. E. Ives, and M. J. Lechowicz. 1992. The relation of foliar phenology to xylem embolism in trees. Functional Ecology 6: 469~475

Yang, S. D., and M. T. Tyree. 1992. A theoretical model of hydraulic conductivity recovery from ebolism with comparison to experimental data on *Acer saccharum*. Plant, Cell and Environment 15:633~643

Zimmerman, M. H., and C. L. Brown. 1971. Tree Structure and Function. Springer-Verlag, New York

Zimmermann, M. H. 1983. Xylem Structure and the Ascent of Sap. Springer-Verlag, Berlin

林下光斑及有关植物生理生态研究

9

第九章

曹坤芳
（中国科学院西双版纳热带植物园，昆明，650223）

摘要 光斑对于林下植物的生长、生殖、分布以及一些动物、昆虫的行为都有重要的影响。林下植物全天有不到10%的时间受光斑照射，主要在中午前后几小时，但是它们的32%~65%的光合产物是因光斑而合成的。植物为了有效利用林下光资源（包括光斑和散射光），在形态、生理上都形成一定的适应。在散射光照射下，植物的光合系统处于钝化状态。光斑照射时，它们光合速率提高，涉及气孔开度增大、光合酶激活、光合电子传导加快，这个过程叫光合诱导。先锋树种光合诱导较快，耐阴树种光合诱导较慢。叶寿命短的植物光合诱导较快，叶寿命长的植物反之。光斑过后，植物仍可维持光合激活状态相当长时间，这有利于利用以后的光斑。林下植物维持光合诱导的时间长于林窗内植物。林下植物对光斑的利用能力受其光合诱导的快慢及其维持的时间长短和光合能力的影响。大多数植物在下午、旱季，以及亚热带和温带地区常绿植物在冬季对光斑的利用能力都下降。本文对有关光斑的植物生理生态的研究进展和一些研究方法做了简单介绍，对以后的研究方向也做了讨论。

Abstract Cao, K.F. (Xishuangbanna Tropical Botanical Garden, Chinese Academy of Sciences, Kunming, 650223). Sunflecks and Related Ecophysiological Research. Sunflecks are important for the growth, reproduction, distribution of forest understorey plants, and influence the behavior of some animals and insects in forests. Sunflecks are very dynamic and occur in series and in cluster spatially. The size, intensity and frequency of sunflecks within a forest are strongly influenced by the forest canopy structure, and by weather and season. In general, understorey plants receive sunflecks for less than 10% of the time during a clear day, but 32% to 65% of their carbon gain is due to sunflecks. Understorey plants often have made morphological and physiological adaptation to maximize their utilization of the understorey light resources, including sunflecks. Under low diffuse light, plants have very low photosynthetic rates. Once sunflecks strike them, understorey plants must increase their photosynthesis from a low to a high rate, involving relatively slow stomata opening and more rapid activation of photosynthetic enzymes.Photosynthetic induction is usually faster for pioneer species and light-demanding species than for climax shade-tolerant species, and faster for species with shorter lived-leaves. Understorey plants usually can maintain photosynthetic induction for a long time, total loss of their full induction may take one hour or so. This is important for them to use sunflecks in series. Understorey plants maintain photosynthetic induction longer than gap plants of the same species. Plant ability to utilize sunflecks varies within a day and between seasons. This paper provides a brief review on progresses of the research on sunflecks and related plant ecophysiology and the directions of future research in this area.

一、前言

在郁闭的森林底层，植物全天大部分时间受弱光强的散射光照射，此间植物的光合速率很低，气孔导度低，光合系统处于钝化状态。但是它们有时也受从林冠层空隙透射下来的光强较高的太阳光照射，其时间短，持续几秒钟至几分钟或更长一些时间，称为光斑（sunflecks）（Pearcy，1983；Chazdon 和 Fetcher，1984；Chazdon，1988）。光斑在时间上和水平空间上呈聚集式分布。一个光斑出现后一系列光斑将会相继出现。虽然在散射光照射下，林下植物也有光合作用，它们全天有 30%~65% 的光合产物是在光斑照射时合成的（Chazdon，1988；Pearcy，1990）。光斑不但促进林下植物的生长，也促进一些植物的种子萌发和生殖生长（Chazdon，1988）。光斑活动还可能影响一些动物和昆虫的活动、取食和求偶、交配行为（Endler，1993）。

林下光斑的分布及动态特征和林下植物对光斑的响应及利用能力，成为近 20 年以来植物生理生态学的一个研究热点，发表了许多很有价值的论文。这方面的研究对于揭示林下植物的耐阴机理、生态进化，以及植物对林下微生境的分配，从一个方面揭示它们的共存机理，都提供了重要的科学依据。这些研究还为林学、园林学、植物保育提供重要的依据。不过，还有许多问题没有解释清楚，有些问题与发表的结果甚至相互矛盾，还需要开展更广泛的、深入的研究。国外学者就这方面的研究已经发表了综述文章，如：Chazdon（1988），Pearcy（1990），Chazdon 和 Pearcy（1991），Pearcy 和 Pfitsch（1995）

感兴趣的读者请进一步查阅这些文献。为了方便国内读者了解这方面的研究情况，本文将就下列几方面的研究进展做简略介绍：① 林下光环境的特点，② 植物对林下生境在形态和生理上的一些适应对策，③ 林下植物对光斑的利用。

二、林下光环境的特点

不同森林，光斑的定义标准应不一样（Chazdon，1988）。这是因为不同森林林下散射光的光强不一样。不同森林林下散射光的光合有效辐射往往在 20~50 μmol · m^{-2} · s^{-1} 之间。高于这个范围的、从林冠层的空洞透射下来的短时间的阳光，被称为光斑，其光强可比林下散射光高几十倍乃至百倍以上，大部分光斑的光强往往在 100~500 μmol · m^{-2} · s^{-1} 之间（Chazdon，1988; Chazdon 和 Pearcy，1991）。林下底层同一地点在晴天有不到 10% 的白天时间可以受到光斑照射，但是光斑照射期间光通量密度的总和可达该地点全天光通量密度的 10%~80%（Pearcy，1983，1987; Chazdon 和 Fetcher，1984）。由于太阳光通过冠层的空洞时形成扩散的晕圈（penumbral effect），导致到达林下底层光斑的光的扩散和光强减弱（Miller 和 Norman，1971）。又由于叶片对光的选择性吸收，叶片对绿光部分吸收率较低（图 9.1; Lee 等 1990; Lei 等 1996），导致林冠层对阳光的过滤作用，到达林下的光的光合有效光谱比例较低，而绿光和远红光比例较高，即红光与远红外光的比率较低（Morgan 和 Smith，1981; Chazdon，1988; Endler，1993）。大片的密林下未受光斑照射时，绿光的比例较高，小片的林斑下（woodland）和冠层稀疏的林下，因更多的蓝天的辐射光可透射到林下，蓝光的比例较高（Endler，1993）。凌晨日出时，林下散射光的蓝光比例较高（Endler，1993）。蓝光促进气孔的开张（Assamnn 和 Shimazaki，1999），因此，许多植物在凌晨还未受太阳直接照射时，气孔张开较大，具较高气孔导度，此后气孔导度又降低。

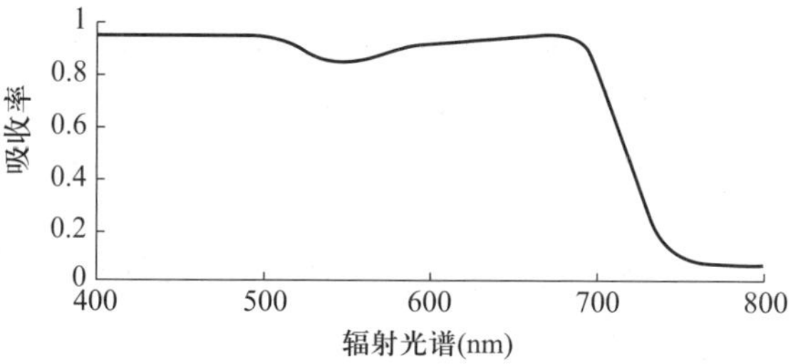

图 9.1 龙脑香科的 *Cotylelobium burckii* 林下幼树的叶片在饱和光下对可见光谱的吸收曲线（该图是作者在文莱沙地雨林研究获得的数据）。

林冠的特征、森林的结构是影响到达林下底层光斑的数量、强度、时间长短的主要因子（Pearcy，1983；Chazdon，1988）。冠层的空洞常常呈聚集式分布，导致林下光斑在水平空间上也呈聚集式分布。在一天当中，大部分光斑发生在午间几个小时。森林冠层越高，层次越多，郁闭度越大，如典型的热带雨林，林下底层所能接受到光斑越少，其斑块也越小，光斑的光强弱，红光与远红外光的比例更低。

林下光斑还受季节、天气的影响。在季节性热带雨林中，一些植物在旱季脱落一部分或全部叶片，且此间相对少云和少阴天天气，林下可得到较多和光照较强的光斑照射。因太阳高度角随着季节的变化，在北半球的仲夏季节，常绿林下可得到更多光斑，纬度愈高，这个现象愈明显。当然，温带落叶林、亚热带山地常绿落叶混交林的情况不一样，它们夏季树冠层叶最繁茂，而早春、晚秋更多光照可到达林下。这些林下的幼树往往比冠层展叶早，而落叶迟，它们在早春、晚秋季节可获得可观的光合产物。有些林下植物甚至在春季完成生活史。

在多风地区，由于风导致叶片和枝条的运动，使得更多光斑可到达林下，并且光斑在林下的分布趋于均匀（Endler，1993；Roden 和 Pearcy，1993）。在热带地区，往往下午多云、甚至有阵雨，因此此期间林下光斑出现的机会就少。但是，如果云较薄，由于云对太阳光的折射和散射作用，这些光可从更多方向和角度透射到林下，林下植物所接受的光量反而比晴天高，且白光比例高，红光与远红光比例提高，则光合有效光比例提高（Endler，1993）。因此，在多云天气，林下植物所合成的光合产物有可能比在晴天还多。

三、植物对林下环境在形态与生理方面的适应

为了适应林下光资源稀少的环境，林下树木有两种典型的树形（Kohyama，1987；King，1990；Cao 和 Ohkubo，1998）。① 形成较宽的单层树冠，维持树冠的水平生长，减少垂直生长，枝条角度近于水平，且叶片生长在枝条的两侧，加速自疏掉树冠下层的枝条，以减少自我遮阴，最大限度增加对光的接受，如温带林下的山毛榉、鹅耳枥的幼树（Cao 和 Ohkubo，1998）。② 形成小树冠甚至不分枝，瘦细的树干，相对地维持垂直生长，以便尽早地脱离弱光环境，如东南亚沙地热带雨林下龙脑香科的 *Shorea pachyphylla* 和 *Cotylelobium burckii* 幼树。

林下植物往往把相对多的生物量投入地上部，特别是叶片的生长，形成较高冠 / 根生物量比。在叶片形态上，林荫下植物的叶片及叶片表皮层、角质层、栅栏组织较薄，栅栏细胞比较粗短，叶片气孔的密度较低，表皮毛少，单位重量的叶绿素含量较高，叶绿素 *a*/*b* 比例较低（Björkman，1981；Abrams 和

Kubiske，1990；Lei 等，1996）。叶绿素 *b* 存在于光合系统 II（PSII）的捕光色素——蛋白复合体，所以林下植物比阳生植物具更高的 *PSII/PSI* 比值。这有利于提高对光合有效光的吸收以及保持光合系统之间的能量平衡（Boardman，1977; Björkman，1981）。

林下红光 / 远红光比值低，高比例的远红光往往促进植物枝干的节间伸长生长，叶片的总面积与枝条长度的比例变小，叶片趋于变薄，叶柄趋于变长，有些植物对根和叶生物量分配比率也降低（Morgan 和 Smith，1981；Lee 等，1996，1997）。因植物的生态习性不同，对高比例的远红光的敏感性和响应不同。一般说来，喜光植物对高比例的远红光更敏感，而耐阴植物、属于林下成分的植物较不敏感。

林下植物比阳生植物叶片的光合羧化酶（RuBP carboxylase）的含量低得多，与之对应的可溶性蛋白和氮的含量都低。林下植物叶片中与光合电子传递有关的质体醌库和总脂醌、细胞色素 *f* 含量比阳生植物低，铁氧还蛋白、ATP 合成酶含量也较低（Björkman，1981），而光合系统的单位却较大（Alberte 等，1976），这些都导致林下植物的光合能力低。

但是，林荫下植物叶绿体基粒形成更大的垛叠，以及对卡尔文循环中间产物库的调控更加有效，这两个特征都有利于提高在光斑照射期间的光合有效性和光斑后 CO_2 的同化作用（Pearcy，1990）。

四、林下植物对光斑的利用

1. 光合诱导及维持

在散射光照射下，林下植物可以进行微弱的光合合成。受光斑照射时，林下植物为了有效地利用光斑照射期间的光能进行光合作用，需将其叶片的光合速率从一个低水平提高到一个较高水平，这个过程涉及增大气孔导度和光合酶的激活，称为光合诱导（photosynthetic mduction）。光斑过后的短时间内，林下植物往往还能在较高光合速率下进行短时间的光合合成，称为光后合成（post-illumination CO_2 fixation）。光斑过后，林下植物往往可以维持其光合诱导状态相当长一段时间，此间一旦受光，叶片可以迅速恢复光合作用。光合诱导的丧失是渐进的、缓慢的。丧失全部光合诱导约需 1 个小时或更长时间。在弱光下，光合诱导的维持，有利于下一个光斑到来时，植物能很快地利用其间的光能进行光合合成。实际上在白天相当长的一部分时间内，林下植物都处于一定水平的光合激活状态。如果每次光斑持续的时间短，且光斑前后相隔的时间短，植物对光斑的光能利用效率就高（Chazdon 和 Pearcy，1986；Tang 等，1994）。光合诱导的快慢及其维持，很大程度上影响植物对光斑的光能利用能力。

为了对比不同植物光合诱导的快慢和光合诱导维持能力，研究人员事先对要测试的植物进行人为遮阴两个小时以上，然后用人工光源连续照射测试植物，同时测定该植物叶片的光合速率、气孔导度的变化。当光合速率上升到一个稳定状态，不再继续增大时，则该叶片到达了光合全激活状态。此时熄灭人工光源，又对植物遮阴，每隔一段时间（5~10 分钟），对该叶片照光 30~60 秒，测定此时的光合速率，以分析光合诱导的维持水平。为了避免水分胁迫的影响，光合诱导的实验需在湿季土壤湿润时进行。人工光源的光强应接近或稍高于测试植物的光饱和点。为了防止叶温升高，人工光源需进行热过滤。光合诱导测定过程中，应保持光合仪叶室内空气的状况如湿度、CO_2 浓度尽可能与测试植物周围的空气状况一致。

光合诱导响应曲线可归纳为三种类型：指数曲线型（诱导较快），S 曲线型（诱导慢）和这两者的中间型——先快后慢型（图 9.2）。有些植物在光合诱导过程中气孔导度的增加呈现几个峰值（Zipperlen 和 Press，1997）。光合诱导的速率及维持因植物的习性、季节和一天中时间的不同而有较大差异。先锋树种光合诱导较快（Poorter 和 Oberbauer，1993），耐阴树种比喜光树种需更长的光合诱导时间（Kppers 等，1996）。但是，有些耐阴植物的光合诱导也比较快（Ögren 和 Sundin，1996；Valladares 等，1997）。笔者本人在文莱沙地雨林的研究也发现，龙脑香科耐阴的 *Shorea pachyphylla* 幼树光合诱导很快，仅需 1.5 分钟和 9 分钟即可分别达到 50% 和 90% 光合诱导（Cao 和 Booth，in press），与先锋树种的情况类似。在雨季，上午植物对光合诱导更敏感，下

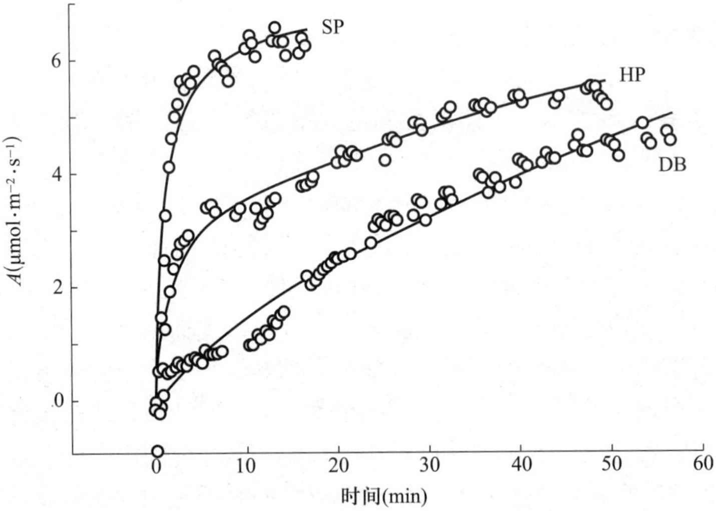

图 9.2　龙脑香科三个树种林下幼树的叶片光合诱导曲线。*Shorea pachyphylla*（SP；诱导快），*Hopea pentanervia*（HP；先快后慢）和 *Dipterocarpus borneensis*（DB；诱导慢），源于 Cao 和 Booth（in press）。

午同一植物的光合诱导需更长时间；在旱季植物的光合诱导比雨季慢得多；且在雨季的下午和旱季植物光合诱导维持的时间也较短（Poorter 和 Oberbauer，1993；Allen 和 Pearcy，2000a，b），这主要是因为雨季的下午和旱季植物的气孔的开张度较低。光合诱导的速率与弱光下植物气孔的导度呈正相关（ögren 和 Sundin，1996）。一般来说，在光合诱导的过程中，光合酶的激活相对较快，而气孔的开张较慢。但是，气孔一旦开张以后，闭合的过程比开张的过程更慢（Pfitsch 和 Pearcy，1989b；Tinoco-Ojanguren 和 Pearcy，1992）。Tinoco-Ojanguren 和 Pearcy（1993）对先锋树种 *Piper auritum* 和耐阴的灌木 *Piper aequale* 对比研究发现，后者光合诱导较慢是由于其在光合诱导过程中气孔开张较慢，而两者光合酶激活的速率类似。

光合诱导的快慢与叶的寿命长短呈负相关。Kursar 和 Coley（1993）对巴拿马热带雨林 8 种耐阴植物的研究发现，叶寿命为 1 年的植物光合诱导快，约需 1 分钟达到 50% 光合诱导，3 至 6 分钟达到 90% 光合诱导。而叶寿命为 4~5 年的植物则需 3 分钟和 11~36 分钟分别达到 50% 和 90% 光合诱导。同一植物的老叶光合诱导会比新叶慢，因为老叶的气孔开张速度比新叶的慢（ögren 和 Sundin，1996），同时老叶中光合酶的活性可能也较新叶的低（Kursar 和 Coley，1993）。

大多数生长在林窗下和林冠下的植物个体所需的光合诱导时间无显著差异。但是 Poorter 和 Oberbauer（1993）却发现顶极树种 *Dipteryx panamensis* 生长在林下的个体比生长在光照较好的个体光合诱导快，笔者也发现 *Dipterocarpus borneensis* 有类似的情况。与之相反，Zipperlen 和 Press（1997）却发现 *Dryobalanops lanceolata* 生长在光照好的地方幼树光合诱导较快。

达到全光合诱导后，大多数植物约需经 60 分钟或更长时间的黑暗才会完全失去光合诱导（图 9.3）。但是，也有些植物光合诱导丧失相当快（Pfitsch 和 Pearcy，1989b）。研究普遍发现，同种植物林荫下个体比生长在林窗下个体的叶片能够将光合诱导维持更长时间（图 9.4）。这会使得林下植物能经常保持一定水平的光合诱导状态。阳生植物的叶片光合诱导丧失快的原因可能是它们 RuBP 的再生能力低，而不是它们光合酶活性丧失得快或气孔关闭得快（Tinoco-Ojanuren 和 Pearcy，1993）。

2. 光斑引起的胁迫

光斑的光强可能比林下散射光高几十乃至百倍以上。光斑照射时，使林下植物的叶温迅速升高，可高达 8~20℃。叶温高可使叶组织灼伤、坏死。叶温升高使蒸腾加快，导致植物水势迅速下降，可使植物遭受暂时性水分亏缺（Pearcy，1990）。林下植物光饱和点低（Björkman，1981），强光可使其光合系统的光化学转化效率降低，产生光抑制（photoinhibition），导致植物的最大光合速率和光量子产量（quantum yield）降低。光抑制的原初作用部位主要

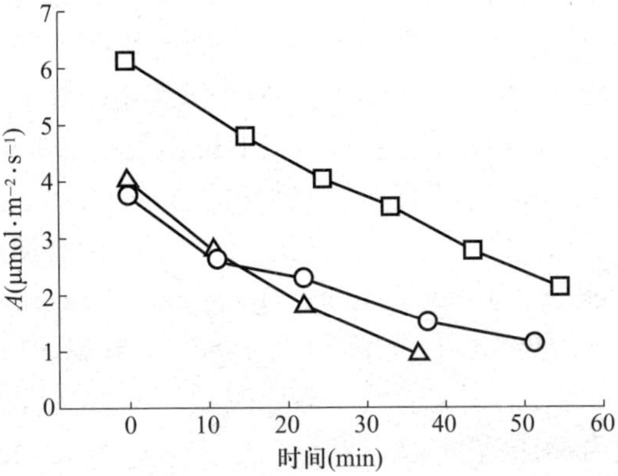

图 9.3 龙脑香科三个树种的林下幼树叶片达到全光合诱导后在暗光下光合诱导维持状态，净光合速率（*A*）是照光 30 秒的测定值。□：*Shorea pachyphylla*；○：*Dipterocarpus borneensis*；△：*Cotylelobium burckii*

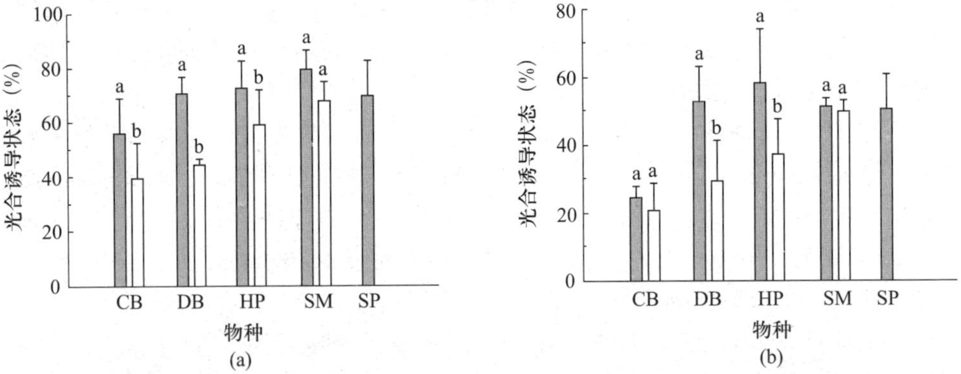

图 9.4 龙脑香科五个树种的幼树叶片达到全光合诱导后在暗光下 10 分钟（a）和 30 分钟（b）时的光合诱导状态。黑柱和白柱分别表示林荫下和林内小路边样本的平均值，柱上方的细线表示标准差。小图中同一树种柱上方具相同字母表示其两个平均值差异不显著（$P>0.5$）。五个树种分别是 *Cotylelobium burckii*（CB），*Dipterocarpus borneensis*（DB），*Hopea pentanervia*（HP），*Shorea multiflora*（SM）和 *Shorea pachyphylla*（SP）。

在光系统 II（PSII；见张守仁和高荣孚，1999）。Powles 和 Björkman（1981）利用叶绿素低温荧光光谱测定发现红杉林下植物在长时间的光斑照射下（20 分钟和 50 分钟）有光抑制现象。为了避免光抑制，该林下的俄勒冈酢浆草（*Oxalis oregona*）在强光照射时叶片垂下来，而邻近的延龄草（*Trillium ovatum*）叶子不能进行保护性运动，强光斑之后其叶绿素可变荧光（*Fv*）降低 40%，意味着叶片的 PSII 的光化学效率降低。热带森林中有些植物的叶或叶背、有些植物的嫩梢嫩叶是紫红色的，这是因为这些叶片中含有较多花青素苷

（anthocyanins）的缘故（Gould 等，1995）。花青素苷与叶绿素 *b* 的吸收光谱重叠，能吸收多余的光，使 PSII 免受强光的伤害。总的说来，由于大部分光斑照射的时间都很短，并且暗光期间光合系统的修复可以防止光抑制所引起的累积效益，因此，光斑导致的光抑制的效益很可能是微小的（Pearcy，1990）。而且，叶绿素荧光计（特别是调制）可以快速、无损伤地探测叶片光合机构的功能（林世青等，1992），正被广泛用于植物胁迫生理的研究。

3. 光斑对于林下植物光合产物的获得、生长和生殖的重要性

根据单日测量的估算，热带和温带森林林下植物 32%~65% 的光合产物是因光斑照射而合成的（Björkman 等，1972；Chazdon，1986；Pearcy，1987；Pearcy 和 Calkin，1983；Pfitsh 和 Pearcy，1989a），这包括光斑照射时的直接合成、光后合成和光合诱导效应。在林下全天（白天）连续测定叶片的光合速率及其所接受的光能量，就可以算出该叶片当天因光斑照射所合成的光合产物。红杉林下的草本植物二色和尚菜（*Adenocaulon bicolor*）的全天光合合成产量与全天的光斑的总光量呈强相关（Pfitsh 和 Pearcy，1989a）。阔叶混交林下的糖槭（*Acer saccharum*）的幼苗，在夏天全天的光合产物约 35% 是因光斑照射而合成的。

Pearcy 和 Pfitsh（1995）应用叶组织的稳定性同位素 ^{13}C 的比值来估算林下植物对光斑的长期利用效益。光斑照射时，叶内胞间 CO_2 压力与大气的 CO_2 压力比值降低、这是由于光斑照射引起碳代谢的速率提高，而气孔的开张却相对滞后。这种情况促进光合羧化酶对 ^{13}C 的同化，利用 ^{13}C 比值可以反映植物因光斑照射所固定的碳的比率。他们发现红杉林下二色和尚菜叶片 ^{13}C 比值随个体受光斑照射的日总量的增加而增高，再根据测得的在光斑期间和暗光期间叶片胞间相对于大气的 CO_2 压力比，他们推算林下二色和尚菜的生物量产量的 9.1%~46% 是因光斑照射合成的，因植株受光斑照射的总量的差异而不同。

许多植物的生长、立苗和生殖受光斑照射得到促进。在墨西哥热带雨林下，两种胡椒属树种 *Piper auritum* 和 *Piper umbellatum* 的种子受光斑照射时间长的萌发率高（Orozco-Segovia，1986；Chazdon，1988），当然此处光的红光与远红外光的比例也较高。但是，大部分耐阴的林下植物的种子可在散射光下萌芽（Angevine 和 Chabot，1979）。夏威夷常绿阔叶林下的 *Euphorbia forbesii* 和 *Claoxylon scandwicense* 的幼苗的相对生长率与潜在受光斑照射的日总量呈线性正相关。对美国东部落叶阔叶林下的 *Aster acuminatus* 研究发现，该植物的平均个体大小和性生殖的投资与其所受光照水平呈显著相关（Pitelka 等，1980）。*Arnica cordifolia* 无性分株的有性和无性生殖的投资量都是受光斑多的个体高（Young，1983）。Pfitsh 和 Pearcy（1992）在红杉林下对二色和尚菜用挡光板遮挡掉光斑，而使之散射光的光量不受影响。第二年该植物的个体比对照小 50%，其生殖器官的生物量比对照小 83%。

因植物生态习性、生理特征不一样，它们对光斑的利用能力也不一样。Watling 等人（1997）对澳大利亚四种雨林植物的幼苗进行实验，施以同样总量的光照，但是一种是变动的光，模拟光斑，另一种是不变的光。发现不同植物对这两种光处理有不同的响应。属于林下成分的 *Micromelum minutum* 长在变动光条件下的幼苗的生物量比在不变光下显著大。而另一种林下成分 *Alocasia macrorrhiza* 及先锋植物 *Omalanthus novo-guinensis* 的生长在变动光下的幼苗生物量却比不变光下的小。耐阴的 *Diploglottis diphyllostegia* 在这两种光下的幼苗的生物量却无显著差异。Sims 和 Pearcy（1993）对 *Alocasia macrorrhiza* 进行光总量相同的三种光处理：不变动光、长时间光斑（10~20 分钟）和短时间光斑（7 秒），也发现该植物生长在不变光下的生长量最大、短时间光斑下的次之，而长时间光斑条件下的生长量最小。他们认为可能是该植物需较长的光合诱导时间使之不能有效地利用光斑的光能。

五、以后的研究

光斑对于林下植物的生长、形态发育以及生殖具有重要意义。植物可在细胞、器官乃至整个不同等级水平对光斑做出响应。因生态特性、生理特征、形态特征、生活史、进化历史等的差异，植物对光斑的响应、利用能力则不同。对于林下光斑的特性、植物对光斑的响应和利用的研究，总的来说资料还不多，许多问题还没有弄清楚，有些研究结果甚至相互矛盾。Chazdon（1988）十年前提出的有关光斑的研究方向，笔者认为至今仍基本适用。参考她的意见，结合本人自己的见解，对以后有关光斑的研究提出如下几点看法。

（1）许多不同类型的森林，不同演替阶段的森林林下光斑特性，以及林下光环境的季节变化，还很缺乏资料，需要开展研究；

（2）植物对光斑的响应研究，包括叶片的解剖特征、叶片的运动、角度的调整、树冠的构型，并且要考虑光质的影响；

（3）在自然条件下影响植物对光斑利用的限制因素还研究得很少。这些限制因素可能有：植物的光合诱导慢以及光合诱导维持的时间短，光斑引起的胁迫如叶温升高过快，而造成对叶组织的伤害，短时间水分亏缺，光合抑制以及季节性干旱对于植物对光斑利用能力的影响。可在不同季节不同天气条件下在野外连续测定林下光照、植物的光合速率、气孔导度、叶片温度、植物水势的日进程；

（4）植物光合诱导快慢的机理研究还很缺乏；

（5）为了分析光斑对林下植物生长、生殖的影响，像 Pfitsch 和 Pearcy（1992）那样在林下人为遮挡光斑，对比受光斑照射和只受散射光照射的植物在生长、生殖，甚至形态、生物量分配的差异是很有意义的。也可在实验条件下，人工模拟光斑和不变光（如 Tang 等，1994；Watling 等，1997），对比植物在生理、形态、生长等方面的响应；

（6）由于影响植物对光斑利用能力受环境变动性、植物内在因素等复杂性的影响，将野外和实验测得的成果综合起来进行数学模拟可能会获得更深刻的认识。

致谢

承蒙路鹏协助文字输入、张守仁帮助审读文字，特致谢忱。该文受国家教委留学生基金资助。

参 考 文 献

林世青，许春辉，张其德，徐黎，毛大璋，匡廷云. 1992. 叶绿素荧光动力学在抗性生理学、生态学和农业现代化中的应用. 植物学通报，9：1~16

张守仁，高荣孚. 1999. 光胁迫下植物光合生理生态特性研究进展. 植物科学进展（第二卷）（李承森主编）. 北京，Berlin：高等教育出版社和 Springer-Verlag，152~164

Abrams, M. D., and M. E. Kubiske. 1990. Leaf structural characteristics of 31 hardwood and conifer tree species in central Wisconsin: Influence of light regime and shade-tolerance rank. Forest Ecology and Management 31:245~253

Alberte, R.S., P. R. McClure, and J. P. Thornber. 1976. Photosynthesis in trees. Plant Physiology 58: 341~344

Allen, M. T., and R. W. Pearcy. 2000a. Stomatal behavior and photosynthetic performance under dynamic light regimes in a seasonally dry tropical rain forest. Oecologia 122: 470~478

Allen, M. T., and R. W. Pearcy. 2000b. Stomatal versus biochemical limitations to dynamic photosynthetic performance in four tropical rainforest shrub species. Oecologia 122: 479~486

Angevine. M. W., and B. F. Chabot. 1979. Seed germination syndromes in higher plants Topics in plant population biology (Solbrig, O. T., S. Jain, G. B. Johnson and P. H. Raven editors). Columbia University Press, New York, 188~206

Björkman, O., M. M. Ludlow, and P. S. Morrow. 1972. Photosynthetic performance of two rainforest species in their native habitat and analysis of gas exchange. Carnegie Institute of Washington Yearbook 71: 94~102

Björkman, O. 1981. Responses to different quantum flux densities. Physiological plant ecology I., Encyclopaedia of plant physiology, NS. Vol. 12A (Lange, O. L., P. S. Nobel, C. B. Osmand, and

H. Ziegler editors.), Springer-Verlag, Berlin, 57~107

Boardman, N. K. 1977. Comparative photosynthesis of sun and shade plants. Annual Review of Plant Physiology 28: 355~377

Cao, K.-F., and T. Ohkubo 1998. Allometry, root/shoot ratio and root architecture in understory saplings of deciduous dicotyledonous trees in central Japan. Ecological Research 13: 217~227

Cao, K.-F., and W. E Booth. (in press). Leaf anatomical structure and photosynthetic induction for seedlings of five dipterocarp species on contrasting light conditions in a Bornean heath forest. Journal of Tropical Ecology

Chazdon, R. L. 1986. Light variation and carbon gain in rainforest understory palms. Journal of Ecology 74: 995~1012

Chazdon, R. L. 1988. Sunflecks and their importance to forest understorey plants. Advance in Ecological Research 18: l~63

Chazdon, R. L., and N. Fetcher. 1984. Light environments of tropical forests. Physiological ecology of plants of the wet tropics (Medina, E., H. A. Mooney, C. Vázque-Yánes editors), Dr. W. Junk Publisher, The Hague, 27~36

Chazdon, R. L., and R. W. Pearcy. 1986. Photosynthetic responses to light variation in rainforest species I. Induction under constant and fluctuating light conditions. Oecologia 69: 517~523

Chazdon, R. L., and R. W. Pearcy. 1991. The importance of sunflecks for forest understory plants. BioScience 41: 760~766

Endler, J. A. 1993. The color of light in forests and its implications. Ecological Monograph 63: 1~27

Gould., K. S. , D. N. Kuhn, Lee, and S. F. Oberbauer. 1995. Why leaves are sometimes red? Nature 378: 241~242

King, D. A. 1990. Allometry of saplings and understorey trees of a Panamanian forest. Functional Ecology 4: 27~32

Kohyama, T. 1987. Significance of architecture and allometry in saplings. Functional Ecology 1: 399~404

Küppers, M., H. Timm, F. Orth, J. Stegemann, R. Stöber, H. Schneider, K. Paliwal, K. S. T. K. Karunaichamy, and R. Ortiz 1996. Effects of light environment and successional status on lightfleck use by understorey trees of temperate and tropical forests. Tree Physiology 16: 69~80

Kursar, T. A., and P. D. Coley. 1993. Photosynthetic induction times in shade-tolerant species with long and short-leaved leaves. Oecologia 93: 165~170

Lee, D. W., R. A. Bone, S. L. Tarsis, and D. Storch. 1990. Correlates of leaf optical properties in tropical forest sun and extreme-shade plants. American Journal of Botany 77: 370~380

Lee, D. W. , K. Baskaran, M. Mansor. H. Mohamad, and S. K. Yap. 1996. Irradiance and spectral quality affect Asian tropical rain forest tree seedling development. Ecology 77: 568~580

Lee, D. W., S. E. Oberbauer, B Krishnapilay, M. Mansor, H. Mohamad, and S. K. Yap. 1997. Effects of irradiance and spectral quality on seedling development of two Southeast Asian Hopea species. Oecologia 110: 1~9

Lei, T. T., R. Tabuchi, and T. Koike. 1996. Functional relationship between chlorophyll content and leaf reflectance, and light-capturing efficiency of Japanese forest species. Physiologia Plantarum 96: 411~418

Miller, E. E., and J. M. Norman. 1971. A sunfleck theory for plant canopies. I. Length of sunlit segments along a transect. Agronomy Journal 63: 735~738

Morgan, D. C., and H. Smith. 1981. Non-photosynthetic responses to light quality. Physiological plant ecology I, Encyclopaedia of plant physiology, NS. Vol. 12A (Lange, O. L. , P. S. Nobel, C. B. Osmand and H. Ziegler editors). Springer-Verlag, Berlin, 109~134

Ögren, E., and U. Sundin. 1996. Photosynthetic responses to variable light: A comparison of species from contrasting habitats. Occologia 106: 18~27

Orozco-Segovia, A. D. 1986. Fisiologia ecologia del photoblastismo en semillas de cuatro especies del genero piper L. Ph. D. Thesis, Universidad Nacional Autonoma de Mexico, Mexico

Pearcy, R. W. 1983. The light environment and growth of C_3 and C_4 tree species in the understory of a Hawaiian forest. Oecologia 58: 19~25

Pearcy, R. W. 1987. Photosynthetic gas exchange responses of Australian tropical forest trees in canopy, gap and understory micro-environments. Functional Ecology 1: 169~178

Pearcy, R. W. 1990. Sunflecks and photosynthesis in plant canopies. Annual Review of Plant Physiology and Plant Molecular Biology 41: 421~453

Pearcy, R. W., and H. Calkin. 1983. Carbon dioxide exchange of C_3 and C_4 tree species in the understory of a Hawaiian forest. Oecologia 58:26~32

Pearcy, R. W., and W. A. Pfitsch. 1995. The consequences of sunflecks for Photosynthesis and growth of forest understory plants. Ecophysiology of photosynthesis (Schulze, E.-D. and M. M. Caldwell editors), Springer-Verlag, Berlin, 343~359

Pfitsch, W. A., and R. W. Pearcy. 1989a. Daily carbon gain by *Adenocaulon bicolor* (Asteraceae). A redwood forest understory herb, in relation to its light environment. Oecologia 80: 465~470

Pfitsch, W. A., and R. W. Pearcy. 1989b. Steady state and dynamic photosynthetic response of *Adenocaulon bicolor* (Asteraceae) in its redwood forest habitat. Oecologia 80: 471~476

Pfitsch, W. A., and R. W. Pearcy. 1992. Growth and reproductive allocation of *Adenocaulon bicolor* following experimental removal of sumflecks. Ecology 73: 2109~2117

Pitelka, L. F. , D. S. Stanon, and P. O. Peckenhan 1980. Effects of light and density on resource allocation in a forest herb, *Aster aciminatus*. American Journal of Botany 67: 942~948

Poorter, L., and S. F. Oberbauer. 1993. Photosynthetic induction responses of two rainforest tree species in relation to light environment. Oecologia 96: 193~199

Powles, S. B., and O. Björkman. 1981. Leaf movement in the shade species *Oxalis oregana.* Ⅱ. Role in protection against injury by intense light. Carnegie Institute of Washington Yearbook 80: 63~66

Roden, J. S., and R. W. Pearcy. 1993. Effect of leaf flutter on the light environment of poplars. Oecologia 93: 201~207

Sims, J. A., and R. W. Pearcy. 1993. Sunfleck frequency and duration affects growth rate of understory plant, *Alocasia macrorrhiza* (L.), G. Don. Functional Ecology 7: 683~689

Tang, Y., H. Koizumi, M. Satoh, and I. Washitani. 1994. Characteristics of transient photosynthesis in *Quercus serrata* seedlings grown under lightfleck and constant light regimes. Oecologia 100: 463~469

Tinoco-Ojanguren, C., and R. W. Pearcy. 1992. Dynamic stomatal behavior and its role in carbon gain during lightflecks of a gapphase and an understory Piper species acclimated to high and low light. Oecologia 92: 222~228

Tinoco-Ojanguren, C., and R. W. Pearcy. 1993. Stomatal dynamics and its importance to carbon gain in two rainforest Piper species. Oecologia 94:395~402

Valladares, F. , M. T. Allen, and R. W. Pearcy. 1997. Photosynthetic responses to dynamic light under field conditions in six tropical rainforest shrubs occurring along a light gradient. Oecologia 111: 505~514

Young, D. R. 1983. Comparison of intraspecific variation in the reproduction and photosynthesis of an understory herb, *Arnica cordifolia*. American Journal of Botany 70: 728~734

Zipperlen, S. W., and M. C. Press. 1997. Photosynthetic induction and stomatal oscillations in relation to the light environment of two dipterocarp rain forest tree species. Journal of Ecology 85: 491~503

大气二氧化碳浓度升高与其他环境因素对植物结构与功能的交互影响

10

第十章

缪世利[1] 骆亦其[2] 刘玉成[3] 惠大丰[2]

（[1]南佛罗里达水管理区，湿地系统研究部，West Palm Beach，FL 33406，USA

[2]俄克拉荷马大学，植物和微生物系，Norman，OK 73019，USA

[3]西南师范大学，重庆，中国）

摘要 20世纪90年代植物生态学对大气CO_2浓度升高的研究强调CO_2与其他环境因子的交互作用。本文简要回顾CO_2与土壤营养元素（主要是氮）、CO_2与水分、CO_2与大气臭氧和紫外辐射对植物个体重要生理生长过程与功能的交互作用，并对CO_2研究的实验方法、手段、策略及趋势做了扼要阐述。CO_2与土壤元素的交互作用之一是CO_2浓度升高对植物生长的促进作用随土壤营养元素状况而异。在土壤贫瘠的条件下，CO_2浓度升高对植物生长无促进作用。生长在同一生态系统的植物种对CO_2的反应不同。目前对CO_2与水分交互作用的认识主要是叶气孔对水与CO_2反应机制的数量化描述。现有的理论分析表明植物水分利用率与CO_2浓度升高呈1:1线性增长。但目前的实验结果与这一理论分析不完全吻合。计算机模拟模型已广泛应用于CO_2的研究。本文概述了光合作用对CO_2浓度的反应及尺度转换方面的进展。总之，多种环境因子与CO_2升高对植物的交互作用应是今后研究的重点之一。建议国家自然科学基金委在全国范围内有系统地选择代表性植物群落或生态系统在生态系统水平上进行长期定位的综合研究，包括所有生物层次、生态系统食物链中的生物成员及土壤、微生物。

Abstract Miao S. [1], Y. Luo[2], Y. Liu[3], and D. Hui[2] ([1]Everglades System Research Division, South Florida Water Management District, West Palm Beach, FL 33406, USA. [2]Department of Botany and Microbio1ogy, University of Oklahoma, Norman, OK 73019, USA. [3]Southwest China Normal University, Chongqing, China).

Interactive Effects of Atmospheric CO_2 Enrichment and Other Environmental Stresses on the Structure and Function of Plants. Recent Studies on the effects of atmospheric elevated CO_2 in plant ecology emphasize the interactions between CO_2 enrichment and other environmental stresses. The present chapter briefly reviews the interactive effects between ① CO_2 and soil nutrients (particularly nitrogen), ② CO_2 and water and ③ CO_2 and atmospheric O_3 and solar ultraviolet radiation on physiological and growth processes. This chapter summarizes experimental design, techniques, strategies, and future directions of CO_2 studies. The effects of CO_2 enrichment on plant growth were largely dependent on soil nutrient availability. In the infertile soil, plant growth was not enhanced by CO_2 enrichment. Species growing in the same ecosystem respond to CO_2 enrichment differently. Understanding of the interactions between elevated CO_2 and water largely lies on quantitative descriptions of the mechanisms of stomatal responses to water and CO_2. Theoretic analysis showed that plant water use efficiency increased linearly with CO_2 concentration at a 1 ∶ 1 ratio. However, current experimental results did not support this hypothesis. Computer simulation and modeling facilitate CO_2 studies, in particular, photosynthetic responses to CO_2 concentrations and scaling physiological-and/or individual-level studies up to populations, communities, and ecosystems. Overall, ecosystem approach studying complex effects of CO_2 enrichment and multiple environmental stresses should be emphasized in future. Cross-geological boundary, representative plant communities or ecosystems may be selected to conduct nationwide, long-term, and comprehensive studies at many levels of biological organizations.

一、前言

20 世纪 70 年代开始，植物生态学家就比较系统地研究了大气 CO_2 浓度升高对植物结构与功能的影响，并取得大量成果。本章主要概述 20 世纪 90 年代以来该领域的进展与重要成果。内容包括 6 部分：前言，CO_2 浓度升高与土壤营养元素的交互作用，与水分逆境的交互作用，与大气臭氧和紫外辐射的交互作用，用计算机模拟、模型手段预测高 CO_2 浓度对全球植被、生态系统及全球碳平衡的影响及结语。前言主要概述植物生态学对 CO_2 浓度升高的研究过程及重要结论。研究过程包括研究策略和手段。从 20 世纪 70 年代到 90 年代，植物生态学对 CO_2 研究的一个明显特点是经历了一个以单因子（CO_2）为主的研究到强调多因子交互作用的过程，即经历了以研究 CO_2 直接效应为主，到研究 CO_2 与其他逆境因子间的相互作用的过程；也即在不同环境条件下，研

究 CO_2 对植物结构与功能的直接与间接效应。20 世纪 80 年代前的多数研究，以 CO_2 单因子实验设计为主，实验植物一般生长在最适水、肥、温条件下，接受不同的 CO_2 浓度处理。实验植物多为农业栽培植物与园林经济作物。当时的研究也有一些野生植物，但多以草本为主。不管是农业栽培作物，还是园林经济植物，作为研究的对象，都是生长在最适条件下的。研究结果发现 CO_2 浓度升高对这些作物都具“施肥”正效应，即 CO_2 浓度增高，植物光合作用加强，植物的生长和产量增加。这种正效应类似于施肥增加农作物产量。因此，一部分研究者认为，大气 CO_2 浓度增高对植物生长不一定是坏事。

20 世纪 80 年代后期至 90 年代初期，越来越多的研究者意识到研究高 CO_2 浓度在逆境条件下对植物结构与功能影响的重要性（Fajer 等，1989；Luo 和 Mooney，1999）。其重要的原因是人类对自然界的干扰而引起的全球气候变化，不仅仅导致大气 CO_2 浓度升高，而且导致其他环境因素和环境资源的变化以及环境质量的恶化。环境资源与环境质量的变化随国家、地区而异。如一些国家或地区，大气氮（N）沉积增加，土壤 N 富营养化；另一些国家或地区因森林砍伐而导致自然植被破坏、水土流失、土壤贫瘠；一些地区水分泛滥成洪，而另一些地区枯水干旱；一些地区的工业“三废”与汽车尾气污染，造成大气对流层的臭氧增加，全球范围气温升高，夜间的最低温度上升，昼夜温差减小；大气平流层臭氧的破坏而引起的紫外辐射升高等。这些与全球大气 CO_2 升高同时出现的逆境，使研究者们意识到研究大气高 CO_2 浓度对植物结构与功能的影响研究绝不能仅在最适植物生长条件下进行。在最适条件下，高 CO_2 浓度对植物结构与功能的正效应不能代表在逆境条件下高 CO_2 浓度对植物的影响。不能用高 CO_2 浓度在最适植物生长条件下的结果来预测其在逆境下的结果。高 CO_2 浓度与其他逆境因子交错在一起，存在着复杂的交互作用。高 CO_2 浓度可减缓，也可强化其他逆境因子对植物的影响。反之，其他逆境因子也可能增加或减缓高 CO_2 浓度对植物的影响（Luo 等，1999a）。

20 世纪 80 年代末至 90 年代初，植物生态学 CO_2 研究的另一个明显特点是实验手段与计算机模拟、模型相结合，实验生态学家与模型生态学者合作，也有部分实验生态学家自身进行模拟、模型的研究。CO_2 研究的如此转变，一方面是由于计算机模型研究本身的发展，渗透到各个研究领域；另一方面是因为 CO_2 研究的特殊性，如控制 CO_2 浓度的技术要求与研究经费的局限性，不可能大规模地进行 CO_2 的实验研究。与此相关，CO_2 研究的手段与水平也有一个逐步提高的过程。20 世纪 70 年代早期，CO_2 研究多用小规模的生长箱（growth chamber）。一般的实验设计是两个生长箱，一个为现在的大气 CO_2 浓度（350 ppm[①]，以下称为低 CO_2 浓度），一个为高于现在大气 CO_2 浓

① 1 ppm=10^{-6}。

度一倍的浓度（700 ppm，以下称为高 CO_2 浓度）。由于设备、经费限制，这时期的研究一般没有真正的重复，实验时间较短，实验植物多为盆栽。20 世纪 80 年代后期，许多研究者意识到 CO_2 浓度研究缺乏统计上真正重复的弊病，强调重复的重要性。以后 CO_2 研究一般设置至少 2 个重复。此外，研究者还意识到研究 CO_2 对植物长期影响的重要性，很多重要的生理生态问题有待于较长期的实验结果来回答。例如，短期的高 CO_2 浓度对植物的“施肥”作用会持续多长时间？当植物适应了高 CO_2 浓度环境后，这种正的施肥效应是否还存在？因此，20 世纪 80 年代后期的研究一般时间较长。如草本植物的实验一般是一个完整的生活周期，乔木植物也至少一年以上，有的连续三四年。20 世纪 80 年代后期的研究不仅注意重复、实验期较长，而且实验规模也增大。这时有了野外的开顶箱（field open top chamber）。如以 Drake 等为首在 Chesapeake 海湾用这种开顶箱研究海湾湿地植被对高 CO_2 浓度的反应（Drake 等，1996）。这种野外开顶箱使得 CO_2 的研究比较接近于自然状况，较便于研究自然条件下生长的植物。到 20 世纪 90 年代中期，CO_2 研究扩大到对群落、生态系统的水平。美国能源部重点研究的几个代表性的生态系统，北从阿拉斯加的冻原生态系统，温带地区 Duke 大学的松林生态系统，南到刚果的热带雨林生态系统，中部的草原和西部的沙漠。另外，研究的技术也从野外的生长箱逐步改为用 CO_2 浓度自由气体升高技术（Free-Air CO_2 Enrichment，FACE）。这种技术是目前世界上研究植物和生态系统对 CO_2 反应的最新技术（Hendrey 等，1999）。它一方面消除了生长箱可能造成的人为环境变化，另一方面提供了面积更大的实验区，因而使研究个体、种群、群落和生态系统过程变为现实。

由于研究手段的提高，研究水平也相应地不断提高。从早期对组织器官（主要是叶片）水平的研究，发展到对个体、种群、群落及生态系统水平的研究；从多为对植物地上部分的研究，发展到对地下根系及植物个体的整体研究。这些研究涉及植物生态学学科的众多领域，如生理生化、生态、遗传、物种进化、物种多样性、生物的变异演化、基因型、生态型、群落的演替及生产力等。

计算机模拟、模型综合现有获得的在组织、器官、个体水平上的数据，及其对各种生态系统的认识，去预测群体、群落、生态系统及景观水平上的各种综合变化。在过去的 20 多年的研究中，计算机模型模拟研究光合作用对 CO_2 浓度的反应较多。模拟研究的重点在于解释和预测在高 CO_2 条件下光合能力的变化。在呼吸作用、光合产物分配方面的模拟研究进展不大（Luo 等，1999b）。模型模拟研究较多的另一个领域是在 CO_2 浓度增加的条件下碳素和生态系统内营养元素间的交互作用。在植物对 CO_2 反应的研究领域的另一挑战是，如何把实验室与田间实验结果通过变换尺度的研究推广到地区性或全球范围的大尺度上。Luo 等（1996b）提出用不变量方程估计全球陆地植被吸收空气中多余碳素的精确度。此方法为目前全球 CO_2 计算机模拟模型研究中的较好方法之一。Luo 等（1999b）回顾了 20 多年植物生态学对 CO_2 的研究指出，模型学家应在 CO_2 研究中发挥更大的作用。

二、大气 CO_2 浓度升高与土壤营养元素间的交互作用

20 世纪 90 年代初期，由于全球气候变化，生态学研究大气高 CO_2 浓度对植物个体的影响，重点放在 CO_2 与逆境因素的交互作用上。CO_2 与逆境因素交互作用的研究，主要集中在两个相互制约的方面：一是逆境因素对 CO_2 效应的调节（moderate）作用，二是大气高 CO_2 浓度对逆境因素的加剧或缓冲作用（Luo 和 Mooney，1999）。众所周知，大气 CO_2 是植物光合作用的必需元料，因而是维持地球上各种生态系统结构与功能的最重要气体之一。理论上，大气 CO_2 浓度增高，植物光合速率也相应地增高。可是植物光合作用是一个复杂的生理生化过程，涉及植物体内的各种代谢机制和功能。CO_2 与光合作用和其他生理生长过程之间绝不只是存在单一的正相关关系。究其主要原因，是 CO_2 浓度对光合作用的正效应，在很大程度上取决于其他逆境因素的状态。自 20 世纪初期，人类的生产、生活活动除了造成大气 CO_2 浓度的升高外，还造成大气及土壤营养元素，特别是 N 的巨大变化。本节将主要总结大气高 CO_2 浓度与土壤营养元素、特别是 N 之间的交互作用。

20 世纪 90 年代的 CO_2 研究以各种具代表性的生态系统为研究对象。不同的生态系统有不同的生物组成、不同的环境特点、不同的结构与功能，因而对高 CO_2 浓度的反应也应不同。现有的实验成果表明，高 CO_2 浓度可促进农业作物和经济栽培作物的光合能力，可提高 50% 左右，农业作物的谷物产量平均增高 31%（Fajer 和 Bazzaz，1992）。必须指出的是，CO_2 的施肥效应必须在保证作物的最适生长条件的前提下，即充分的水分及土壤营养元素。例如，美国 Chesapeake 海湾湿地生态系统具丰富的营养元素。高 CO_2 浓度促进在此自然生态系统中的湿地植物的生长；可是在营养元素贫瘠的 Alaska 冻原生态系统，高 CO_2 浓度对冻原植物的正效应却逐渐降低乃至消失。生长在美国东北的温带落叶阔叶林的一些乔木树种（如栎、桦、枫），对高 CO_2 浓度的正反应也逐步降低（Bazzaz 等，1993）。因此，高 CO_2 浓度对植物生长的影响极为复杂，涉及生态系统的基本特征如植物间的竞争关系。高 CO_2 浓度对不同代谢型植物的影响不同。现有的研究一致认为，高 CO_2 浓度促进 C_3 植物的光合作用与生长，如小麦、水稻及一些乔木树种；可是，高 CO_2 浓度对具 C_4 植物光化学途径的植物的光合作用与生长影响较小，如苞谷、甘蔗等。因为 C_4 植物已适应体内高的 CO_2 浓度。

大量的研究指出，高 CO_2 浓度对植物影响的另一重要特点是因物种而异。生长在同一生态系统，但具不同生活史、不同演替阶段的植物对 CO_2 的反应不同，甚至同种植物因种子大小的不同也会对高 CO_2 做出不同的反应（Miao，1995）。Bazzaz 和 Miao（1993）研究了 CO_2、N 与光三个因素及它们的相互作用对新英格兰森林常见树种生理生长的影响。他们选用了适应不同森林演替阶段的 6 种常见树种，如灰桦、白蜡树（Ash）属演替早期阶段的种，不耐阴，种子小；红栎、黄桦属演替后期的种，耐阴，种子大。这些植物的幼苗生长在不同土壤 N 含量（400 与 40 kg · hm^{-2} · 年 $^{-1}$）、不同光照强度（自然光照与 30% 自然光照）与不同的 CO_2 浓度（350 μL · L^{-1} 与 700 μL · L^{-1}）的环境条件下，历时 3 年。3 年内，他们仔细地观测了植物的光合、生长、生物量分配及形态发育等特征，进而比较了长期与短期 CO_2 对植物的影响。

第一年的实验结果表明，CO_2 与 N、CO_2 与光、CO_2 与植物种都有显著的交互作用。虽然绝大多数处理都观察到高 CO_2 浓度对植物的正效应，但只有在富 N 处理中的植物，生长的增加具有统计显著性（图 10.1）。一般在低光强条件下 CO_2 对植物生长的正效应大于高光强。CO_2 对生长的最大效应是在低光强与高 N 处理的植物，而最低的 CO_2 效应是在高光强与低 N 处理的植物。为什么 CO_2 对植物生长的正效应在低光处理中明显？其原理首先涉及植物的光合生物化学原理与过程。在低光强下，RuBP 羧化酶的合成能力受阻，酶的含量降低。RuBP 羧化酶的合成是光合作用的主要限制因素（Sharkey，1985），因而光合作用速率在低光强下通常降低。高 CO_2 浓度促进 RuBP 羧化酶的合成，从而补偿在低光强下 RuBP 羧化酶对光合作用的限制作用。相反，在高光强下，通常 Rubisco（1，5- 二磷酸氧化 / 羧化酶）是光合作用的主要限制因子，长期的高 CO_2 浓度会导致 Rubisco 含量下降，因此，在高光强下的 CO_2 对光合作用及生长的正效应低于在低光强的效应。其次，生长在高光下的植物，一般生长期较短。CO_2 浓度的正效应，因植物生长期缩短而减少。此外，高 CO_2 浓度本身也对植物生长期有影响，这将在下面讨论。总之，由于森林生态系统土壤营养与光强的异质性，高 CO_2 浓度与这些因素的相关性，森林树种幼苗的更新格局在高 CO_2 浓度环境下会发生变化。

Bazzaz 和 Miao（1993）第一年的实验结果还证明，CO_2 浓度的正效应随植物种而异。演替早期与演替后期的种对 CO_2、N 与光的反应不同。在高 N 处理中，高 CO_2 浓度对演替早期的种（如栎、桦、白蜡树）的生长具显著正效应。在低光处理中，对演替后期的种有较大的正效应。即 CO_2 与 N 较大地促进演替早期种的生长，而 CO_2 与光则较大地促进演替后期种的生长。生长在同一生态系统的树种对高 CO_2 浓度的不同反应，会直接影响森林生态系统的物种组成及物种的多样性。这些变化又会反过来影响森林生态系统的初级生产力、碳的同化与积累能力，最终影响全球碳循环。

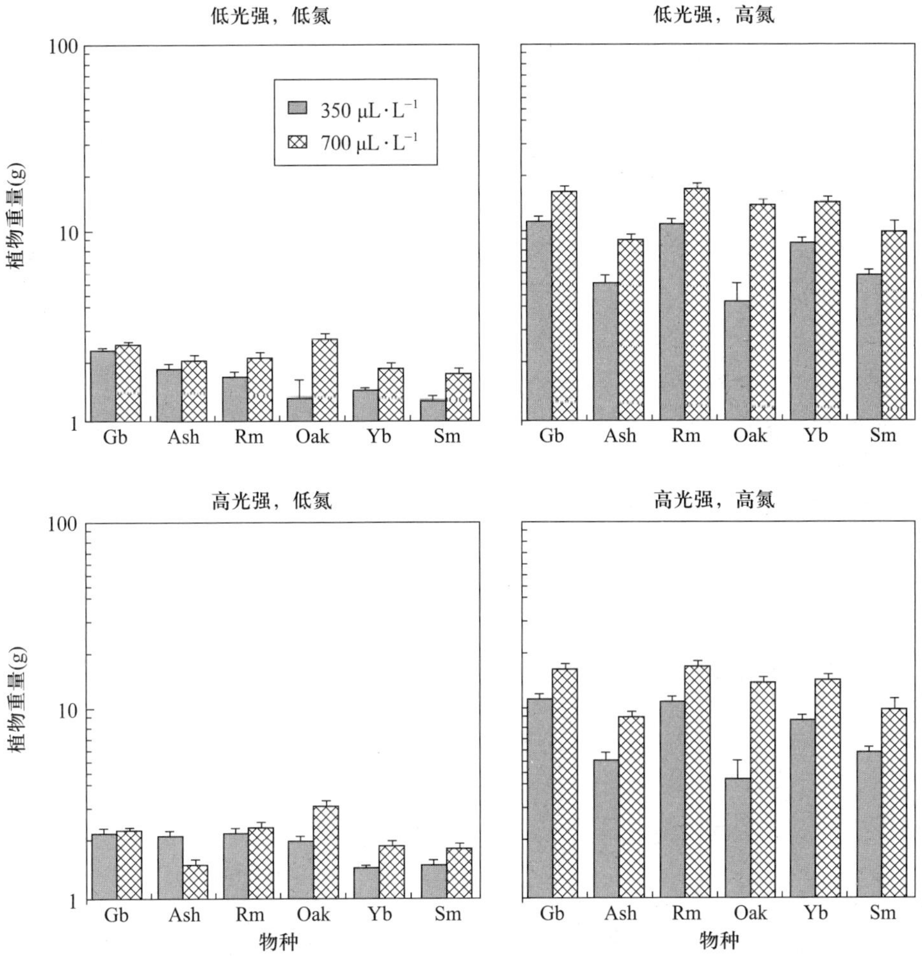

图 10.1　CO_2、光及 N 对 6 种温带植物生长的交互作用。植物重量为 165 天后的平均重量。植物种从左到右耐阴性增加。Gb，灰桦；Rm，红槭；Oak，红栎；Yb，黄桦；Sm，条纹槭。摘自 Bazzaz 等（1993）。

在高 CO_2 浓度条件下，植物生长 3 年后，虽然生物量比生长在低 CO_2 浓度环境的生物量高，但生物量的增加却逐年降低（图 10.2），这说明高 CO_2 浓度植物生长量的增长影响，不是长期持续的增长。其他很多研究也得出了同样的结论（如，Norby 等，1986；Diaz 等，1993）。这一结论对于制定政策的政治家与公众认识全球 CO_2 上升对社会及自然生态系统的影响非常重要。正如 Fajer 和 Bazzaz（1992）指出，高 CO_2 浓度对自然生态系统不一律是“施肥”效应。前言已指出，早期的 CO_2 研究都是短期的，植物生长在高 CO_2 浓度环境中，有一初始适应期（acclimation）。在初期内，植物光合作用与生长多表现为增高，过了这一适应期，植物适应了高 CO_2 浓度环境，增加速率降低。目前还不很清楚具体的机理与过程。可能有以下两方面的原因。首先，众所周知，对较大的植物而言，单位生物量的生长率较低，主要因为较高的呼吸消耗。第一年，植物在高 CO_2 浓度环境下，生长迅速，生物量增加，而这种增加的生物量却导致了植物单位生长量生长率的降低，生物量的积累因而降低。另外，高 CO_2 浓度对植物光合叶片与非光合组织分配的影响也自然导致 CO_2 正效应的逐步降低。叶面积比率（leaf area ratio，LAR）表示植物个体总叶面积与总生物量的比例，也即光合与非光合组织生物量的比率。植物个体发育过程中，LAR 逐步降低。在第三年，生长在高 CO_2 环境植物中的 LAR 下降得比在低 CO_2 环境的植物快。高 CO_2 浓度影响生物量对源（叶片）库（储存器官）分配不平衡也可导致正效应的降低（Farrar 和 William，1991）。其次在长期高 CO_2 浓度下叶片光合能力随时间而下降也直接导致生长的降低（Sage 等，1989；Bowes，1991）。

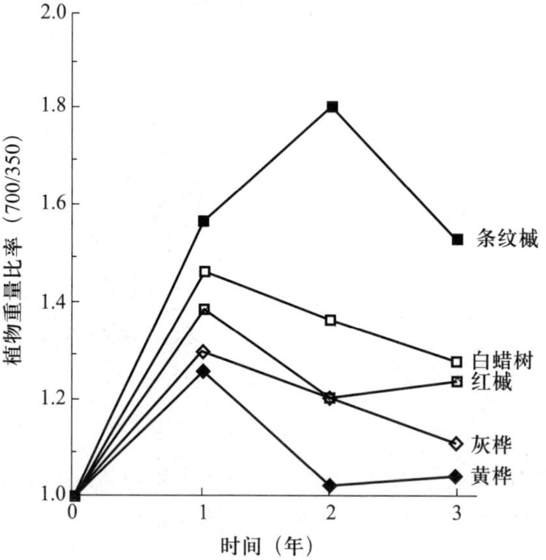

图 10.2　高 CO_2 浓度对植物生长的正效应随时间而降低。5 种温带植物生长在 700 μL · L^{-1} 与 350 μL · L^{-1} CO_2 处理的重量比率。摘自 Bazzaz 等（1993）。

CO_2 对植物结构与功能影响研究还集中在高 CO_2 浓度环境中，叶片光合作用与植物个体生物量之间的关系，即生长与生物量是否随叶片光合速率的增加而增加。现有的研究表明，在高 CO_2 浓度环境下，个体生长与生物量随光合作用的增加而增加因植物种而异。例如，Arp 和 Drake（1991）报道，C_3 植物 *Scirpus olneyi* 生长在高 CO_2 浓度 4 年之后，其光合能力仍比生长在对照（即低 CO_2 浓度）的同种植物高 31%。可是 Bazzaz 和 Miao（1993）指出高 CO_2 浓度对叶片光合作用的效应与植物个体生长的生物量无相关关系。虽然

3 年后，生长在高 CO_2 浓度植物叶片的光合作用比生长在低 CO_2 浓度下的高 80%~300%，而生物量却只比低 CO_2 浓度的高 50% 左右。

植物个体的生产力和生物量的积累除了与光合速率相关外，还与其他很多生理生态、代谢过程和形态发育过程相关。如呼吸消耗、植冠的排列结构与生长期的长短等。某种程度上植物的呼吸消耗与光合作用一样，不仅涉及单位面积的速率，而且还取决于植物个体总的光合或呼吸面积或重量。正如前面已讨论过的，如果单位叶面积的光合速率增加，叶面积比率却因呼吸组织增大而减低，为此个体的增长、生物量的积累可能不会增加。

此外，植物生长期是决定植物个体生长的另一重要因素，生长期（即从叶芽萌发到老化）的长短与个体生长正相关。纵观 CO_2 研究文献，有大量的 CO_2 对光合能力影响的信息，相对地，CO_2 对植物生长期的影响的报道较少。Curtis 等（1989）根据 Chesapeake 海湾滩地群落的研究，报道高 CO_2 浓度对 *Scirpus olneyi* 叶片老化有延迟作用，即生于高 CO_2 浓度环境下这种植物叶片的生长期延长，从而提高了由此种植物组成的单一和混合群落的初级生产力。可是，高 CO_2 浓度对生长在同一生态系统的另一 C_4 植物的叶片生长期却没有影响。Change（1975）指出高 CO_2 浓度（650~1 000 mL · L^{-1}）导致棉花叶片衰老加快，其主要原因是叶蛋白和酶含量降低。缪世利（未发表数据）观察了 4 种落叶乔木树种的叶芽发育及衰老。如前所述，这些植物生长在不同的 CO_2、N 及其光处理下。观察高 CO_2 浓度环境对叶芽萌发的影响是在第三年的初期。图 10.3 清楚地表明 CO_2 影响叶芽萌发，其程度随 N、光处理及植物种而异。对两种桦树而言，高 CO_2 浓度环境延迟叶芽萌发，条纹槭的叶芽萌发明显地受 CO_2 处理的影响。可是对在某些 N 与光的处理下，高 CO_2 浓度提高红槭叶芽的萌发。Miao 还测定了这些植物不同年龄叶片的光合速率（图 10.4）。用来测定的 3 种不同年龄叶片有：未发育成熟的幼年叶片、发育成熟的叶片及刚出现衰老的叶片。结果指出，高 CO_2 浓度提高幼年与成熟叶片的光合速率。可是，生长在高 CO_2 浓度下衰老叶片光合作用下降的速率，比低 CO_2 浓度环境的衰老叶片高。由此说明，生长在高 CO_2 浓度环境下可能缩短叶片生长期。综合叶芽萌发与不同年龄叶片的光合作用，生长在高 CO_2 浓度环境 2 年后，某些植物的叶片生长期缩短，可能主要通过延迟萌发、加速衰老。Kelly 等（1991）也发现高 CO_2 浓度影响不同年龄叶片的光合速率，CO_2 对光合速率的正效应随叶片年龄降低。另外，Morison 和 Gifford（1984）和 Cure 等（1989）报道了在高 CO_2 浓度环境下，植物叶片扩张及生长速率加快，可是不清楚叶片生长加快是否缩短了叶的生长期。Hsiao 和 Jackson（1999）指出在高 CO_2 浓度环境下，叶片的初期生长加快，对于群落形成的早期阶段是有利的，因叶片的迅速生长，促进林冠的形成，这样有利于群落林冠或植物个体植冠的光捕获，因而促进群落单位面积或单株植物的 CO_2 同化能力。

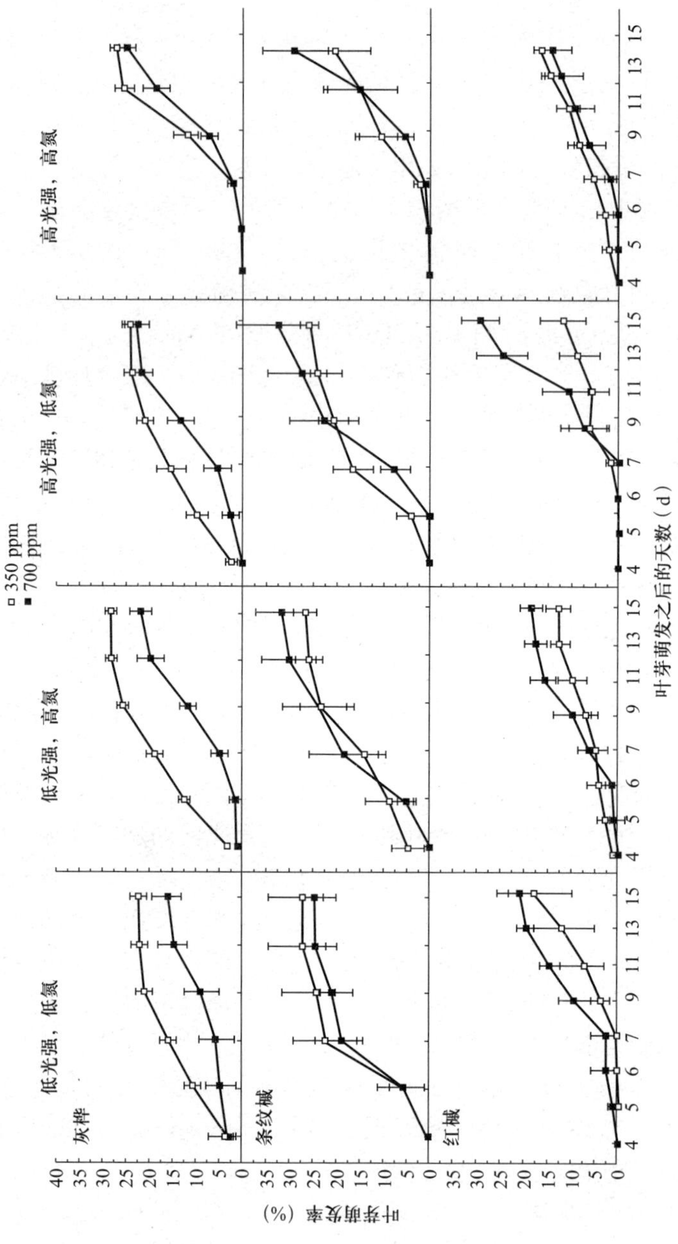

图 10.3 CO_2、光及 N 对三种温带植物叶芽萌发的交互作用（缪世利未发表数据）。

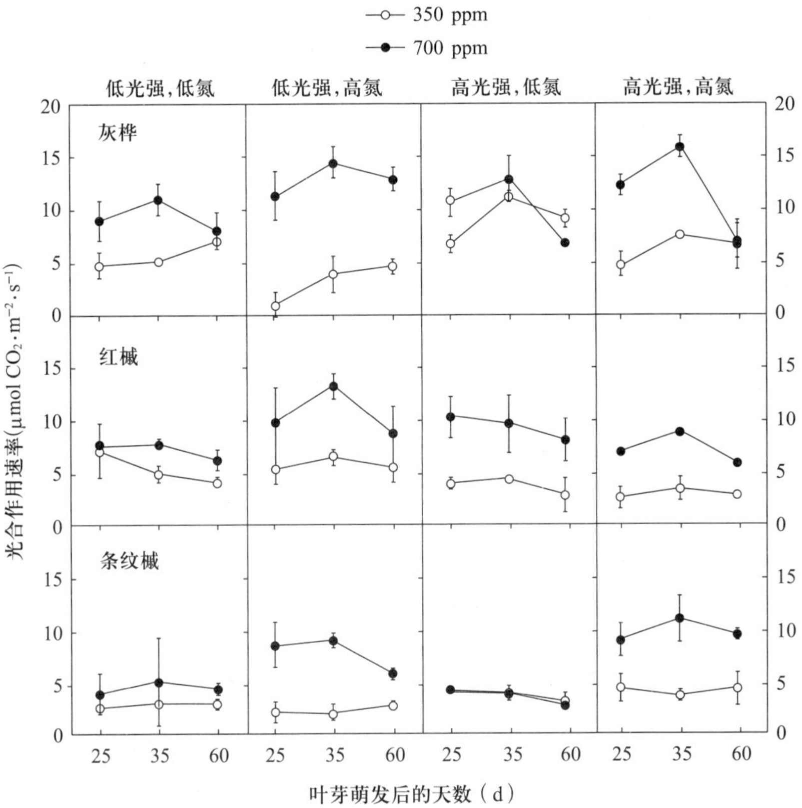

图 10.4 CO_2、光及 N 对三种温带植物不同叶龄光合速率的交互作用（缪世利未发表数据）。

应该指出的是，高 CO_2 浓度对叶片萌发、衰老的影响，不仅直接影响植物个体或群落的生产力与生物量的积累，还间接地影响其他个体或生态系统的功能。例如，叶芽萌发的提早或延迟，可能不利于植物应付早春寒、春旱等自然气候。开花时间延迟，可能会影响到这种植物传粉的昆虫，这样可能既影响昆虫的种群生长，又可能影响植物结果和种子产量，从而导致一系列种群与生态系统水平上的影响。最后应指出的是，植物个体水平上生物量生产力的增加，不一定促使群落或生态系统水平上的相应增加。因为不同植物种对高浓度的 CO_2 反应不同，而群体水平的生产力取决于群落中的物种对 CO_2 的反应。

无疑，高 CO_2 浓度影响生态系统的营养元素循环，这种影响一方面是通过高 CO_2 浓度环境增加植物生物量。通过凋落物间接地增加土壤碳的含量。促进植物生长也增大植物对生态系统 N 的需求量，影响系统的营养元素循环；另一方面这种影响也通过在高 CO_2 浓度下植物组织营养元素含量发生变化，影响枯枝落叶分解而间接影响生态系统的状态与循环。大量的研究一致证明，

生长在高 CO_2 浓度下的植物器官（根、茎、叶）营养元素（特别是 N）浓度降低，C/N 比率增加（Wong，1979；Fajer，1989）。有关研究指出，植物器官，如叶片 N 含量降低主要是由于 Rubisco 及其他酶含量降低，也可能是淀粉及其他碳化合物含量的增加（Drake 等，1997）。此外，还有研究指出，高浓度的 CO_2 对 C/N 比率的影响不很大，因为叶片衰老期 N 由衰老叶片转送植物体内，叶片的碳代谢也产生变化（Cotrufo 等，1994）。总之，植物组织 C/N 比率发生变化会直接影响枯枝落叶分解速率，如植物组织 C/N 比率在高 CO_2 浓度下增加，其分解速率就下降，从而降低生态系统的 N 循环。这即是高 CO_2 浓度对自然生态系统的负反馈，这种负反馈对那些 CO_2 贫瘠的生态系统只可能造成恶性循环。必须指出的是，植物组织 N 含量降低也依植物生长环境的营养状况、光环境而变化。生长在土壤营养条件比较丰富的植物组织的 N 含量变化不大，而生长在贫瘠环境下的植物，N 含量下降显著，生长在高光条件下的植物，高 CO_2 浓度造成叶片 N 含量降低。

高 CO_2 浓度对土壤生态系统 N 循环的影响，分直接影响和间接影响。直接影响是高 CO_2 浓度促进光合作用，增加植物的生长与生物量，进而增大土壤的碳含量。一方面由于土壤碳含量的增加，加大系统对 N 的需求量。另一方面，为满足植物生长而需求更多的 N。如通常在高 CO_2 浓度下，生物量对根的分配增高，根呼吸增加，土壤可移动的碳增加，从而影响 N 循环中的一系列重要过程。如 N 的矿化（mineralization）、固持（immobilization）、反硝化还原过程及固 N 作用。可是目前对在高 CO_2 浓度环境下，土壤碳含量增加与 N 的可利用性之间有极不一致的报道。例如，Zak 等（1993）对杨树的研究指出，在高 CO_2 浓度环境中，增加土壤的碳，提高土壤 N 的矿化，从而提高 N 的可利用性。可是，Diaz 等（1993）对禾草群落的研究却得到相反的结果。他们发现在高 CO_2 浓度环境下，禾草群落的土壤 N 明显降低，可利用土壤 N 含量减少。Berntson 和 Bazzaz（1996）用微缩生态系统（microcosm）方法研究落叶阔叶林，发现在高 CO_2 浓度环境中，土壤 N 含量降低。Hungate（1999）详细地论述了这些不同结果的原因。主要可能是由于这些研究基于不同的研究对象，用不同的 N 测定手段及不同的研究时期。

大气高 CO_2 浓度对生态系统 N 循环的间接影响是通过增加土壤含水量。在高 CO_2 浓度环境中，植物的蒸腾作用降低，用水量减少，因而土壤含水量增加。Field 等（1995）估计在高 CO_2 浓度条件下，很多草地、灌木及森林生态系统的土壤含水量会增加。土壤含水量的增加会改变土壤 N 循环微生物的转化过程。

总之，在高 CO_2 浓度环境下，生态系统的碳氮循环会受到影响。这两个循环之间也会相互影响（Ågren 等，1999）。生态系统生物量与土壤碳储存量增加，生态系统对 N 的需求量的提高可通过三条途径来调节。即改变植物

C/N 比率，增加土壤呼吸，释放过多的碳，加快土壤矿质化与固 N 作用，释放更多的 N 以满足系统对 N 的需求量。

高 CO_2 浓度影响植物组织，特别是叶片的碳氮含量。高 CO_2 浓度是否影响与碳相关的次生化合物的合成与含量，对此问题现有的研究不多，结果各异。Fajer 等（1989）报道了高 CO_2 浓度对草本植物车前草属次生化合物的影响。他们没有发现高 CO_2 浓度影响这种植物次生化合物的含量，因而推断激素或是物理因子如光，可能是合成这些次生化合物的关键。对乔木树种的研究却有不同的结果。Norby 等（1986）发现高 CO_2 浓度增加白栎叶片的甘宁含量。Lindroth 等（1993）指出高 CO_2 浓度环境对次生化合物，特别是酚化合物的影响，随植物种而异。例如，在高 CO_2 环境中，杨树主要增加具储存形式的碳水化合物，如淀粉。而槭树则增加具防御功能的碳水化合物，如甘宁。植物叶片的次生化合物的变化，直接影响以这些植物为食的昆虫，即高 CO_2 浓度环境对昆虫的间接影响。叶片化学组成营养元素（C/N 比率）的变化，可以造成昆虫食叶量提高，昆虫以取食大量的低营养的植物组织来满足其生长发育的需求。Fajer 等（1989）、Johnson 和 Lincoln（1990）报道高 CO_2 浓度影响植物 - 昆虫间的平衡，生长在高 CO_2 浓度环境下的昆虫幼体，生长慢，死亡率高。其原因可能因叶片含 N 量与含水量降低而造成的。这直接影响到植食昆虫的种群大小与增长，从而影响到生态系统食物链上动物种群大小的变化。

三、大气 CO_2 浓度升高与水分的交互影响

尽管水是地球上最丰富的自然资源，但仍然是限制全球生物产量的最主要因子之一。随着全球环境的变化，水因子的限制作用如何受到调节，是目前国际研究的重要课题之一。本节集中讨论水和全球高 CO_2 浓度的交互作用。

水与 CO_2 的直接交互作用产生于叶片气孔的开放与关闭的调节过程。叶片气孔的开闭程度一般用叶片的传导性（g_e）来度量。过去几十年的研究表明，当植物生长在高 CO_2 浓度下一定时间后，其叶片的传导性（g_e）比生长在低 CO_2 浓度下植物的 g_e 一般要低得多。例如，几项研究都表明 g_e 一般下降 20%~60%。这几项研究包括在加利福尼亚草原和美国中部大草原用野外开顶箱做的研究和在亚利桑那州的棉花地里用 CO_2 浓度自由气体升高技术进行的研究。

除了这些野外实验研究以外，科学家还通过文献综述来探讨气孔对 CO_2 浓度的一般性反应。例如，Morison 和 Gifford（1984）综述了作物和其他草本植物 11 个种的研究。当这 11 个种生长在高 CO_2 浓度的条件下，气孔的传导性比相应的生长在低 CO_2 浓度条件下的植物平均降低 36%。Field 等（1995）综合了对 23 种木本植物的研究结果，发现 CO_2 浓度的升高导致了 g_e 平均下

降 23%。进一步分析，在他们这组资料中，生长在生长箱中的植物，g_e 下降达 31%。而在开顶箱野外自然环境中的植物，CO_2 导致的气孔 g_e 下降只有 4%，小到几乎可以忽略不计。另外，Curtis（1996）最近引用一种无偏差的统计方法，对在不同时间、不同地点、由不同研究人员进行的研究所得来的结果进行整合分析（meta-analysis）。用这种统计方法对气孔 g_e 的综合分析表明，当木本植物生长在无逆境条件下，CO_2 浓度导致气孔的适度关闭。而这些木本植物生长在逆境条件下，并未发现 g_e 有任何明显的变化。最近的结果显示，CO_2 浓度升高并没有引起在杜克（Duke）大学森林里火炬松的气孔变化（Ellsworth，1999）。上述许多研究表明，大气中 CO_2 浓度升高是否会引起气孔的相对关闭因植物种而异。看起来草木植物的气孔对 CO_2 浓度比较敏感，而木本植物的气孔可能对 CO_2 浓度的变化反应并不大。

高 CO_2 浓度的条件下引起气孔关闭的直接后果是改变土壤水分状况。在加利福尼亚草地上进行的开顶箱 CO_2 实验，气孔的相对关闭（Jackson 等，1994），导致植物中午水势的升高和土壤水分的增加（图 10.5，Field 等，1996）。因加利福尼亚州处于地中海气候带，冬季降水多，夏季降水少。雨季通常从 10 月中旬开始，延续至次年的 3—4 月份，土壤水分受气候的支配，夏天干、冬天湿（Luo 等，1996b）。从图 10.5 中可见，高 CO_2 浓度提高了土壤水分含量，土壤干旱的过程推迟了 10 多天，但并非所有野外实验都与加利福尼亚草地实验结果一致。正在进行的杜克森林的 CO_2 研究结果显示，气孔开放程度并不受 CO_2 浓度的影响（Ellsworth，1999），树液流速也不变，土壤水分也没有统计上的显著差异（Oren 等，1998）。

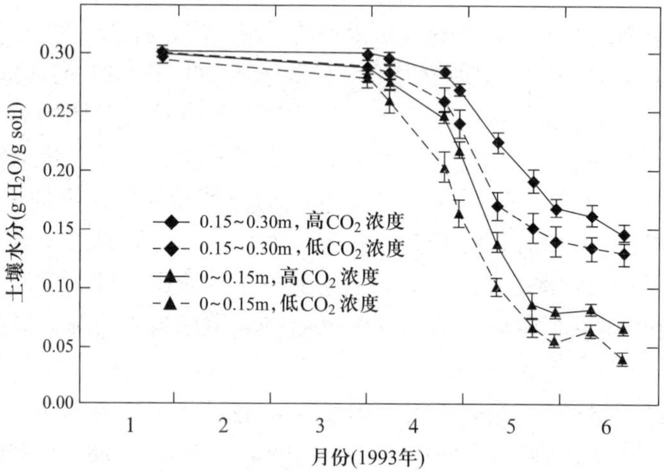

图 10.5　在加利福尼亚草原 CO_2 实验地里土壤水分的季节性变化。土壤水分是用时域反差仪（time domain reflectometry）测定的。CO_2 浓度对土壤水分的作用在 4 月的两次测定和 5 月的一次测定时有统计上的显著差异。图上误差项由标准误表示（摘自 Field 等，1996）。

这些野外实验提供了在现实条件下进行研究的结果。如上所述的不同实验结果，与不同的植物种、生态系统和气候条件有关。但是，在多变的环境条件下，影响植物蒸腾、土壤水分状况的许多条件得不到控制，因此导致不同生态系统间植物水分和 CO_2 交互作用的因子也无法鉴别。为解决这项研究进程中的问题，也许结合野外实验和控制的小规模的生态系统箱或生物圈箱（mesocosm 或 biosphere）之类的测定，可能行之有效。

研究水分和 CO_2 交互作用时的另外一个参数是水分利用效率（water use efficiency，WUE）。水分利用效率一般定义为光合固定的碳水化合物与蒸发的水量的比值。假定在稳态条件下，碳素同化的光合速率为 A，那么光合速率就等于 CO_2 从空气向叶片细胞间隙输送的速率，则这个输送速率取决于 CO_2 浓度在空气和细胞间隙的差值：

$$A=g_{ae}(C_a-C_i)=g_{ae}\cdot\Delta C \tag{10.1}$$

式（10.1）中：C_a 是 CO_2 在空气中的浓度，C_i 是 CO_2 在细胞间隙的浓度，g_{ae} 是 CO_2 通过叶片表层外的空气边界层和叶片表面皮层（包括气孔在内）的传导率。同样，可以定义叶面蒸腾速率为 T，则

$$T=g'_{ae}(W_i-W_a)=g'_{ae}\cdot\Delta W \tag{10.2}$$

式（10.2）中：W_i 是叶内细胞间隙的水汽压，W_a 是空气中的水汽压，g'_{ae} 是水分子通过叶片皮层和叶外空气边界层的传导率。由于 CO_2 和水分子逆向而行，CO_2 由叶外向叶内输送，而水分子则由叶内向叶外运行，所以在等式（10.1）中 $\Delta C=C_a-C_i$，而在等式（10.2）中 $\Delta W=W_i-W_a$。CO_2 和水分子通过同样的通道，它们的传导率呈 $g'_{ae}=1.6g_{ae}$ 相关联（Farquhar 和 Sharkey，1982）。这个系数 1.6 是因为水分子比 CO_2 分子轻 1.6 倍，从而水分子的扩散快 1.6 倍。

用式（10.1）除以式（10.2）得到水分利用效率（WUE）：

$$WUE=(g_{ae}\cdot\Delta C)/(g'_{ae}\cdot\Delta W)=0.625(\Delta C)/(\Delta W) \tag{10.3}$$

式（10.3）：表明水分利用率取决于空气和叶内细胞间隙之间的 CO_2 浓度梯度和水分子浓度梯度比。另外式（10.3）给我们提供了评价 CO_2 和水交互作用的一个理论依据。

在低 CO_2 浓度下水分利用率表示为 WUE_a，在高 CO_2 浓度的状态下，水分利用率为 WUE_e，则

$$\begin{aligned} WUE_e/WUE_a &= (\Delta C_e\cdot\Delta W_a)/(\Delta C_a\cdot\Delta W_e) \\ &= [(1-\alpha_e)\cdot C_{a,e}\cdot\Delta W_a]/[(1-\alpha_a)\cdot C_{a,a}\cdot\Delta W_e] \end{aligned} \tag{10.4}$$

式（10.4）中：ΔC_e 和 ΔC_a 分别为在低 CO_2 浓度和高 CO_2 浓度状态下的 CO_2 浓度梯度；ΔW_e 和 ΔW_a 分别为在低 CO_2 浓度和高 CO_2 浓度状态下的水分压力梯度；$C_{a,a}$ 和 $C_{a,e}$ 分别为在低 CO_2 浓度和高 CO_2 浓度下的叶表层外的 CO_2 浓度，$\alpha_a=(C_{i,a})/(C_{a,a})$，$\alpha_e=(C_{i,e})/(C_{a,e})$，而 $C_{i,a}$ 和 $C_{i,e}$ 分别为在低 CO_2 浓度和高 CO_2 浓度下叶内细胞间隙的 CO_2 浓度。

大量的植物生理学研究显示叶内细胞间隙的 CO_2 浓度（C_i）一般与叶片外的 CO_2 浓度（C_a）成一定的比例（Wong 等，1979）。也就是说，对不同的植物种，在不同的环境条件下 $\alpha=C_a/C_i$ 的值一般都为常数。只有在一些特殊的条件下，α 的值才略有变化。这些条件包括在叶片内细胞间隙与外界的水汽压力差下降，光合有效的辐射强度降到很低的水平，水分胁迫很严重时，有一部分植物种的 α 值有些变化（Hsiao 和 Jachson，1999）。当 α 作为常数时，则在式（10.4）中 $\alpha_e=\alpha_a$。从而方程（4）可以简化为（Hsiao 和 Jachson，1999）：

$$WUE_e/WUE_a=(C_{a,e}\cdot\Delta W_a)/(C_{a,a}\cdot\Delta W_e) \qquad (10.5)$$

方程（10.5）显示在高 CO_2 浓度状况下，水分利用效率取决于 $C_{a,e}/C_{a,a}$ 的比值和 $\Delta W_a/\Delta W_e$ 的比值。即在高 CO_2 浓度条件下，水分利用效率与 $C_{a,e}$ 和 ΔW_e 呈正相关，与 $C_{a,a}$ 和 ΔW_e 呈负相关。在一般的实验条件下，CO_2 浓度是被实验设计所控制。所以 $C_{a,a}$ 和 $C_{a,e}$ 的值是已知的。ΔW（不论是 ΔW_a 或者是 ΔW_e）的值主要取决于叶内细胞间隙的水汽压（即 W_i），因为大气中水汽压 W_a 对在同一个实验中低 CO_2 浓度和高 CO_2 浓度状况下的两类处理应该一样或很相近。叶内胞间的水汽压一般近于饱和蒸汽压，而饱和蒸汽压又是随温度的变化而变化的。尽管早期的 CO_2 研究认为高 CO_2 浓度状态下，叶片温度会升高。但大部分研究结果表明高 CO_2 浓度并不显著地影响叶片温度。因此在大部分情况下，$\Delta W_a\approx\Delta W_e$。从而水分利用效率在高 CO_2 浓度状态下的增长应该与处理中 CO_2 浓度的增长相近。

以上的理论分析给我们提供了实验研究的一个依据。但这些理论能否成立仍然需要接受实验的检验。

在美国沙漠研究所的生物科学中心用环境可控的人工生态系统进行了一项实验，研究高 CO_2 对水分利用效率的影响。这套人工生态系统采用了开放式气流、物质平衡的操作原理对整个系统内的碳、水和能量交换进行连续测量。在实验中向日葵生长于两种 CO_2 浓度下，一是 399 $\mu L\cdot L^{-1}$，另一是 746 $\mu L\cdot L^{-1}$，实验从 1997 年 7 月 5 日开始至 8 月 29 日结束。用红外光气体测定仪 Li-Cor6262 每 15 分钟记录一次 CO_2 和水分通量。图 10.6 是测定的植物冠层水分通量。在高 CO_2 条件下水的蒸发量比在低 CO_2 下高出近 50%。尽管如此，由于高 CO_2 增加了碳的固定，所以在高 CO_2 条件下水分利用效率仍然比在低 CO_2 条件下高。比较图 10.6b 的两组资料可知，水分利用效率在高 CO_2 下仅仅比在低 CO_2 下高出 30%~40%。图 10.7 是在两种 CO_2 条件下，植物冠层的水分日通量（图 10.6a）和水分利用效率（图 10.6b）。植物冠层的水分日通量在高 CO_2 条件下稍比在低 CO_2 条件下高。同样因为高 CO_2 条件刺激植物冠层的光合作用，水分利用效率仍然比在低 CO_2 条件下高 10%~20%。

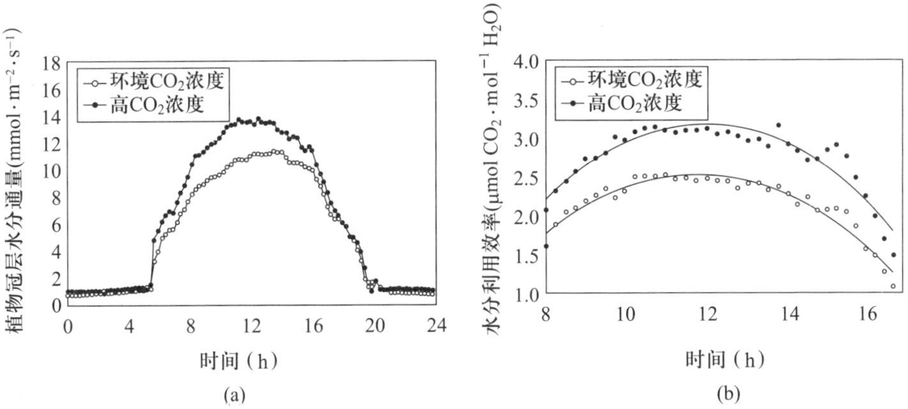

图 10.6　植物冠层水分通量（a）和水分利用率（b）在实验开始后的 44 天在两种 CO_2 条件下的日变化（引自 Hui 等）。

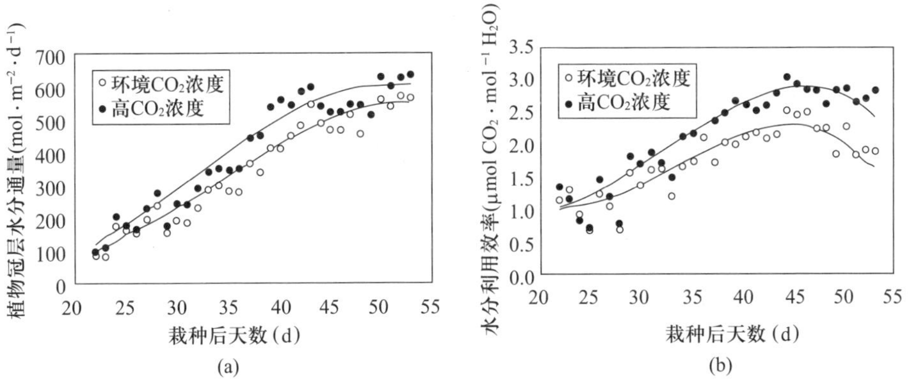

图 10.7　植物冠层水分通量（a）和水分利用效率（b）在两种 CO_2 条件下随生长期的变化（引自 Hui 等）。

上面的理论分析显示，水分利用效率在高 CO_2 条件下应该比在低 CO_2 下高出 1 倍左右，而实验结果只显示 10%~40% 的增加。什么因子造成理论值和实验数据如此大的差别？这是一个非常重要的问题。如果我们重新读一遍上面理论分析所用的公式和所做的假定，不难看出以下几个方面值得今后继续研究。

第一，叶内细胞间的 CO_2 浓度和叶外 CO_2 浓度是否在任何条件下呈一定量比。

第二，实验条件下的水汽压是否严格控制。在两种 CO_2 条件下影响叶内细胞间水汽压的温度不变的假定是否成立。

第三，受光线直照叶片的水分利用效率和在阴影下的叶片水分利用效率的差别在何处？这种差别是否会改变不同 CO_2 条件下的水分利用效率。

第四，植物冠层的个体异质、光温等诸多条件的异质性对水分利用效率有什么样的影响。

第五，植物冠层的叶面积指数对水分利用效率有何影响。尽管在上述的实验中没有测到叶面积指数在两种 CO_2 条件下有明显差异。如果有差异，其间的定量关系又是什么？

以上诸如此类问题仍然是研究 CO_2 和水分交互作用的一些主要问题。

高 CO_2 对植物水分利用效率及植物生长的影响也直接影响生态系统土壤的水分状态。前面已指出，在高 CO_2 环境下，植物根系生物量增加，因而植物对水分的需求增加，促进植物对土壤水分的吸收，降低植物的水分胁迫。在水分不是限制因子的生态系统中，提高的植物对水分的吸收，可以不断地得到补充，而不会造成土壤水分逆境状态。可是，在水分是限制因子的生态系统中，植物对水分的吸收增加会造成土壤水分亏缺。土壤水分状态与高 CO_2 交互影响植物组织水分状态（Muse 等，1993）。植物生长对高 CO_2 浓度的反应可能影响生态系统水分状态的另一因素是叶面积指数。在高 CO_2 浓度环境中，如果植物叶面积指数增加，其影响，一是直接增加冠层的水分蒸腾作用，另一是通过增加土壤遮掩，间接地降低土壤蒸发作用。Field 等（1995）以许多生态系统为例，发现在高 CO_2 浓度环境中，叶面积指数的变化较小。

Miao 等（1992）研究两种适应不同土壤水分的乔木树种对高 CO_2 浓度与土壤水分梯度的反应。相对地，灰桦生长在较干燥的土壤环境，而红槭则在比较湿润的环境。这两种植物的幼苗生长在从干到涝的 4 种不同土壤水分条件及高与低 CO_2 浓度环境中。CO_2 与水分的交互作用总结于图 10.8。对于灰桦，高 CO_2 对生物量增加是在两种水分适中的处理中。为此，不同植物种对 CO_2 与水分的交互作用不同。

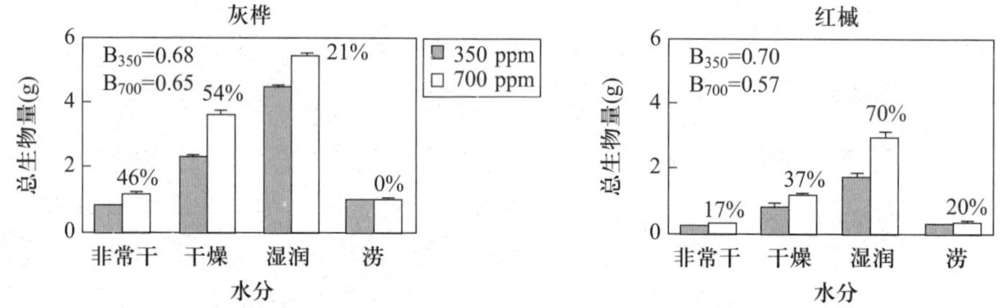

图 10.8　两种乔木树种在不同土壤水分梯度和 CO_2 浓度下生物量的变化。

四、大气 CO_2 浓度升高与臭氧和紫外辐射间的交互作用

世界工业化以来，特别是第二次世界大战以来，大气污染的重要因素之一是臭氧逐年增加，由 0.005~0.01 $\mu L \cdot L^{-1}$ 增加到 0.015~0.030 $\mu L \cdot L^{-1}$。据

IPCC1992 年报道，北半球对流层的臭氧以每年 1% 速率增加。据美国农业部资料，臭氧是美国大气中最普遍的污染物，是导致农作物产量降低的主要因素之一。臭氧浓度增加，直接影响植物生理、生长。与 CO_2 浓度升高对植物的影响相反，臭氧直接损害植物的生长发育，对植物的伤害主要是地上部分的叶片。首先影响细胞内生物化学的细微变化，进而降低与破坏一系列生理生长功能。如降低光合作用，改变生物量的分配，叶片出现明显伤害症状，衰老加快，生长降低，产量减少。正常情况下，臭氧在大气中的浓度和动态与 CO_2 有显著的不同。相对地，大气 CO_2 浓度在一段时期内比较稳定，对植物的生化、生理及形态发育等有较长期的影响。而大气臭氧浓度变化迅速，一般浓度较低，只对植物有微小的氧化伤害。大气 CO_2 浓度的升高可影响植物对臭氧伤害的敏感性或耐性。

现有的研究一致指出，单就 CO_2 与臭氧而言，它们都影响植物生理生长过程中的许多功能，而且这些影响截然不同。以光合作用为例，高 CO_2 浓度可增加 Rubisco 的活性，降低光呼吸（主要是 C_3 植物），因而增加光合作用，而臭氧浓度增高却降低 Rubisco 的活性与效率，从而降低光合作用。又如呼吸作用，虽然目前的研究报道高 CO_2 浓度增加或降低呼吸作用，可是高浓度的臭氧总是增加呼吸作用，以达到提高植物恢复伤害的能力。CO_2 与臭氧相反的作用还表现在植物的水分利用上。在高 CO_2 浓度环境下，气孔传导降低，蒸腾作用下降，叶片瞬时水分利用效率提高；而植物在高臭氧浓度下，气孔关闭，光合降低，水分利用效率降低。由于 CO_2 与臭氧对众多生理功能的截然不同的影响，它们对植物个体的整体生长影响也不同。高 CO_2 浓度至少可在短期内增加某些植物的生长，而臭氧则是降低植物生长。

基于 CO_2 与臭氧对诸多生理生长功能的相反作用，可以推断高 CO_2 浓度可能减缓臭氧对植物的伤害作用。可是，CO_2 与臭氧的交互作用并不如此简单。Polle 和 Pell（1999）详细地总结了 CO_2 浓度与臭氧的交互作用后指出，虽然不少文献报道在高 CO_2 浓度环境中，臭氧对植物叶片的伤害减轻，生长的降低也减少，但也有相反结果的报道。如 Kull 等（1996）发现在高 CO_2 浓度条件下，臭氧对实验植物（无性系杨）的伤害没有缓减。可能不同植物对 CO_2 与臭氧的交互作用的反应不同。应当指出的是，CO_2 与臭氧的交互作用也极大地受土壤营养条件的支配。在土壤营养条件不受限制的环境或生态系统，如农田，高 CO_2 浓度可能减轻臭氧对农作物的伤害。可是大多数自然生态系统，土壤营养贫乏，高 CO_2 浓度可能不会减轻臭氧的伤害作用。目前认为，CO_2 与臭氧的交互作用的机理主要是通过影响 Rubisco 与具防御作用的抗氧化物酶而起作用的。

由于平流层臭氧降低，太阳光的紫外辐射增强。目前虽有不少研究紫外辐射对植物的影响，但极少有研究 CO_2 与紫外辐射交互作用的报道。紫外辐射对植物的伤害主要是抑制植物高度的生长及增加次生代谢物质的合成（Beggs 和 Wellmann，1994），如甘宁、木质素和类黄酮（flavonoids）。由于这些复杂的大分子的次生代谢物降低枯枝落叶分解，紫外线的增强会间接地影响生态系统的营养元素循环和生态系统中植物 – 动物、植物 – 微生物间的关系。很多研究发现，增高的紫外辐射对生长在自然光照条件下植物的光合作用没有抑制影响，虽然这些植物的叶、茎长度降低，但总的初级生产力没有变化（Caldwell 等，1995）。其原因之一可能是这些生长在自然光照条件下植物的表皮细胞含有吸收紫外辐射的化合物，因而减缓了紫外辐射的伤害。目前为数不多的 CO_2 与紫外辐射交互作用的研究发现，紫外辐射损害光合作用光系统 II（PSII）与 Rubisco，因而降低高 CO_2 浓度增加 C_3 植物光合作用的效应。其次，高 CO_2 浓度环境可能会保护 PSII 不受紫外辐射的伤害。另外，CO_2 与紫外辐射的交互作用也影响生物量的分配（Sullivan 和 Teramura，1994；Tosserams 等，1997），进而影响植物的竞争关系。

五、计算机模拟、模型

计算机模拟用于植物对环境响应的研究已有 40 多年的历史。模拟模型作为一种工具对科学研究起到某些关键性的作用。它能协助科学工作者综合分析已有的知识和数据，从而对一项新领域（如全球生态学）进行初步的评估（图 10.9）。从评估中我们可以提出一些关键性的研究问题和假说，从而使科学家进行实验设计或计算机模型来验证或推翻这些假说。当我们积累了大量的实验数据和模型结果时，综合分析往往提供给我们新的见解。一方面综合分析有可能导致新知识的形成，另一方面，如果新知识形成的时机还不成熟时，综合分析可以导致新的问题或假说，从而开始新一轮的研究过程。

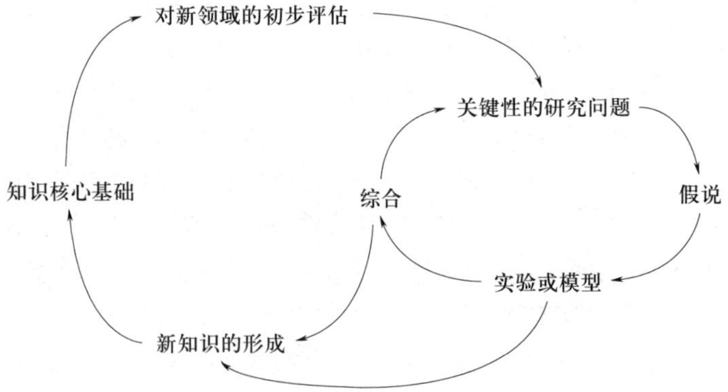

图 10.9 科学研究的一般过程（修改自 Luo 等，1999b）。

综合地讲，模型在整个研究过程中起到下列作用：

（1）提供对复杂的自然现象和实验数据的解释；

（2）对数据进行综合分析，从而鉴定我们知识的空白点并提出新的问题和假说；

（3）从实验数据中提炼出预测性的知识从而对植物在未来全球环境变化中的功能和结构进行预测；

（4）变换尺度（scaling）的研究，即把实验室或实验地的小尺度研究结果推广到地区性或全球范围的大尺度。

下面就植物光合作用对 CO_2 反应的模型和模拟研究及变换尺度方面的研究做一综述。

光合作用对环境（包括温、光、水、CO_2 和氧）响应的研究已有一百多年的历史，但直到 1980 年，Farquhar 等（1980）才发表了著名的光合作用模型。该模型能很完善地、数量化地模拟光合作用对温、光、水、气的即时反应。也就是说，当我们把一片叶子放在不同的光照强度、温度、氧气和 CO_2 浓度及水汽压条件下，测出的数据基本上可用 Farquhar 模型进行预测。但在植物对 CO_2 浓度反应的研究中还有一项变化没有在 Farquhar 的模型里描述，这就是叶片最大可能的光合作用能力（photosynthetic capacity）。叶片的光合能力一般由叶片的光合器官的多少来决定。因为光合作用是一个由许许多多复杂的光反应和化学反应的连锁作用而完成，光合器官也由多酶体组成。但研究表明光合器官的功能（即叶片光合能力）由最大电子输送速率和最大羧化效率两个参数表示。

在植物对 CO_2 响应研究的早期，科学家预期植物的光合能力会下降。在高 CO_2 浓度条件下，植物的光合作用升高。如果植物其他器官利用光合产物的需求没有相应跟上，植物应该降低光合能力来维持平衡（Pearcy 和 Björkman，1983）。但实验结果表明，植物光合能力有可能下降，也有可能上升。例如 Campbell 等（1988）发现大豆生长在高 CO_2 浓度条件下，叶片光合能力上升，但 Sage（1990）发现 *Phaseolus vulgaris* 在高 CO_2 浓度的生长条件下，叶片光合能力下降。经过多年的不同研究室的共同努力，科学家发现叶片光合能力的这种变异性可归纳成几种机制。例如，氮素养分在叶子里的重新分配（Sage，1994）、光合产物供需平衡的调节（Stitt，1991）、光合的最终产物对光合过程的抑制作用（Long，1991）和叶片形态的变化（Vu 等，1983；Sims 等，1998）。

根据不同的机制，Long 和 Drake（1992）改变在上面提到的两个光合参数，即最大电子输送速率和最大羧化效率。将改变后的两个参数代入 Farquhar 模型来预测光合能力的变化。Sage（1990）发展了生化模型，将氮素营养在高 CO_2 生长条件下重新分配于光合作用的不同生化过程。Luo 等（1994）发展了一种高度概括且考虑了植物在高 CO_2 浓度下发生生化和形态变化的光合模型。该模型基于两个主要的机制：在高 CO_2 浓度的生长条件下，叶片的光合效率导致了光合产物的增加。这增加的光合产物可能进而造成所谓的最终产物抑制，氮素养分的重新分配和对光合酶量的冲淡作用。所以这些生化过程一般都造成光合能力的下降。但另一方面，多生产的光合产物可能给叶片的叶绿体生长提供了更多的底物，叶片一般会变厚，形态变厚的叶片的光合能力会上升。所以下降的生化能力和形态增厚的叶片会对叶片光合能力造成两个相反的作用力。如果生化的能力下降多于形态上升，则叶片光合能力便下降，反之则叶片光合能力上升。

因为光合的生化能力与叶片的氮素养分浓度成正比，而叶片形态的厚薄与单位叶面积的叶重相关。所以光合能力在 CO_2 条件下的变化可用这两个变数来表示，把这两个变数综合到 Farquhar 模型中，Luo 等（1994，1998）很好地解释和预测了光合能力在高 CO_2 浓度条件下的变化。

在植物对 CO_2 反应的研究领域内的另一挑战是，如何把实验室和实验田的实验结果通过变换尺度的研究推广到地区性或全球范围的尺度上。目前常用的变换尺度研究方法包括平均法、聚集法和累积法（Jarvis，1995）。这些方法的共同特征是把全球（或一个地区）的植被和土壤的地理图分成许多格块（即分格法）。在每个方格块里用一个或几个参数来表示。在全球研究中，一般一个方格块约占 0.5~3 个经纬度。面积幅度大，一般用几个参数表示不能给模拟的研究提供所需精度。

另一种常被人们忽略的方法是寻求尺度可变换参数。这种参数一般是代表一个系统不同尺度间的内在性质。Field（1991）曾经提出过一种功能会聚假说，声称生物进化应该造就植物以至其生理过程与植物生长所需资源一致。因此，一些生理过程应该成为在不同尺度上环境条件和资源的预测参数。当然这种功能会聚假说还有待于进一步商讨。同时有几个例子可用以说明这些可变换参数。

叶片 CO_2 同化的量子产量（quantum yield）是一个生理生化的参数，被用于预测全球的 C_3 和 C_4 植物的相对分布（Ehleringer 等，1997）。理论和实验研究都表明 C_3 植物的量子产量不受生长环境和种间差异而变化，仅受温度和 CO_2 浓度的影响。在目前大气 CO_2 的条件下，C_3 植物的量子产量在低温下比 C_4 植物高，在高温下比 C_4 植物低。把 C_3 和 C_4 植物的量子产量相等时的温度用于界定 C_4 植物在全球植被中的分布。这种用一个在很小尺度上的量子产量作为参数来很好地预测在全球尺度上的植被分布，就是一个大尺度可变换参数的很有说服力的例子。

另一个尺度可变换参数的例子是由 Luo 等（1996b）导出的不变量方程。在仔细研究叶片光合作用对大气中每年 CO_2 浓度微量增长的反应时，他们发现由大气中 CO_2 浓度微量增长而造成的叶片光合作用的边际增值独立于一切生长环境因子和种间差别，变成稍受温度影响的 CO_2 浓度的不变量方程（Luo 和 Mooney，1996；Luo 等，1996b）。这个不变量方程从而适用于不同尺度上光合效率随微量 CO_2 变化的增值，因而代表了光合系统在不同尺度上的一个内在性质的参数。更主要的是这一参数可大大简化在叶尺度上研究结果的外推，并提高了估计全球陆地植被吸收空气中多余碳量的精度。根据这不变量方程，大气中 CO_2 浓度每年增加 1.5 $\mu L \cdot L^{-1}$ 估计会引起全球光合固定碳素增加 20 010 万吨至 40 050 万吨（Luo 和 Mooney，1996）。如果全球的碳素在植被和土壤中的平均逗留时间为 13 年的话，全球陆地植被和土壤每年将固定约 30 亿吨碳素，约为全球因人类活动释放进入大气 CO_2 总量的一半。

尽管尺度可变换参数的科学意义很大，但并不是在所有的研究领域里，我们都能寻找到尺度可变换参数。所以，在现实研究中，常用的分格法可能还是十分行之有效的。

六、结语

20 世纪 90 年代植物生理生态学对 CO_2 研究的明显特点是强调 CO_2 与其他环境因素的交互作用。如 CO_2 与土壤营养元素、水分、大气臭氧及紫外辐射及气温升高的交互作用。其次是研究方法、手段、对象实验设计都有了极大的改进与提高。高 CO_2 对植物结构与功能的影响，不仅仅在增加植物组织、器官、个体水平上，还发展到种群、群落、生态系统与景观水平。研究规模增大，研究时间增长。从纯实验手段到计算机模型模拟。在生态系统水平上，高 CO_2 浓度对植物与植物间、植物与土壤、植物与动物间相互关系的直接、间接作用，作用与反作用。

CO_2 与土壤营养元素，特别是氮的交互作用表现在高 CO_2 对植物生长的促进作用随土壤营养元素含量而异。在土壤贫瘠条件下，高 CO_2 对植物生长及生物量的积累没有促进作用。只有在土壤营养元素丰富的条件下，高 CO_2 促进植物生长。高 CO_2 环境影响诸多植物个体生理生长过程，如光合作用、气孔传导、水分利用、生长与生物量积累与分配、植物器官的营养元素含量、叶片的发育与老化及生长期的长短，叶、根的形态结构与植冠的排列等。在群体与生态系统水平上，高 CO_2 浓度直接或间接地影响土壤微生物种群、枯枝落叶分解及土壤营养循环。此外，高 CO_2 浓度还通过影响植物叶片碳、氧和次生化合物种类和含量，进而影响以植物为食的昆虫的生长、发育和繁殖，从而影响生态系统食物链上动物种群的动态。

对 CO_2 和水的交互作用的充分认识基本在于叶气孔对水和 CO_2 响应机制的理解和数量化描述。目前的研究大部分停留在对这一生理过程的表征性描述，叶气孔在高 CO_2 条件下关闭的程度因种而异，一般是草本植物在高 CO_2

条件下关闭的相对程度比木本植物高。由于气孔对CO_2响应的种间差异，生态系统的水分动态也不同。在高CO_2条件下，一般草原的土壤含水量要比在低CO_2条件下高。而森林的土壤含水量并非因CO_2的影响而有太大的差别。至于生态系统的水分利用效率如何受到CO_2条件的影响，仍然是一个重要的研究课题。粗略的理论分析显示水分利用率应与CO_2浓度升高呈1∶1的线性增长。但实验结果并不完全与这一理论分析吻合。如何改进这理论分析的依据和设计更精确的实验来进一步提高我们对这一生理生态过程的理解，是今后研究的重点之一。

CO_2与臭氧对众多的植物生理生长功能具相反作用，因而推断高CO_2环境可能减缓臭氧对植物的伤害作用。可是也有研究指出，高CO_2对臭氧无缓冲或减缓作用。为此，CO_2与臭氧的交互作用应进一步探讨。特别是在不同的土壤营养元素及不同水分与气温条件下的交互作用。为此今后CO_2与其他环境因素的交互作用，应是多元因子的环境下，这样的实验结果才可能为预测全球气候变化对地球整个生态系统的影响提供可靠的信息。

计算机模型模拟研究目前已广泛用于植物对CO_2响应的研究。本章仅选了两个方面进行一些综合分析。一方面是光合作用对CO_2浓度的响应，另一方面是尺度转换（scaling）方面的研究。光合作用对CO_2浓度响应的模拟研究大多数仍根基于Farquhar模型。但由于该模型不能预测叶片光合能力如何随CO_2浓度的变化而变化，许多研究人员在这方面做了许多改进。目前，Luo等在1994年发展的模型能较全面地概括叶片光合能力随CO_2变化而变化的许多生化和形态过程，从而能较好地预测叶片光合能力的变化。

尺度变换的研究十分复杂。尽管在过去的一二十年付出了许多人力和物力，这方面研究仍然没有很多突破。寻求尺度可变换参数的方法，尽管难度很大，但一旦导致新的发现，这些尺度可变换参数将对某些领域的科学发展可起到相当大的推动作用。

致谢

作者感谢曾波帮助。

参考文献

Ågren, G. I., G. R. Shaver, and E. B. Rastetter. 1999. Nutrients: Dynamics and Limitation 309~331 Carbon Dioxide and Environmental Stress (Luo, Y and Mooney H. A. editors) . Academic Press, San Diego

Arp, W. J., and B. G. Drake. 1991. Increased photosynthetic capacity of *Scirpus olneyi* after 4 years of exposure to elevated CO_2. Plant, Cell and Environment 14: 1003~1006

Bazzaz, F. A., and S. L. Miao. 1993. Succesional status, seed size, and responses of tree seedlings to CO_2, light, and nutrients. Ecology 74: 104~112

Bazzaz, F. A., S. L. Miao, and P. M. Wayne. 1993. CO_2-induced growth enhancements of co-occurring tree species decline at different rates. Oecologia 96: 478~482

Beggs, C. J., and E. Wellmannm. 1994. Photocontrol of flavonoid biosynthesis. In: Photomorphogensis in Plants (Kendrick, R. E. and H. M. Kronenberg editors) . Kluwer Academic Publishers, Dordrecht 733~750

Berntson, G. M., and F. A. Bazzaz. 1996. Belowground positive and negative feedbacks on CO_2 growth enhancement. Plant Soil 187: 119~134

Bowes, G. 1991. Growth at elevated CO_2: Photosynthetic responses mediated through Rubisco. Plant, Cell and Environment 14: 795~806

Campbell, W. J., Jr. L. H. Allen, and G. Bowes. 1988. Effects of CO_2 concentration on Rubisco activity, amount and photosynthesis in soybean leaves. Plant Physiology 88, 1310~1316

Caldwell, M. M., A. H. Teramura, M. Tevini, J. F. Bornman, L. O. Bjorn, and G. Kulandaivelu. 1995. Effects of increased solar ultraviolet radiation on terrestrial plants. Ambio 24: 166~173

Change, C. W. 1975. Carbon dioxide and senescence in cotton plants. Plant Physiology 55: 515~519

Cortrufo, M. F., P. Ineson, and A. P. Rowland. 1994. Decomposition of tree leaf litters grown under elevated CO_2: Effect of litter quality. Plant Soil 163: 121~130

Cure, J. D., T. W. Jr. Rufty, and D. W. Israel. 1989. Alterations in soybean leaf development and photosynthesis in a CO_2-enriched atmosphere. Botanic Gazzat 150: 337~345

Curtis, P. S., G. Drake, P. W. Arp, Leadley, and D. F. Whigham. 1989. Growth and senescence in plant communities exposed to elevated CO_2 concentrations on an estuarine marsh. Oecologia 78: 20~26

Curtis, P. S. 1996. A meta-analysis of leaf gas exchange and nitrogen in trees grown under elevated carbon dioxide. Plant, Cell and Environment 19: 127~137

Diaz, S., J. P. Grime, J. Harris, and E. McPherson. 1993. Evidence of a feedback mechanism limiting plant response to elevated carbon dioxide. Nature 364: 616~617

Drake, B. G., M. A. Gonzalez-Meler, and S. P. Long. 1997. More efficient plants: A consequence of rising atmospheric CO_2? Annual Review of Plant Physiology and Plant Molecular Biology 48: 607~637

Drake, B. G., G. Peresta, E. Beugeling, and R. Matamala. 1996. Long-term elevated CO_2 exposure in a Chesapeake Bay wetland: Ecosystem gas exchange, primary production, and tissue nitrogen. pp. 197~214. Carbon Dioxide and Terrestrial Ecosystems. Academic Press, San Diego (G. W.

Koch and H. A. Mooney editors)

Ehleringer, J. R., T. E. Cerling, and B. R. Helliker. 1997. C_4 photosynthesis, atmophseric CO_2, and climate. Oecologia 112: 285~299

Ellsworth, D. S. 1999. CO_2 enrichment in a maturing pine forest: Are CO_2 exchange and water status in the canopy affected? Plant, Cell and Environment 22: 461~472

Fajer, E. D. 1989. The effects of enriched CO_2 atmospheres on plant-insect herbivore interactions: Growth responses of larvae of the specialist butterfly, *Junonia coenia* (Lepidoptera: Nymphalidae) . Oecologia 89: 514~520

Fajer, E. D., M. D. Bowers, and F. A. Bazzaz. 1989. The effects of enriched carbon dioxide atmospheres on plant/insect herbivore interactions. Science 243: 1198~1200

Fajer, E. D., and F. A. Bazzaz. 1992. Is carbon dioxide a ‘good’ greenhouse gas? Effects of increasing carbon dioxide on ecological systems. Global Environmental Change 301~310

Farquhar, G. D., S. von Caemmerer, and J. A. Berry. 1980. A biochemical model of photosynthetic CO_2 assimilation in leaves of C_3 species. Planta 149, 79~90

Farquhar, G. D., and S. von Caemmerer. 1982. Modelling of photosynthetic response to environment (O. L. Lange, P. S. Nobel, C. B. Osmond, and H. Ziegler rditors) , Encyclopedia of Plant Physiology, Vo1. 12B Physiological Plant Ecology II, water Relations and Carbon Assimilation. Springer-Verlag, Berlin, Heidelberg, New York 549~587

Farrar, J. F., and F. L. William. 1991. The effects of increassed atmospheric carbon dioxide and temperature on carbon partitioning, source-sink relations and respiration. Plant, Cell and Environment 14: 819~830

Field, C. B. 1991. Ecological scaling of carbon gain to stress and resource availability. Response of Plants to Multiple Stresses (Mooney, H. A., Winner, W. E., Pell, E. J. editors) . Academic Press, San Diego, CA 35~65.

Field, C. B., R. B. Jackson, and H. A. Mooney. 1995. Stomatal responses to increased CO_2: Implications from the plant to the global scale. P1ant, Cell and Environment 18: 1214~1225

Field, C. B., F. S. Chapin, N. R. Chiariello, E. A. Holland, and H. A. Mooney. 1996. The Jasper Ridge CO_2 experiment design and motivation. In: Carbon Dioxide and Terrestrial Ecosystems (G. W. Koch and H. A. Mooney editors) . Academic Press, San Diego 121~145

Hendrey, G. R., D. S. Ellsworth, K. F. Lewin, and J. Nagy. 1999. A free-air enrichment system for exposing tall forest vegetation to elevated atmospheric CO_2. Global Change Biology 5: 293~310

Hsiao. T. C., and R. B. Jackson. 1999. Interactive effects of water stress and elevated CO_2 on growth, photosynthesis, and water use efficiency. Carbon Dioxide and Environmental Stress (Luo, Y. and H. A. Mooney editors) . Academic Press, San Diego 309~331

Hui, D., Y. Luo, W. Cheng, J. S. Coleman, D. W. Johnson, and D. A. Sims. 2001. Canopy radiation and water-use efficiencies as affected by elevated CO_2. Global Change Biology 7 (1) : 75~91

Hungate, B. A. 1999. Ecosystem responses to rising atmospheric CO_2: Feedbacks through the nitrogen cycle. Carbon Dioxide and Environmental Stress (Luo, Y. and H. A. Mooney. editors) . Academic Press, San Diego 265~285

Jackson, R. B., O. E. Sala, C. B. Field, and H. A. Mooney. 1994. CO_2 alters water use, carbon gain, and yield for the dominant species in a natural grassland. Oecologia 98, 257~262

Jarvis. P. G. 1995. Scaling processes and problems. Plant, Cell and Environment 18: 1079~1089

Johnson, R. H., and D. E. Lincoln. 1990. Sagebrush and grasshopper responses to atmospheric carbon dioxide concentration. Oecologia 84: 103~110

Kelly, D. W., P. R. Hicklenton, and E. G. Reekie. 1991. Photosynthetic response of geranium to elevated CO_2 as affecte by leaf age and time of CO_2 exposure. Canadian Journal of Botany 69: 2482~2488

Kull, O., A. Sober, M. D. Coleman, R. E. Dickson, J. G. Isebrands, Z. Gagnon, and D. F. Karnosky. 1996. Photosynthetic responses of aspen clones to simulataneous exposures of ozone and CO_2. Canadian Journal of Forest Research 26: 639~648

Lindroth, R. L., K. K. Kinney, and C. L. Platz. 1993. Responses of deciduous trees to elevated atmospheric CO_2: Productivity phytochemistry, and insect performance. Ecology 74: 763~777

Long, S. P. 1991. Modification of the response of photosynthetic productivity to rising temperature by atmospheric CO_2 concentrations: Has its importance been underestimated? Plant, Cell and Environment 14: 729~739

Long, S. P., and B. G. Drake. 1992. Photosynthetic CO_2 assimilation and rising atmospheric CO_2 concentration. Crop Photosynthesis: Spatial and Temporal Determinants (Baker, N. R. and Thomas, H. editors) . Elsevier, Amsterdam 69~95.

Luo, Y., and H. A. Mooney. 1999. Carbon Dioxide and Environmental Stress. Academic Press, San Diego

Luo, Y., C. B. Field, and H. A. Mooney. 1994. Predicting responses of photosynthesis and root fraction to elevated CO_2: Interaction among carbon, nitrogen and growth. Plant, Cell and Environment 17: 1195~1204

Luo, Y., and H. A. Mooney. 1996. Stimulation of global photosynthetic carbon influx by an increase in atmospheric carbon dioxide concentration. Carbon Dioxide and Terrestrial Ecosystems (Koch, G. W. and H. A. Mooney editors) . Academic Press, San Diego 381~397

Luo, Y., D. Sims, R. Thomas, D. Tissue, and J. T. Ball. 1996b. Sensitivity of leaf photosynthesis to CO_2 concentration is an invariant function for C_3 plants: A test with experimental data and global applications. Global Biogeochemical Cycles 10: 209~222

Luo, Y., D. A. Sims, and K. L. Griffin. 1998. Nonlinearity of photosynthetic responses to growth in rising atmospheric CO_2: An experimental and modeling study. Global Change Biology 4: 173~183

Luo, Y., J. Canadell, and H. A. Mooney. 1999a. Interactive effects of carbon dioxide and environmental stress on plants and ecosystems: A synthesis. Carbon Dioxide and Environmental Stress (Luo, Y. and H. A. Mooney editors) . Academic Press, San Diego 393~408

Luo, Y., J. F. Reynolds, Y. P. Wang, and D. Wolfe. 1999b. A search for predictive understanding of plant responses to elevated CO_2. Global Change Biology 5: 143~156.

Miao, S. L., P. M. Wayne, and F. A. Bazzaz. 1992. Elevated CO_2 differentially alters the responses of coocurring birch and maple seedlings to a moisture gradient. Oecologia 90: 300~304

Miao, S. L. 1995. Acorn mass and seedling growth in *Quercus rubra* in response to elevated CO_2. Journal of Vegetation Science 6: 697~700

Morison, J. I. L., and R. M. Gifford. 1984. Plant growth and water use with limited water supply in high CO_2 concentration. I. Leaf area, water use and transpiration. Australian Journal of Plant Physiology 11: 361~374

Morse, S. R., P. M. Wayne, S. L. Miao, and F. A. Bazzaz. 1993. Elevated CO_2 and drought alter tissue water relations of birch (*Betula populifolia* Marsh.) seedlings. Oecologia 95: 599~602

Norby, R. J., E. G. O'Neill, and R. J. Luxmoore. 1986. Effects of atmospheric CO_2 enrichment on the growth and mineral nutrition of *Quercus alba* seedlings in nutrient-poor soil. Plant Physiology 82: 83~89

Oren, R., B. E. Ewers, P. Todd, N. Philips, and G. Katul. 1998. Water balance delineates the soil layer in which moisture affects canopy conductance. Ecological Applications 4: 990~1002

Pearcy, R. W., and O. Bjorkman. 1983. Physiological effects. In: CO_2 and Plants (Lemon, E. R. editor) . American Association for the Advancement of Science, Washington, DC 65~105

Polle, A., and E. J. Pell. 1999. Role of carbon dioxide in modifying the plant response to ozone. Carbon Dioxide and Environmental Stress (Luo, Y. and H. A. Mooney editors) . Academic Press, San Diego 193~221

Sage, R. F. 1990. A model describing the regulation of ribulose-1, 5-bisphosphate carboxylase, electron transport and triose-phosphate use in response to light intensity and CO_2 in C_3. Plant Physiology 94: 1728~1734

Sage, R. F. 1994. Acclimation of photosynthesis to increasing CO_2: The gas exchange perspective. Photosynthetic Research 39: 351~368

Sage, R. F., T. D. Sharkey, and J. R. Seemann. 1989. Acclimation of photosynthesis to elevated CO_2 in five C_3 species. Plant Physiology 89: 590~596

Sharkey, T. D. 1985. Photosynthesis in intact leaves of C_3 plants: Physics, physiology and rate limitations. The Botanic Review 51: 53~105

Sims, D. A., J. Seemann, and Y. Luo. 1998. Elevated CO_2 concentration has independent effects on expansion rates and thickness of soybean leaves across light and nitrogen gradients. Journal of Experimental Botany 49: 583~591

Stitt, M. 1991. Rising CO_2 levels and their potential significance for carbon flow in photosynthetic cell. Plant, Cell and Environment 14: 741~762

Sullivan, J. H., and A. H. Teranura. 1994. The effects of ultra-violet-B radiation in loblolly pine 3. Interaction with CO_2 enhancement. Plant, Cell and Environment 17: 311~317

Tosserams, M., G. W. H. Magendans, and J. Rozema. 1997. Differential effects of elevated Ultraviolet-B radiation on plant species from a dune grassland ecosystem. Plant Ecology 128: 266~281

Vu, J. C. V., Jr. L. H. Allen, and G. Bowes. 1989. Leaf ultrastructure, carbohydrates and protein of soybeans grown under CO_2 enrichment. Environmental and Experimental Botany 29: 141~147

Wong, S. C. 1979. Elevated atmospheric partial pressure of CO_2 and plant growth. I. Interactions of nitrogen nutrition and photosynthetic capacity in C_3 and C_4 plants. Oecolgia 44: 68~74

Wong, S. C., I. R. Cowan, and G. D. Farquhar. 1985. Leaf Conductance in relation to rate of CO_2 assimilation, I. Influence of nitrogen nutrition, phosphorus nutrition, photon flux density, and ambient partial pressure of CO_2 during ontogeny. Plant Physiology 78: 821~825

Zak, D. R., K. S. Pregitzeer, P. S. Curtis, J. A. Teri, R. Fogel, and D. A. Randlett. 1993. Elevated atmospheric CO_2 and feedback between carbon and nitrogen cycles. Plant and Soil 151: 105~117

恢复生态学

11

第十一章

任　海[1]　彭少麟[1]　邬建国[2]
（[1]中国科学院华南植物研究所，广州，510650
[2]Arizona State University West，Phoenix，AZ 85069，USA）

摘要　恢复生态学起源于100年前的山地、草原、森林和野生生物等自然资源的管理研究，形成于20世纪80年代。它是研究生态整合性的恢复和管理过程的科学。生态整合性包括生物多样性、生态过程和结构、区域及历史情况、可持续的社会实践等广泛的内容。恢复生态学的研究对象是在自然或人为干扰下形成的偏离自然状态的退化生态系统。生态恢复的目标包括恢复退化生态系统的结构、功能、动态和服务，其长期目标是通过恢复与保护相结合，实现生态系统的可持续发展。恢复生态学的理论与方法较多，它们均源于生态学等相关学科，但自我设计和人为设计理论是唯一源于恢复生态学研究和实践。由于生态系统的复杂性，退化生态系统恢复的方向和恢复时间具有不确定性，其恢复的机理可用临界阈值理论来解释。此外，本文还介绍了生态系统服务的恢复、生物多样性资源在恢复中的作用以及恢复生态学与相关学科的关系。

Abstract　[1]Ren, H. , S. Peng[1], and J. Wu[2] ([1]South China Institute of Botany, Guangzhou, 510650；[2]Arizona State University West, Phoenix, AZ 85069, USA). Restoration Ecology. The ideas of restoring biotic communities originated 100 years ago from studies of degraded ecosystems and natural resource management practices. Restoration ecology became established as a discipline in the 1980s and is broadly defined as the study of restoring and managing ecological integrity. Ecological integrity includes biodiversity, ecological pattern and process, regional and historical context, and societal practices for sustainability. Restoration ecology focuses on ecosystems that are driven away from their "normal" states by natural or anthropogenic disturbances The main objective of ecological restoration is to reconstruct the structure, function, dynamics and services, and its long-term goal is to achieve ecological sustainability through restoration and protection measures. Because of the complexity of ecological processes, the direction and time required for restoration of a particular ecosystem is hardly deterministic. The general process of ecological restoration, however, may be explained by the critical threshold theory. In this paper we review the major developments in the field of restoration ecology in China and worldwide. We discuss several existing theories and methods that have emerged from several ecology-related disciplines, and present a synthetic view of what restoration ecology is and how it has been practiced.

一、前言

自 1940 年以来，由于科学技术的进步，人类生产、生活和探险的足迹遍及全球，尤其是全球人口已达 57 亿，而且每年仍以 9 000 多万的速度在递增。在那些有人居住的地方，人类为了生存，大部分的自然生态系统被改造为城镇和农田，原有的生态系统结构及功能退化，有的甚至已失去了生产力。随着人口的持续增长，对自然资源的需求也在增加。环境污染、植被破坏、土地退化、水资源短缺、气候变化、生物多样性丧失等增加了对自然生态系统的胁迫。人类面临着合理恢复、保护和自然资源开发的挑战。20 世纪 80 年代，恢复生态学（restoration ecology）应运而生。恢复生态学从理论与实践两方面研究生态系统退化、恢复、开发和保护机理，因而为解决人类生态问题和实现可持续发展提供了机遇（Aber 和 Jordan，1985；Cairns，1995；Daily，1995；陈灵芝和陈伟烈，1995；Dobson 等，1997；任海和彭少麟，1998a）。本文对近年来国际上恢复生态学在理论和方法上的进展进行综述，并提出恢复生态学的可能发展方向。

二、生态恢复和恢复生态学的定义

恢复生态学是一门关于生态恢复（ecological restoration）的学科，由于恢复生态学具理论性和实践性，从不同的角度会有不同的理解，因此关于恢复生态学的定义有很多，其中具代表性的如下：

美国自然资源委员会（The US Natural Resource Council）认为使一个生态系统恢复到较接近其受干扰前的状态即为生态恢复（Cairns，1995）；Jordan（1995）认为使生态系统恢复到先前或历史上（自然或非自然）的状态即为生态恢复；Cairns（1995）认为生态恢复是使受损生态系统的结构和功能恢复到受干扰前状态的过程；生态恢复是重建某区域历史上原有的植物和动物群落，而且保持生态系统和人类的传统文化功能的持续性的过程（Hobbs 和

Norton，1996）

上述四种定义强调受损的生态系统要恢复到理想的状态。但由于缺乏对生态系统历史的了解、恢复时间太长、生态系统中关键种的消失、费用太高等现实条件的限制，这种理想状态不可能达到，于是又有了下述定义：

余作岳和彭少麟（1996）提出恢复生态学是研究生态系统退化的原因、退化生态系统恢复与重建的技术与方法、生态学过程与机理的科学。Bradshaw（1987）认为生态恢复是有关理论的一种“综合试验”（acid test 或译为严密验证），它研究生态系统自身的性质、受损机理及修复过程（Jordan 等，1987）；Diamond（1987）认为生态恢复就是再造一个自然群落，或再造一个自我维持、并保持后代具持续性的群落；Harper（1987）认为生态恢复是关于建立并试验群落和生态系统如何工作的过程（Jordan 等，1987）。（国际）恢复生态学会（Society for Ecological Restoration）先后提出三个定义：生态恢复是修复被人类损害的原生生态系统的多样性及动态的过程（1994）；生态恢复是维持生态系统健康及更新的过程（1995）；生态恢复是帮助研究生态整合性的恢复和管理过程的科学，生态整合性包括生物多样性、生态过程和结构、区域及历史情况、可持续的社会实践等广泛的范围（1995）。第三个定义是该学会的最终定义（Jackson 等，1995）。

与自然条件下发生的次生演替不同，生态恢复强调人类的主动作用。事实上，人类活动对所有生态系统具有不可避免的影响，我们得从生态平衡的观点转向动态的观点看生态恢复。生态恢复包括人类的需求观、生态学方法的应用、恢复目标和评估成功的标准以及生态恢复的各种限制（如恢复的价值取向、社会评价、生态环境等）等基本成分。与生态恢复相关的概念还有：重建（rehabilitation，即去除干扰并使生态系统恢复原有的利用方式）、改良（reclamation，即改良立地的条件以便使原有的生物生存，一般指原有景观彻底破坏后的恢复）、改进（enhancement，即改进原有的受损系统，以提高某方面的结构与功能）、修补（remedy，即修复部分受损的结构）、更新（renewal，指生态系统发育及更新）、再植（revegetation，即恢复生态系统的部分结构和功能，或恢复当地先前土地利用方式）。这些与恢复相关的概念可看作广义的恢复概念（余作岳和彭少麟，1996；任海和彭少麟，1998a）。因为人类在生存与发展过程中已完全改变了大量的原生顶极生态系统为工业、农业、商业和生活基地，这些人工形成的生态系统已成为世界生态系统中的成员。

最近，Kloor（2000）通过对北美森林的恢复研究认为，应该淘汰“恢复”这个词，他的理由是恢复生态学中存在三个问题：一是恢复的目标具有不确定性，即恢复某生态系统历史上哪一个时间阶段的状态，例如美国 Minnesota 历史上被冰雪覆盖，是否应恢复为雪地呢？ 二是“恢复”这个词有静态的含义，因而恢复不仅要试图重复过去的环境，而且要通过管理以维持过去的状态，但事实上自然界是动态的；三是由于气候变化、关键种缺乏或新种入侵，完全的恢复是不可能的。Davis（2000）进一步指出，根据“恢复”过程中所做的工作，将“恢复”（restoring）换成“生态改进”（ecological enhancement 或 ecological enrichment）会更精确，作为一门学科，恢复生态学应该叫“生态构建”（ecological architecture），并将它作为景观构建（landscape architecture）的一个分支学科。Higgs 等（2000）代表（国际）恢复生态学会对这三点做了逐条反驳，他们认为生态恢复强调了参考条件，而且生态学家已致力于寻找适当的时间和空间参考点；恢复是一个动态的过程，而且恢复包括结构、干扰体系、功能随时间变化；恢复促进了乡土种、群落、生态系统流（能流、物流等）、可持续的文化的繁荣，它应是应用生态学的一个分支。

三、恢复生态学研究简史

恢复生态学起源于 100 年前的山地、草原、森林和野生生物等自然资源管理研究，其中 20 世纪初的水土保持、森林砍伐后再植的理论与方法在恢复生态学中沿用至今（Jordan 等，1987），例如 Phipps 于 1883 年出版了森林再造的专著，其中有些理论至今可用（Keddy，1999）。早在 20 世纪 30 年代就有干旱胁迫下农业生态系统恢复的实践。最早开展恢复生态学实验的是 Leopold，他与助手一起于 1935 年在威斯康星大学植物园恢复了一个 24 公顷的草场。随后他发现了火在维持及管理草场中的重要性。他还认为生态恢复只是恢复中的第一步，一个生态系统保持整体性、稳定性和生物群体的美丽时就是好的。在 1941 年他进一步提出土地健康（land health）的概念（Jordan 等，1987; Rapport 1998）。Clements（1935）发表了“实验生态学为公共服务”的论文，阐述生态学可用于包括土地恢复在内的广泛领域（Keddy，1999）。20 世纪 50—60 年代，欧洲、北美和中国都注意到了各自的环境问题，开展了一些工程与生物措施相结合的矿山、水体和水土流失等环境恢复和治理工程，并取得了一些成效。从 20 世纪 70 年代开始，欧美一些发达国家开始水体恢复研究（Cairns，1995；陈灵芝和陈伟烈，1995）。在此期间，虽有部分国家开始定位观测和研究，但没有生态恢复的机理研究。Farnworth 和 Golley 在 1973 年提出了热带雨林恢复研究中的 9 个具体方向。1975 年在美国召开了“受损生态系统的恢复”国际研讨会，会议探讨了受损生态系统恢复的一些机理和方法，并号召科学家们注意搜集受损生态系统科学数据和资料，开展技术措施研究，建立国家间的研究计划。1980 年 Cairns 主编了《受损生态系统的恢复过程》一书，8 位科学家从不同角度探讨了受损生态系统恢复过程中的重要生态学理论和应用问题。同年，Brandshaw 和 Chdwick 出版了 *Restoration of Land*，*the Ecology and Reclamation of Derelict and Degraded Land*；1983 年在美国召开了“干扰与生态系统”的国际研讨会，探讨了干扰对生态系统各个层次的影响。1984 在美国威斯康星大学召开了恢复生态学研讨会，强调了恢复生态学中理论与实践的统一性，并提出恢复生态学在保护与开发中起重要的桥梁作用；美国 1985 年成立了“恢复地球”组织，该组织先后开展了森林、草地、海岸带、矿地、流域、湿地等生态系统的恢复实践并出版了一系列生态恢复实例专著（Beger，1990）。同年 Aber 和 Jordan 提出了恢复生态学的术语，他们还出版了 *Restoration Ecology*；*A synthetic Approach to Ecological Research* 的论文集。1985 年，国际恢复生态学会成立。1991 年在澳大利亚举行了“热带退化林地的恢复国际研讨会”。1993 年在中国香港举行了华南退化坡地恢复与利用国际研讨会，系统探讨了中国华南地区退化坡地的形成及恢复问题（Parham，1993）；1996 年，在瑞士召开了第一届世界恢复生态学大会，大会强调恢复生态学在生态学中的地位，恢复技术与生态学的连接，恢复过程中经济与社会内容的重要性，随后国际恢复生态学会每年召开一次国际研讨会。现在各国均有大量的关于恢复生态学的论文出现，主要的恢复生态学期刊有 *Restoration and Management Notes*、*Restoration Ecology*、*Restoration and Reclamation Review* 和 *Land degradation & Development*。*Ecology Abstracts* 等国际文摘也开辟专栏转载恢复生态学方面的成果。另有一些生态学期刊和环境期刊出版恢复生态学专辑，此外还有大量的因特网网址进行恢复生态学方面的学术交流。

当前在恢复生态学理论和实践方面走在前列的是欧洲和北美，在实践中走在前列的还有新西兰、澳大利亚和中国。其中欧洲偏重矿地恢复，北美偏重水体和林地恢复，而新西兰和澳大利亚以草原为主（Gaynor，1990；Cairns，1992；Mansfield 和 Towns，1997），中国则因人口偏多强调农业综合利用（陈灵芝和陈伟烈，1995；任海和彭少麟，1998a）。

从 20 世纪 70 年代至今，国外比较成功的恢复样本有：热带的土地退化现状及恢复技术（CAB970601598，CAB940607234。CAB 是指 Centfe for Agriculture and Biosciences International，其后的数字是顺序号），昆士兰东北部退化土地的恢复（CAB960607654），坦桑尼亚的毁林地恢复（CAB960607447），退化的石灰岩矿地的造林（CAB960600967），湿热带的自然林恢复（CAB960600935），东玻利维亚、巴西、东南亚、赞比亚等国的土地恢复（CAB 数控库中有近百条记录），干旱和半干旱地退化生态系统的恢复与重建（至 1999 年，CAB 数据库中有五十余条记录）。这些恢复试验的对象涉及了草原、河流、湖泊、废弃矿地、森林和农田，在这些恢复过程中主要研究内容有干扰和受损生态系统，受损生态系统的恢复与重建，湿热带森林生态系统的稳定性，废弃矿地和垃圾场的恢复，河流和湖泊水生植物群落的重建等。在此基础上，已有一些恢复生态学的理论成果出现。

我国最早的恢复生态学研究是中国科学院华南植物研究所余作岳等人1959年在广东的热带沿海侵蚀台地上开展的退化生态系统的植被恢复技术与机理研究。经过近40年的系统研究，提出了“在一定的人工启动下，热带极度退化的森林可恢复性退化生态系统的恢复可分三步走；恢复过程中植物多样性导致动物和微生物多样性；植物多样性是生态系统稳定性的基础”等观点。他们还先后创建了我国恢复生态学研究的两个基地——小良热带森林生态系统定位研究站和鹤山丘陵综合实验站等。从此以后，先后有多个单位开展了退化生态系统恢复研究，其中包括：南京大学仲崇信自1963年起就从英国、丹麦引进大米草在沿海滩涂种植以控制海岸侵蚀，至1980年推广达3万多公顷。中国科学院兰州沙漠所开展的沙漠治理与植被固沙研究，中国科学院西北水土保持研究所开展的黄土高原水土流失区的治理与综合利用示范研究，中国科学院水生生物研究所的湖泊生态系统恢复研究，中国科学院西北高原生物研究所开展了高原退化草甸恢复与重建研究，中国科学院成都生物研究所开展的岷江上游植被恢复研究，中国科学院南京土壤所开展的红壤恢复与综合利用试验，广西科学院和中山大学开展的红树林恢复重建试验等。1983年中国科学院内蒙古草原站开展了不同恢复措施下退化羊草草原恢复演替研究。1990年东北林业大学开展了黑龙江省森林生态系统恢复与重建研究，同期中国林业科学研究院开展了海南岛热带林地的植被恢复与可持续发展研究。另有中国环境科学院、中山大学、中国矿业大学等单位开展的大量废弃矿地和垃圾场的恢复对策研究。20世纪90年代中期，先后出版了《热带亚热带退化生态系统的植被恢复生态学研究》和《中国退化生态系统研究》等专著，提出了适合中国国情的恢复生态学研究理论和方法体系（中国生态学会，1995；陈灵芝和陈伟烈，1995；余作岳和彭少麟，1996；任海和彭少麟，1998a）。

四、生态系统退化及其恢复机理

1. 退化生态系统及其形成原因

退化生态系统是指生态系统在自然或人为干扰下形成的偏离自然状态的系统。与自然系统相比，一般地，退化的生态系统种类组成、群落或系统结构改变，生物多样性减少，生物生产力降低，土壤和微环境恶化，生物间相互关系改变（Chapman，1992；Daily，1995；陈灵芝和陈伟烈，1995）。当然，对不同的生态系统类型，其退化的表现是不一样的。例如，湖泊由于富营养化而退化，外来种入侵，在人为干扰下本地非优势种取代历史上的优势种引起生态系统的退化等，这种情况往往会改变生态系统的生物多样性，但生物生产力不一定下降，有的反而会上升（Berger，1993）。

据估计，由于人类对土地的开发（主要指生境转换）导致了全球 50 多亿公顷土地的退化，使全球 43% 的陆地植被生态系统的服务功能受到了影响。联合国环境署的调查表明（Daily，1995）：全球有 20 亿公顷土地退化（占全球有植被分布土地面积的 17%），其中轻度退化的（农业生产力稍微下降，恢复潜力很大）有 7.5 亿公顷，中度退化的（农业生产力下降更多，要通过一定的经济和技术投资才能恢复）有 9.1 亿公顷，严重退化的（没有进行农业生产，要依靠国际援助才能进行改良的）有 3.0 亿公顷，极度退化的（不能进行农业生产和改良）有 0.09 亿公顷；全球荒漠化土地有 36 亿多公顷（占全球干旱地面积的 70%），其中轻微退化的 12.23 亿公顷，中度退化的 12.67 亿公顷，严重退化的有 10 亿多公顷，极度退化的有 0.72 亿公顷。此外，弃耕的旱地每年还以 900 万 ~1 100 万公顷的速度在递增。全球退化的热带雨林面积有 4.27 亿公顷，而且还在以 0.154 公顷 / 年的速度递增。联合国环境署还估计，1978—1991 年间全球土地荒漠化造成的损失达 3 000 亿 ~6 000 亿美元，现在每年高达 423 亿美元，而全球每年进行生态恢复而投入的经费达 100 亿 ~224 亿美元。

张巧珍（1993）推算，除农田外，我国其他的生态系统退化面积约占国土总面积的 1/4。任海等（1999）系统总结了有关部委和学者的数据发现，中国农田总面积为 1.4 亿公顷，退化面积为 0.28 亿公顷；草地面积 4 亿公顷，退化面积为 1.32 亿公顷；森林总面积 1.652 亿公顷，退化面积 0.312 亿公顷；淡水面积 74.3 万公顷，退化面积 24.5 万公顷；废矿地 200 万公顷。此外，多位学者提出了某些退化生态系统面积，但有较大差异，这可能是由于测量精度或退化生态系统的定义不同造成的。

退化生态系统形成的直接原因是人类活动，部分来自自然灾害，有时两者叠加发生作用。生态系统退化的过程由干扰的强度、持续时间和规模所决定。Daily（1995）对造成生态系统退化的人类活动进行了排序：过度开发（含直接破坏和环境污染等）占 35%，毁林占 30%，农业活动占 28%，过度收获薪材占 7%，生物工业占 1%。自然干扰中的外来种入侵（包括因人为引种后泛滥成灾的入侵）、火灾及水灾是最重要的因素。Daily（1995）进一步指出，基于以下四个原因人类进行生态恢复是非常必要和重要的：需要增加作物产量满足人类需求；人类活动已对地球的大气循环和能量流动产生了严重的影响；生物多样性依赖于人类保护和恢复生境；土地退化限制了国民经济的发展。

Brown 和 Lugo（1994）也指出，生态系统的退化过程或程度取决于生态系统的结构或过程受干扰的程度，例如人类对植物获取资源过程的干扰（如：过度灌溉影响植物的水分循环，超量施肥影响植物的物质循环）要比对生产者或消费者的直接干扰（如：砍伐或猎取）产生的负效应要大。一般地，在生态系统组成成分尚未完全破坏前排除干扰，生态系统的退化会停止并开始恢复（例如少量砍伐后森林的恢复），但在生态系统的功能过程被破坏后排除干扰，生态系统的退化很难停止，而且有可能会加剧（例如炼山后的林地恢复）。

2. 生态恢复的目标

Hobbs 和 Norton（1996）认为恢复退化生态系统的目标包括：建立合理的内容组成（种类丰富度及多度）、结构（植被和土壤的垂直结构）、格局（生态系统成分的水平安排）、异质性（各组分由多个变量组成）、功能（诸如水、能量、物质流动等基本生态过程的表现）。事实上，进行生态恢复工程的目标不外乎四个：一是恢复诸如废弃矿地这样极度退化的生境；二是提高退化土地上的生产力；三是在被保护的景观内去除干扰以加强保护；四是对现有生态系统进行合理利用和保护，维持其服务功能。如果按短期与长期目标分还可将上述目标分得更细（章家恩和徐琪，1999）。

虽然恢复生态学强调对受损生态系统进行恢复，但恢复生态学的首要目标仍是保护自然的生态系统，因为保护在生态系统恢复中具有重要的参考作用；第二个目标是恢复现有的退化生态系统，尤其是与人类关系密切的生态系统；第三个目标是对现有的生态系统进行合理管理，避免退化；第四个目标是保持区域文化的可持续发展。其他的目标还包括实现景观层次的整合性，保持生物多样性及保持良好的生态环境等。Parker（1997）认为，恢复的长期目标应是生态系统自身可持续性的恢复，但由于这个目标的时间尺度太大，加上生态系统是开放的，可能会导致恢复后的系统状态与原状态不同。

3. 恢复生态学中的主要生态学理论

目前，自我设计与人为设计理论（Self-Design versus Design Theory）是唯一从恢复生态学中产生的理论（Van der Valk，1999）。自我设计理论认为，只要有足够的时间，随着时间的进程，退化生态系统将根据环境条件合理地组织自己并会最终改变其组分。而人为设计理论认为，通过工程方法和植物重建可直接恢复退化生态系统，但恢复的类型可能是多样的。这一理论把物种的生活史作为植被恢复的重要因子，并认为通过调整物种生活史的方法就可加快植被的恢复。这两种理论不同点在于：自我设计理论把恢复放在生态系统层次考虑，未考虑到缺乏种子库的情况，其恢复的只能是环境决定的群落；而人为设计理论把恢复放在个体或种群层次上考虑，恢复的可能是多种结果（Middleton，1999；Van der Valk，1999）。

恢复生态学应用了许多学科的理论，但最主要的还是生态学理论。这些理论主要有：限制性因子原理（寻找生态系统恢复的关键因子、热力学定律（确定生态系统能量流动特征）、种群密度制约及分布格局原理（确定物种的空间配置）、生态适应性理论（尽量采用乡土种进行生态恢复）、生态位原理（合理安排生态系统中物种及其位置）、演替理论（缩短恢复时间，极端退化的生态系统恢复时，演替理论不适用，但具指导作用）、植物入侵理论、生物多样性原理（引进物种时强调生物多样性，生物多样性可能导致恢复的生态系统稳定、缀块－廊道－基底理论（从景观层次考虑生境破碎化和整体土地利用方式）等（Johnstone，1986；Forman，1995；Middleton，1999；余作岳和彭少麟，1996）。

4. 生态恢复的方法问题

不同类型（如森林、草地、农田、湿地、湖泊、河流、海洋）、不同程度的退化生态系统，其恢复方法亦不同。从生态系统组成成分的角度看，主要包括非生物和生物系统的恢复。无机环境的恢复技术包括水体恢复技术（如控制污染、去除富营养化、换水、积水、排涝和灌溉技术）、土壤恢复技术（如耕作制度和方式的改变、施肥、土壤改良、表土稳定、控制水土侵蚀、换土及分解污染物等）、空气恢复技术（如烟尘吸附、生物和化学吸附等）。生物系统的恢复技术包括植被（物种的引入、品种改良、植物快速繁殖、植物的搭配、植物的种植、林分改造等）、消费者（捕食者的引进、病虫害的控制）和分解者（微生物的引种及控制）的重建技术和生态规划技术（RS、GIS、GPS）的应用（Mitsch 和 Jorgensen，1989；Parham，1993；章家恩和徐琪，1999）。

在生态恢复实践中，同一项目可能会应用上述多种技术。例如，余作岳等在极度退化的土地上恢复热带季雨林过程中，采用生物与工程措施相结合的方法，通过重建先锋群落、配置多层次多物种乡土树的阔叶林和重建复合农林业生态系统等三个步骤取得了成功。总之，生态恢复中最重要的还是综合考虑实际情况，充分利用各种技术，通过研究与实践，尽快地恢复生态系统的结构，进而恢复其功能，实现生态、经济、社会和美学效益的统一（余作岳和彭少麟，1996）。

5. 生态恢复的程序及恢复机理

在生态恢复实践中确定一些重要程序可以更好地指导生态恢复和生态系统管理。目前认为恢复中的重要程序包括：确定恢复对象的时空范围；评价样点并鉴定导致生态系统退化的原因及过程（尤其是关键因子）；找出控制和减缓退化的方法；根据生态、社会、经济和文化条件决定恢复与重建的生态系统的结构、功能目标；制定易于测量的成功标准；发展在大尺度情况下完成有关目标的实践技术并推广；恢复实践；与土地规划、管理决策部门交流有关理论和方法；监测恢复中的关键变量与过程，并根据出现的新情况做出适当的调整（Missch 和 Jorgensen，1989；Kauffman，1995）。

以往，恢复生态学中占主导的思想是通过排除干扰、加速生物组分的变化和启动演替过程使退化的生态系统恢复到某种理想的状态。在这一过程中，首先是建立生产者系统（主要指植被），由生产者固定能量，并通过能量驱动水分循环，水分带动营养物质循环。在生产者系统建立的同时或稍后再建立消费者、分解者系统和微生境。余作岳等（1996）通过近 40 年的恢复试验发现，在热带季雨林恢复过程中植物多样性导致了动物和微生物的多样性，而多样性可能导致群落的稳定性。

Hobbs 和 Mooney（1993）指出，退化生态系统恢复的可能发展方向包括：退化前状态、持续退化、保持原状、恢复到一定状态后退化、恢复到介于退化与人们可接受状态间的替代状态，或恢复到理想状态（图 11.1）。然而，也有人指出退化生态系统并不总是沿着同一方向恢复，也可能是在几个方向间进行转换并达到准稳定状态（metastable states）。Hobbs 和 Norton（1996）提出了一个临界阈值理论（图 11.2）。该理论假设生态系统能有 4 种可选择的稳定状态，状态 1 是未退化的，状态 2 和 3 是部分退化的，状态 4 是高度退化的。在不同胁迫或同种胁迫不同强度压力下，生态系统可从状态 1 退化到状态 2 或 3；当去除胁迫时，生态系统又可从状态 2 和 3 恢复到状态 1。但从状态 2 或状态 3 退化到状态 4 要越过一个临界阈值。反过来，要从状态 4 恢复到状态 2 或 3 是非常难的，通常需要大量的投入。例如林地常常由于过度放牧而退化，若控制放牧则可很快恢复，但当林地已被野草入侵，且土壤成分已改变时，控制放牧已不能使林地恢复，而需要更多的恢复投入。同样，在亚热带区域，顶极植被常绿阔叶林在干扰下会逐渐退化为落叶阔叶林、针阔叶混交林、针叶林和灌草丛，这每一个阶段就是一个阈值，每越过一个，恢复投入就更大，尤其是从灌草丛开始恢复时投入就更大（彭少麟，1996）。

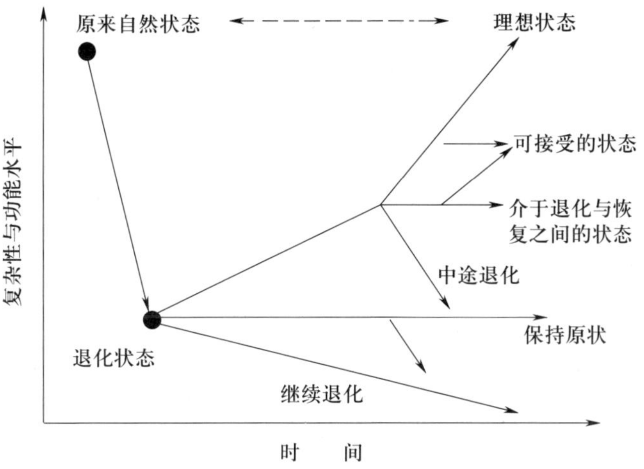

图 11.1　退化生态系统恢复的方向（根据 Hobbs 和 Mooney，1993 改绘）。

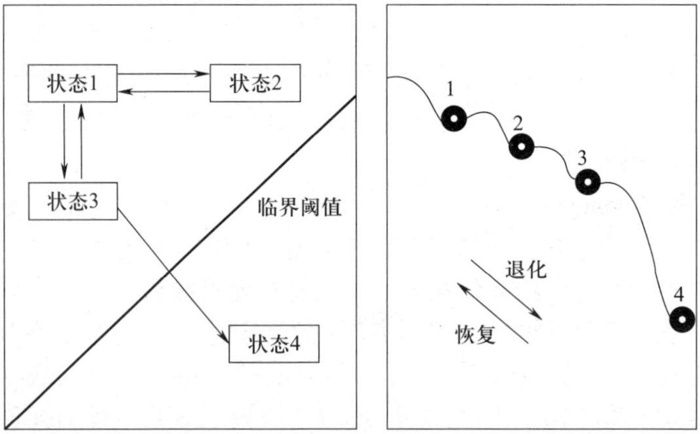

图 11.2 退化生态系统恢复的临界阈值理论（根据 Hobbs 和 Morton，1996 改绘）。

6. 恢复成功的标准

恢复生态学家、资源管理者、政策制定者和公众希望知道恢复成功的标准何在，但由于生态系统的复杂性及动态性却使这一问题复杂化了。通常将恢复后的生态系统与未受干扰的生态系统进行比较，其内容包括关键种的多度及表现、重要生态过程的再建立、诸如水文过程等非生物特征的恢复。

国际恢复生态学会建议比较恢复系统与参照系统的生物多样性、群落结构、生态系统功能、干扰体系以及非生物的生态服务功能。还有人提出使用生态系统 23 个重要的特征来帮助量化整个生态系统随时间在结构、组成及功能复杂性方面的变化。Cairns（1977）认为恢复至少包括被公众社会感觉到的，并被确认恢复到可用程度，恢复到初始的结构和功能条件（尽管组成这个结构的元素可能与初始状态明显不同）。Bradshaw（1987）提出可用如下五个标准判断生态恢复：一是可持续性（可自然更新）；二是不可入侵性（像自然群落一样能抵制入侵）；三是生产力（与自然群落一样高）；四是营养保持力；五是具生物间相互作用（植物、动物、微生物）(Jordan 等，1987)。Lamd(1994)认为恢复的指标体系应包括造林产量指标（幼苗成活率，幼苗的高度、基径和蓄材生长，种植密度，病虫害受控情况）、生态指标（期望出现物种的出现情况，适当的植物和动物多样性，自然更新能否发生，有适量的固氮树种，目标种出现否，适当的植物覆盖率，土壤表面稳定性，土壤有机质含量高，地面水和地下水保持）和社会经济指标（当地人口稳定，商品价格稳定，食物和能源供应充足，农林业平衡，从恢复中得到经济效益与支出平衡，对肥料和除草剂的需求）。Davis（1996）和 Margaret（1997）等认为，恢复是指系统的结构和功能恢复到接近其受干扰以前的结构与功能，结构恢复指标是乡土种的丰富度，而功能恢复的指标包括初级生产力和次级生产力、食物网结构、在物种组成与生态系统过程中存在反馈，即恢复所期望的物种丰富度，管理群落结构的发展，确认群落结构与功能间的联结已形成。任海和彭少麟（1998b）根据热带人工林恢复定位研究提出，森林恢复的标准包括结构（物种的数量及密度、生物量）、功能（植物、动物和微生物间形成食物网、生产力和土壤肥力）和动态（可自然更新和演替）。

Caraher 和 Knapp（1995）提出采用记分卡的方法，假设生态系统有五个重要参数（例如种类、空间层次、生产力、传粉或播种者、种子产量及种子库的时空动态），每一个参数有一定波动幅度，比较退化生态系统恢复过程中相应的五个参数，看每个参数是否已达到正常波动范围或与该范围还有多大的差距。Costanza 等（1997）在评价生态系统健康状况时提出了一些指标（如活力、组织、恢复力等），这些指标也可用于生态系统恢复评估。在生态系统恢复过程中，还可应用景观生态学中的预测模型为成功恢复提供参考。除了考虑上述因素外，我们认为判断成功恢复还要在一定的尺度下，用动态的观点，分阶段检验（Whisenant 和 Tongway，1995；Rapport 等；1998；Madenjian 等，1998）。

7. 生态恢复的时间

全球的土壤、植被、农田、水体、草地的自然形成或演替时间是不一样的，而且这种自然的过程可能是漫长的。而退化生态系统的恢复时间则相对要短些，其恢复时间与生态系统类型、退化程度、恢复方向、人为促进程度等密切相关。一般退化程度轻的生态系统恢复时间要短些。在湿热地带的恢复要快于干冷地带。不同的生态系统恢复时间也不一样，与生物，群落等恢复相比，一般土壤恢复时间最长，农田和草地要比森林恢复得快些。

Daily（1995）通过计算退化生态系统潜在的直接实用价值（potential direct instrumental value）后认为：火山爆发后的土壤要恢复成具生产力的土地需要 3 000~12 000 年，在湿热区耕作转换后，其恢复要 20 年左右（5~40 年），弃耕农地的恢复要 40 年，弃牧的草地要 4~8 年，而改良退化的土地需要 5~100 年（根据人类影响的程度而定）。此外，他还提出轻度退化生态系统的恢复要 3~10 年，中度的 10~20 年，严重的 50~100 年，极度的 200 多年。余作岳（1996）、彭少麟（1996）、任海和彭少麟（1998b）等通过试验和模拟认为，热带极度退化的生态系统（没有 A 层土壤，面积大，缺乏种源）不能自然恢复，而在一定的人工启动下，40 年可恢复森林生态系统的结构，100 年恢复生物量，140 年恢复土壤肥力及大部分功能。

8. 恢复生态系统服务

生态系统服务（ecosytem services）是指人类直接或间接从生态系统功能（即生态系统中的生境、生物或系统性质及过程）中获取的利益。恢复退化生态系统的最终目标是恢复并维持生态系统的服务功能，由于生态系统的服务功能多数不具有直接经济价值而被人类忽略。虽然我们还不知道生态系统退化到什么程度会影响其服务功能，也不了解恢复到什么程度生态系统才具有服务功能，但是我们还是提出一个生态系统的服务功能框架，希望恢复后的生态系统尽量具有这些服务功能：主要包括生态系统的产品（生态系统中生物的全部、部分或产品，它们可为人类提供肉、鱼、果、蜜、谷、家具、纸、衣等），生物多样性，为人类创造和丰富精神生活和文化生活，自然杀虫，传粉播种，净化空气和水，减缓旱涝灾害，土壤的形成、保护及更新，废物的去毒和分解，种子的传播，营养的循环和运移，保护海岸带，防止紫外线的辐射以及帮助调节气候等（董全，1999；Constanza 等，1997；Daily 等，1997）。

9. 生物多样性在生态恢复中的作用

生态恢复中的一个关键成分是生物体，因而生物多样性在生态恢复计划、项目实施和评估过程中具有重要的作用。在生态恢复的计划阶段就要考虑恢复乡土种的生物多样性：在遗传层次上考虑那些温度适应型、土壤适应型和抗干扰适应型的品种；在物种层次上，根据退化程度选择阳生性、中生性或阴生性种类并合理搭配，同时考虑物种与生境的复杂关系，预测自然的变化，种群的遗传特性，影响种群存活、繁殖和更新的因素，种的生态生物学特性，足够的生境大小；在生态系统水平层次上，尽可能恢复生态系统的结构和功能（如植物、动物和微生物及其之间的联系），尤其是其时空变化。在恢复项目的管理过程中首先要考虑生物控制（对极度退化的生态系统，主要是抚育和管理，对控制病虫害的要求不高，而对中度退化的生态系统和部分恢复的生态系统则要加强病虫害控制），然后考虑建立共生关系及生态系统演替过程中物种替代问题。在恢复项目评估过程中，可与自然生态系统相对照，从遗传、物种和生态系统水平进行评估，最好是同时考虑景观层次的问题。因为在景观层次上可以兼顾生境损失、破碎化和退化对生态系统的影响等大尺度问题。在恢复时可考虑这些因素（Owles 和 Whelan，1994）。

在生态系统恢复中采用乡土种具有更大的优势，这主要体现在乡土种更适于当地的生境，其再殖和传播潜力更大，也更易于与当地残存的天然群落结合成更大的景观单位，从而实现各类生物的协调发展。当然，外来种（外来种是人类有意或无意引入的、非当地原生的物种）在生态恢复中也具有一定的作用。例如，广东省鹤山市在森林恢复过程中，大量栽种从澳大利亚引种的马占相思、大叶相思等外来种作先锋种，利用它们固氮、耐旱、速生等特点进行植被覆盖，等其 3~4 年成林后再间种红锥、荷木等乡土种进行林分改造，大大地缩短了恢复时间，并节约了成本（余作岳等，1996）。许多恢复实践表明，外来种可能在一定时间内为当地带来好的生态和经济效益；但也有许多对当地陆地或水生生态系统产生了巨大的不利影响，这主要是由于外来种与当地的物种缺乏协同进化，若其大量发展，很容易造成当地生态系统的崩溃，很难再恢复或接近到历史状态（Handel 等，1994）。尤其值得指出的是，在用外来种恢复退化的海岛时，应该注意引进种与捕食者（或植食性动物）的关系，否则会导致当地捕食者或啃食者的消失（Fritts 和 Rodola，1998）。理想的恢复应全部引进乡土种，而且应在恢复、管理、评估和监测中注意外来种入侵问题，甚至有时候也应关注从外地再引入原来在当地生存的乡土种对当地群落的潜在影响。总之，外来种入侵会造成很多当地种被取代、消失，从而改变原有生态系统，恢复生态学的目标是要用本地种，排除外来种，不能“引狼入室”（Berger，1993）。

五、恢复生态学与相关学科的关系

恢复生态学的许多理论、方法来源于生物学、地学、经济学、社会学、数学等基础科学，以及工程学、林学、农学、环境学等应用科学。作为生态学的重要分支，它与生态学的相同点在于它们都以生态学系统为基本单位，且有许多共同的理论和方法，不同点在于，生态学强调自然性与理论性，而恢复生态学更强调人为干涉及应用性。具体地讲，恢复生态学与生态系统健康、保护生物学、景观生态学、生态系统生态学、环境生态学、胁迫生态学、干扰生态学、生态系统管理学、生态工程学、生态经济学等生态学的分支学科有密切的关系（图 11.3）。所有这些学科研究中都必须涉及格局与过程，进化与适应等问题（任海等，1999）。

当前国际上兴起的生态系统健康学说与恢复生态学的关系尤其紧密。健康生态系统是指生态系统随着时间的进程有活力并且能维持其组织及自主性，在外界胁迫下容易恢复。生态系统健康的标准有活力、恢复力、组织、生态系统服务功能的维持、最佳管理、外部输入减少、对邻近系统的影响及人类健康影响等 8 个方面，它们分属于生物物理范畴、社会经济范畴、人类健康范畴以及一定的时间、空间范畴。这 8 个标准中最重要的是前 3 个方面。以 Costanza 和 Rapport 为代表的生态学家认为人类对生态系统的过度开发利用、物理重建、外来种的引入、自然干扰的改变等导致世界上的生态系统结构发生变化，已不能像过去一样为人类服务，并对人类产生潜在威胁（Rapport，1998）。生态系统健康主要研究外界胁迫下其反应情况，因而可认为生态系统健康仅是恢复生态学理论基础的一个重要方面，它可用于评价生态系统退化的程度及恢复状态的评估。生态系统健康与恢复生态学针对的对象是不同的。生态系统健康针对自然的和干扰的生态系统，而恢复生态学仅针对干扰后形成的不健康的生态系统。生态系统健康主要强调维持生态系统自身的进程及其为人类服务的功能，而恢复生态学则强调人为促进生态系统恢复，或利用生态工程将生态系统改变为另一类符合人类需求的生态系统。恢复生态学在生态系统开发与保护中起重要指导作用，而生态系统健康主要在保护中起重要作用。

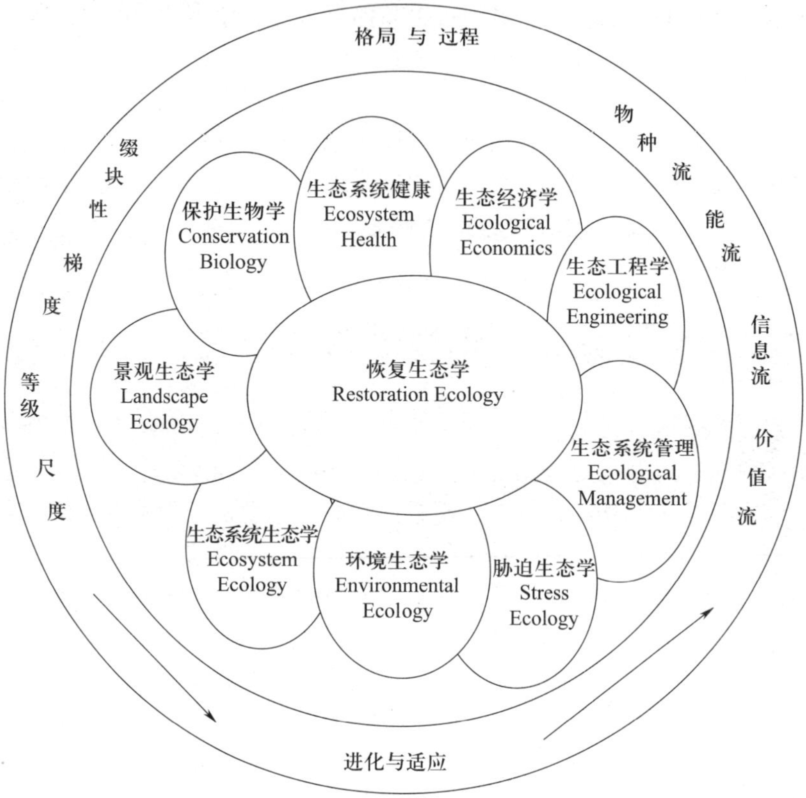

图 11.3　恢复生态学与相关生态学分支的关系。

六、恢复生态学的发展趋势

恢复生态学的兴起只是 10 多年的事，还存在不少问题有待解决，这些问题主要是：① 生态系统恢复的不确定性，虽然已提出了许多生态系统恢复的标准，但对于生态系统服务功能的恢复程度尚不知晓；② 生态系统恢复要求综合考虑生态、经济和社会因素，但对时间、空间上异质性的生态系统而言实在太难，尤其是有持续干扰时，很难恢复到理想状态；③ 由于生态系统的复杂性，生态系统退化程度和干扰因子很难简单概括到一些易测定的具体指标，尤其是如何控制干扰很难具可操作性；④ 生态系统恢复与自然演替是一个动态的过程，有时很难区分两者；⑤ 生态系统恢复的时间到底要持续多长，目前的科学研究还不能准确回答这个问题，有待于开展可重复的和长期的试验和观测；⑥ 生态系统恢复的机理还不清楚，尤其是重新引进当地消失的物种、外来种在恢复中的角色还难以正确判断；⑦ 退化生态系统恢复与重建技术尚不成熟，目前恢复生态学中所用的方法均来自相关学科，尚需形成独具特色的方法体系；⑧ 恢复生态学的发展需要科学工作者、政府、民众的充分合作，通过互相交流信息、方法和经验，从而可加快恢复全球已退化的生态系统。

致谢

本文在完成过程中得到了余作岳研究员的帮助，缪世利博士仔细审阅了全文并提出宝贵意见，她还提供了一些文献。在此谨致以衷心的感谢。

参 考 文 献

陈灵芝，陈伟烈．1995．中国退化生态系统研究．北京：中国科学技术出版社

董全．1999．生态功益：自然生态过程对人类的贡献．应用生态学报，10(2)：233~240

彭少麟．1996．南亚热带植物群落动态学．北京：科学出版社

任海，彭少麟．1998a．退化生态系统的恢复与重建．青年地理 3(3)：7~11

任海，彭少麟．1998b．中国南亚热带退化生态系统植被恢复及可持续发展．生命科学与生物技术：中国科协第三届青年学术年会论文集

任海，邬建国，彭少麟，赵利忠，2000．生态系统健康的评估．热带地理，19(4)：31~37

余作岳，彭少麟．1996．热带亚热带退化生态系统植被恢复生态学研究．广州：广东科技出版社

章家恩，徐琪．1999．恢复生态学研究的一些基本问题探讨．应用生态学报，10(1)：109~112

中国科协第三届青年学术研讨会论文集(陈竺主编)．北京：中国科学技术出版社，176~179

张巧珍．1993．中国农业资源潜力、存在问题与对策．北京：北京出版社，1~12

中国生态学会编．1995．面向 21 世纪的生态学——中国生态学会第五届全国代表大会论文集(中国生态学会第五届全国代表大会，珠海，1995)，中国生态学会，珠海

Aber, J D., and W. Jordan III. 1985. Restoration ecology: An environmental middle ground. BioScience 35(7): 399

Berger, J. J. 1993. Ecological restoration and nonindigenous plant species:A review. Restoration Ecology 2(2): 74~82

Berger, J. J. 1990. Ecological restoration in the San Francisco Bay Area. Restoring the Earth, Berkeley

Bradshaw. A. D. 1987. Restoration: An acid test for ecology. Restoration Ecology: A Synthetic Approach to Ecological Research (Jordon, W. R. III., N. Gilpin and J. Aber editors). Cambridge University Press, Cambridge, 23~29

Brown, S., and A. E. Lugo. 1994. Rehabilitation of tropical lands:A key to sustaining development. Restoration Ecology 2(2): 97~111

Cairns, J. Jr. 1992. Restoration of Aquatic Ecosystems. National Academy Press, Washington, DC

Cairns, J. Jr. 1995. Restoration ecology. Encyclopedia of Environmental Biology 3: 223~235

Cairns, J. Jr. 1977. Recovery and Restoration of Damaged Ecosystems. University Press of Virginia, Charlottesvill

Caraher, D., and W. H. Knapp. 1995. Assessing ecosystem health in the Blue Mountains. Silviculture: From the cradle of forestry to ecosystem management. General technical report SE-88(U. S. Forest, editor), Southeast Forest Experiment Station, U. S. Forest Service, Hendersonville, North Carolina. 75

Chapman G. P. 1992. Desertified Grassland. Academic Press, London

Clements F. E. 1935. Nature and structure of the climax. Journal of Ecology 24: 252~284

Costanza, R. R., R. Arge, R. Groot, S. Farber, M. Grasso, B. Hannon, S. Nacem, K. Limburg, and R. V. O'Neill. 1997. The value of the worlds ecosystem services and natural capital. Nature 387:253~260

Daily, G. C. S., P. R. Alexander, and P. R. Ehrlich. 1997. Ecosystem services: Benefits supplied to human societies by natural ecosystems. Issues in Ecology, 3:1~6

Daily, G. C. 1995. Restoring value to the worlds degraded lands. Science 269: 350~354

Davis, W. J. 1996. Focal species offer a management tool. Science 271:1362~1363

Davis, K. A. 2000. "Restoration" —A misnomer. Science 287(5456): 1203

Diamond, J. 1987. Reflections on goals and on the relationship between theory and practice. Restoration Ecology: A synthetic approach to ecological research (Jordon. W. R. III., N. Gilpin and J Aber editors). Cambridge University Press, Cambridge, 329~336

Dobson, A. D. , A. D. Bradshaw, and A. J. M. Baker. 1997. Hopes for the future: Restoration ecology and conservation biology. Science 277: 515~522

Falk, D. A., C. I. Millar, and M. Olwell. 1996. Restoring Diversity—Strategies for Reintroduction of Endangered Plants. Island Press, Washington DC

Farnworth, E. G., and F. B. Golley. 1973. Fragile Ecosystem. Springer-Verlag, New York

Forman, R. T. T. 1995. Land Mosaics. Cambridge University Press, Cambridge

Fritts, T. H., and G. H. Rodola. 1998. The role of introduced species in the degradation of island ecosystems:A case history of Guam. Annual Review of Ecology and Systematics 29: 113~140

Gaynor, V. 1990. Prairie restoration on a corporate site. Restoration and Reclamation Review 1(1): 35~40

Handel, S. N., G. R. Robinson, and A. J. Beattie. 1994. Biodiversity resources for restoration ecology. Restoration Ecology 2(4): 230~241

Harper, J. L. 1987. Self-effacing art: Restoration as imitation of nature. Restoration Ecology: A

Synthetic Approach to Ecological Research (Jordon, W. R. II., N. Gilpin and J. Aber editors), Cambridge University Press, Cambridge, 35~45

Higgs, E., W. W. Covington, D. A. Falk, E. B. Allen, and. E. Read. 2000. No justification to retire the term "Restoration". Science 287(5456):1203

Hobbs, R. J., and Norton, D. A. 1996. Towards a conceptual framework for restoration ecology. Restoration Ecology 4(2):93~110

Hobbs. R. J., and H. A. Mooney. 1993. Restoration ecology and invasions. Nature Conservation 3: Reconstruction of Fragmented Ecosystems, Global and Regional Perspectives (Saunders, D. A., Hobbs and P. R. Ehrlich editors). Surrey Beatty and Sons, Chipping Norton, New South Wales, Australia 127~133

Jackson, L. L., D. Lopoukine, and D. Hillyard. 1995. Ecological restoration:a definition and comments. Restoration Ecology 3(2): 71~75

Johnstone, I. M. 1986. Plant invasion windows: A time-based classification of invasion potential. Biological Review 61: 369~394

Jordan, W III., M. E. Gilpin, and J. D. Aber. 1987. Restoration Ecology: A Synthetic Approach to Ecological Restoration. Cambridge University, Cambridge

Jordan, W. R. III. 1995. "Sunflower Forest" : ecological restoration as the basis for a new environmental paradigm. Beyond Preservation: Restoring and Inventing Landscape (Baldwin, A. D. J. editor). University of Minnesota Press, Minneapolis 17~34

Kauffman, R. 1995. Ecological approaches to riparian restoration in northeast Oregon. Restoration and Management Notes 13: 12~15

Keddy, P. 1999. Wetland restoration: The potential for assembly rules in the service of conservation. Wetland 19(4): 716~732

Kloor, K. 2000. Restoration ecology: Returning America's forests to their 'natural' roots. Science 287(5453): 573

Lamd, D. 1994. Reforestation of degraded tropical forest lands in the Asia-Pacific region. Journal of Tropical Forest Science 7(1): 1~7

Madenjian, C. P., S. Schloesser, and K. A. Krieger. 1998. Population models of burrowing mayfly recolonization in western lake erie. Ecological Applications 8:1206~1212

Mansfield, B. and D. Towns. 1997. Lessons of the Islands: Restoration in New Zealand. Restoration and Management Notes 15(2): 150~154

Margaret, F. 1997. Disneyland or native ecosystem: Genetics and the restorationist. Restoration and Management Notes, 14(2): 148~150

Middleton, B. 1999. Wetland Restoration: Flood Pulsing and Disturbance Dynamics. John Wiley & Sons, Inc. New York

Mitsch, W. J., and S. E. Jorgensen. 1989. Ecological Engineering. John Wiley & Sons, New York

Owles M. B., and C. J. Whelan. 1994. Restoration of Endangered Species: Conceptual Issues, Planning and Implementation. Cambridge University Press, New York

Parham, W. 1993. Improving Degraded Lands: Promising Experience form South China. Bishop Museum Press, Honolulu

Parker, V. T. 1997. The scale of successional models and restoration ecology. Restoration Ecology 5(4): 301~306

Rapport, D. J., R. Costanza, and A. J. McMichael. 1998. Assessing ecosystem health. Trends in Ecology & Evolution 13: 397~402

Rapport, D. J. 1998. Ecosystem Health. Blackwell Science, Inc. Oxford

Van der Valk. 1999. Succession theory and wetland restoration. Proceedings of INTECOL's V International Wetlands Conference, Perth, Australia

Whisenant, S. G. and D. J. Tongway. 1995. Repairing mesoscale processes during restoration. Fifth International Rangeland Congress, Denver 62~63

美国佛罗里达 Everglades 湿地植被取代与恢复的生态学研究

12

第十二章

缪世利

（美国南佛罗里达州水利管理局）

摘要 近 20 年来，由于全球范围的环境恶化，越来越多的植物生态学家和公众重视恢复生态学及生物入侵的研究。本章扼要介绍了作者近几年来在美国佛罗里达 Everglades 进行的湿地植被取代与恢复的生态学研究。Everglades 是一个亚热带淡水湿地生态系统。近年来其优势植被 Sawgrass（*Cladium jamaicense* Crantz）群落被历史上的稀少种 Cattail（*Typha domingensis*）取代。本研究的主要目的是弄清这种植被取代的机理，为制定排放到 Everglades 的磷（P）的临界浓度提供依据，为制定与恢复植被有关的各种水分管理措施提供基础。本研究的特点是着眼于优势植物的生活史策略。从功能及整体植物水平上探讨 P 与水分条件等单因子和多因子交互作用对优势种 Sawgrass 和泛滥种 Cattail 在个体、种群和群落结构与功能方面的影响。本研究包括野外监测和控制实验：① Sawgrass 和 Cattail 群落结构与功能（叶生理生态、生物量、种群密度与大小、群落营养元素的储存及个体种子产量）沿 P 梯度的变化；② 在不同 P 浓度条件下，与植物扩张有关的实验（种子萌发，幼苗定居，无性根茎的扩张，受干扰后的恢复生长）；③ Everglades Sawgrass 种群起源与进化的探讨。现有的研究表明，虽然 Sawgrass 和 Cattail 有相似的生活与生长型，它们却有相异的生活史特点。Sawgrass 具有适应低 P 植物的特点，而 Cattail 具有适应高 P 植物的特点。磷浓度升高是促进 Cattail 扩张的首要因素。水文、P 浓度与干扰火的交互作用影响植物幼苗定居，无性扩张和受干扰后的恢复。这些研究结果已为制定保护和恢复 Everglades 植被的各种计划和管理措施提供了生态学方面的依据。

Abstract Miao, S. (Everglades Department, South Florida Water Management District, 3301 Gun Club Road, West Palm Beach, FL 33406, USA). Ecological Studies on the Replacement and Restoration of Wetland Vegetation in the

Florida Everglades, USA. Restoration ecology and studies on biological invasion have been attracted more and more ecologists' and public's attention since the last few decades due to the degradation of global environments. This chapter briefly summarizes my recent studies on vegetation replacement and restoration in a subtropical fresh-water wetland, the Florida Everglades, USA. The overall goal of the research is to explore mechanisms underlying the replacement of a dominant marsh species (*Cladium jamaicense*, sawgrass) by a previously restricted species, *Typha domingensis* (cattail). The research will make inferences about phosphorus (P) threshold values of the water discharged into the Everglades and will provide baselines for different water management scenarios for the Everglades vegetation and hydropattern restoration. The research is featured by studying life history of dominant species and by using functional and whole-plant approaches. Studies were designed to explore individual and interactive effects of P concentrations and hydrological regimes on sawgrass and cattail at individual, population, and community levels. The research includes field gradient monitoring and manipulated experiments: ① changes of the structure and function (leaf physiology, standing biomass, density and size, nutrient storage, and seed reproduction) of sawgrass and cattail communities along a P gradient; ② experiments related to plant expansion (seed germination and seedling establishment, rhizome expansion, recovery after disturbances) under different P availability; and ③ hypothesis of the origin and evolution of the Everglades sawgrass population. Current results suggest that sawgrass and cattail developed contrasting life history characteristics in response to P, hydrology, and fire disturbances. While sawgrass plants show life history characteristics similar to plants adapted to low P environments, cattails are similar to plants adapted to high P habitats. Phosphorus enrichment is a principal factor enhancing cattail expansion. Hydrology and phosphorus concentrations interactively affect seedling establishment, vegetative expansion, and recovery after disturbances. These data provided an ecological basis for making informed management and planning decisions to protect and restore the Everglades vegetation.

一、前言

20 世纪 90 年代以来，人类越来越强烈地意识到自然生态环境在全球范围内恶化。全球气候剧烈变化，越来越多的自然生态系统消失，侥幸残留的也多面目全非。这些变化不仅引起生态学家的关注与呼吁，更重要的是引起了整个社会及公众的关注。政治家、经济学家、企业管理家及各级政府逐渐地开始用行政、法律等手段对环境恶化现象进行干预，并为恢复自然生态环境筹资献策。在此背景下，生态学领域的一门新分支学科脱颖而出，即恢复生态学（restoration ecology）。恢复生态学主要运用基本生态学理论与原理，在个体、生态系统及景观水平上，运用生物工程（bioengineering）手段，在大范围内保护濒危生态系统，或恢复被破坏的生态系统。恢复生态学强调在生态系统及景观水平上的恢复，从而使历来被认为是“软科学”的生态学变为“实实在在”的生态学，即看得清，摸得着，能使社会和环境受益，能对人类直接做出贡献。

自然生态环境的恶化为外来种（exotic spccics）的入侵创造了条件。高密度和物种丰富的自然生态系统对外来种的入侵有一定的抵抗力，而脆弱环境对外来植物入侵的抵抗能力则弱。外来植物入侵、定居后进一步破坏，取代原本脆弱的环境，使趋于恶化的环境更加恶化。入侵物种破坏自然生态系统，威胁全球，据美国农业部初步统计，约有 3 000 种有害动植物被带入美国境内，上千种在境内定居。在旧金山海湾，非本地植物种约占 99%，佛罗里达所有植物种中的 1/3~1/4 是非本地植物。一般这些非本地植物具有较宽的生态幅，生长迅速，蔓延扩张快，定居后不久即可大面积取代当地的自然植被。如 20 世纪 30 年代，佛罗里达州为开垦 Everglades 的沼泽地作为居住和农业用地，从澳大利亚引进一种松树和另外一种乔木 Melaleuca（Ewel，1986）。这两种植物生长迅速，吸水能力强，耗水量大，大量种植后，人们如愿以偿地获得了耕地与居住地。可是，在不到 30 年的时间里，这两种植物迅速扩张，泛滥成灾，取代了本地约 11 万公顷的植被，严重地破坏了原有本地植物的多样性。

面对全球性由入侵植物造成的生态环境的恶化，20 世纪 90 年代在生态学领域掀起了研究生态入侵（biological invasion）的高潮（Enserink，1999）。《生态入侵》杂志（*Biological Invasions*）应运而生。研究的重点集中在生物入侵的原理上，包括入侵生物的生活史和生物入侵的环境特点等。

Mooney 和 Drake（1986）在研究北美与夏威夷生物入侵时指出，有两种不同类型的生物入侵，一是由外来种引起，这种方式主要与人类的生产活动直接相关；另一种是由某一本地植物种迅速扩张，特别是那些在历史上不是优势种，对当地自然环境不起主要作用的劣势种的扩张。因为人类生产活动干扰而引起的自然环境资源在局部水平的变化，如氮（N）、磷（P）等营养元素含量的变化；局部地区修渠、建坝引起的变化；草地的过度放牧及各种人为原因引起的频繁火灾等，导致曾是历史上的优势种不再适应这些环境及可用资源的改变，在新的环境中不再具有比曾是劣势种高的竞争能力。反之，这些资源环境的改变有利于劣势种的生长和扩张，因而劣势种在短期内扩张迅速，局部地取代了那些历史上的优势种，改变了自然景观。南佛罗里达是一个既有外来植物种，又有本地劣势种迅速扩张破坏原有的自然生态系统的典型例子。

本文主要介绍作者6年来在南佛罗里达Everglades湿地进行的有关恢复生态学与生物入侵学方面的研究。这些研究的主要目标是弄清Everglades湿地优势植被种群被取代的机理、恢复的手段和策略等。以本地劣势种群Cattail（*Typha domingensis*）取代优势种群Sawgrass（*Cladium jamaicensis* Crantz）为例，通过野外梯度监测和控制实验，对两个群落的结构与功能沿磷（P）梯度的变化情况，植物早期阶段的更新与水深和P浓度的关系，营养无性扩张与P浓度的关系以及植物在受干扰后与水深和P浓度的关系进行了研究。本研究有强烈的社会及法律效益，研究结果是直接用于制定佛罗里达有关法律条文的科学依据，如排放到Everglades水体中P的临界浓度，恢复水分（hydrological restoration）的管理措施与政策制定等。

二、自然环境和植被现状

Everglades湿地生态系统地处南佛罗里达州，是美国南部最大的一个淡水湿地生态系统（图12.1）。据现有的古地质资料表明，Everglades约有5 000年的历史（Davis和Ogden，1994）。历史上的Everglades包括绝大部分现在的南佛罗里达地区，北起Okeechobee湖，南抵佛罗里达海湾，是一条自北向南缓慢流动的河流，它东临大西洋，年降雨量约1 400 mm，雨量比地球上其他纬度（25°~27°）与海拔（1~5 m）相似地区的更为丰沛，主要为对流雨，且多以暴雨形式降落。降雨季节分布不均，有明显的干湿季差异。湿季一般在5—10月，与高温同步，这期间常伴有因雷电引起的大火。干季一般在11月至次年4月，温度约20 ℃，但冬季有几天可低至5 ℃。干季时，有1~3个月的时间水经常干枯；湿季时，水深可达80~140 cm，干湿季平均水深约20 cm。Everglades的降雨量也有明显的年变化，在降雨特别多的年份，湿季可长达8个月，平均水深可达140 cm；在极其干燥的年份，干季可持续7个月以上，整个湿地干枯。Everglades自然环境的另一个主要特点是营养元素贫乏，特别是P极端贫乏。历史上Everglades营养元素主要来自降雨，在现有较少受人为干扰的地区，水中P含量约有10 ppb①，泥炭土壤中的P含量也只有约400 $mg \cdot kg^{-1}$。

① 1 ppb=10^{-3} $\mu g \cdot g^{-1}$。

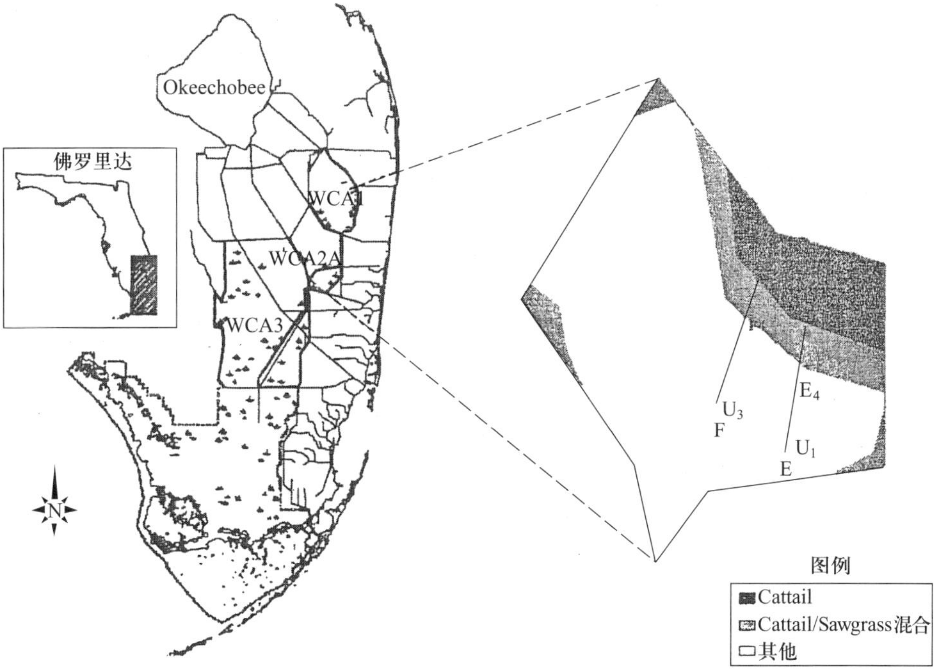

图 12.1　野外光合作用与群落调查在水分保护区 2A（WCA2A）进行，沿两条样线 E 和 F，自北向南存在 P 与植被的分布梯度。在北部先靠近渠道地区为高 P 地区，分布着 Cattail 群落（E_1，F_1）；南部 U_1 和 U_3 地区为低 P 地区，分布着 Sawgrass 群落；中部 E_4、F_4 地区为过渡区，Sawgrass 和 Cattail 群落都有分布。

总之，Everglades 拥有独特的自然地理条件，平缓的水流，贫乏的磷（P）资源，明显的干湿季，夏季的大火与台风，偶有的冬季低温，时有的旱涝灾害等孕育了 Everglades 独特的湿地植被。Everglades 的植被主要由几种群落组成，首先是由大型莎科植物 Sawgrass 组成的 Sawgrass 单种群落，美其名曰“禾草河流”（River of Grass）；其次是由荷花等组成的水生浮游植物群落（slough）；还有由几种小型莎草科植物组成的湿草地（wet prairies），以及由 *Willow*、*Ficus*、*Magnolia*、*Acer* 等属的树种组成的树岛（tree island）群落。这几种植物群落相互交错镶嵌，随水文及地理条件而异。

20 世纪初，为满足人类日益增长的对居住及农业生产的需求，人类在 Everglades 地区修渠排洪，蓄水灌溉，破坏了 Everglades 的自然水系。特别是在 1948 年，Everglades 发生了特大洪灾，美国工程兵部队在 Everglades 修建了一个巨大的防洪排涝的水利系统，从北向南，纵横长达 1 600 km。这个庞大的人工水利系统完全改变了 Everglades 的自然水系条件。据估计，约 5 000 km^2（50%）Everglades 的土地被开发为农业耕地和城镇居民区，原有的 Everglades 被分割为小块、分散的水分保护区，以水分保护区（WCA2A）为例

（图 12.1），所有进入该区的水分均要通过渠道 S–10，水分的流入与流出受人为控制，流入该区的水分主要是从附近的农耕区而来，水中 P 含量较高。顺水流方向由该区从北向南存在着明显的土壤与水中的营养元素，特别是 P 的梯度差异。水及土壤中 P 的含量由北向南逐渐降低，如在靠近 S–10 渠道的地区，水中 P 的含量为 100 ppb，土壤中为 1 000 mg $\cdot$ kg^{-1}，此地区称为受影响的高 P 区。水中 P 含量比离渠道南约 10 km 的地区高出 10 倍之多，土壤 P 则高出 2~3 倍。与 P 梯度相应的 WCA2A 地区存在着明显的植被变化梯度，在靠近渠道的高 P 区约 5.6 km 附近，原有的 Sawgrass 和其他水生植物被 Cattail 取代，Cattail 在高 P 地区生长迅速，无性扩张极快。在距离渠道约 10 km 处，为受影响相对较小的低 P 地区，植被以 Sawgrass 群落和水生植物群落为主。在极高 P 与极低 P 区域则存在混合的 Sawgrass 和 Cattail 群落，Cattail 在低 P 区则零星、分散、少量分布。虽然在泥炭层中也有 Cattail 的花粉存在，但它不是 Everglades 历史上的优势种群。近 20 年来，在 WCA2A 区，优势植被的被取代引起了生态系统水平上的种种变化，如原在 Everglades 湿地生态系统食物链中起重要作用的低等藻菌消失，水中的溶解氧降低，泥炭的沉积和分解速率减慢，无脊椎动物种群产生变化，鸟类种群下降，10 多种以 Everglades 为栖息地的动物面临灭绝。Everglades 这个被称为美国自然宝库的生态系统面临毁灭的危险。1994 年，佛罗里达州政府以法律条文发出了“Everglades 永久行动计划”（*Everglades Forever Act*），明文规定要保护 Everglades，此条例规定不容许有任何造成 Everglades 生态系统不平衡的行为，特别是要采取措施限制排放到水中 P 的含量，以及制定各种管理措施恢复原有的 Everglades。

三、研究策略

运用生态学的基本理论与原理研究 Everglades 的植被取代问题，主要围绕两个基本问题：第一，为什么曾是历史上劣势种群的 Cattail 会在几十年内迅速扩张，从而取代了历史上的优势种群 Sawgrass？这种植被的取代与生态系统和环境资源的哪些变化有关？第二，这种植被取代是怎样进行的，其过程和机理如何。只有弄清了“为什么”及“如何”这两个基本问题才能制定具体措施来保护与恢复 Everglades，为此作者运用以下方法围绕上述两个基本点进行了研究。

首先，作者制定了一个历时 7 年的 Everglades 植被取代研究计划。此研究计划涵盖了现代生态学研究的三个重要方面，即野外定位观测、控制实验和计算机模拟模型。野外观测主要是为找出植物群落的结构与功能同环境 P 梯度的关系，寻找一般规律，建立各种假设；控制实验则可检验这些假设，验证主导因子的单独及交互作用；计算机模拟模型利用在控制条件下获得的基本参数对局部地点或小范围的群落进行预测，将植物在组织与个体水平上的变化扩展到群落、生态系统及更宏观的水平上。

其次，强调在不同生态学水平上的研究，即个体、种群、群落及生态系统。这样既能弄清植被取代的机理，又能将研究结果与大规模实践项目相结合，从而达到生态学研究与恢复重建自然生态系统相结合的目的。例如 Cattail 取代 Sawgrass 与环境 P 资源和水分条件紧密相关。植物对这些环境资源变化的反应会出现在不同的功能水平和不同的时间尺度上。单个植物的反应与生长在种群和群落中的个体植物的反应不同等。综合植物在不同生态水平上的反应，才能真正弄清植物取代的过程和机理。

此外，强调对取代与被取代植物生活史的研究。植物生活史是在长期的进化过程中发展起来的，是植物在不同生长发育阶段中对其生存环境的综合适应。不同植物的生活史被称为植物适应其生长环境的策略，Cattail 与 Sawgrass 都是大型无性系的湿地植物，即它们都能通过种子进行无性繁殖，同时也能进行迅速的无性扩展，但它们具有根本不同的生活史特点。

由于湿地植物研究的特殊性，对生物量与营养元素分配的研究多限于地上部分。但植物是一个有机整体，地上地下部分的器官紧密相关。各器官组织相互制约与平衡，在不同的资源条件下，调节对不同器官组织的物质分配，以利于植物生长或生存器官的需要。例如，植物通过改变根茎叶比率以适应其生长环境。一般，生长在低营养及恶劣环境下的植物，常常分配较多的生物量给用于提高植物存活功能的器官，即以提高植物和个体的生存为主。相反，这些植物分配较少量的生物量给具生长功能的器官（Mooney 和 Gulman，1982；Tilman，1982）。另外，植物对各器官物质分配的可塑性也是植物生活史及植物适应不同环境资源的重要特征，一般生长在常受干扰或营养元素丰富环境中的植物分配变化的可塑性较大，而生长在不经常受到干扰，或营养元素贫乏环境下的植物的可塑性较低。Cattail 与 Sawgrass 形态相似，都具有大型的地上叶片，叶生长点在叶基部，也即叶基部与地下存储器官（shoot base）相连，地下部分包括具有吸收水分与营养元素的根，具有无性扩张的根，以及具有存储能力的存储器官。弄清这两种植物在不同 P 环境下各器官的物质分配模式将为理解它们的生活史策略提供重要信息。

最后，主要研究了 P 和水分单因子以及它们的交互作用对物种取代的影响。水分因子主要指水的深度及一定水深的水流持续的时间。Everglades 的 P 资源与水分变化交织在一起，相互影响，水的深度与持续时间长短影响土壤中的含氧量，土壤的氧化还原作用以及植物对氧的需求。水的深度还影响土壤营养元素的形成以及利用效率。因此，在湿地生态系统中，营养元素与水资源状况交织在一起，共同影响植物的生长、空间分布及取代。植物对水深度的忍耐性与竞争能力也因营养元素的可利用性而变化。

四、Cattail 与 Sawgrass 群落结构与功能随 P 梯度的变化

前面指出，Everglades 的水分保护区（WCA2A）内，水分与土壤 P 存在一个明显的由北向南递减的梯度，这一区域长约 13 km，北部靠近渠道附近，土壤与水中的 P 比南部远离渠道地区高出 10 多倍，随着这一明显的环境 P 梯度，现存植被的分布也明显不同，在北部高 P 地区，主要为 Cattail，而南部低 P 地区主要为 Sawgrass，中间地区则为 Cattail 与 Sawgrass 的混合地带。那么 Cattail 与 Sawgrass 群落结构与功能是否与环境梯度有关系呢？为此，作者结合生理生态学、种群、群落生态学方法，对与群落结构与功能密切相关的生物学特点进行了比较研究。两条长达 13 km 的样线（E 和 F）于 1994 年设置（图 12.1），沿此样线进行水文、水质、植被、土壤及微生物学的综合研究。

1. 叶片光合速率与气孔导度沿 P 梯度的变化

光合作用是地球上最重要的初级生产力，它是自然界中唯一能将溶解 P 转变为有机 P 的过程。光合速率受土壤 P 浓度的影响。研究植物叶片的光合速率对估计植物个体、种群和群落的初级生长力，估算生态系统中 P 的通量具有重要的意义。对 Sawgrass 与 Cattail 叶片光合作用的测定，沿 F 样线选择了 6 个地区，代表不同土壤 P 浓度，在每一地区随机选择 3 个 Cattail 与 Sawgrass 种群，每种群内随机选测了 3 个个体。用光合测定仪（LICOR6200）测定 3 片成熟叶片的光合速率和气孔传导率，测定完毕，采集叶片回实验室测定 N、P 含量，叶片光合速率的年变化分别在春、夏、秋 3 季测定。图 12.2 显示了生长盛期的光合速率，结果表明两种植物有明显不同的光合速率，且光合速率随着 P 的变化而异。在低 P 地区（P 低于 500 $mg \cdot kg^{-1}$），两种植物光合速率相似，约为 11 CO_2 $\mu mol \cdot m^{-2} \cdot s^{-1}$，可是，在土壤 P 高于 500 $mg \cdot kg^{-1}$ 的地区，Cattail 的光合速率比 Sawgrass 高出约 47%，即 Cattail 的光合速率随土壤 P 增加而增大，而 Sawgrass 的光合速率则没有明显变化。

虽然两种植物的气孔传导率都没有随着土壤的 P 梯度而变化，但 Cattail 的气孔传导率比 Sawgrass 高 1~2 倍。气孔传导率是控制植物蒸腾的一个重要因素，高的气孔传导率会导致多的水分丧失。由于 Cattail 有较高的气孔传导率，可能会导致 Cattail 群落比 Sawgrass 群落有更高的水分消耗。在 Everglades，冬季常常缺水，Cattail 群落的扩展会导致冬季缺水严重，因此，Sawgrass 的被取代会影响该地区的水分平衡、循环与管理策略。

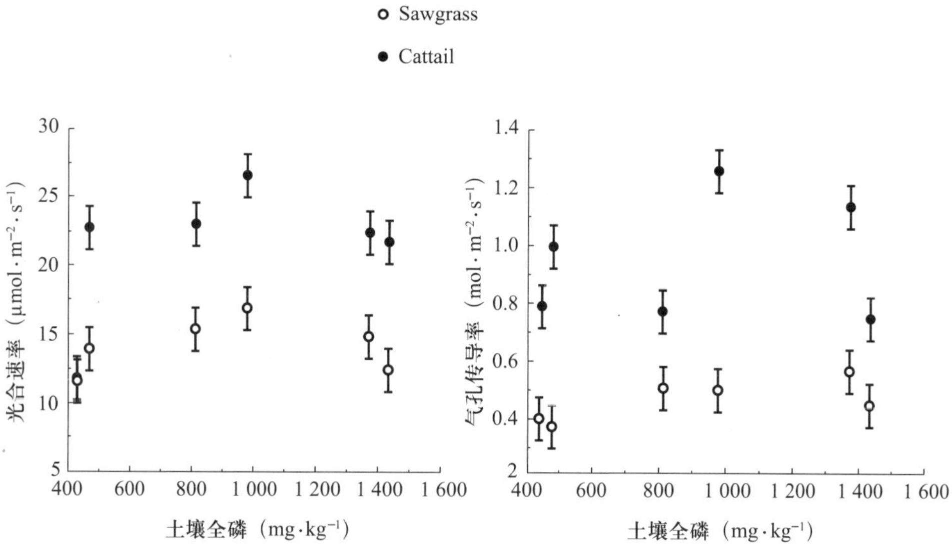

图 12.2　Sawgrass 和 Cattail 叶片光合速率与气孔传导率沿 P 梯度的变化（引自 Miao 和 DeBusk，1999）。

2. 群落生物量与种群结构沿 P 梯度的变化

运用直接收获法研究种群与群落的生物量、密度、个体大小、种子产量及植物器官营养元素含量，从而计算出营养元素在植物群落内的存储与分配。群落生物量与种群结构的研究沿 E、F 两条样线，在每一样线上各选 3 个地区，代表受影响的高 P 地区（E_1，F_1），未受影响的低 P 地区（U_3，U_1）及高 P 与低 P 之间的过渡地区（E_4，F_4）（见图 12.1）。因此，共两条样线，6 个地区。在每一区内，选择具有代表性的 Sawgrass 与 Cattail 群落，每个群落内随机设立一个约 6 m × 6 m 大样方。将此大样方分为 36 个 1 m^2 的小样方，每次收获时随机选择 3 个小样方，这样每次共收获 2 种群落，6 个地区内，每区内 3 个小样方，共 36 个小样方。

此研究于 1994 年开始，共进行了两年，每年从生长初期到末期共收获 4 次。收获时，用一个 0.5 m × 0.5 m 的样框放在小样方内，用铁锹沿着样框向下挖约 30 cm，然后将样框内所有植物（包括死的）的地上和地下部分全部装进一个大袋，运回实验室置于冷冻室。由于湿地工作的限制，一般每次野外收获需五人乘坐两条汽船，共需 2 天时间，实验室的测定则需要 3~4 周。测定时，以样框为单位，洗去泥土，测定每株植物的高度及叶片数，然后分为叶、根、根茎、存储器官烘干，称重，最后提取部分样品测定 N、P、C 的含量。

对于自然湿地生态系统，由于工作的艰巨性，通常只有地上部分生物量的数据，可要真正理解群落的机理与重要过程，必须知道地上、地下部分的生物量及它们之间的分配。表 12.1 说明 Sawgrass 群落的生物量随环境 P 浓度增高而增加，而 Cattail 群落则无明显变化。Sawgrass 群落在高 P 与过渡地区的生物量比 Cattail 群落高，这可能与这两种植物本身的叶片结构和两种群落的物种组成有关。Cattail 叶片有大量的栅栏组织（Chabbi，2000），组织含水量高（Sawgrass，2001），因而比较相同面积的 Sawgrass 与 Cattail，Sawgrass 总具有比 Cattail 高得多的生物量。不论哪一个水平（个体、种群、群落、生态系统）上的生物量，都是很多重要的生理过程与功能的综合。通常，在植物个体、种群、群落的发育过程中，具有相反作用的功能与过程可能同时发生，而导致生物量无明显变化，例如，由于某种环境因素的影响，植物种群密度与个体大小朝不同的方向变化。诸如 P 资源丰富导致种群密度增加，而密度的增加又会增加个体间为生存空间的竞争，从而导致植物个体大小降低。如果只考察生物量的变化，种群的生物量则可能没有明显变化，这就掩盖了种群密度与个体大小受 P 资源影响的事实。种群密度与个体大小直接影响种群的延续与进化，所以考察种群变化不能只考虑生物量。

表 12.1 Everglades 水分保护区 2A 内 Sawgrass 及 Cattail 群落沿营养梯度生物量的平均值

营养梯度	总生物量（$g \cdot m^{-2}$）	Sawgrass 所占比例（%）	Cattail 所占比例（%）	其他种类所占比例（%）
Sawgrass 群落				
高 P 区	1 958 ± 252	88.3	4.4	7.2
过渡区	1 689 ± 118	90.6	5.5	3.9
低 P 区	976 ± 132	99.9	0.0	0.1
Cattail 群落				
高 P 区	1 238 ± 90	2.5	74.4	23.1
过渡区	1 141 ± 97	18.4	65.6	16.0
低 P 区	1 240 ± 126	8.2	84.2	4.6

注：每个均值代表 24~30 个 0.25 m^2 的样方。

两种植物种群的密度与个体大小随环境 P 梯度呈不同的变化（图 12.3）。对 Sawgrass 种群，从受影响的高 P 区到未受影响的低 P 地区，密度逐渐增加，而植物个体则逐渐减小。相反，对 Cattail 种群，种群密度逐渐降低，而个体则逐渐增大。这说明对于环境 P 的变化，这两种种群具有完全不同的种群调节方式与机理。对 Sawgrass 种群，生长在高 P 与低 P 地区由两种形态（高度、大小）不同的种类组成，生长在低 P 地区的是矮小的植物，约有 1 m 高，而生长在高 P 地区的则是高大型的（约 2 m）。现在还不清楚这两种形态（高度）不同的 Sawgrass 具有基因型的差异，还是仅有表现型的差异。对 Cattail 种群，在高 P 与低 P 地区的个体虽然没有明显的高低差异，但个体大小（重量）却有明显变化。可能在高 P 地区，植物生长加快，无性繁殖增加，因而密度增加，也就加大了植物间对光和空间的竞争，从而导致个体减小；而在低 P 地区，资源贫乏，植物生长缓慢，无性繁殖低，种群由少数寿命长、个体大而密度低的个体组成。

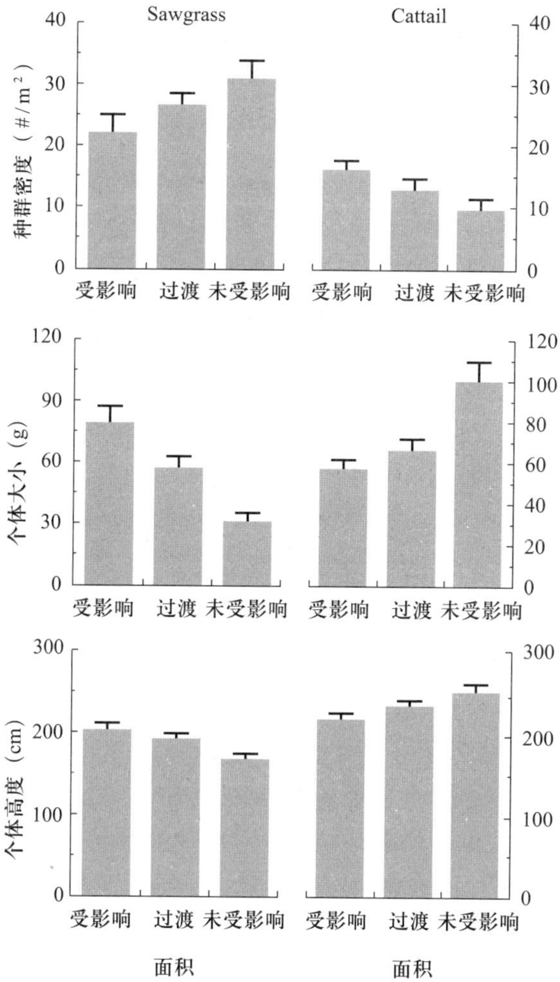

图 12.3　Sawgrass 和 Cattail 种群密度、个体大小与高度沿 P 梯度的变化（引自 Miao 和 Sklar，1998）。

两种种群的生物量分配随着P梯度的变化而不同（图12.4）。一般Sawgrass种群的生物量分配比较稳定，不受P浓度的影响，约60%分配到叶，20%到根，10%到储存器官，5%到根茎。Cattail种群则不同，叶与根的生物量随P梯度呈相反变化。在低P地区，种群对根的生物量的分配增多，对叶的分配降低；而在高P地区，种群对根的分配降低，对叶的分配增加。生物量分配的差异也符合生态学理论中对生长在不同环境资源的植物的预测。也即适应于高营养环境的植物，生物量分配的塑性较大，而适应于贫瘠环境的植物，其生物量的分配比较恒定。

3. 植物器官营养元素的含量随P梯度的变化

大量研究表明植物营养元素对环境营养状态变化反应敏感，因此可用植物器官营养元素含量来指示环境营养资源的状况。器官中受限制营养元素的含量是决定生长在贫瘠地区群落结构的重要因素。另外，植物器官营养元素含量的高低，直接影响植物枯枝落叶的分解。根据枯枝落叶中营养元素含量可以估测其分解速率和生态系统的营养循环。

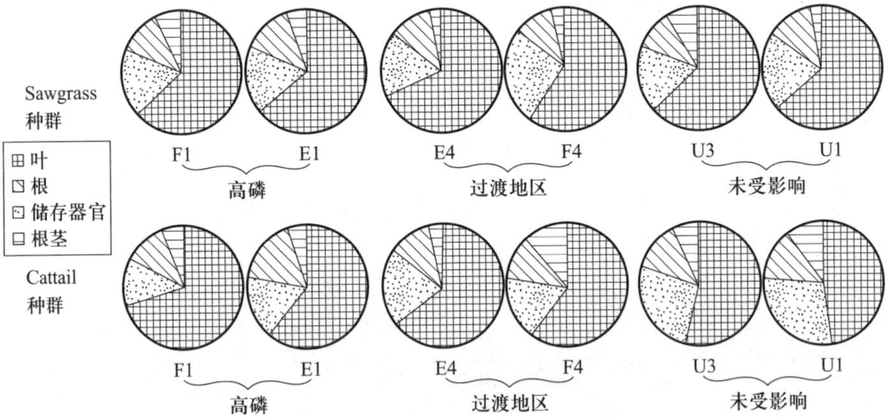

图12.4 Sawgrass和Cattail种群生物量分布随P梯度变化。植物器官有叶、根、储存器官和根茎。

植物器官的P含量随着土壤P浓度的增加而显著增加（图12.5），高P地区植物叶P含量比低P地区叶P含量高出约10倍。此外，植物组织P含量不仅随环境而变化，也随植物种而异。对叶片P含量的比较表明，Cattail比Sawgrass高2倍之多，但若比较储存器官，结果则完全相反。叶片属于生长器官，一般生长在高营养元素地区的植物主要将营养元素分配到生长器官，以满足迅速生长的需求（Tilman，1982）；而生长在贫瘠地区的植物，以保持生存为主，生长缓慢，资源多分配到储存器官。等遇到有利的生长条件时，再将资源从储存器官分配到生长器官，因而生长在资源丰富与贫瘠地区的植物有完全不同的资源分配策略。

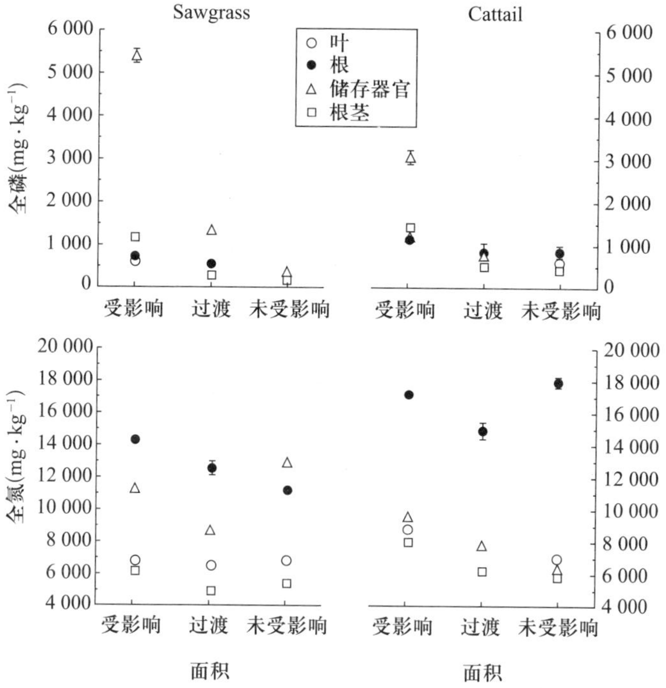

图 12.5　Sawgrass 和 Cattail 植物器官全磷和全氮含量随 P 梯度的变化（摘自 Miao 和 Sklar，1998）。

与 P 的变化不同，植物器官 N 含量无明显变化。很多生态学者都用 N/P 比来指示环境中 N 与 P 的状态。Redfield（1966）率先对海洋微生物进行研究，认为 N/P>16 指示 P 是环境中的限制因子，而 N/P<16，则 N 是限制因素。在一般文献中，特别是在微生物文献中，N/P 的计算都用 N、P 的原子量加以校正，即（N/14）/（P/32）。可是在一些植物生态学的文献中，有些 N/P 值没有用 N、P 的原子量加以校正。所以在比较文献中的 N/P 值时，应该注意是否用原子量校正过。同时也应注意，该比值只是一个相对值，因为多数情况下，植物器官的 N、P 都同时随环境变化，表 12.2 列出了两种植物 N/P 值随环境梯度的变化情况。总的来说，N/P 值变化极大，从 4~144，因地区、植物、器官而异。其规律是 N/P 值随土壤 P 的减少而增大。

对植物器官 N、P 含量的测定，可在一定程度上显示 N、P 对植物的相对重要性。对于 Cattail 的器官，其全 P（TP）与全 N（TN）含量呈正相关，具生长功能的器官，如叶片、根与根茎，都是低 P 地区的植物具有低的 TP 与 TN，而高 P 地区的植物具有高的 TP 与 TN。可是 Sawgrass 的储存器官却不同，生长在低 P 地区的植物器官具有最低的 P 含量，却有最高的 N 含量，低 P 地区植物存储的 N 比高 P 地区的 N 还高。这说明，N 不是 Sawgrass 生长的限制营养元素。

表 12.2　Everglades 水分保护区 2A 内沿 P 梯度的 Sawgrass 及 Cattail 种群植物组织内的 N/P 比值

土壤全 P（mg·kg⁻¹）	叶		根		根茎		储存器官	
	S	C	S	C	S	C	S	C
1 367	11.0	8.2	23.7	13.5	5.2	5.3	1.9	2.8
1 313	12.4	7.0	18.4	18.1	7.6	6.5	2.5	4.5
806	19.7	10.2	22.7	24.4	15.3	12.2	5.8	9.2
660	21.8	13.6	31.9	32.5	26.0	14.7	7.9	16.6
518	29.4	13.1	65.4	22.0	38.5	15.6	33.2	14.5
475	25.1	11.7	59.5	40.9	36.5	14.9	66.7	15.0

注：N/P 比值用原子量校正。

植物群落营养元素的存储量是群落的重要功能之一，定量化其存储量是研究生态系统中营养元素循环的重要环节。在湿地生态系统中，某些营养元素可能在各种生物地球化学反应过程中从系统中消失，而某些则以有机物的形式存储在系统中（Reddy 等，1993）。Sawgrass 和 Cattail 两种植物群落，N、P、C 的存储量显著相关，TP 存储量随 TN 和 TC 量增加而增加。特别重要的是，这种相关的斜率随群落所在地区的土壤 P 浓度而变化。分布于高 P 地区群落的斜率最高，而分布于低 P 地区群落的斜率最低。即这些分布在不同土壤条件下的植物群落，如果具有相同的 N 存储量，它们的 TP 存储量则随着土壤 P 浓度的增加而增加。这说明在 WCA2A 地区 P 是决定群落 P 存储量的关键因素。无论是对个体器官组织，还是对种群、群落的研究都表明，P 是限制 Sawgrass 生长的关键因素，这一结论与其他研究相符合（Davis，1994），环境 P 浓度极大程度地决定了 Sawgrass 种群、群落的分布。

4. 种子产量随 P 梯度的变化

种子产量、数量与种子大小间的关系是指示适应不同环境植物生活史特点的重要指标。两种植物都可生产种子，进行有性繁殖，靠种子散布、萌发和扩张到远距离的地区。但两种植物具有完全不同的繁殖结构，如 Sawgrass 具两性花、大型花序，种子为坚果，相对较大。而 Cattail 则具单性花，雄花与雌花分别长在花序的上下部分，种子极小，具翅。另外，两种植物的开花、种子散布时间也完全不同。图 12.6 总结了两种植物的种子产量、大小的差异以及这些差异随环境 P 梯度的变化。明显地，Cattail 具有典型的早期演替阶段植物或生长在常受干扰地区植物的特点，种子产量高、籽粒小。而 Sawgrass 的种子产量比 Cattail 低，但籽粒大。

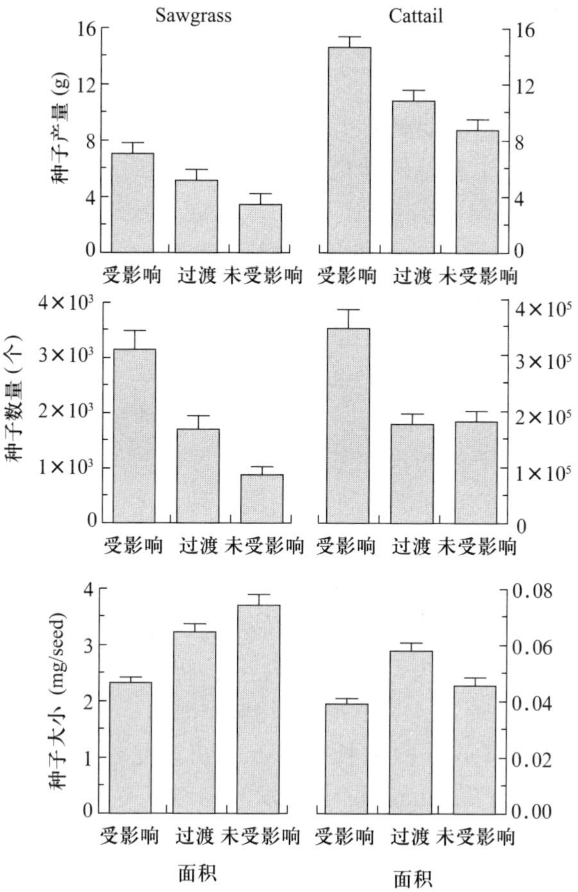

图 12.6 Sawgrass 和 Cattail 种子产量、数量与大小随 P 梯度的变化（引自 Miao 和 Sklar, 1998）。

综上所述，野外个体、种群及群落学研究表明，Everglades 环境 P 的提高，影响植物群落结构与功能。根据生物量、营养元素分配以及有性繁殖的结构特点，初步认为 Cattail 与 Sawgrass 具有不同的生活史特点。Cattail 的生活史特点类似于适应营养条件丰富的环境的特点，而 Sawgrass 类似于生长在贫瘠地区植物的特点。这些假设有待于更进一步的实验检验。

五、围绕植物扩张进行的实验研究

实验研究的基本目的是弄清两种植物在上述方面的基本特点，检验建立在野外梯度观察的假设，为计算机模拟模型提供数据，从而为管理人员制定各种管理方案提供理论证据。实验研究主要围绕生活史过程中那些与植物入侵与扩张过程相关的生理生态功能与过程。植物早期更新阶段是植物扩张定居的一个重要阶段，包括种子萌发、幼苗的生长与定居、植物的无性系扩张以及植物受干扰后的恢复反应。

1. 种子萌发与幼苗早期更新

种子萌发与幼苗更新是两种植物进行远距离扩展的重要方式。弄清种子萌发及幼苗生长的生理要求与适应能力，才能有效地排除那些有利于 Cattail 早期更新的条件。作者的一系列实验和野外研究（Stewart 等，1996，1997；Miao 等，2000；Carraher 等，1997a，b），及其他学者的研究表明（Lorenzen 等，2000；Ponzio 等，1995；Ponzio，1998），水的深度是两种植物种子萌发的关键条件之一，最适水深在 0~5 cm。水深超过 5 cm 后，Sawgrass 种子基本不能萌发，Cattail 种子偶能萌发。另外，两种植物种子都必须在基质的表面上萌发，即种子不能被埋在基质下面。即在野外条件下，需有某种对土壤的干扰，将两种植物种子带到土壤表层，种子才能萌发。由于两种植物的种子具有完全不同的大小、形态，它们在萌发生理方面也因此表现出完全不同的特点。Cattail 像其他早期演替阶段适应高营养环境的植物一样，种子小、萌发快（1~3 天）、萌发率高（50% 以上），但幼苗小、死亡率高（95% 以上），Cattail 幼苗在萌发后 4~6 月内生长极其缓慢。Sawgrass 种子则相反，萌发慢（至少 3 周），萌发率低（1%~10%），但幼苗死亡率低，基本 100% 成活，幼苗在 4~6 月内生长比 Cattail 快。此外，Cattail 种子基本上在两周内完成萌发，而 Sawgrass 种子萌发却持续长达半年以上。简言之，两种植物具有完全不同的有性繁殖策略，Cattail 生产大量、风播的极小的种子，萌发率高，幼苗生长主要靠外界环境资源。而 Sawgrass 则生产少量大种子，即“少而精”，低的萌发率，高的成活率，幼苗的早期生长不靠外界环境资源，种子存储的资源为幼苗迅速生长、抵抗恶劣环境条件提供了有利条件。

两种植物种子萌发的差异还表现在对光与温度的需求上。Cattail 种子不能在黑暗中萌发，而 Sawgrass 的幼苗则可以，而且，其幼苗可保持绿色长达 2~3 月。低温（4℃）可使 Cattail 幼苗甚至成熟的植株死亡；但 Sawgrass 种子则需波动的昼夜温度来促进种子萌发，甚至能在低于 4℃的温度下萌发。此外，Cattail 种子萌发率在种子成熟后为最高，即 Cattail 种子不需后熟作用或任何处理，而 Sawgrass 种子在散播时萌发率却极低（1%~10%），但在散播到土壤中 3 个月后的萌发率为最高（50%）。两种植物的种子寿命也有差异，收集两种植物的种子，一部分放在常温下保存，一部分埋到植物生长的湿地环境中，每隔一定时间取出种子，在最适条件下的萌发结果表明，土壤中的 Cattail 种子的萌发率 3 个月后逐步降低，而 Sawgrass 种子则相反，萌发率逐步增高。Cattail 种子在土壤中可能不如 Sawgrass 保存长久，主要是因其种子小，极易受机械或火的损伤。

两种植物在种子萌发方面的差异对它们适应 Everglades 环境有何意义呢？Everglades 有明显的干湿季节，只有干季期间（一般在 11 月到次年 4 月）才有适合两种植物种子萌发的水深条件。最适水深条件往往在冬末或早春，在此期间常伴有短暂的低温，这极不利于 Cattail 幼苗的成活。对于 Cattail，适合种子萌发的最适水深与温度不是同时出现的。此外，Cattail 种子一般在 5 月份成熟、散播，恰值 Everglades 的湿季，此期间水深一般为 50 cm，湿季持续到 10 月底。因而大量 Cattail 种子散播到环境中后 5~6 个月内没有它们最适萌发的水深条件，大量种子在此期间在土壤中失去萌发能力，或被机械损伤。虽然 Cattail 生产大量的种子，但却因为最合适的水分、温度条件与种子散播时期异步，因而限制了 Cattail 种子的远距离传播及萌发。此外，低 P 环境也限制了 Cattail 幼苗的成活及生长。所以，历史上，Cattail 没有在 Everglades 扩张，只以有限的数量存在。

与 Cattail 相反，Sawgrass 种子成熟时间、萌发以及幼苗生长对水分、气候的需求适应 Everglades 的环境条件。Sawgrass 种子一般在 7 月底到 8 月初成熟，种子成熟后直接散播到水中，因为种子大，很快沉到水底，落在土壤上。Sawgrass 种子坚硬，不易被机械损伤或分解，也抗火烧。种子在土壤中约 3 个月后，正值干季，水深与温度条件恰好符合其萌发需求。冬春干季时，在野外观察到大量的 Sawgrass 幼苗。干季来临的早迟与持续时间的长短是决定萌发幼苗能否顺利定居的关键。Sawgrass 幼苗因靠种子存储的养料为营养，生长较为迅速，因此如果干季到来较早或持续时间较长，为萌发幼苗提供了较长的生长时间，在湿季到来时已经长高，因而可以顺利地定居。

那么，环境中 P 浓度的增加是如何促进 Cattail 种子的萌发与幼苗定居的呢？虽然环境中的 P 对两种植物的种子萌发都没有直接明显的影响，但是，P 却通过影响生态系统的其他结构而间接影响它们的早期更新。在未受 P 干扰的少数地区，Everglades 的水深植被在秋冬两季形成一层由低等微生物、浮游植物组成的厚厚的碳层。这样的碳层浮在水面上遮住阳光，冬季时，碳层沉积到湿地表层。由于 Cattail 种子散播在这种碳层形成之前，Cattail 种子萌发需要光，在 P 未受干扰地区，即使水分、温度同步有利于 Cattail 种子萌发，由于这碳层的覆盖，也会抑制种子的萌发。而 Sawgrass 种子散播时，恰好此碳层形成，有些种子则落到碳层表面上，此碳层对 Sawgrass 的种子萌发有利。在高 P 环境下，形成这种碳层的微生物和浮游植物消失，碳层消失，因而 P 间接地促进了 Cattail 种子的萌发。

此外，前面提到 Cattail 幼苗小，生长慢，存活率低，生长靠外界 P 资源，高 P 环境显著地促进幼苗的生长，增加了幼苗的成活率。在 4 个不同 P 处理的野外实验中，对 Cattail 与 Sawgrass 种子萌发与幼苗生长进行了为期 1 年的观察。结果表明，P 没有影响两种植物的种子萌发，但是 P 显著地影响其幼苗成活率。对于 Cattail，在低 P 对照处理中，100% 的萌发幼苗死亡；而在高 P 处理中，约有 5% 的幼苗存活。由于 Cattail 有迅速的营养扩张能力，在高 P 条件下，即使只有一株幼苗成活，它也能很快地扩张到新的地区。下面的实验将详述此点。

2. P 与营养繁殖扩张

入侵植物一般具有高的生长率，以便迅速地扩展到邻近地区。实验室精确控制 P 浓度与野外实验研究都表明 Cattail 比 Sawgrass 具有更高的相对生长率（Miao 等，2001；Lorenzen 等，2001）。Cattail 的相对生长率随 P 浓度升高而升高，而 Sawgrass 的生长率则相对比较稳定，随 P 增高的幅度不如 Cattail 大。野外实验表明，环境 P 浓度对植物的营养扩张具有决定性的作用。以 Cattail 为例，移栽到高 P 地区的植物的相对生长率比在低 P 地区的高出 2 倍之多，生长在高 P 地区的植物形成很多无性系植株，迅速扩张，在两年内即覆盖了约 500 m^2 的面积。而移栽到低 P 地区的植物，生长缓慢，完全没有营养扩张，两年内的生长不及高 P 地区移栽植物 7 个月生长量的 30%（Miao 和 DeBusk，1999；McCormick 等，1999；Miao 等，2001）。 高 P 地区，Cattail 个体生长快，但寿命短，这与一般演替早期植物的生长与寿命相似。在低 P 地区，植物因生长受限制，以保证个体植物的生存为主，而不能迅速地进行群体扩展，环境 P 资源在很大程度上决定了 Cattail 的生长、扩张速度。

其他实验也证明虽然 Sawgrass 适应低 P 环境，但在高 P 环境下生长速率也能增加（Miao 等，1997；McKeen 等，2001）。在野外高 P 地区，大片的 Cattail 群落中也有一些残留的、分散的、较小的 Sawgrass 群丛。在这些地区，Cattail 是如何取代 Sawgrass 的呢？是两种植物间的直接竞争，还是由于 Cattail 有迅速的扩展能力，先占领一些因受干扰而生长不迅速的 Sawgrass 空隙（openning）的呢？这两种植物不仅存在上述提到的生理生态差异，而且在形态解剖上也明显不同。Cattail 具有长的根茎，每个无性系植株个体之间可长达 1 m 以上。通常在高 P 地区，一个 Cattail 的遗传体（通过种子萌发的幼苗发育而成）可分布在方圆几平方米的面积上；而 Sawgrass 则不同，它的遗传体虽然也生长很多无性植株，但这些植株之间的根茎非常短小，植株相互靠近，最多不超过 1 m^2。Everglades 是一个波动的生态系统，经常有火、虫及人类的干扰，这些干扰往往造成植被中的空隙。在高 P 条件下，Cattail 以较高的生长及扩张能力，迅速占领这些空隙，多次反复“蚕食”Sawgrass，并最终取代它。

为了检验 Sawgrass 与 Cattail 无性植株的扩张能力，将这两种植物种植在底部有开口的塑料盆中，塑料盆放在一个大的实验缸中，水深约 25 cm。大缸有高 P 与低 P 两种处理。1 年后，生长在低 P 处理的植物没有生长任何无性系植株，而高 P 处理的植物却长出 3~5 株无性植株（表 12.3）。Sawgrass 虽然比 Cattail 产生多的无性植株，但所有无性植株都生长在盆内，没有一株通过开口生长到盆外。而 Cattail 则不同，所有的植株都通过盆口生长到盆外。因此，1 个 Cattail 遗传体占领的面积比 Sawgrass 要大得多。

表 12.3　高 P 与低 P 处理下 Sawgrass 及 Cattail 根茎生长的平均值

	高 P 处理		低 P 处理	
	Sawgrass	Cattail	Sawgrass	Cattail
根茎生物量	1.4 ± 0.1	3.0 ± 0.4	0.2 ± 0.0	0.3 ± 0.2
根茎生物量与总生物量的比（%）	6.0 ± 0.1	18.8 ± 1.0	6.9 ± 1.4	6.8 ± 2.2
植株的数量	3.8 ± 0.2	2.9 ± 0.2	1.3 ± 0.2	0.4 ± 0.1
植株间根茎间的长度	7.4 ± 0.7	11.1 ± 0.8	7.3 ± 0.8	8.5 ± 3.2

注：每个均值代表 31~39 棵植株。

3. 水深和 P 与植物受干扰后恢复的关系

火是 Sawgrass 群落发育必不可少的重要因素之一，约每隔 5 年，Sawgrass 群落要经历火的干扰（Wade 等，1980）。如果没有火干扰，Sawgrass 群落中的枯落物大量积累，就会抑制植株生长。一方面需要火来排除这些落叶，以利于营养元素释放到环境中，易为植物吸收。因 Sawgrass 的生长点在叶基，叶基外有叶，一般只要不是靠近土壤的火，植物就能够在大火后迅速恢复生长。另一方面，火也有利于种子萌发和幼苗更新。

另外，昆虫干扰也是 Everglades 干扰因素中的重要部分之一。两种植物的叶均可为不同昆虫采食。植物能否在受干扰后恢复，除了取决于受干扰的强度之外，还取决于植物本身的大小及环境中 P 的浓度和水的深度。两种植物都有地下储存器官，存储器官的大小与植物个体大小相关。一般大的、生长迅速的植物比小的、生长缓慢的植物在受到干扰后恢复快，高 P 地区的植物比低 P 地区的植物恢复快。决定植物能否迅速恢复的一个关键因素是水的深度，作者进行了一系列的实验来考察水深与 P 对植物受干扰后恢复的影响，发现植物的恢复生长在很大程度上取决于水深和土壤中 P 的含量。植物群落在大火后马上受到水淹会严重抑制植物的恢复生长（图 12.7）。在相同的水深条件下，土壤 P 浓度影响植物的恢复生长，高 P 条件下，植物的恢复生长增高（图 12.8）。

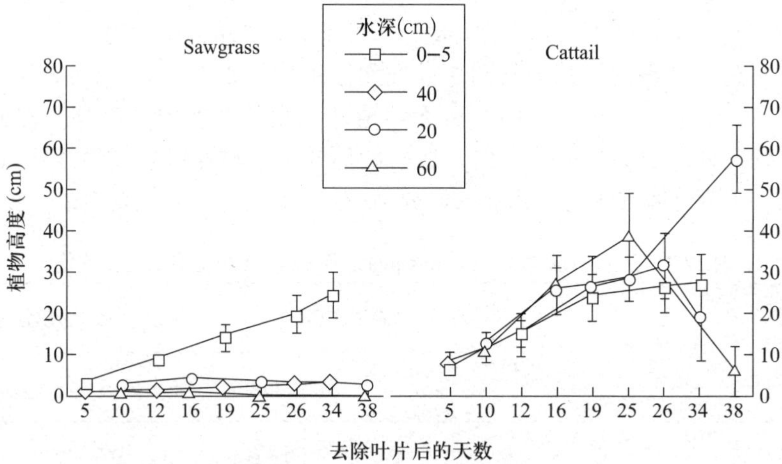

图 12.7　去除叶片后水深对 Sawgrass 和 Cattail 叶恢复生长（叶长）的影响。

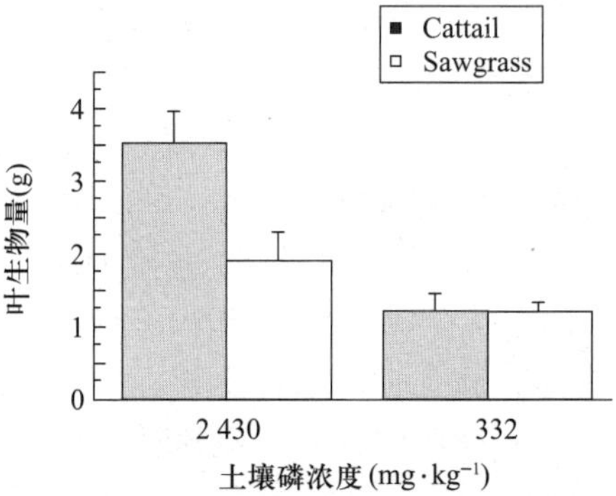

图 12.8　去除叶片后土壤 P 浓度对 Sawgrass 和 Cattail 叶恢复生长（叶长）的影响。

六、Everglades Sawgrass 种群起源与进化的初步探讨

要真正理解 Sawgrass 为什么会被取而代之及如何在高 P 地区恢复被取代的 Sawgrass 种群，应对 Everglades Sawgrass 种群的地理起源、进化及现有的遗传结构有一定的了解。目前没有文献直接报道 Sawgrass 的种群起源。据仅有的地质学资料，Sawgrass 的花粉存在于所有的泥炭中（Davis 和 Ogden，1994），因此认为 Sawgrass 是 Everglades 历史上的原有种。现有的 *Cladium* 只有 2 个种，一个是欧洲的 *C. mariscus*；另一个是 Everglades 的 Sawgrass，其分布北自弗吉尼亚，南到佛罗里达、得克萨斯及中美洲的 Beliz。Sawgrass

的名字被更改过多次，有的研究者认为，Everglades 的 Sawgrass 可能是 *C. mariscus* 的一个亚种（Conway，1936；Alexander，1971；Karetz，1994），相同土壤条件上种植的两种植物在营养体上完全相似。Fisher（1971）比较了这两种植物的形态及叶维管结构，发现它们完全相同。只因考虑到它们现代分布的不同，才将它们定为不同的种。

根据对 Everglades Sawgrass 繁殖特性的观察，作者认为它可能具北方温带起源的特性。首先，Everglades Sawgrass 具有温带植物、特别是温带禾本科植物普遍具有的营养繁殖现象（vegetative proliferation）（Miao 和 DeBusk，1999），即在有性繁殖器官的花序上不生产种子，而是生产出成百上千的无性幼苗。这些幼苗通过维管束与母体相连。观察不同发育时期幼苗的解剖结构，发现幼苗发育早期有子房的痕迹，可是没有种子的痕迹。可能在子房受精前，由于某种环境或遗传因素，或两者的共同作用，使得有性种子的发育受到障碍，有性繁殖转变为无性的营养繁殖，在子房旁形成叶与根原基，进而发育成为无性幼苗。这些无性幼苗具有与母体一致的遗传结构，但这种无性营养幼苗的产生与红树植物的胎生现象不同，红树的胎生现象属于有性繁殖，涉及种子的形成，只是种子成熟后不立即散布到环境中，而仍留在母体上，直到种子萌发后，以幼苗的形式离开母体。而 Everglades Sawgrass 中的无性幼苗根本没有种子的形成。北温带及半高山地区气温低，生长期短，很多植物都以这种无性生殖方式来延续种群（Heide，1994）。为什么 Everglades Sawgrass 具有类似的无性繁殖现象，目前还不清楚。是因为 Everglades 的 Sawgrass 具有北方起源（虽从北方散播到亚热带仍具有其祖先的遗传痕迹），还是其特有的适应于 Everglades 这个特殊环境而发育形成的。

其次，从种子萌发时对温度的需求上来看，似乎也可推断 Sawgrass 有北方的起源。前面已经提到，Sawgrass 种子要求一定的昼夜温度的变化，最适温度在 25℃ /10℃（白昼 / 黑夜）。一个偶然的机会，作者发现这种植物能在完全黑暗和只有约 4℃的水中萌发，萌发的幼苗能在同样的条件下存活至少 4 周，叶片仍为绿色。一般情况下，亚热带与热带起源的植物种子是不能在 4℃的条件下萌发的。总之，Everglades Sawgrass 具有多种繁殖方式，有性的种子繁殖与无性的根茎和幼苗繁殖并存。种子繁殖有利于保持种群遗传结构的多样性，而无性营养繁殖则有利于保存某些基因型。目前由于没有对 Sawgrass 种群进行遗传学研究，故还不清楚它是如何保持自身遗传结构的多样性与平衡的。

七、小结

野外群落学与各种控制实验研究结果一致显示，Sawgrass 和 Cattail 具有完全不同的适应营养资源环境的生活史特点。Sawgrass 种子产量相对较低，种子个体较大、萌发率低，但幼苗成活率高，植物个体的光合与生产速率较低，生物量的分配比较稳定，相对较多的营养元素分配到地下的储存器官上，植物个体寿命较长等。这些特征都与适应于低营养元素环境的植物相似。而 Cattail 种子产量高，但种子极小，种子萌发率与死亡率都高，个体光合作用与生长速率高，生物量与营养元素的分配随环境中营养元素含量而异，可塑性较大，个体寿命短。个体寿命的长短与生长速率的快慢都与环境资源相关。在低营养环境中，个体生长慢；在高营养环境中，个体生长快，寿命短。这些特征与典型的适应于高营养元素环境的植物相似。

研究结果还表明，土壤与水中 P 浓度的升高是造成 Everglades 环境恶化，特别是优势的 Sawgrass 植被被取代的主要因素。土壤与水中高浓度的 P 有利于 Cattail 的幼苗生长与营养扩张。要控制 Cattail 的继续扩张，恢复原有的优势植被，控制、降低土壤中的 P 含量是关键。其次，水文条件是影响 Everglades 湿地生态系统及植被取代的另一重要因素，尤其是水文条件与 P 的综合作用，它决定了种子的远距离散播、定居、根茎的无性扩展及受干扰后的恢复。因此恢复 Everglades 历史曾有的水文条件是必要的。

美国国会及佛罗里达州政府为降低土壤与水中的 P 含量和恢复 Everglades 的原有水文系统进行了大量投资，世界上最大规模的、为降低水中 P 浓度而进行的人造湿地工程正在紧张实施中，拆旧渠，修新道，为恢复 Everglades 原有平缓水流条件，将耗资几十亿美元的项目即将动工。本项研究为这些工程和项目的实施、为最终恢复 Everglades 植被策略的制定提供了非常有用的信息。

致谢

作者衷心感谢缪胜春把原文输入计算机并进行文字修饰，也感谢邬建国教授和申卫军先生对本文初稿的细阅，并提出宝贵意见。

参考文献

Alexander, T. R. 1971. Sawgrass Biology Related to the Future of the Everglades Ecosystem. Proceedings of Soil & Crop Science Society of Florida, (31): 72~74

Carraher Jr., C. E., A. Gaonkar, H. H. Stewart, S. L. Miao, M. Colbert, S. Casanova Clark, and D. Sterling. 1997a. Influence of gibberellic acid and gibberellic acid-containing polymers in the reestablishing of the Everglades. Polymeric Materials Science and Engineering 76: 580~581

Carraher Jr., C. E., A. Gaonkar, H. H. Stewart, S. L. Miao, D. Mitchell, C. Barosy, M. Colbert, and R. Duffield. 1997b. Synthesis and structural characterization of plant growth hormone containing polymers based on gibberellic acid and organostannane dichlorides for use in the Florida Everglades. Polymer P. American Chemical Society, 38: 572~573

Chabbi, A., K. L. McKeen, and I. A. Mendelssohn. Fate of oxygen losses from *Typha domingensis* (Typhaceae) and *Claidum jamaicense* (Cyperaceae) and consequenses for root metabolism. American Journal of Botany 87: 1081~1090

Conway, V. M. 1936. Studies in the autoecology of *Cladium mariscus* R. BR. I. Structure and development. New Phytologist 3: 177~242

Davis, S. M. 1994. Phosphorus inputs and vegetation sensitivity in the Everglades. Everglades: The Ecosystem and Its Restoration (Davis, S. M. and J. C. Ogden editors), St. Lucie Press, Delray Beach, Florida, USA. 357~378

Davis, S. M., and J. C. Ogden. 1994. Everglades: The Ecosystem and Its Restoration. St. Lucie Press, Delray Beach, FL. USA

Enserink, M. 1999. Biological invaders sweep in. Science 285: 1834~1836

Ewel, J. J. 1986. Invasibility: Lessons from South Florida. Ecology of Biological Invasions of North America and Hawaii. (Mooney, H. A. and J. A. Drake editors), Springer-Verlag, New York Inc., New York, NY, USA

Fisher, J. B. 1971. Inverted vascular bundles in the leaf of *Cladium* (Cyperaceae). Botanical Journal the Linnean Society 64: 277~293

Heide, O. M. 1994. Control of flowering and reproduction in temperate grasses. New Phytologist 128: 347~362

Karetz, J. T. 1994. A synonymized checklist of the vascular flora of the United States, Canada, and Greenland. Vol. 1. Checklist. Timber Press, Portland, Oregon, USA

Lorenzen, B., H. Brix, K. L. McKee, I. A. Mendelssohn, and S. L. Miao. 2000. Seed germination of two Everglades species, *Cladium jamaicense* and *Typha domingensis*. Aquatic Botany 66: 169~180

Lorenzen, B., H. Brix, I. A. Mendelssohn, K. L. McKee, and S. L. Miao. 2001. Biomass allocation and nutrient utilization in *Cladium jamaicense* and *Typha domingensis* at different phosphorus availability. Aquatic Botany 70: 117~133

McCormick, P., S. Newman, S. L. Miao, R. Reddy, D. Gawlik, C. Fitz, T. Fontaine, and D. Marley. 1999. Ecological needs of the Everglades. Everglades Interim Report, South Florida Water Management District, West Palm Beach, FL

McKeen, K. L., I. A. Mendelssohn, P. L. Faulkner, B. Lorenzen, H. Brix, S. L. Miao, and F. H. Sklar. 2001 Effetcs of phophorus and flooding on growth responses of *Cladium jamaicense* and *Typha domingensis* grown in rhizotrons. American Journal of Botany (in review)

Miao, S. L., R. E. Borer, and F. H. Sklar. 1997. Sawgrass seedling responses to transplanting and nutrient addition. Restoration Ecology 5: 162~168

Miao, S. L., and F. H. Sklar. 1998. Biomass and nutrient allocation of sawgrass and cattail along an environmental gradient in Florida Everglades. Wetland Ecosystems and Management 5: 245~264

Miao, S. L., L. Kong, B. Lorenzen, and R. Johnson. 1998. Versatile modes of propagation in *Cladium jamaicense* (sawgrass) in the Florida Everglades. Annals of Botany 82: 285~290.

Miao, S. L., and W. F. DeBusk. 1999. Effects of phosphorus enrichment on structure and function of sawgrass and cattail communities in Florida Everglades. Phosphorus Biogeochemistry in Subtropical Ecosystems. Reddy, K. R. (editor) CRC Press/Lewis Publishers. 275~299

Miao, S. L., P. V. McCormick, S. Newman, and S. Rajagopalan. 2000. Interactive effects of seed availability, hydrology, and phosphorus enrichment on cattail colonization in the Florida Everglades. Wetlands Ecology and Management, 9: 39-47

Miao, S. L., S. Newman, and F. H. Sklar. 2001 Effects of soil nutrients and seed sources on growth of cattail in the Florida Everglades. Aquatic Botany 68: 297~311

Mooney, H. A., and S. L. Gulmon. 1982. Constraints on leaf structure and function in reference to herbivory. BioScience 32: 198~206

Mooney, H. A., and J. A. Drake. 1986. Ecology of Biological Inavsions of North America and Hawaii. Springer-Verlag, New York Inc

Ponzio, K. J. 1998. Effects of various treatments on the germination of sawgrass, Cladium Jamaicense Crantz, seeds. Wetlands 18: 51~58

Ponzio, K. J., S. J. Miller, and M. A. Lee. 1995. Germination of sawgrass, *Cladium jamaicense* Crantz, under varying hydrological conditions. Aquatic Botany 51: 115~120

Reddy, K. R., R. D. DeLaune, W. F. DeBusk, and M. S. Koch. 1993. Lone-term nutrient accumulation in the Everglades. Soil Science Society of America Journal 57: 1147~1155

Stewart, H. H., C. E. Carraher Jr., W. J. Soldani, L. Reckleben, J. De la Torre, and S. L. Miao. 1996. Structural characterization and effects of gibberellic acid-containing organometallic polymers as plant growth regulators. Metal-Containing Polymeric Materials (Pittman, C. U. Jr. editor). Plenum Press, New York. 93~107

Stewart, H. H., S. L. Miao, M. Colbert, and C. E. Carraher, Jr. 1997. Seed germination of two cattail (*Typha*) species as a function of Everglades nutricnt levels. Wetlands 17: 116~122

Tilman, D. 1982. Resource Competition and Community Structure. Princeton University Press, Princeton, New Jersey

Wade, D., J. Ewel, and R. Hofstter. 1980. Fire in South Florida Ecosystems. U. S. Department of Agriculture, Forest Service General Technical Report SE-17

景观经营中的几点生态学顾虑

13

第十三章

陈吉泉
（托莱多大学地球生态环境科学系）

摘要 人类的各种经营活动，是决定景观结构的主要因素。如何在时、空两个尺度上科学地安排这些活动，是保证景观功能正常发挥的关键。本章就景观单元的划分和定义、边界效应的潜在影响、公路和河溪网络的设置及注意事项以及加强各行政机构合作等经营过程中不可忽略的几个方面，提纲挈领地进行了总结。

Abstract Chen, J. (Landscape Ecology & Ecosystem Science (LEES), Earth, Ecological and Environmental Science (EEES), Bowman-Oddy Laboratories, University of Toledo, Toledo, OH 43606-2664, USA). Several Ecological Issues in Landscape Management. Landscapes in many parts of the world are predominated by human beings with frequent and intensive management activities. Development of ecological sound management scenarios in space and time are necessary to maintain the overall functions of a landscape. In context of ecological concepts, I discussed several important aspects in landscape management, including objective delineation of landscape unit, fragmentation and edge effects, road and stream networks, political and social boundaries, and cooperation among landowners. Calls for technology transfer have been especially emphasized throughout the discussion.

一、景观经营

任何一个景观，都包含有多个结构、功能不一样的生态系统。这些生态系统相互牵连，物质、能量在其中穿梭往来，它们在景观中扮演的生态角色各不相同，以一个复合体共存，共同决定景观的整体功能。此外，随时空变化，相邻生态系统在不断地产生直接和间接的影响。因此，景观中的任何一类生态系统，不是绝对独立的。要完整地了解一个景观的功能，并在经营过程中科学地安排它们的空间格局，建立一个持续、稳定的景观，我们不仅要了解生态系统间的相互关联，认识人类在经营过程中可能造成的影响，并且还负有加强各经营机构之间精诚协作，并及时将最新科学知识传递到管理人员手中的使命（即技术转移）。

经营，是人为的、有计划的各种活动，对一个机构或系统进行安排、调整、重组、取舍等过程，从中求取利益。如果经营得当，所经营的系统会保持稳定、持续的输出，经营者利厚而安稳。相反，如果经营不当，机构很难维持，甚至导致崩溃。自然资源的经营，也是如此。对于自然生态系统而言，它们有再生和更新的能力，只要经营合理，其资源取之不尽，用之不竭。在景观经营中，由于涉及多种（个）生态系统，并要考虑它们在时间和空间上的组成和相互间的搭配和影响，我们又必须随时了解景观的组成和年龄结构。同时，随全世界人口的迅速增长和人类生活水准的不断提高，城市、农田、工业基地等在大面积地蚕食和取代自然景观单元，使得景观中的斑块逐渐变小，并越来越隔离（即景观破碎化过程）。景观破碎化造成的明显后果之一，是产生大量的边界，使景观中受边缘影响的面积明显增加，甚至成为景观的基质（李哈滨和 Franklin，1988；Chen 等，1996）。此外，开路、修桥、筑堤、建坝等都是景观中最常见的人类活动。如何认识和进一步改善这些活动，以保持景观的生态功能，是景观经营中不可缺少的内容。最后，由于景观占地广，划分景观因子边界时带有很强的人为性，加之经营过程中往往牵涉到不同机构和组织的利益，因此，如何将来自各种渠道的信息进行综合分析，并兼顾各方利益，是景观生态学者面临的最大挑战（陈吉泉，1995）。

二、景观的组成和年龄结构

斑块、基质、廊道和边界是一个景观的基本单元，也可以视为独立的生态系统。它们以不同的数量、形状、大小、空间格局和独特的动态过程，共同决定景观的组成和整体结构。在景观经营中如何在时、空两个方向，科学地设计景观组成和结构，是大多数管理人员所渴望得到的答案之一（Franklin 和 Forman，1987；Crow，1991）。一系列以上述需求为主要目的的文献（Diaz 和 Apostol，1992）和计算机模型（如 Li 等，1993；Gustafson 和 Crow，1994；Wu 和 Levin，1994；Tang 和 Gustafson，1997；McCarter 等，1998；He 和 Mladenoff，1999；Zheng 和 Chen，2000），已经大批地出现在景观生态学领域之中。尽管景观生态学者仍然在孜孜不倦地探讨与此有关的概念和理论，我们目前对景观组成和结构进行分析的方法和程序，已经基本成熟。笔者在这里主要针对景观生态学研究中的以下两个弱点加以讨论。

1. 景观单元的分界

景观组成和结构分析中的第一步，是要确定景观单元的类别和边界。早期，人们主要依赖于地形、植被、土壤或气候等指标来划分景观单元（Foman，1995），近年来，随着航空、统计和计算机技术的发展，多利用遥感数据，结合地面校正进行分类。但无论哪种方法，我们都面临两个关键的问题。

其一，人为性很强，人类的视觉和现代安装于飞机或卫星上的物理传感器，都是对某一类信息的解译，并非同自然生态过程完全吻合（Chen 等，1996；Reynolds 和 Wu，1999）。此外，依据不同信息划分的景观结构，由于所使用的规范不同，其边界也常常不一样。以伴牛鸟（Cow Bird）为例，它们生于牛背，产蛋于其他鸟巢中，借巢孵化，使得其种群得以大幅度增加。但它们基本上只能在空旷地带活动，因此，森林边缘成为其理想场所。这种投机取巧的行为，严重地影响到许多鸟类自身的繁殖。对于伴牛鸟来说，尽管景观中有各种森林、农田、城镇等景观单元，恐怕它们眼中只有森林、牧场和林缘三种类型。如果我们的目的在于了解伴牛鸟的各种活动和种群发展，最好也以这三类系统作为景观结构的基本单元。Chen 等（1996）对一片模拟景观中的各种生物和物理环境进行了统一划分，结果发现景观结构完全依赖于边界划分过程中所使用的指标。这也就是说，当不同的生物（或其他自然过程）来看同样一个景观时，得到的景观组成和结构，可能是完全不同的。再如，Brosofske 等（1999）发现植物在景观中的分布，同景观并不吻合，常常出现手与手套不相配的现象。因此，我们在划分景观单元时，不能单一依赖于观察和数据，要尽量避免人为影响，以研究对象和目的为前题。

其二，任何对景观单元边界的划分，都是在一定尺度（或尺度范围内）上进行的，但生态系统过程往往是在多尺度上同时发生的（Levin，1992）。其实，确立分辨率（resolution）和范畴（extent），是物理、化学等成熟学科中使用的基本原理。但当应用于景观分析时，由于涉及时、空两个尺度，相对比较困难。近期研究表明，在不同尺度上划分的景观组成和结构，由于信息来源和重组过程不完全一样，导致所得到的景观结构也不一样（Saunders 等，1998；Brosofske 等，1999；Turner 等，2000）。例如，Wu 等（1997）对景观指数与遥感变量之间的统计关系，用不同的分辨率进行了系统分析。他们发现尺度不仅直接影响景观指数的统计结果，而且与遥感变量之间有关，也只存在于一定的尺度范围内。总之，在景观研究和经营中，一定要考虑三方面的问题：① 选择合适的尺度（Holling，1992）；② 跨尺度生态过程的质变与量变（Levin，1992；Saunders 等，1998）；③ 不同尺度上信息的等级关系和推绎（Wu，1999）。

2. 景观单元的年龄

景观中任何一个单元，是在不同时期受到干扰和修饰的，因此它们有年龄。按照演替理论，景观单元在受到干扰后，会逐渐地恢复其生态系统的结构和功能（注：它们不会彻底地恢复到干扰前的状态）。在演替过程中，生态系统的功能随年龄也有一定的规律（如种类组成、结构和生产力）。但最关键的是，我们应当把处于各个演替阶段的系统，当作不同景观单元来对待。

以目前引人注目的全球碳循环为例，由大气中二氧化碳浓度增加而造成的全球气温升高，是各国普遍关注的问题之一。目前我们可以减少大气二氧化碳的途径之一，是设法通过陆地植物的光合作用，将其转化为有机物质。对于局部景观而言，其中任何一个生态系统的生物量（biomass）会随演替进程逐渐增长，但净生产力（net ecosystem productivity，NEP）在受到干扰后初期为负值（即碳源 carbon source）。之后随植物生长而逐渐转变成正值（即碳库，carbon sink）（图 13.1a）（Harmon 等，1990）。在大多数受到经营的森林景观中，由于不同时期所行政策和经济等环境条件以及所使用的采伐方式都不尽一样，因而形成不同的景观年龄结构（图 13.1b）。当我们计算景观的净生产力时，以幼林为主的景观是碳源，而以近熟林占优势的景观，则可以是很大的碳库（图 13.1c）。由此可见，利用经营手段创造高功能的景观，是完全可能的。目前已经有学者声称北美洲的植被，早期（80 到 200 年前）几乎全部被采伐，

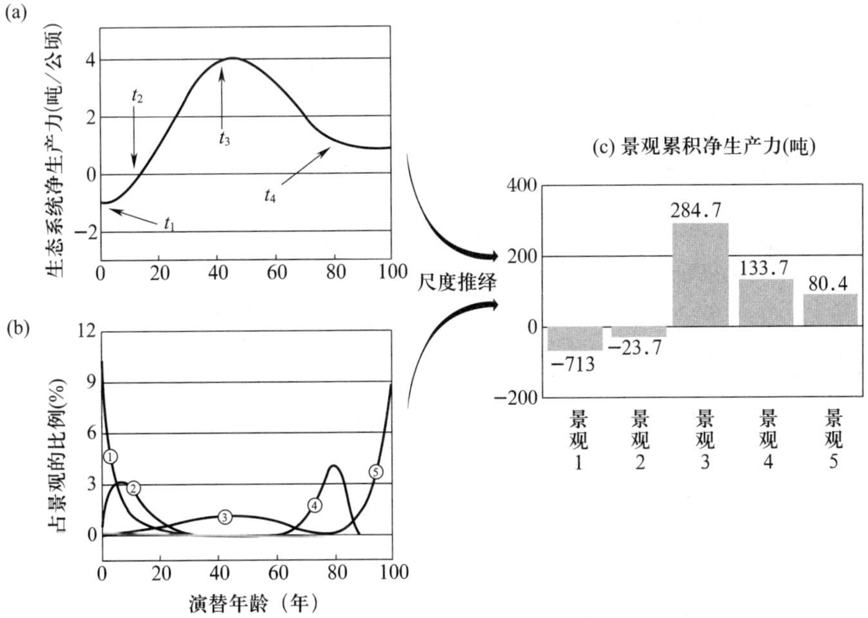

图 13.1　生态系统净生产力（NEP）随群落演替年龄的变化（a），以及景观的年龄结构（b），共同决定景观的净生产力（c）（假设景观面积为 100 公顷）。通过制定不同的经营策略和方式，我们可以使景观成为二氧化碳的源或库。

现在大多处于演替中期，它们的净生产力正达高峰，因此在全球范围内，属于最大的碳库（Fan 等，1998；Schimel 等，2000）。这种由于经营方式而导致区域生态生产力改变的现象，在其他地区也有类似的报道（Tian 等，1998），由此可见安排景观年龄结构在经营中的重要性（Wallin 等，1996；Potter，1999；Turner 等，2000）。

三、景观破碎化和边缘效应

当景观中出现自然或人为干扰时，以往连续、单一并相对同质的结构，随着新景观单元的诞生而改变，同时斑块变小并被隔离，这就是景观破碎化过程（Harris，1984）。由自然干扰（如风暴、天火、病虫害等）引起的景观破碎化过程，一般会造成斑块大小不一，形状不规则的景观。天然大火对我国东北小兴安岭地区针叶林以及美国黄石公园周围森林造成的破碎化，是很好的实例。而由人为干扰造成的破碎化过程，则会刻画出整齐、斑块大小相对均一，并呈一定几何形状（如长方形、圆形等）的景观结构。目前，以烧林置田、伐木取材、去林造屋（即城市化）等为主的人为活动，是造成全球范围内景观大幅度破碎的主要原因。由这些人为活动产生的森林景观，具有明显的格局。例如美国西北地区和加拿大泰加林区常见的棋盘式景观（Franklin 和 Forman，1987；Li 等，1993），我国东北地区和巴西亚马孙河流域中的鱼骨式景观（Shao 和 Zhao，1998），美国东部阔叶林区的瑞士奶酪式景观（Mladenoff 等，1994）等，都是由于采用不同采伐方式而形成的。如果用定量方法来描述以上几种景观（见李哈滨和伍业刚，1995），我们会发现人为修饰过的景观，比自然过程雕塑的结构，要简单得多（Forman，1995）。

伴随着景观破碎过程，景观结构最明显的变化之一，是出现大量的边界。一般来讲，在景观破碎到 20% 的时候，景观中边界的总长度开始急剧增加，并在 50% 破碎化时达到极限（Franklin 和 Forman，1987；Li 等，1993）。20 世纪 30 年代初，著名生物保护学家 Aldo Leopold（1933）观测到野生动物（当时主要以有蹄类动物为对象）在边界两侧的活动很频繁，种群数量和繁殖率也高。基于这些野外观察，他认为野生动物在边界处至少有两种以上的栖息地，使得它们（或其他物质）在各种生命活动（如捕食和避暑）过程中有选择的余地，同时又能逃避天敌，降低被捕食的机会。因此，他撰文号召有关行政部门，在经营过程中尽量开辟林间空旷地，以增加景观中边界的总长度和密度，进而促进野生动物在景观中的增长和稳定。这种经营思想，受到了学术界和行政部门的赏识，很快被列入常规经营手册中，之后推广到全球很多地方。直到 20 世纪 80 年代中叶，一直是自然资源经营中被捧为圣典的内容之一。

由 Leopold 倡导的边界经营思想，很成功地达到了预期的目的。目前北美破碎化的景观中，鹿、马鹿、伴牛鸟、小郊狼等野生动物以及应干扰而生的植物（包括入侵种），数量大幅度增加。以大湖区为例，目前景观中的白尾鹿，是以往的 2 倍以上（大约每平方千米 9 只以上），在 20 世纪 50 年代的高峰时期，有每平方千米 29 只的报道（Yahner，1988）。但这一经营思想在近年来受到了严肃的挑战。首先，这种经营只注重于一些常见的动、植物（大部分是常见种），忽略了其他少见、微小（例如土壤动物、昆虫等）或分布相对狭窄的物种。而被忽略的物种，正由于它们少见或微小，表明它们既对环境有严格的要求，又难与其他广泛种竞争。在边界左右，往往会受到抑制。此外，边界的扩大，是以失去原有的林地为代价的。当景观中边界达到其高峰时，也是原有生态系统内部环境最少的时候（Li 等，1993）。因此，依赖于内部环境的物种，也就相应地受到极大的损伤和抑制（Noss 和 Cooperrider，1994）。而更关键的是内部种对干扰比较敏感，在受到外来干扰后，会快速消失，同时它们恢复的能力也相对较低。因此，在生物保护过程中，我们要对这些物种，赋予较多的关注。从这种角度来讲，我们不仅不能经营太多的边界，相反要想方设法去限制边界在景观中的密度（Franklin 和 Forman，1987；Harris，1988；Chen 等，1996）。

边界是任何两个不同群落（或生态系统）交界的地方，在景观中是一些呈网络状的线条，其单位面积中的总长度，称为边界密度，一般以 $km \cdot km^{-2}$ 为量纲。由于两个系统间不断地互相影响，沿边界两侧的群落特征与群落内部不一样，并形成一个由边界到两侧逐渐变化的梯度，生态学上称为生态交替域（Ecotone），有时也称为过渡带。过渡带的生态系统结构和组成兼具两侧的共有特征，但又不完全一样，这种由边界带来的生态系统特征，就是边界效应（edge effects）。过渡带的宽窄，依研究目的、测量因子、时空尺度、相邻群落的相差度（Contrast）、边界走向、干扰历史等标准，也相差很大（Chen 等，1992）。以往，人们常用 2~3 倍树高来计算过渡带的宽度。近年科学研究表明，过渡带可以窄至几米，也可以宽到几百米。例如，位于采伐迹地和老龄花旗松（*Pseudotsuga meziesii*）林之间的边界，林冠稀疏、太阳光强、空气干燥、土壤裸露，其生物和物理环境同两侧截然不同（Chen 等，1993）。强烈的边界效应，促进了喜光植物的生长和覆盖，但同时也限制了耐阴植物的繁衍。沿边界两侧，树木死亡率明显要高，但大部分树木的生长速率也快（Chen 等，1992）。由边界至林内，各个环境因子的梯度变化十分明显。边界对光和土壤温度影响，基本上局限在十几米内，但对风、大气湿度和温度的影响可以延伸到 300 米以上（Chen 等，1995，1999b）。类似的现象，在其他生态景观中也有报道（Palik 和 Murphy，1990；Fraver，1994；Esseen 和 Renhorn，1998；Euskichen 等，2000）。特别是在热带地区，边界效应不仅是降低生物多样性，使许多动植物种群减少甚至灭绝的直接根由，而且可能是近年来造成热带景观生态系统生产力降低的主要原因（Williams-Linera 等，1998；Laurance 等，1997）。

至此，我们知道边界效应有利也有弊。但至关重要的一点是，过渡带太宽，在许多高度破碎的景观中，可以占有景观总面积的相当一部分比例。以单一斑块而言，如果我们假设边界效应为 250 m，一片 100 公顷的正方形森林，其周围有 75 公顷（即 75%）属于受边界影响的过渡带。任何小于 25 公顷的林地，不会有一点森林内部环境，也就是说，不能称为森林。Chen 等（1996）用模拟景观和野外实验数据，仔细分析了过渡带在景观破碎后占有的比例。他们发现景观中尽管有 13% 的森林，但真正具有森林内部环境的面积是零。而与此同时，景观总面积的 40% 是处于受边界影响的过渡带中。Zheng 和 Chen（2000）利用同样的原理，对威斯康星州北部的一片景观进行了类似的分析，除得到同样的结果以外，还发现过渡带并非总是带状的。相反，由于占地广、密度高，它们在景观中的连接度很高，很少间断，并有可能成为景观的基质（定义见李哈滨和 Franklin，1988）。

毫无疑问，如何通过景观经营来控制边界的长度和宽度，是景观破碎化过程中应当考虑的内容之一。面对目前不可避免，并日益增长的景观破碎趋势，我们至少应当考虑以下几点经营策略：

（1）在时、空两个尺度上齐头并进，改变传统的扩散式经营方式，尽量集中任何能引起景观破碎的各种经营活动；

（2）对于以采伐木材为主要目的的森林破碎化过程，要考虑放弃皆伐，尽量采用低度择伐，并在采伐过程中竭力减少对森林土壤表面的干扰；.

（3）以各种手段，促进采伐地的更新和生长，使边界尽早缝合，缩短边界效应在时间尺度上的累积影响（cumulative effects）；

（4）在有可能的情况下，减少边界两侧的结构差异，使群落间有一个逐渐更替的连续结构，进而降低群落间的差异；

（5）避免在边界附近，从事其他人为活动（如修路等）；

（6）最重要的是，考虑保留大面积的原有生态系统，加以长期保护。对于任何受保护的斑块，争取能使它们呈圆形或正方形，既减少边界长度，又能追求最大的内部环境。

四、道路设置与物种分布机理

自有人类以来，修桥筑路就连续不断。曾有人宣称，道路是人类在其发展过程中，投资最大、也最成功的工程，任何其他创举，都难望项背。时至今日，道路在全球范围内纵横交错，一个国家的交通如何，不仅是该国经济发展的标志，社会繁荣的象征，更是人们日常生活不能离开的必备条件之一。以美国为例，全国除大都市以外，有620万千米的公路，占全国总面积的1%，平均密度达1.2 km·km^{-2}（Forman，2000）。这些公路两边，多数建有安全缓冲带，加上边界效应，总宽度一般有上百米，甚至千米。因此，Forman和Alexander（1998）估计，全美15%~20%的土地在不同程度上受到公路的影响。

公路是大多数景观中的主要廊道，它们在以经营自然资源为主要目的的景观中，所占的分量和它们带来的生态学效应，相对要高。如美国森林署所属的景观中，尽管其土地不到全国总面积的8%，但其中道路的总长度是全国总和的10%。Brosofske（1999）对威斯康星州北部一片景观中的道路进行了简单的结构分析，发现53%~70%的土地，位于道路50 m以内，是景观中面积最大的景观单元。Reed等（1996）以及Miller等（1996）分别在怀俄明和阿巴拉契亚山的研究，也表明由道路带来的边界效应，远远超过采伐迹地的影响。基于这一原因，美国森林署不得不封锁保护区（wilderness area）中所有的道路，并暂时停止在林区开发新公路。

生态学家们很早就对景观或区域中公路所扮演的生态角色，有特别的认识（如Shantz，1917）。在以往，主要侧重于公路对野生动物的阻隔影响。由于公路在景观中呈网络状，占地不大但分布很广，许多动物在穿越公路时，常常会被压死。例如，蛇、陆地乌龟、蝾螈等行动缓慢，当它们穿过柏油马路时，被机动车辆压死的可能性几乎是100%。蚂蚁、蜘蛛等昆虫在设法横穿柏油马路时，如正直高温，它们会在路中间被炎热的路面烤干，根本没有生存的机会。对于其他大型动物，它们对狩猎者有恐惧心理，一般会尽量远离公路。广泛的公路网络，就像一道道铁网，将它们（包括其他物质和能量）囚禁在有限的空间中，不仅减少了动物在景观中的生存空间，而且限制了它们的各种迁移、捕食、择偶、扩大种群等活动和机会（Soule，1986；Forman，1995），长此以往，会导致有些物种濒危，对景观中的生物多样性、基因传播等造成永久性的损害。上述公路网络对植物种类及其生长、死亡和传播的影响，是景观经营中不能忽略的内容。Young（1986）列举了公路生态系统的四个主要特征：

（1）物理环境。公路与两侧的光强、水热变化幅度大，干扰频繁而多样，污染严重（如油垢、垃圾等）。在山地的公路两边，滑坡、泥石流等屡见不鲜。在公路两侧，地表水不能顺天然地形而归并入河溪，往往在雨后形成小河，影响景观中水分和养分的分布。

（2）生物群落。鉴于上述物理环境，公路两侧适合杂草类的演替先锋种发展，并同时限制竞争力相对低的演替后期种。首先，公路两侧风大，环境胁迫强，各种病虫害发生的概率高，因此植物的死亡率也高。据早期报道（Ruth和Yoder，1953；Gratkowski，1956），景观中70%的树木死亡，是与公路有直接关系的。其次是外来入侵种（invasive species），它们无孔不入，或附属车辆、行人和动物，或借助空旷公路随风飘扬，传播种子和花粉，定居后再向两边群落中扩散。因此，公路两侧成为入侵种泛滥的主要场所。Watkins（2000）发现这些外来入侵种可以延伸到150米以上。在美国西部地区，早期为了美化高速公路，由西欧引进了欧洲金掌秋（*Cytisus scoparius*）。这种灌木能在春季开放大量的黄色小花，而且开花期也很长，为拥挤、充满现代生活气息的公路，增添了不少自然色彩。但出乎预料的是，金掌秋既然能大量生花，当然也会成批结果。在引入后不久，它们就在景观中成片发展，掠夺其他植物的栖息地，目前占地20万公顷。时至今日，它们不仅占据了公路两边的大半，而且开始寻家入户，侵入人们居住的院墙，成为日常生活中甩不掉的负担之一。在全国耗资1 230亿美元消除外来入侵种的经济规划中，用于控制公路外来入侵种的经费，占很大的比例。

（3）景观传输热带。公路的主要功能是用以运输，因此也是物质和能量汇集和重新散布的地方。在运输操作过程中，免不了携带其他物质。例如，在以木材为主要经营目的的林区，公路两边，常常是堆积木材的场所，会对土壤造成永久性的破坏。此外，为了保证公路的运转和安全，还伴随有其他维修活动，进一步强化了对自然界的影响。例如，在路面撒盐以加快融雪速度，使得公路两侧土壤盐渍化，当盐被挥洒到植物表面时，会增加环境对植物的胁迫，引起缺水和烧伤，乃至死亡。

（4）公路的永久性。公路不同于其他人为生态系统的显著特征之一，是它们的永久性。在设计任何一条公路时，我们都希望能长期使用。因而公路根基深而坚固，不但会完全隔绝地下水的流动，而且对周围生态系统的影响是长期的，甚至永久的。但值得一提的是，在封锁公路以恢复原有自然生态系统时，我们要付出加倍的努力。曾有人估计，毁路还自然的代价，至少与修路时的投资相等。因此，我们在修建每一条公路时，要小心谨慎，三思而后行。

五、河溪网络的独特性

低位湿地和河溪是大多数景观中的主要单元，由于两者水资源充沛，物质和能量通量（horizontal flux）高，分别被称为景观中的“肾脏”和“血管”，由于养分以及环境因子适宜，它们一般具有比较高的生物多样性和生产力。特别是河溪，是景观中除公路以外的另一主要廊道系统，它们以线性网络互相连接，贯穿整个景观，形成连接陆地和海洋的重要通道。同时，在河溪与陆地交汇的地段，植被（即河溪植被）结构和功能很复杂，可以蕴藏丰富的动植物种类。与公路网络不同的是，流域中的河溪呈树形网络而不成网格状，是景观中连接度最高的景观单元，通常称为河溪连续系（Vannote等，1980）。彻底认识和了解动植物对河溪的依赖，或河溪变化对流域生态系统结构、功能和动态过程的影响，是景观生态学研究中的关键内容之一（Gregory等，1991；陈吉泉，1996 和 1997；Naiman 等，1998；Chen 等，1999b）。

河溪密度是反映流域地理位置、气候条件、地形特点、土壤质地、植被覆盖度等自然条件对水流综合作用的指标之一。通常湿润地区大，干旱地区小，山区大而平原小，黏性土壤大，沙性土壤小，植被覆盖不好的流域大，而植被覆盖好的流域小。Chen 等（1999a）对美国五个流域的河溪结构进行了比较分析，发现西部年轻的 Cascades 流域中的河溪密度，明显比东部阿巴拉契亚山中流域的河溪密度要高。河溪及其两侧的边岸域，在景观中所占的比例以及随河溪级别的变化，呈负幂指数递减，但随宽度的增加而线性递升。即使假设宽度是 50m，河溪边岸域在流域中的比例也小于 10%（Chen 等，1999a），但它们对整个景观生态系统的功能（如维持生物多样性，促进物质和能量流动，为野生动植物迁移提供廊道等），却远远超过任何其他景观单元（陈吉泉，1996；Naiman，1992）。例如，Nillson（1992）发现瑞士境内一条河道两侧，包括了全国范围内 13%的高等植物（大约 260 种）。Junk 在 1989 年整理亚马孙河流域中 4 000~5 000 树种时，发现 20%以上的树种分布于河溪两侧。在法国，Tabacchi 等（1990）也报道 Adour 河溪边岸域中分布着 900 多种高等植物。Raedeke（1989）对美国西北地区野生动物的调查表明，70%以上的种类，借助河溪边岸域，完成捕食、繁殖、迁移等生命过程。此外，河流中的动植物种类，也比其他陆地生态系统多得多。大多数濒危、灭绝动植物种，与人类对河溪边岸生态系统的干扰，有直接的关系（Payne 和 Copes，1986；Hunter，1990）。这就是目前生态系统经营中，通过保留有限河溪边岸域来换取高生态效益的主要依据之一（Naiman 等，1998）。

河溪以及由两侧土壤和植被组成的河溪边岸域（riparian zone），也形成一个复杂的网络，在景观中呈带状网络。通常，低级河溪两旁的河溪边岸域比较窄。许多位于源头的小河溪，甚至没有明显的河溪边岸域（Gregory 等，1991；Naiman，1992）。在大河两侧的河溪边岸域，由于河水经常改道和分叉，其宽度可达几千米。由河道至高地，形成一个完整的早期 – 晚期植被演替序列。理论上讲，河溪边岸域仅指河溪两侧受河水影响的地段（Gregory 等，1991）。但在实际应用中，泛指两岸土壤或植被明显不同的区域。很显然，依据不同的生态因子所确定的河溪边岸域，宽度是不一样的。Brosofske 等（1997）曾在位于华盛顿州西部的 20 条小溪附近做过微气候测量，结果表明河溪边岸域宽度可达 50~60 m。Dong 等（1998）进一步发现，河溪边岸域在春秋两季比较宽，可延伸到百米以上。依据这些研究结果，在景观经营过程中，至少保留 30 m 的河溪边岸植被，是目前普遍推广的经营策略。

关于河溪边岸植被在生态系统中的功能，已经有很多研究（如陈吉泉，1996，1997；Hunter，1990；Gregory 等，1991；Naiman，1992；Naiman 等，1998；伍业刚等，1997）。概括起来，它们在景观生态系统中，具有以下七个方面的作用：

（1）物种源（基因库）和某些生物的独特栖息地；

（2）控制河水生态系统的能量输入和输出（如太阳光）及其微气候，进一步影响河水温度、氧气、鱼类种群大小及生态系统生产力；.

（3）为河道提供粗大木质物，减缓河水流速，增加河水中养分含量，为水生动物提供多种多样的栖息场所；

（4）通过落叶和其他细小有机物，直接向河水输送养分；

（5）控制河水水质（如 pH、DOC、N、P 等）；

（6）缓冲地表径流，降低滑坡概率，过滤由高地向河水传送的所有过程；

（7）提高景观连接度，为野生动植物提供迁移廊道。

沿河溪上下、左右，河水及季节性洪峰不断，水分充足，地表径流不断地由高地传送养分。因此，河溪边岸域具有结构复杂、物种多样、生产力高的特征。在过去 200 年中，伐木取材、修堤、筑路、发展农田、建造住宅等人为干扰，使得北美和欧洲 80% 以上的河溪边岸植被已经消失（Naiman 等，1998）。保护河溪边岸植被，已经成为生态系统经营必不可少的内容之一。对于涉及河溪的各种经营活动，我们应当考虑以下五个方面：

（1）由景观或区域尺度上出发，把所有的河溪作为一个连续体系，特别是在设计上游经营方案时（例如采伐、修桥、沿河筑路、建坝等），要考虑到对下游的影响；

（2）竭力保护河溪边岸植被和土壤，至少在 50 m 内，不要从事人为活动；

（3）放弃河道裁弯取直的做法，尽量保持河溪天然的弯曲格局，以维持河溪生态系统在景观中的异质性和多样的结构和功能。对河道进行裁弯取直，只可能降低局部洪灾，但却会加快河道下切速度，并极大地提高下游洪灾的强度和次数；

（4）保留河道中的各种地理构造（例如沙洲）和有机物质，特别是河中的粗大木质物（coarse woody debris，CWD）和树木的根系结构；

（5）杜绝向河溪中释放各种工业和民用物质（如废水、矿渣、肥料等）。

六、边界性、经营策略与多机构协作

上面强调了划分景观单元时的人为性以及选择适当尺度的重要性。对于大多数以经营为主要目的的景观而言，还存在有按行政、所有权、经济区等划定边界决策经营的问题。在当代社会中，这些边界也是景观中出现公路、城镇、农田等人为景观单元的缘由。这些边界的设置以及新景观单元的增添，固然有它们直接的生态功能，但更重要的是，它们是人为产物，在修建时没有参考自然景观的结构。例如，韩国和朝鲜以北纬 38° 为界一分为二，美国各州、县和选区间的界线，大部分是直线。即使在我国，村镇、邻居之间，也多是以直线分界。此外，道路、电缆等建设，也以直线为主。显而易见，这些人为的边界和廊道，会将天然景观单元一分为二，甚至分成数块，不仅增加了景观破碎化的程度，加之在新产生的单元中，付诸的经营活动多有不一，最终造就一个截然不同的景观。Mladenoff 等（1993）对威斯康星北部的 Sylvania 保护区以及周围经营的景观进行了比较，结果发现它们原本雷同的结构，目前相似之处已经很小。我们不禁要问，这些改装后的景观，是否仍然具有同样的功能？

由所有权不同而带来的景观结构变化，也是当今许多地区共有的现象。Crow 等（1999）和 Cohen 等（1995）独立地对公有景观和私人土地进行了系统的比较，除发现景观结构存在差异以外，也了解到景观中各种生态特征（如野生动物的种类和数量，水资源等）也有极大的区别。其中关键的问题，是人类有概括总结的能力，而动植物则无法知道这些人为边界和适应经营方式，其他自然过程也不会因为这些边界存在而改变。

显而易见，要创造一个科学的景观经营方案，我们不仅要有能力来准确地描述景观，了解各种经营活动可能带来的影响和变化，而更关键的是要加强对景观具有所有权的各个机构间的合作，打破人为界限。特别是在当今追求经济、社会、生态、环境等不同效益的持续发展战略策划中，决策者们要谨慎考虑各方的经营目的和需求，并附以景观生态学、经济学、社会学、政策管理科学等内容，权衡利弊，长远打算，才有可能设计出一个比较完美的景观宏图。

致谢

作者对未能参加 1999 年在北京举办的讲座研讨会深感遗憾。哈佛大学为作者在其森林站工作期间，提供了 Chales Bullard 基金资助。李哈滨博士阅读并提供了许多有益的修改意见，特此致谢。

参考文献

陈吉泉. 1995. 景观生态学的基本原理及其在生态系统经营中的应用. 现代生态学讲座. 北京：科学出版社，108~128

陈吉泉. 1996. 河岸植被特征及其在生态系统和景观中的作用. 应用生态学报，7(4)：439~448

陈吉泉. 1997. 河溪网络及河水对边岸植被的影响. 当代中国研究，58(3)：131~139

李哈滨，伍业刚. 1995. 景观生态学的数量研究方法. 当代生态学博论. 北京：中国科学技

术出版社

李哈滨，J. F. Franklin．1988．景观生态学：生态学领域的新概念构架．生态学报，5(1)：23~33

伍业刚，刘长祥，牟溥，田舒宁，陈刚起．1997．大坝对生态和环境的影响（专集）．当代中国研究，3(58)：1~166

Brosofske, K. D. 1999. Relationships between understory vegetation and landscape structure across multiple spatial scales in northern Wisconsin. Ph. D. Thesis, Michigan Technological University, Houghton, MI

Brosofske, K. D., J. Chen, T. R. Crow, and S. C. Saunders. 1999. Plant diversity at multiple scales across a northern Wisconsin pine Barren landscape. Plant Ecology 143(2): 203~218

Brosofske, K. D., J. Chen, R. J. Naiman, and J. F. Franklin. 1997. Effects of harvesting on microclimatic gradients from streams to uplands in western Washington, USA. Ecological Applications 7(4): 1188~1200

Chen, J., J. F. Franklin, and J. S. Lowe. 1996. Comparison of abiotic and structurally defined patch patterns in a hypothetical forest landscape. Conservation Biology 10(3): 854~862

Chen, J., J. F. Franklin, and T. A. Spies. 1992. Vegetation responses to edge environments in old-growth Douglas-fir forests. Ecological Applications 2(4): 387~396

Chen, J., J. F. Franklin, and T. A. Spies. 1993. Contrasting microclimates among clearcut, edge, and interior old-growth Douglas-fir forest. Agricaltural Forest and Meteorology 63: 219~237

Chen, J., J. F. Franklin, and T. A. Spies. 1995. Growing season microclimatic gradients extending into old-growth Douglas-fir forests from clearcut edges. Ecological Applications 5(1): 74~86

Chen, J., H. A. Londo, R. Megown, Q. Zhang, B. Boelema, S. Glade, E. Heitzman, A. Hoefferle, L. Jacob, A. Londo, K. Markovic, K. Owens, C. Pappas, and M. Plante. 1999a. Stream structure across five mountainous watersheds in the continental United States. Acta Ecologica Sinica 19(1): 31~41

Chen, J., S. D. Saunders, T. Crow, K. D. Brosofske, G. Mroz, R. Naiman, B. Brookshire, and J. Franklin. 1999b, Microclimatic perspectives in forest ecosystems and landscapes. BioScience 49(4): 288~297

Cohen, W. B., T. A. Spies, and M. Fiorella. 1995. Estimating the age and structure of forests in a multi-ownership landscape of western Oregon, USA. International Journal of Remote Sensing 16: 721~746

Crow, T. R. 1991. Landscape Ecology: The big picture approach to resource management. Challenges in the Conservation of Biological Resources: A Practitioner's Guide (Decker, D. J. et a1. editors). Westview Press, Boulder, CO, USA

Crow, T. R., G. E. Host, and D. J. Mladenoff. 1999. Ownership and ecosystem as sources of spatial heterogeneity in a forest landscape. Landscape Ecology 14: 449~463

Diaz, N., and D. Apostol. 1992. Forest Landscape Analysis and Design. USDA Forest Service Pacific Northwest Region, R6 ECO-TP-043-92

Dong, J., J. Chen, K. D. Brosofske, and R. J. Naiman. 1998. Quantifying air temperature gradients across managed small streams in western Washington. Journal of Environmental Management 53(4): 309~321

Esseen, P., and K. Renhorn. 1998. Edge effects on an epiphytic lichen in fragmented forests. Conservation Biology 12: 1307~1317

Euskichen E. S., J. Chen, and R. Bi. 2001. Effects of edges on plant communities in a managed landscape in northern Wisconsin. Forest Ecology and Management 148(1/3): 93~108

Fan, S., M. Gloor, J. Mahlman, S. Pacala, J. Sarmiento, T. Takahashi, and P. Tan. 1998. A large terrestrial carbon sink in North America implied by atmospheric and oceanic carbon dioxide data and models. Science 282: 442~446

Forman, R. T. T. 1995. Land Mosaics. Cambridge University Press, Cambridge, England

Forman, R. T. T. 2000. Estimate of the area affected ecologically by the road system in the United States. Conservation Biology 14: 31~35

Forman, R. T. T. and L. E. Alexander. 1998. Roads and their major ecological effects. Annual Review of Ecology and Systematics 29: 207~231

Franklin, J. F., and R. T. T. Forman. 1987. Creating landscape patterns by forest cutting: Ecological consequences and principles. Landscape Ecology 1: 5~18

Fraver, S. 1994. Vegetation responses along edge-to-interior gradients in the mixed hardwood forests of the Roanoke River Basin, North Carolina. Conservation Biology 8: 822~832

Gratkowski, H. J. 1956. Windthrow around staggered settings in old-growth Douglas-fir. Forest Science 2: 60~74

Gregory, S. V., F. J. Swanson, W. A. McKee, and K. W. Cummins. 1991. An ecosystem perspective of riparian zones. BioScience 41: 540~551

Gustafson, E. J., and T. R. Crow. 1994. Modeling the effects of forest harvesting on landscape structure and the spatial distribution of cowbird brood parasitism. Landscape Ecology 9: 237~248

Harmon, M. E., W. K. Ferrell, and J. F. Franklin. 1990. Effects on carbon storage of conversion of old-growth forests to young forests. Science 247: 699~702

Harris, L. D. 1984. The Fragmented Forest: Island Biogeography Theory and the Preservation of Biotic Diversity. University of Chicago Press, Chicago, IL

Harris, L. D. 1988. Edge effects and conservation of biotic diversity. Conservation Biology 2: 330~332

He, H. S., and D. J. Mladenoff. 1999. Spatially explicit and stochastic simulation of forest landscape fire disturbance and succession. Ecology 80: 81~99

Holling, C. S. 1992. Cross-scale morphology, geometry, and dynamics of ecosystems. Ecological Monographs 62: 447~211

Hunter, M. L. 1990. Wildlife, Forests and Forestry: Principles of Managing Forests for Biological Diversity. Prentice Hall, Englewood Cliffs, NJ

Junk, W. 1989. Flood tolerance and tree distribution in central Amazonian floodplains. Tropical forests: Botanical dynamics, speciation, and diversity (Holm-Nielsen, L. B., 1. C. Nielson and H. Balsley editors). Academic Press, Orlando, FL, USA 47~74

Laurance, W. F., S. G. Laurance, L. V. Ferreira, J. M. R. Merona, C. Gascon, and T. E Lovejoy. 1997. Biomass collapse in Amazonian forest fragments. Science 278: 1117~1118

Leopold, A. 1933. Game Management. Charles Scribners, New York, NY

Levin, S. A. 1992. The problem of pattern and scale in ecology. Ecology 73: 1943~1967

Li, H., J. F. Franklin, F. J. Swanson, and T. A. Spies. 1993. Developing alternative forest cutting patterns: A simulation approach. Landscape Ecology 8: 63~75

McCarter, J. B., J. S. Wilson, P. J. Baker, J. L. Moffett, and C. D. Oliver. 1998. Landscape management through integration of existing tools and emerging technologies. Journal of Forestry 96: 17~23

Miller, J. R., L. A. Joyce, R. L. Knight, and R. M. King. 1996. Forest roads and landscape structure in the southern Rocky Mountains. Landscape Ecology 11: 115~127

Mladenoff, D. J., M. A. White, J. Pastor, and T. A. Crow. 1993. Comparing spatial pattern in unaltered old-growth and disturbed forest landscapes. Ecological Applications 3(2): 294~306

Mladenoff, D. J., T. R. Crow, and J. Pastor. 1994. Applying principles of landscape design and management to integrate oldgrowth forest enhancement and commodity use. Conservation Biology 8(3): 752~762

Naiman, R. J. 1992. Watershed Management: Balancing Sustainability and Environmental Change. Springer-Verlag, NY, USA

Naiman, R. J., K. L. Fetherston, S. McKay, and J. Che. 1998. Riverine Forests. Ecology and Management of Streams and Rivers in the Pacific Northwest Coastal Ecoregion (Naiman, R. J. and R. E. Bilby editors.). Springer-Verlag 289~323

Nillson, C. 1992. Conservation management of riparian communities. Ecological Principles of Nature Conservation (Hansson, L. editor). Elsevier Applied Science, London, England 353~372

Noss, R., and A. Y. Cooperrider. 1994. Saving Natures' Legacy: Protecting and Restoring Biodiversity. Island Press, Washington D. C

Palik, B. J., and P. G. Murphy. 1990. Disturbance versus edge effects in sugar-maple/beech forest fragments. Forest Ecology and Management 32: 187~202

Payne, N. F., and F. Copes. 1986. Wildlife and Fisheries Habitat Improvement Handbook. USDA Forest Service, Wildlife and Fisheries Administrative Report, Stevens Point, WI, USA

Potter, C. S. 1999. Terrestrial biomass and the effects of deforestation on the global carbon cycle.

BioScience 49: 769~778

Raedeke, K. 1989. Streamside Management: Riparian Wildlife and Forestry Interactions. Contribution No. 59. Institute of Forest Resources, University of Washington, Seattle, WA, USA

Reed, R. A., J. Johnson-Barnard, and W. L. Baker. 1996. Contribution of roads to forested fragmentation in the Rocky Mountains. Conservation Biology 10: 1098~1106

Reynolds, J. F., and J. Wu. 1999. Do landscape structural and functional units exist? Integrating Hydrology, Ecosystem Dynamics, and Biogeochemistry in Complex Landscapes (Tehunen, J. D. and P. Kabat editors). John Wiley & Sons Ltd

Ruth, R. H., and R. A. Yoder. 1953. Reducing wind damage in the forests of the Oregon coast range. USDA Forest Service PNW research Paper

Saunders, C. S., J. Chen, T. R. Crow, and K. D. Brosofske. 1998. Hierarchical relationships between landscape structure and temperature in a managed forest landscape. Landscape Ecology 13: 381~395

Schimel, D., J. Melillo, H. Tian, A. D. McGuire, D. Kicklighter, T. Kittel, N. Rosenbloom, S. Running, P. Thornton, D. Ojima, W. Parton, R. Kelly, M. Skyes, R. Neilson, and B. Rizzo, 2000. The contribution of increasing CO_2 and climate to carbon storage by natural and agricultural ecosystems of the US 1980~1993. Science 287: 2004~2006

Shao, G., and G. Zhao. 1998. Protection versus harvest of old-growth forests on Changbai Mountain (China and North Korea): A remote sensing application. Natural Areas Journal 18(4): 334~341

Shantz, H. L. 1917. Plant secession on abandoned roads in eastern Colorado. Journal of Ecology 519~542

Soulé, M. E. 1986. Consecration Biology: The Science of Scarcity and Siversity. Sinauer Press, Sunderland, MA

Tabacchi, E., A. M. Planty-Tabacchi, and O. DeCamps. 1990. Continuity and discontinuity of the riparian vegetation along a fluvial corridor. Landscape Ecology 5: 9~20

Tang, S. M., and E. J. Gustafson. 1997. Perception of scale in forest management planning: Challenges and implications. Landscape and Urban Planning 39: 1~9

Tian, H., J. M. Melillo, D. W. Kicklighter, A. D. McGiure, J. V. K. Helfrich III, B. Moore II, and C. J. Vorosmarty. 1998. Effect of interannual climate variability on carbon storage in Amazonian ecosystems. Nature 396: 664~667

Turner, D. P., W. B. Cohen, and R. E. Kennedy. 2000. Alternative spatial resolutions and estimation of carbon flux over a managed forest landscape in western Oregon. Landscape Ecology 15(5): 441~452

Vannote, R. L., G. W. Minshall, K. W. Cummins, J. R. Sedel, and C. E. Cushing. 1980. The river continuum concept. Canadian Journal of Fisheries and Aquatic Science 37: 130~137

Wallin, D. O., M. E. Harmon, W. B. Cohen, M. Fiorella, and W. K. Ferrell. 1996. Use of remote sensing to model land use effects on carbon flux in forests of the pacific Northwest, USA. The Use of Remote Sensing in the Modeling of Forest Productivity (Goltz, H. L., K. Nakane and H. Shimoda editors). Kluwer Academic Publisher, Dordrecht, The Netherlands 219~237

Watkins, R. 2000. Road effects on understory vascular plants in a managed forest landscape. MS Thesis, Michigan Technological University, Houghton, MI

Williams-Linera, G., V. D. Gastelu, and M. E. Garcia-Zurita. 1998. Microenvironment and floristics of different edges in a fragmented tropical rainforest. Conservation Biology 12: 1091~1102

Wu, J. 1999. Hierarchy and scaling: Extrapolating information along a scaling ladder. Canadian Journal of Remote Sensing 25(4): 367~380

Wu, J., W. Gao, and P. T. Tueller. 1997. Effects of changing spatial scale on the results of statistical analysis with landscape data: A case study. Geographic Information Sciences 3(1-2): 30~41

Wu, J., and S. A. Levin. 1994. A spatial patch dynamic modeling approach to pattern and process in an annual grassland. Ecological Monographs 64: 447~467

Yahner, R. H. 1988. Changes in wildlife communities near edges. Conservation Biology 2: 333~339

Young, K. R. 1986. Roads and the environmental degradation of tropical montane forests. Conservation Biology 8(4): 972~976

Zheng, D., and J. Chen. 2000. Edge effects in fragmented landscapes: A generic model for delineating area of edge influences (D-AEI). Ecological Modelling 132(3): 175~190

中国主要农业生态过渡带的变迁及其景观生态意义（Ⅰ）：农牧交错带

14

第十四章

侯向阳

（中国农业科学院科技管理局，北京，100081）

摘要　本文从景观生态的角度出发研究中国北方农牧交错带历史上变迁的格局、过程、动力机制及其对区域农业发展的影响。秦汉以后农牧界限有限度的波动和长城沿线农牧业交错变迁与区内气候环境的干湿交替以及农耕经济和游牧经济的此消彼长相对应。农牧交错带不仅具有环境脆弱特征，而且在农业景观异质性的形成、流动输出以及对相邻区域农业技术和发展的影响上具有明显作用。

Abstract　Hou, X. (Bureau of Research Management, Chinese Academy of Agricultural Sciences, Beijing, 100081). Historical Changes of Main Agricultural Ecotones of China and Their Agricultural Landscape Ecological Importance (I): Agriculture-grassland Ecotone of North China. Based on the principles of landscape ecology, this chapter examines the patterns, processes, mechanism, and effects on regional agriculture development of historical changes in agriculture-grassland ecotone of north China. Fluctuations in the agriculture-grassland boundary and alternations of farming and animal husbandry corresponded to the alternation of wet and dry climatic periods as well as fluctuation in the political and economic importance of farming and animal husbandry. The agriculture-grassland ecotone had characteristically fragile environment and heterogeneous and dynamic agricultural landscape, and had significant influence on the agricultural development of adjacent regions.

一、前言

在中国北部，由于东南季风减弱，降水减少，降水变率增大，农业自然条件和资源环境条件发生了由东部季风区向西北干旱区的地带性演变。东部季风区的光热水的匹配宜于农业生产，西北干旱区水分明显不足，不利于农业生产，而以牧业为主。沿着年降水量 400 mm 左右等值线走向的内蒙古高原南缘和黄土高原北部，位于东部季风农业区和西北干旱牧业区之间，是历史上著名的半农半牧亦农亦牧交错地带。这个交错地带呈东北→西南延伸，东南→西北更替，历史上由于自然条件的变化和社会历史等原因，其界线有较大的波动，农牧业结构和社会经济文化交替变迁，环境条件脆弱而敏感。位于其间的毛乌素沙地、科尔沁沙地成为我国历史时期“沙漠南移”和“沙化扩展”的最突出例证，吸引了多方面科学工作者的关注，开展了包括经济、地理、环境、历史及农史等方面的较深入的研究（李世奎和王石立，1988；史念海，1980；张兰生等，1992）。本文试图从历史的景观生态角度出发，研究农牧交错带变迁的格局、过程、动力机制及其对区域农业发展的影响。

二、中国农业的发展与历史上农牧界限的波动

中国农业文化源远流长，种植业发展已有 7000~8000 年的历史（赵松乔，1991），最早的农耕地带出现在黄河中下游地区。黄河中下游农耕地带的黄土地，颗粒细微，组织疏松而且肥沃，对于手持木石工具的先民来说，易耕易垦，再加上黄河中游较为温暖和湿润的条件，故而成为我国原始农业的发祥地。在仰韶文化到春秋以前为时三四千年的时期，地形平坦的黄土层成为我国东部开发最早的地区，由黄河腰身发展起来的三河地区，实属夏商周上古三代人类活动的中心区域。战国以后铁器广泛使用，黄河下游的冲积土地带逐步得到垦殖，黄河流域以外的淮河、长江流域也有重要发展，而且随着铁器和牛耕的逐步普及，水利工程的大型改良，我国农业逐步由迁徙农业过渡到传统农业。秦朝大统一，使我国农耕范围几乎遍及东部季风区，并向西部推进到黄河套区，农牧界限也深入到西北干旱区。汉初全国从北到南地带性地分布着龙门—碣石以北、山西—山东、江南三大平行的北部牧业区、中部发达农业区、南部不发达农业区（樊志民，1991）。从西汉直到 19 世纪中叶，近 2000 年的时期内我国农牧界限没有太大变化。

两周（尤其是东周）时期，以农耕为主的华夏诸侯国向四周扩展幅度较大，南北两端尤为突出。但随着时间的推移，诸侯国辖境南北推移的幅度发生较大转移。秦汉以后，南移成为农业及社会地域地带性推移的主要形式，北移

的幅度却非常有限（侯甬坚，1995）。农耕地带的大幅度南移，一方面由于铁器和牛耕普及后人们的地理适应性增强，另一方面由于淮河及江南流域广阔的地域、湿润的气候条件和肥沃的土地资源以及人口增长的需求。农牧界限北移有限则一方面由于农耕开发已经处在夏季风的北缘，受西北干旱气候、土壤的自然限制，另一方面也受长城一线及其以北的游牧经济的制约。

农耕经济和游牧经济的此消彼长形成了秦汉以后农牧界限有限度波动和长城一线农牧业交错变迁的独特的农业历史景观。以鄂尔多斯高原为例，公元前3世纪前这里是典型的牧业区；秦汉时期农业迅速发展，与河套平原共称新秦中，足见农业的发达和土地的富饶；东汉后期匈奴少数民族大量入居，转为农牧交错地区；魏晋南北朝时期复为游牧的草原地区；隋唐时期疆域扩大，鄂尔多斯地区农业发展，半农半牧地区北伸至阴山和贺兰山一线；唐后期及至金和元，畜牧业又迅速发展，复返为草原地区；明清以来则以农牧交错为主（史念海，1980）。

两千多年的农牧交错变迁，使农牧交错地带的环境发生了很大的变化，如鄂尔多斯形成了范围广大的毛乌素沙漠和库布齐沙漠，河套平原形成了乌兰布和沙漠，偏东部的西辽河流域形成了科尔沁沙地，反映了农牧交错区的环境脆弱敏感性和农牧交错对环境的深刻影响。近现代农牧界限跨越长期停留在长城附近的人为的农牧分界线而向东北及西北推移几十乃至几百千米，并引发了更加严重的环境问题，本文暂不讨论。本文讨论的重点是，农牧交错带作为一条独特的两种农业文化频繁交替的景观地带，其变迁的动力机制是什么，环境和气候因素是怎样发挥作用的，这样一条过渡带对于历史上中国农业和技术的发展起到哪些交融和促进变革的作用。

三、农牧交错带气候变化与农牧业交替

环境考古学研究指出，全新世以来农牧交错带环境和气候变化以降水变化和地表植被覆盖度变化最为突出（张兰生等，1992）。从6500年BP以来本区降水呈现出明显的波动和旱化趋势，在这一趋势下，相对干燥与湿润变化存在2000年左右的准周期规律。在大约1000年BP左右的西周末年，发生在陕、甘一隅的持续干旱标志着全新世气候最宜期的终结，全新世气候由暖湿变为干凉。这个距今3000年前后的气候变化对我国农业及历史的影响是极其深刻的。自新石器时代以来，到春秋战国，长城一线内外从西北开始由农业为主－农牧兼营－游牧经济的变迁，与全新世气候由暖湿变为干凉过程相对应，这是这个气候变迁过程首先始于西北而且使这里的人们最先做出反应的一个表现（孙达人，1996）。

秦汉以后，近2000年农牧交错带气候仍以干湿交替为主导变化规律。龚

高法等（1993a）和张兰生等（1992）分别用湿润指数和依据降水复原方程计算的年降水量曲线描述了近 2000 年来鄂尔多斯地区气候环境的干湿交替。本区湿润状况表现两个持续近千年的波动，第一次波动最小和最大值分别出现在公元 400 年和公元 850 年，而第二次波动出现两个最小值，分别发生于公元 1200 年和公元 1450 年，而峰值出现于 19 世纪（龚高法等，1993a）（图 14.1）。温度变化与降水变化有较好的一致性。

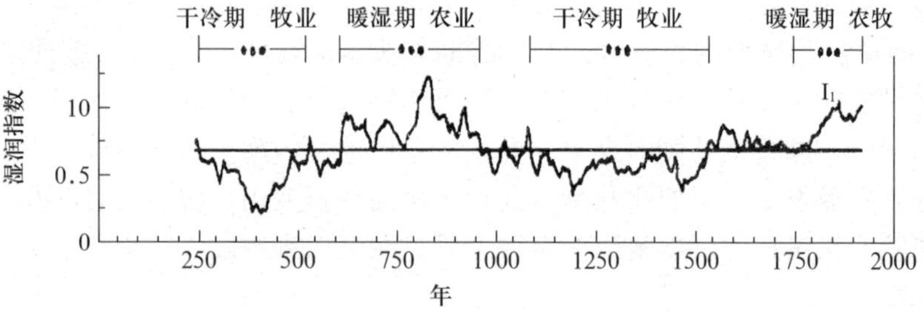

图 14.1 近 2000 年来农牧交错带湿润指数变化（引自龚高法等，1993a）。

在东汉后期至南北朝干冷期（公元 2 世纪至公元 6 世纪），农牧交错带以牧业生产为主；在隋唐暖湿期（公元 6 世纪至公元 10 世纪中期），鄂尔多斯地区农业发展，半农半牧地区北移；而从唐后期及至金和元（公元 11 世纪至公元 16 世纪）又是一个干冷期，鄂尔多斯地区畜牧业又迅速发展；公元 18 世纪至 19 世纪，气温略有回升且相对湿润，鄂尔多斯以农牧交错为主。

鄂尔多斯地区气候环境的干湿交替，与区内农牧业的交替发展有很好的对应关系。每一次的干燥期，均以畜牧业的发展为特色，兼有范围较小的牧农交替；而每一次的湿润期则以农业为特色，兼有范围较小的农牧交错。这种历史上的农牧业交替变化有其政治的、经济的以及军事的因素，但气候变化的影响也是很重要的一个方面。农牧业交替与气候变化的响应关系是怎样发生作用的呢？游牧的草地畜牧业和旱作农业对气候变化的适应性存在较大差异恐怕是主要的原因之一。古代旱作农业抵御气候变化尤其是干旱波动的能力较弱，干燥期的降水变率增大和干湿转变时期的气候异常变化常使旱作农业萎缩、不稳定，遇严重的持续干旱有时甚至赤地千里，饥民无数。干旱引起的饥荒又常常是影响政权稳定的导火线。与此相反，以游牧为主的草地畜牧业则更能耐受干旱的波动。

农牧交错带的黄土是风、水两相作用形成的土壤侵蚀严重地带（张兰生等，1992）。土壤耕垦后破坏了干草原地被物，松散了草原土层，裸露而松散的土地尤其是弃耕土地在干旱风的袭击下极易侵蚀，下层的沙质沉积物也易被风力吹起，引起土壤沙化。历史上农牧交错带旱灾频繁，而且有丰富的历史文献记载。在干燥期旱灾频频发生，大规模开垦的农田尤其是弃耕的农田常引起沙化。沙化扩展，农耕无收，则治边无力，进而导致一些郡县不得不内迁。郡县内迁，游牧民族南移，交错带的农、牧民族结构和农牧业生产结构则发生交替。据史料记载，东汉时期比西汉时期旱灾发生次数多而且危害严重。《后汉书·南匈奴传》记载，东汉建武二十三年，内蒙古河套地区"连年旱蝗，赤地数千里，草木尽枯。人畜饥疫，死耗大半"。东汉至南北朝时，农牧交错带的农耕民族与游牧民族的构成同秦汉时期相比截然不同，尤其是鄂尔多斯地区游牧民族增多，农耕民族减少，很多已开垦的耕地，又重新转变为牧场。东汉末年，匈奴陆续南迁，羌人也陆续从塞外迁入，居住地区不断扩大，农耕区域继续向南萎缩。到西晋初年，匈奴、羌人继续南迁，陕北高原已成为一个纯粹的畜牧区，从而使畜牧业生产上升到主导地位。又如明崇祯五年至十五年，黄河流域农业区发生的持续 10~11 年的特大旱灾，不仅给黄河流域尤其是农牧交错带人民的生产和生活造成严重危害，甚至演变成导致明王朝崩溃的剧烈社会震荡。

干燥期的干旱成灾往往是大范围的。旱灾发生时不仅影响农区生产，而且在草原上也常有旱灾发生。但人口相对稀少的游牧民族一方面可通过逐水草游牧而避过局部范围的干旱，另一方面未经开垦的原始草原较易恢复，干旱之后很快水草丰美，土宜畜牧。性善骑射的游牧民族在干旱时期也通过南侵获取必需的粮草以抵御干旱。这就是农牧交错带在干燥期由农变牧机制的一个方面。当游牧民族用畜牧手段改变农牧交错带及其以南地区时，尽管农业生产比重日趋下降，却不至于完全丧失。有些农业人口留在沟壑泉溪之旁，会在畜牧业的夹缝中求得生存，即便是游牧民族也需要粮食和干草，在他们长驱直入农业种植地带时，也会受到农业和农业人口的影响。随着气候由干燥向湿润转化，又会促使由农变牧的过程发生逆转，农业生产的比重逐渐上升。这就是农牧交错带受气候影响由农变牧再到由牧变农的过程的一种解释。

四、农牧交错带的景观生态意义

农牧交错带作为自然因素和人为因素交互作用形成的狭长生态交错带，不仅具有生态环境的脆弱性以及对气候变化和人类活动响应的敏感性等特性（龚高法等，1993b；李世奎和王石立，1988；张兰生等，1992），而且在农业景观异质性的形成、农业生态异质流的产生和流动以及对相邻区域农业技术和文化的边际影响等方面的作用也是明显的。

1. 气候干旱化和牛耕技术的发展

前已述及，距今 3000 年前后的气候变化对我国农业及历史的影响是深刻的，而这种影响正是从长城一线的西北边隅开始的，这里涉及游牧民族的出现对古代中国农业和历史的意义问题。史籍和考古材料证明，在这一时期长城一线内外自西而东逐步变成一些“逐水草迁徙，毋城郭常处耕田之业”的游牧民族居住地。游牧经济的出现和气候由暖湿变为干凉的过程相对应，进而对中国的农业产生了影响。干旱使先前只适应疏松细密黄土的原始粗放的耕作技术愈来愈不适应旱作的要求。要获得收成就必须进行深耕和增加松土次数，而要深耕和多次松土，就必须用铁器和牛（马）耕取代木石工具。长城一线游牧经济的出现，对处于西边和北边的秦晋地区产生了影响。这些地区饲养牛马远较中原地区普遍，从北部游牧部落获得牲畜资源也较普遍。春秋时期落后的秦晋地区也较早而且较普遍地使用了以牛耕田。1923 年在山西浑源县晋墓中出土的青铜牛牺尊上穿有鼻环，反映了这一时期秦晋牛耕的发展（梁家勉，1989）。而全国出土的这一时期的铁农具中，铁犁铧并不普遍，在铁农具中所占比例很小，因此，秦晋较中原地区早而且较普遍使用牛耕是可以肯定的。牛耕首先在秦、晋得到使用和普及是与农牧交错带的农业和畜牧业的异化分工、资源流动以及异质文化的交融分不开的。而原先先进的中原地区由于一方面缺乏牛马这类发展精耕细作农业不可缺少的重要资源的便捷来源，另一方面较长时期受宗法文化的束缚，不具备使用牛耕的条件。落后的西部秦晋就这样自然地发展强大起来。

2. 农牧交错带和农牧结合

农牧交错带受农耕业和畜牧业两种农业文化的影响，加上处于宜农宜牧地区，在不同的历史时期或以农为主或以牧为主或者农牧交错，在长期的发展和变迁中积累起来的农牧业相结合的农业文化成分是明显地不同于农区和牧区的，其丰富的农牧结合的传统和经验对黄河流域的农业发展产生一定影响。

秦汉时期农牧交错带农业发展很快，同时畜牧业也有较大发展。《史记·货殖列传》说：“龙门、碣石北多马、牛、羊、旃（毡）、裘、筋骨”。这一地区由于水草丰美，宜于畜牧，汉王朝在这里设置官牧。《汉书·百官公卿表》记载，汉景帝二年在陇东、陕北兴建牧苑 36 所，繁育马匹 30 万匹。《史记·货殖列传》中说，乌氏倮在乌氏地方（今甘肃平凉市西北）以畜牧致富，其中牛马多至要用山谷来计量。盛唐时期，农牧交错带农业开发以半农半牧为主，官家经营的以养马为中心的畜牧业，其规模远远超过西汉时的牧苑（李世奎和王石立，1988）。不仅马牛数量可观，而且常与突厥互市，结果“既杂胡种，马乃益壮”，因而获得杂交优势的优良马种。汉唐时期，采取“屯兵戍边”和“移民实边”的政策，使这一地区的牧业和农业均有较快发展，而且以发达的农业支持强大的畜牧业。屯田的丰收，保证了马、牛、驼等牲畜对精、粗饲料的需求。这一地区较早开始种植饲料作物，自汉代从西域引入的苜蓿，在这一地区首先推广种植，并不断扩大种植范围。此外，建立人工饲料基地，以解决冬季饲草问题，也是以农养牧的关键措施。《新唐书·王毛阶传》记载，唐玄宗开元初年在陇右“苜蓿千九百顷以御冬”。畜牧业的发展又使牛耕得以广泛推广，进一步促进了农业的发展。

农牧交错带的以农养牧、以牧促农、农牧结合和农牧两旺是农、牧两种农业文化交融的结果，是生态交错带景观异质要素自然形成的结果，其本身蕴含着农牧因果相依的哲学道理。北方地区广泛种植苜蓿一方面用作饲料一方面用以养田的传统是受此影响的。

3. 脆弱环境变迁的警示意义

农牧交错带最重要的景观生态意义还在于其脆弱环境变迁的警示意义。这里不仅有汉唐盛世农牧结合而获得农牧两旺的经验，更有唐中叶后滥垦、放垦以农挤牧，造成自然植被破坏、加剧自然侵蚀和风沙危害，进而导致农牧两衰的教训。

以位于鄂尔多斯高原东南边缘的毛乌素地区为例，秦汉时期曾是“沃野千里、仓稼殷实”和“水草丰美”的农牧并茂之区。公元 413 年匈奴郝连勃勃曾在今靖边县白城子修建统万城作为夏王朝的首都，当时城郊的地理环境是“临广泽而带清流”。其后，几经战争的创伤，长城内外城堡不断修建，人口日益增多，垦殖面积不断扩大，引起植被的大量破坏以及流沙的大片出现。19 世纪清政府又以“借地养民”等名义，大量开垦毛乌素沙地及其周围地区，重农轻牧，结构单一，更加剧了流沙的蔓延。现今毛乌素沙地的南缘已侵入黄土高原，向北又和鄂尔多斯高原北缘的库不齐沙漠相连接。又如分布于西辽河流域的科尔沁沙地，在元、明两代时，这里还是“长草林丰”。19 世纪中叶以后，清政府放荒招垦，滥垦固定沙地，引起流沙蔓延，流动沙地由斑点状发展成为片状或带状。1959 年流沙面积已占沙区总面积 10%左右（赵松乔，1988）。

农牧交错带的生态环境是非常脆弱的。不合理的过度利用，不遵循自然规律的单一农业牛产，植被的大量破坏和大面积流沙的出现，不仅使当地环境严重恶化，农牧业生产急剧下降，而且黄河水患日趋严重，给黄河中下游地区带来严重威胁。而且，环境一经破坏，流沙一经形成，再要治理恢复则是难上加难，非几倍、几十倍甚至几百倍的代价可以逆转。更重要的是，农牧交错带的环境问题不仅仅是一个交错带变迁的问题，而且是一个影响相邻农、牧区域乃至整个黄河流域的大问题。因此，农牧交错带应以这种警示为明鉴，发展环境保护型的农牧业。必须严格限制跨越农牧交错带北界开发农业的行为；对于环境遭到严重破坏的地区，如鄂尔多斯、科尔沁等地区，要下决心退耕还牧还林，并实施持续高效的综合环境整治工程；雨量相对充足的东南部地区，要坚持以保护性耕作为主的农牧结合型发展方向。

参 考 文 献

樊志民. 1991. 中国古代农业区划研究. 中国农史，(1)：1~4

龚高法，等. 1993a. 近2000年来中国温度变化与湿润状况变化之间的关系. 气候变化及其影响（张翼等主编）. 北京：气象出版社，70~77

龚高法，等. 1993b. 中国农业对气候变化响应的敏感带和敏感区. 气候变化及其影响（张翼等主编）. 北京：气象出版社，78~89

侯甬坚. 1995. 区域历史地理的空间发展过程. 西安：陕西人民教育出版社

李世奎，王石立. 1988. 中国北部半干旱地区农牧气候界限探讨. 中国干旱半干旱地区自然资源研究. 北京：科学出版社，108~124

梁家勉. 1989. 中国农业科学技术史稿. 北京：农业出版社

史念海. 1980. 两千三百年来鄂尔多斯和河套平原农林牧地区的分布及其变迁. 北京师范大学学报，(6)：1~14

孙达人. 1996. 中国农民变迁论. 北京：中央编译出版社

张兰生，等. 1992. 中国北方农牧交错带全新世环境演变及预测. 北京：地质出版社

赵松乔. 1988. 西北干旱区地理环境的形成和演变. 中国干旱半干旱地区自然资源研究. 北京：科学出版社，10~22

赵松乔. 1991. 中国农业（种植业）的历史发展和地理分布. 地理研究，10（1）：1~11

中国主要农业生态过渡带的变迁及其景观生态意义（Ⅱ）：温带－亚热带过渡带

15

第十五章

侯向阳
（中国农业科学院科技管理局，北京，100081）

摘要 本文从景观生态的角度，讨论温带－亚热带过渡带的历史变迁过程及其对我国农业和技术的发展、转移、交融等方面的影响。历史时期温带－亚热带过渡带界限随气候变化南北移动，寒冷期一般南移 1~2 个纬度，温暖期北移 1~2 个纬度。过渡带环境条件复杂多样，具有较强的敏感性，在我国南北方农业异质交融、农业技术和文化的异质创新等方面起了重要的景观通道和屏障作用。

Abstract Hou, X. (Bureau of Research Management, Chinese Academy of Agricultural Sciences, Beijing, 100081). Historical Changes of Main Agricultural Ecotones of China and Their Agricultural Landscape Ecological Importance (II): Temperate-Subtropical Ecotone. Historical changes of temperate-subtropics ecotone and their effects on development, transfer, and fusion of Chinese agriculture and technology was examined in this chapter from a landscape ecological perspective. Historically, location of temperate-subtropics ecotone changed with climate, southward 1~2 degree latitude in cold periods and northward 1~2 degree latitude in warm periods. With a diverse and sensitive environment, the ecotone played both a conduit and a barrier role in the deve1opment and exchange of the heterogeneous south and north China agriculture and technology.

一、引言

在我国东部季风环境区，气候、植被、土壤、自然面貌和农业状况均呈近纬向带状分布。学者们从不同的学科或认识角度出发，在地带性划分上对气候植被土壤等要素的考虑尽管各有侧重（国家地图集编纂委员会，1965；侯学煜等，1963；黄秉维，1965；丘宝剑，1993），但多以温带（暖温带）和亚热带界线作为我国南方与北方自然分界。关于这个分界的地位和意义以及通常的北亚热带的归属问题，有关学者从不同研究角度也提出不同的证据和疑义（方精云，1991；应俊生和马全，1990；周光裕，1981）。现代景观生态学以在较大的等级尺度上整体地考察景观生态系统为特征（肖笃宁，1991；Farina，1998），从而为系统综合地考察和认识不同生态地理带的功能、特征及运动规律提供了新的视角。从这个意义上讲，气候植被土壤的实际重大界限是带而不是线，带的意义更重于线，因此认识秦岭－淮河一线及其以南的北亚热带地区的南北自然过渡意义以及将北亚热带作为温带－亚热带的过渡带，更有助于揭示南北生态地理过渡带的自然生态及农业的发展变化规律。

温带－亚热带过渡带在空间尺度上属于大尺度生态过渡带（李克煌等，1996）。这个大尺度过渡带表现明显的景观界面过渡性、边缘效应等特征，在历史时间尺度上过渡带的气候和自然生物地理以及农业格局发生明显变迁，本文的宗旨就是从景观生态的角度探讨温带－亚热带过渡带的变迁以及过渡带的边缘、通道、源汇等效应对我国南北方农业和技术的发展、转移、交融等的影响。

二、温带－亚热带过渡带的变迁

1. 历史气候和自然生物地理变迁

不同的历史时期我国气候有着明显的波动变化，温带－亚热带过渡带也相应地南北摆动。与现代气候相比，除仰韶温暖期温暖和湿润的多而且北移幅度较大外，历史时期的寒冷期亚热带北界一般南移 1~2 个纬度，温暖期北移 1~2 个纬度（龚高法等，1988；张翼和马全，1993），见表 15.1。

表 15.1　中国历史时期温带－亚热带过渡带北界变迁（张翼和马全，1993）

气候时期名称	起讫年代	气候寒暖状况	冬季温度距平	过渡带北界推移
仰韶温暖期	6000 B. C. ~ 1000 B. C.	暖和	2~3℃或 3~5℃	北移 2~3 个甚至 4 个纬度
周初寒冷期	1000 B. C. ~ 800 B. C.	寒冷	−1℃	约南移 1 个纬度
春秋温暖期	800 B. C. ~ 500 B. C.	暖和	2℃	北移 2 个纬度
汉末－南北朝寒冷期	200 A. D. ~ 500 A. D.	寒冷	−1℃	南移 1 个纬度
隋唐温暖期	580 A. D. ~ 950 A. D.	暖和	大于 1℃	约北移 1 个纬度
宋代寒冷期	950 A. D. ~ 1200 A. D.	寒冷	−1.5℃	南移 1 个多纬度
宋末元初温暖期	1200 A. D. ~ 1300 A. D.	温暖	1℃	约北移 1 个纬度
明清小冰期	1300 A. D. ~ 1900 A. D.	寒冷	−1~2℃	南移 1~2 个纬度

在温暖期亚热带植物如柑橘、竹子、梅树的种植界限和生长适宜区北移，在寒冷期相应南移；亚热带动物如亚洲象、犀牛、竹鼠、獐等的分布界限都发生很大变化（龚高法等，1988）。农业上，作物生长季长度和农事季节随气候的寒暖变化而发生比现代时期减少或增加 10~30 天左右的变化。如，在隋唐温暖期，生长季比现在长 10 天以上，黄河流域有梅树分布，长江中下游地区柑橘基本无冻害，双季稻栽培虽然技术低下却能大面积成熟；在明清小冰期时，作物生长季缩短 10 天左右，长江中下游以南柑橘有遭毁灭性冻害的现象，长江下游双季稻种植不能成熟（龚高法和陈恩久，1980）。

随着亚热带北界的南北摆动，温带 – 亚热带过渡带的空间范围也发生相应波动。由于缺乏过渡带南界的分析资料，所以仅以北界的摆幅考察过渡带的时空变化速率。以历史时期生长季日数与现代生长季平均长度的差异计算生长季日数距平值，以历史时期冬季温度与现代平均冬季温度的差异计算冬季温度距平值，再根据我国东部地区现代生长季日数和冬季温度的等值数据推算历史时期过渡带界限的平均波动速率为 0.4429 km/ 年（图 15.1）。

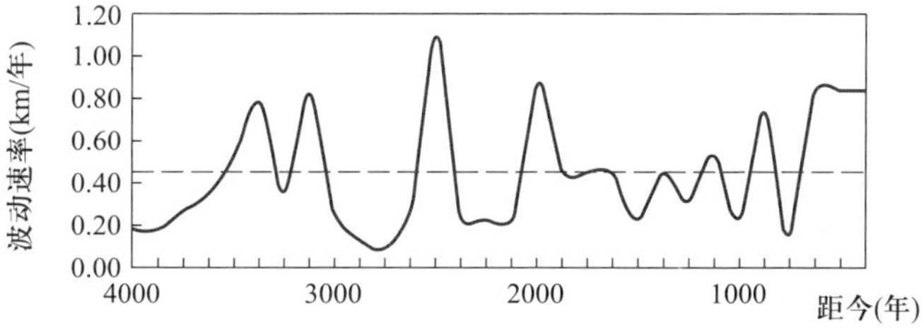

图 15.1　历史时期温带 – 亚热带过渡带景观界限波动速率。

温带 – 亚热带过渡带在黄河流域农业文化和长江流域农业文化的长期交互影响下具有悠久的农业开发历史。早在仰韶文化时期，江汉平原的京山、枝江一带即京山屈家岭文化地区已开拓水田普遍种植水稻（天津师范学院历史系，1979）。黄河流域发现多处五六千年前的稻谷遗存，近年在河南舞阳贾湖遗址中发现有距今 8000 年的稻谷印痕，与五六千年前黄河流域较现在气候温暖湿润，且多沼泽湖泊，宜于种稻，稻作向黄河流域传播相吻合（游修龄，1999）。在寒冷干旱期，平均气温每降低 1℃，北方草原即向南推移数百千米，相应地旱作农业也向南推移。但与北方农牧交错带的大幅波动不同，虽然随着时代的推移，两种农业文化的交织影响呈不断增强趋势，但水田稻作农业与旱作粟黍（后来为粟麦或麦粟）农业随历史气候变化波动的幅度小得多。粟向南方发展，遇到稻的阻力，只能在山区旱地种植；稻向北方发展，受到降雨量和降雨年分配格局的制约。随着人口的增长和两种农业的进一步交互影响，在温带 – 亚热带过渡带形成稻麦两熟制。关于温带 – 亚热带过渡带年降雨分配格局的问题，有学者根据甲骨文资料分析，认为夏商时代尽管气候温暖湿润，但安阳一带冬春干旱，夏季多雨，年降水分配仍是典型的夏雨型（董作宾，1946），当时的夏雨型和春雨伏旱型界限仍基本维持在现今的淮河一线。结合历代旱涝灾害资料分析，温暖期和寒冷期这种夏雨型格局变迁不大。考虑到历史上黄河、长江两大流域水稻分布长期存在差异的事实，一定程度上与秦岭－淮河一线南北降水年分配格局有关，也说明了农业景观对气候变化响应的迟缓性。

2. 农业发展的历史过程

温带－亚热带过渡带农业开发历史悠久，但由于地理环境和社会历史条件的不同，不同区域的发展较不平衡。旧石器和新石器时代文化遗址考古发现证明，江汉流域一带是中华民族文化发祥地之一。湖北省京山屈家岭文化部落遗址中出土的稻谷、稻壳说明，江汉平原的京山、枝江一带在仰韶文化时期已开拓水田普遍种植水稻（天津师范学院历史系，1979）。西周时楚人在汉水及长江中游沿岸定居，到战国时发展为楚人的政治、经济和文化中心。淮河流域曾是夏商两朝的活动地域，春秋中期吴楚在江淮地区长期争霸对淮河中下游地区的发展起到促进作用。汉初江淮以南仍是尚未充分开发的稻作区，司马迁在《史记・货殖列传》中记载“楚越之地，地广人稀，饭稻羹鱼，或火耕或水耨”。秦巴山地除汉中盆地开发历史悠久且水利自古较发达外，其余地区直到明清才得到真正开发。

秦汉以来，以黄河流域三河地区为中心的农业生产逐步扩展到黄河下游和淮河流域，淮河流域的农业发展进入鼎盛时期。西汉初年从黄淮平原漕运至关中的漕粮每年不过数十万石，而到西汉中期，一般每年漕运400万石。这一时期淮河流域北部的人口密度在全国也是较高的（葛剑雄，1986）。漕粮的增加和人口的密集反映了这一地区农业的发展。两汉时期堵黄治淮，修浚芍陂，并推广牛耕技术，淮北淮南的农业都有所发展。由于淮河流域地势卑下，梅雨集中，黄河多次南泛夺淮入海，旱涝灾害严重，加之历代战乱纷争，自汉至唐农业生产虽有发展，但始终没有赶上长江下游和黄河中游的农业区，唐宋以后更处于缓慢发展的状态。自金代以来，黄河长期泛淮，打乱了淮河流域原有的河湖水系的格局，河道淤积，湖泽陂塘淤塞，再加近代淮河中上游的山区和丘陵的森林破坏，加剧了水土流失，使淮河流域的生态环境更加恶化，长期以来成为洪涝、干旱、盐碱、分化等多种灾害频繁发生的地区。

秦汉时期江汉平原及长江下游地区与黄河流域不能比及，在隋、唐、宋时期则有了较大发展。大运河的开凿，北方人口的大量迁入，先进农业生产技术的传播，使其成为全国经济最发达的地区之一，唐中叶以后全国经济中心由北方向南方转移，形成了新的全国农业及社会经济地理格局。至宋元时期，人口迅速增长，江汉平原及长江下游地区耕地日感不足，促使南方稻麦两熟制的形成和发展以及双季稻的发展，以提高复种指数增加粮食产量。长江下游一直是元、明、清三个王朝的漕运粮食基地。

西部秦巴山区在地质历史时期是旷古老林，进入人类历史时期以来，由于人口增加，农垦地区扩大，森林面积不断缩小，森林向秦巴山区内部退缩。由于秦汉唐宋历代建都扩城主要取材于秦岭北坡，秦岭北坡森林较早受到破坏。秦汉以来，陕南为农业开发区，但范围仅限于汉中盆地。大面积垦荒和森林破坏，始于明末清初，开发大体是从东向西，从河川原地到丘陵低山，直到高寒山地。明中叶流入郧阳山区的人口达200多万，刀耕火种，毁林开荒。清中叶大量流民再次进入秦巴山地，山区开发面积进一步扩大。汉中盆地四周皆山县，明清时始修水利，加之擅长种水田的流民迁入，灌溉稻田有一定发展，但山区总体上以种植玉米、粟等杂粮为主。

三、温带－亚热带过渡带变迁的生态意义

温带－亚热带过渡带在历史变迁过程中产生了南北交融的生物、物质、技术等的生态流，这种生态流既影响过渡带自身的景观格局，又影响相邻气候地理带的景观动态。以旱作为主的北方农业技术和文化以及以稻作为主的水田农业技术和文化分别通过过渡带向南方（或北方）转移和扩散，两种技术和文化在向过渡带的转移和扩散中发生交融从而形成异质创新，异质创新的技术又向相邻南北气候地理带转移和扩散，从而起到源的作用（Forman和Moore，1992）。源的作用大小由过渡带对生态流的可通透性（permeability，Perm）以及过渡带的异质创新性（heterogeneity formation，Hf）决定，而可通透性又由过渡带的地形地貌、河陆交通、农业生产条件等因素决定，异质创新性又与可通透性具一定的函数关系（Wiens，1992）（如式15.1，式15.2）。

$$Perm=\phi(S,\ C,\ H,\ T,\ A) \quad (15.1)$$

$$Hf=\phi(Perm) \quad (15.2)$$

这里，S 主要指过渡带宽度，C 反映过渡带南北相邻地理带的差异，H 指过渡带与相邻带的海拔高差，T 指河陆交通条件，A 指适宜农业生产开发的条件。横观温带－亚热带过渡带，由东到西表现了明显的 H、T 和 A 的差异梯度，可通透性也表现了由大到小的梯度变化。一定的可通透性是异质形成的条件，可通透性过大或过小都会影响异质性的形成。由于过渡带东西部地形地貌、河陆交通、农业生产条件等的差异，在我国南北方农业异质交融、农业技术和文化的异质创新等方面起到了不同的通道和阻隔作用，在东部平原低山地区以通道作用为主，在西部山地则以屏障阻隔作用为主（图15.2）。

1. 温带－亚热带过渡带的异质敏感性

（1）农业景观过渡性

温带－亚热带过渡带地处暖温带向亚热带的过渡地区，热量条件较

优，就现代气候看，年均温 13.5~16.0℃，>10℃积温 4 500~5 000℃，无霜期 200~250 天，7 月均温 28℃左右，1 月均温 0~4℃，少数地区可低于 –1℃，对农作物而言，不存在不能生长的“死冬”。农作物以水稻、小麦、棉花为主，其次为油菜、玉米、花生、芝麻、烟草、豆类等。种植制度上以稻麦两熟为主，偏南部地区可种双季稻，但农时偏紧，需采用早熟品种。亚热带经济林果木较丰富，如巴山和商洛南部山地丘陵，漆树、油桐、油茶、桑、柑橘、茶等生长良好，是温带和亚热带植物的交汇处。在桐柏山、大别山、五当山等山地丘陵区，茶、桑、板栗、毛竹等经济林木有一定面积的分布。兼有暖温带和亚热带的农业类型，表现了明显的农业景观过渡性。

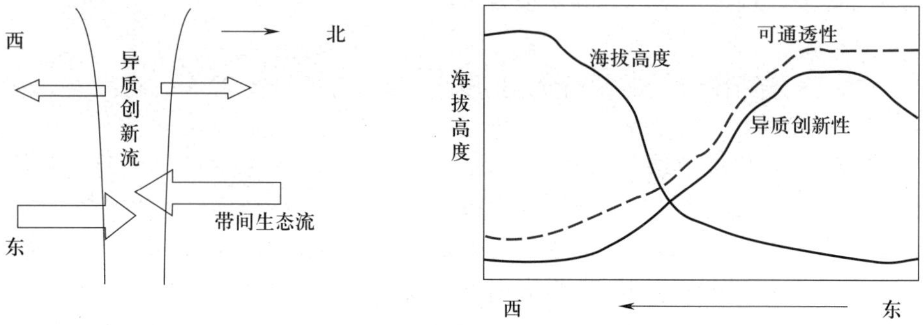

图 15.2 温带 – 亚热带过渡带的生态流可通透性和异质创新性。

（2）寒暖变迁敏感性

过渡带的农业受气候变化的影响而南北波动。气候转暖，柑橘、苎麻等喜热植物的种植北移；气候转冷，喜热植物种植南移，遇气候急剧转冷，喜热果木遭毁灭性冻害。温带 – 亚热带过渡带，特别是北部地区处于双季稻种植的北缘，虽然能种双季稻，但产量很不稳定，气候寒暖变化对双季稻的种植有很明显的影响，遇寒冷时期则不得不停止种植（肖笃宁，1991）。历史上长江下游双季稻种植与气候寒暖大体呼应，期间经历了唐、明、清（18 世纪）三个盛期和宋、元、清（17 世纪后期），18 世纪后期至 19 世纪三个衰落时期。唐代扬州地区可种植双季稻，而且穞生稻也能正常成熟。宋元时代长江下游“稻再熟”的记载很少，和这一时期气候转冷，生长季缩短相关。明代，至迟 17 世纪初以前，长江下游大面积种植双季稻，北界达到泰州、扬州、六合一线，并持续到 17 世纪中叶，而且前、后季稻品种的选育和应用，后季稻的育秧技术，双季稻的大田栽培技术都有较大发展。至明清交替时期气候转入小冰期最寒冷时期，长江下游双季稻才每况愈下。到 18 世纪前期，在康熙亲自倡导下，通过更先进的栽培技术，加上当时正值温暖的气候，双季稻种植有很大发展。但之后不久，因气候再度转冷，双季稻种植又几乎中止，苏北的双季稻完全绝迹。清农业官吏在江苏多次试种双季稻，但均未成功。气候变迁对过渡带种植双季稻的影响促进了双季稻种植技术的发展，从品种选育、育秧技术到大田栽培等都有了很大进步。宋元时代，稻麦两熟制在长江流域形成，并在江淮地区发展。但这种稻麦两熟制在明清“小冰期”时也曾受到不少损失。

（3）旱涝灾害敏感性

温带－亚热带过渡带是我国南北气候过渡带。过渡型气候形成了本区旱涝灾害的基本格局。夏季，尤其是6—8月份，南北气流在其上空长时间对峙，常常形成连续降雨。中部和东部有时受台风影响形成特大暴雨。由于流域降雨量不均，且又集中在7—8月，又极易形成旱灾，使得本区旱涝灾害交替发生。

秦巴地区由于降雨不均和地貌地质条件的制约，不仅水旱灾害时常发生，而且在接连阴雨和暴雨之后，常有不同规模的泥石流滑坡发生。明清以来秦巴山地大面积垦荒和砍伐森林，引起大面积水土流失，一遇暴雨，则泥沙俱下，淤塞河渠，冲毁农田。清朝后期各地方志中诸如“雨旸不时”、“连年旱荒”之类的记载明显增多。

东部江淮地区旱涝灾害频繁，又加历史上黄河多次泛滥夺淮，旱涝盐碱交织。竺可桢先生曾根据大量史料，整理出上自成汤，下至清末的各朝代、各地区的水旱灾害年数，认为本区是我国旱涝灾害发生最多的地区之一（竺可桢，1979）。

2. 温带－亚热带过渡带的通道渗透作用

（1）南北方农业长期渗透中的边缘效应

温带－亚热带过渡带作为南北方过渡地带，在以旱地作物粟黍为代表的北方农业和以水田作物为代表的南方农业长期渗透交融中具有一定的边缘效应。

在距今五千年前，北方和南方还处于各自发展粟黍或水稻的阶段，南北两大地区的农业文化尚未充分交流。但从仰韶文化晚期开始到龙山文化时期，水稻的种植已推广到黄河南岸地区。在以渐进扩散交流为主的原始农业时期，温带－亚热带过渡带对稻作北移或粟作南移都有边缘过渡作用。

西周以后北方政治影响开始达到长江中游和下游地区，北方农业技术也渗透到南方地区。到春秋战国时期，楚、吴、越立国于南方，农业生产有了一定的发展。南方农业受北方农业技术的影响而发展，是以淮河流域的发展为先导的。战国时期淮河流域开始普及铁器和牛耕。铁器和牛耕的使用带动了淮河流域水利事业的发展，土地开发加速，稻、麦种植增加，农业技术也开始转向精细耕作。但一直到汉代，南方虽然逐步开发，可是仍然地广人稀，农业落后，农业仍以水耕火耨式的稻作为主。因此，南北方农业的相互渗透是经历了数千年的漫长历史的。

（2）南北方农业及经济重心转移中的作用

我国主要农业地区由北向南转移始于东汉至南北朝时期。连年战争使北方人口锐减、土地荒芜、水利失修、黄患频发，北方农业区呈萎缩过程，而江淮流域农业区迅速成长，南迁人口增加，水利建设发展，南方水稻区也有了“烤田”技术。隋唐至唐中叶，以黄河中下游为主的北方农业复苏发展，同时江淮流域农业也有了极大进步。在耕作技术上，随着水利建设和农具的进步，建立起与耕、耙、耱、锄旱作农业技术相异趣的耕、耙、耘、耥的水田农业耕作技术。在耕作制度上，麦子开始由旱地进入水田。稻、麦两熟技术也有了一定的雏形。这些为唐中叶以后我国农业及经济重心由北向南转移作了技术上的准备。江淮流域也是北人南迁的主要接纳集散地。我国农业经济重心由北方向南方转移，有战乱的原因，也有南方农业自然条件较北方优越和唐中叶前北方旱地农业技术已经发展到当时生产条件的顶峰很难发挥更大潜力的原因，但处于过渡地带的江淮流域客观上起了技术准备和南迁人口转承接纳的过渡作用。

（3）洪涝灾害治理经验及意义

温带－亚热带过渡带处于旱涝灾害敏感地带，江淮流域平原地区地势低下，涝渍盐碱严重。尤其是淮河流域，历史上黄河多次决溢南泛，造成河道淤积，陂塘淤塞，明清以来人为垦殖加剧了水土流失，生态环境趋于恶化，长期以来成为洪涝、干旱、盐碱、风沙等多种灾害频繁发生的地区。元明清时期淮河流域农业及经济衰退主要受洪涝灾害的制约。江淮流域劳动人民不断地与洪涝灾害做斗争，积累了丰富的治理洪涝灾害的经验。江淮流域在两汉时期大量修建陂塘蓄水工程，并且渠陂相连，既可保证雨季陂不溢决，又能提高发挥灌溉效益，对当地农业发展起了重要的作用。唐宋以后，由于黄河南泛和人为植被破坏，不少陂塘消失和淤塞，使得区域抗涝防旱能力减弱。这是淮河流域治理的很重要的正反两方面的经验之一。淮河流域改造盐碱采取沟洫排灌、放淤、灌淤、种稻洗盐等多种方法，这些方法不仅对当地治理盐碱有效而且对其他类似地区的洪涝灾害治理产生重要影响。

3. 秦巴山地的屏障阻隔作用

秦巴山地山体高大连绵，垂直分异显著，山地和丘陵约占90%以上，盆地及河谷、平坝不到10%，地形崎岖，高低悬殊。在地质历史时期是旷古老林，进入人类历史时期以来，由于人口增加，农垦地区扩大，森林面积不断缩小，森林向秦巴山区内部退缩。由于秦汉唐宋历代建都扩城主要取材于秦岭北坡，秦岭北坡森林较早受到破坏。秦汉以来，陕南为农业开发区，但范围仅限于汉中盆地。大面积垦荒和森林破坏，始于明末清初，开发大体是从东向西，从河川原地到丘陵低山，直到高寒山地。由于山高、谷深、坡陡、交通不便，且大巴山区有较大面积的石灰岩分布，土地资源条件差，直到18世纪初，广大山区人烟稀少，只有汉水及其支流谷地，如汉中、安康、郧县及商丹等盆地的人口较为密集。因此，与东部的江淮流域相比，历史上南北方农业交融的作用相对较小，实际上更多的作用是南北农业的屏障阻隔作用。秦巴山区农业经营粗放，水利兴修有限，农业以旱作物为主，水田不到1/10，山区农民采用较多的耕种方法是广种薄收和烧山毁林的方法，历史上农业技术提高较少。18世纪以后，流民大量徙入，山区进一步得到开发，但人口的迅速增加，垦殖过度，使山区生态环境急剧恶化，制约了秦巴地区的农业发展，成为全国贫困区之一。只有秦巴山区东部的南襄盆地地势低平，客观上起到了沟通华北平原和江汉平原的通道作用。

参考文献

董作宾. 1946. 再谈殷代气候. 华西大学中国文化研究所集刊第五卷

方精云. 1991. 我国森林植被带的生态气候学分析. 生态学报，11（4）：377~387

葛剑雄. 1986. 西汉人口地理. 北京：人民出版社

龚高法，陈恩久. 1980. 论生长季气候寒暖变化与农业. 大气科学，4（1）：40~47

龚高法，张丕远，张瑾蓉. 1988. 历史时期我国气候带的变迁及生物分布界限的推移. 历史地理，5：1~10

国家地图集编纂委员会. 1965. 国家自然地图集地图说明. 北京：地图出版社，197~201

侯学煜，姜恕，陈昌笃，马全. 1963. 对中国各自然区的农、林、牧、副、渔业发展方向的意见. 科学通报，（9）：8~26

黄秉维. 1965. 论中国综合自然区划. 新建设，（3）：65~74

李克煌，等. 1996. 自然地理界面理论与实践. 北京：中国农业出版社

丘宝剑. 1993. 关于中国热带的北界. 地理科学，13（4）：297~306

天津师范学院历史系编. 1979. 中国简史. 北京：人民教育出版社

肖笃宁. 1991. 景观生态学理论、方法及应用. 北京：中国林业出版社

应俊生，马全. 1990. 秦岭太白山地区的植物区系和植被. 植物分类学报，28（4）：261~293

游修龄. 1999. 农史研究文集. 北京：中国农业出版社，296~301

张翼，马全. 1993. 气候变化及其影响. 北京：气象出版社. 78~89

周光裕. 1981. 试论中国暖温带落叶阔叶林区域的边界. 植物生态学与地植物学丛刊，5（4）：302~308

竺可桢. 1979. 竺可桢文集. 北京：科学出版社

Farina, A. 1998. Principles and Methods in Landscape Ecology. Chapman & Hall. 1~217

Forman, R. T. T., and P. N. Moore. 1992. The theoretical functions for understanding boundaries in landscape mosaics. Landscape Boundaries (Hansen, A. J. editor). Springer-Verlag, New York 236~258

Wiens, J. A. 1992. Ecological flows across landscape boundaries: A conceptual overview. Landscape Boundaries (Hansen, A. J. editor). Springer-Verlag, New York 217~235

全球变化研究中的生物圈模型（Ⅱ）：呼吸与分解

16

第十六章

齐　晔　唐剑武　徐　明

（加利福尼亚大学伯克利分校，环境科学、政策与管理系）

摘要　生态系统中植物和土壤微生物的呼吸速率受许多环境因子影响，但通常表示为温度的函数。常用的 Q_{10} 模型是一个关于温度的指数函数模型；Arrhenius 方程则是用以描述温度与化学反应速率常数关系的经典模型。这些模型都可以进一步修正。除温度外，湿度是影响呼吸作用的一个重要因子。本文比较并研究了这几种模型，采用幂函数模型对美国加利福尼亚州内华达山（Sierra Nevada）黄松林（*Pinus ponderosa*）的树干呼吸、土壤呼吸及温湿度的关系进行模拟；发现温度和土壤水分是影响呼吸的重要因子，且两者的作用是相互独立的。

Abstract　Qi, Y., J. Tang and M. Xu, (Department of Environmental Science, Policy and Management, 207 Giannini Hall, #3310, University of California, Berkeley, CA 94720-3310, USA). Biospheric Models in Global Change Research (Ⅱ) : Respiration and Decomposition. Models are used to simulate respiration, which is the function of temperature and other environmental factors. The typical respiration models are Q_{10} model, an exponential model relative to temperature, and Arrhenius model, which describes the relationship between temperature and chemical reaction rate coefficient. These models can be further modified. In addition to temperature, moisture is another important factor affecting respiration. This paper compares these models and selects power function to simulate stem respiration, soil respiration and their relation with temperature and moisture for *Pinus ponderosa* in Sierra Nevada in northern California. We find the temperature and moisture are critical factors affecting respiration and their effects are independent.

一、引言

在生物圈和生态系统模型中，人们通常注重对以光合作用为核心的初级生产力进行模拟（如齐晔和 Hall，1995；Tian 等，1998）。与光合作用相比，生态系统中呼吸和分解的测量和模拟较为困难。以森林生态系统为例，光合作用主要发生在叶片之中。因此，只要对叶片的光合作用速率及总叶面积进行准确的测定，便能够确定该系统中总体光合作用的速率和总量。然而，呼吸发生在植物体的几乎每个器官。就树木而言，叶片、枝条、茎秆和根系等随时均有呼吸作用发生；而每个器官呼吸作用的速率、体积和面积均比叶片难以测量。此外，由于土壤微生物和动物的参与使得对生态系统呼吸的定量确定更加复杂化。因此，无论是通过测定还是模拟，对生态系统呼吸的定量研究一直是一个难题。

然而，生态系统呼吸的确定又是一个不可回避的问题。由于生态系统的净初级生产力（*NPP*）是光合作用和呼吸作用之差。若呼吸的数量不确定，*NPP* 便难以估计，从而使生态系统的准确模拟受到影响。

传统上，对生态系统呼吸的确定往往是通过间接手段而获得。运用破坏性的取样方法可获得一个较长时期内（如几个月至 1 年）生态系统的净初级生产力，结合对总光合作用（*GPP*）的测量结果，便可以推算出呼吸作用的量（*R*）：

$$R=GPP-NPP$$

用这种方法计算出的呼吸作用是在一段时期内的总量，它对于研究呼吸作用随时间的变化以及对环境因素（如温度和水分）的反应帮助不大。

为了解决这两个问题，人们往往采用模型的方法。常见的做法是假设呼吸是温度等环境因素的函数，而温度等因素一般可以从气象资料获得。因此，只要确定函数中的参数便可以计算出不同时间和地点的生态系统的呼吸。运用模型的方法求算生态系统的呼吸，要求对呼吸与其影响因子的函数关系能够准确确定。由于呼吸与温度间的非线性关系，如果在模型的结构和参数上出现少量误差，就可能使生态系统呼吸的计算结果带来很大失误。特别是当这些模型被运用在大尺度的生态系统模型时，需要特别谨慎。近年来，无论在对生态系统的呼吸测量还是模型方面均取得了重要进展。本文旨在综述这些方面的进展，并讨论其可能的发展方向。

二、呼吸模型

1. Q_{10} 模型

对于陆地生态系统呼吸，研究者通常将其分为植物、动物和微生物的呼吸。植物又划分为地上部和地下部（即根系）的呼吸。土壤呼吸一词也常出现在文献中，它实际包括了植物的根系呼吸，土壤动物和微生物的呼吸，以及碳水化合物的分解。由于这几个方面在测量时往往难于分割开来，人们通常简单地用土壤呼吸一词来概括。在生态系统研究中土壤呼吸是一个简单而便于应用的概念。

有机质分解是一个由生物参与的复杂的生物及化学过程。有机质分解导致生态系统的碳从有机态变为无机态并释放到大气中。这一点与呼吸作用相同，但有机质分解与呼吸作用在过程上有本质的区别。简单地说，如果后者是“活”物质的碳水化合物降解而释放能量、水分和 CO_2 的过程，前者则是（在微生物的作用下）“死”物质的分解过程。但由于二者均导致 CO_2 的释放，在这里我们将一并讨论。

一般认为，呼吸是一个酶促生化反应过程。除了反应物（碳水化合物和氧）的浓度，温度是决定该生化反应的主要因素。因此在计算温度对呼吸的影响时，人们一般将其类比为定量化学中温度对化学反应速度的影响。早在一个世纪前，范特霍夫（Van’t Hoff，1898）就注意到温度对不同的化学反应有类似的影响。具体表现在温度每增加一个单位（例如 10℃），化学反应增加的倍数基本保持不变。根据实验数据，他提出了一个经验公式：

$$\log_{10} k=a+bT \qquad (16.1)$$

其中，k 是化学反应的速率，其量纲随化学反应的阶次而定。对于一阶化学反应其量纲为时间的倒数。T 是影响化学反应的温度。a 和 b 均为拟合常数。这一经验公式被用到呼吸的计算中则成为：

$$R=kM \qquad (16.2)$$

其中，R 是呼吸速率（单位时间内通过呼吸而释放的碳量），M 是可供呼吸分解的碳水化合物的浓度（在生态系统中常常为单位面积的碳含量）。

从方程（16.1）中求出 k 并将其代入方程（16.2），便得到指数方程的标准形式：

$$R=R_0 \cdot e^{bT} \cdot M \qquad (16.3)$$

如果将 $Q_{10}=e^{10b}$ 代入方程（16.3）中，则得到：

$$R_c=R_0 \cdot Q_{10}^{\frac{T}{10}} \qquad (16.4a)$$

或

$$R_c=R_0 \cdot Q_{10}^{\frac{T-T_c}{10}} \qquad (16.4b)$$

其中，R_c 是温度为 T_c 时的呼吸速率，R_0 是温度为 0℃时的呼吸速率。Q_{10} 是温度每提高 10 度时呼吸速率提高的倍数。

方程（16.4）就是人们熟知的 Q_{10} 方程或 Q_{10} 模型。Q_{10} 模型被广泛地应用于各种生态系统模型中，用于估计特定温度下植物、动物和微生物呼吸作用的强度。

Q_{10} 模型是一个经验公式，其参数（Q_{10} 和 R_c）需根据测量数据，根据线性回归确定。Q_{10} 与 b 之间存在一一对应关系。对一个呼吸过程，一旦 b 确定，Q_{10} 也随之确定。Q_{10} 反映了一个系统的呼吸速率对温度影响的敏感程度。其物理意义和运算上的简单性使其成为模拟呼吸作用最广泛采用的模型。

研究表明，不同系统之间 Q_{10} 存在很大差别。Raich 和 Schlesinger（1992）综述了大量有关土壤呼吸的研究。他们发现，Q_{10} 值在 1.3 和 3.3 之间。须知，Q_{10} 模型是一个关于温度的指数函数，其底（Q_{10}）的微小差异可导致函数值的很大变化。不同实验研究 Q_{10} 值的差异除了表明系统呼吸对温度影响的敏感程度之外，可能与各研究采用的测量温度和呼吸的方法以及土壤深度有很大关系。Raich 等（1991）在研究南美洲生态系统模型时，对土壤呼吸、植物的生长呼吸和维持呼吸一律采用 Q_{10}=2。这种简化的处理方法是导致模型结果不确定的重要因素之一。其后的许多模型亦沿袭了这一颇具争议的 Q_{10} 值。

Lloyd 和 Taylor（1994）在综述 15 项有关土壤呼吸研究的基础上，发现用 Q_{10} 模型来拟合实验数据时，其误差并非随机分布，而是呈现温度的某种函数关系。这一问题的提出导致日后人们对 Q_{10} 模型的各种新的尝试。

2. Arrhenius 方程

Arrhenius 方程是用以描述温度与化学反应速率常数（k）影响的经典模型。通常表示为：

$$k=Ae^{-\frac{Ea}{rT}} \tag{16.5}$$

其中：T 为绝对温度，单位为 K；r 为理想气体常数，其值为 8.314 J·mol^{-1}·K^{-1}；E_a 为活化能；A 为 Arrhenius 常数。

Arrhenius 方程不但描述了温度与反应速率常数之间的定量关系，而且概述了化学反应的机理，即热能对化学反应过程的活化作用。

由于呼吸作用的热化学反应本质，用 Arrhenius 方程来替代 Q_{10} 模型是一个自然的选择。Lloyd 和 Taylor（1994）发现用 Arrhenius 方程来拟合，效果比 Q_{10} 模型好。用 Arrhenius 方程拟合，在温度较高时的误差比 Q_{10} 模型小。这种在不同温度范围内拟合结果的差异实质上与曲线的相对曲率有关。相对曲率可表示为：

对于 Q_{10} 模型，相对曲率是一个常数即 b^2；而对于 Arrhenius 模型，相对曲率则是一个变量：$\frac{1}{k}\frac{d^2k}{dT^2}$

$$\frac{1}{k}\frac{d^2k}{dT^2}=\frac{E_a}{rT^3}\left(\frac{1}{T}-1\right) \tag{16.6}$$

换言之，Arrhenius 模型中，曲线的相对曲率除了与拟合常数 E_a 有关外，还与温度有关；常数 E_a 确定后，温度越高则相对曲率越小。这就是在高温区 Arrhenius 方程比 Q_{10} 模型拟合效果好的原因。

Lloyd 和 Taylor（1994）在 Arrhenius 方程的基础上予以改进，从而得到

$$k=a\cdot e^{-\frac{E_0}{(T-T_0)}} \tag{16.7}$$

其中，E_0 不再是活化能，而是与 a 和 T_0 一样均成为拟合常数。这一改进的实质是在 Arrhenius 方程的基础上增加了一个拟合常数 T_0。两个模型之间是一个典型的镶嵌关系。即如果令 $T_0=0$，改进后的模型便还原到 Arrhenius 方程的原型。由于这种镶嵌关系的存在，改进后的模型拟合程度（goodness of fit）提高。然而改进后的模型由于增加了一个常数，从而牺牲了模型的简单性。在这个意义上，改进后的模型并非一定比原模型更优越。例如，Davidson 等（1998）比较了 Lloyd 和 Taylor 改进后的 Arrhenius 模型和 Q_{10} 模型，发现改进后的 Arrhenius 模型并不优于传统的 Q_{10} 模型。

3. 多因子的影响

值得注意的是，无论是 Q_{10} 模型还是 Arrhenius 模型，都只是考虑了温度这一个环境因素对呼吸的影响。事实上，其他因素也可能影响呼吸作用的速率。对于土壤呼吸而言，土壤湿度（水分含量）对呼吸作用的影响不容忽视。

当呼吸由多重环境因素制约时，其速率对温度的反应就未必呈现指数关系。例如，在干旱森林中，由于土壤水分的限制，土壤呼吸对温度的反应会呈现“饱和”现象，即当温度升高到一定值后，土壤 CO_2 释放的速率就不再随温度的升高而增加。在此情形下，采用 Q_{10} 模型或 Arrhenius 模型来描述土壤呼吸与温度的关系便不适宜。Q_{10} 模型在任何温度范围内都不能描述“饱和”现象，因为 Q_{10} 曲线的二阶导数总是大于 0。Arrhenius 方程所描述的曲线虽然在一定温度范围内有可能出现下凹，从而可能可以描述“饱和”现象，但对于绝大多数化学反应（其活化能在 50~100 千焦之间），这种情形只有当温度达到 3 000 K 以上才会出现。

4. 模型比较

Arrhenius 模型的优越性在于它将呼吸作用速率与化学反应的活化能联系在一起，从而对呼吸与温度的关系予以机理上的解释。改进后的 Arrhenius 模型更进一步引进了另外一个生理参数 T_0。T_0 是呼吸作用趋近于 0 时的温度。即

$$\lim_{T\to T_0} R=\lim_{T\to T_0} A\cdot e^{-\frac{E_0}{(T-T_0)}}=0 \tag{16.8}$$

尽管有些文献将 T_0 视为一个普通的拟合参数，其取值可以通过实验来确定，但 T_0 可能因不同生态系统及其组分类型而有所变化。

一般而言，用 Arrhenius 方程来拟合呼吸与温度的关系，效果往往比 Q_{10} 模型要好。而改进后的 Arrhenius 模型由于多一个参数，其拟合效果更佳。然而，这并不意味着该模型最为可取。以上所讨论的模型均是基于指数函数，实际上，在对土壤呼吸的拟合中，幂函数的形式往往拟合效果更佳。这种模型可

以表示为：

$$R=R_0 \cdot T^b \tag{16.9}$$

其中，R_0 和 b 为拟合常数。

由于幂函数中自变量的取值必须是正实数，上述模型不适合于拟合温度小于或等于 0 的模型。为了避免这一问题，温度 T 可采用绝对温度单位（K），或加入类似于 Arrhenius 修正模型中的 T_0 常数。从而幂函数的方程变为：

$$R=R_0\,(T+T_0)^{b} \tag{16.10}$$

从建模角度，我们特别推荐 Arrhenius 模型和幂函数模型。其中温度均取绝对温度。这两个模型均只需要估计两个参数。数据经对数转换后可直接通过线性回归求得参数。修正后的 Arrhenius 和幂函数模型均需估计 3 个参数，而且需通过迭代来估计这些参数。除非对估计精度要求很高，一般不宜牺牲模型的简单性。实际上在对估计精度要求较高的情形下，将指数函数的指数部分从一次改为二次（即将线性变为非线性关系），模型便包含 2 个参数，其估计效果一般比修正的 Arrhenius 模型更好。修正后的 Q_{10} 模型可表示为

$$R=e^{a+bT+cT^2} \tag{16.11}$$

表 16.1 对这些模型的特征进行了比较。

表 16.1　呼吸模型比较

模型	形式	参数	参数的估计方法	精度	有无物理意义
Q_{10} 模型	$R=R_cQ_{10}^{\frac{T-T_c}{10}}$	R_c，Q_{10}	数据转化后线性回归	低	无
Arrhenius	$R=R_0e^{\frac{E_a}{rT}}$	R_0，E_a	数据转化后线性回归	中	有
幂函数	$R=R_0T^b$	R_0，b	数据转化后线性回归	中，高	无
Lloyd+Taylor	$R=R_0e^{\frac{E_0}{T-T_0}}$	R_0，E_0，T_0	数据转化后线性回归 + 迭代	高	有
Q_{10} 修正	$R=R_0e^{bT+cT^2}$	R_0，b，c	数据转化后线性回归	高	无

三、多因子交互作用对呼吸的影响

环境因子对呼吸速率的影响，可以是通过各因子的独立作用，也可能是由不同因子间交互作用进行。其具体作用机理可以通过对模型结构及结果的分析来得到。

上述的几个呼吸作用模型可分为两个部分：与温度无关的部分 R_0 和与温度有关的部分，暂记为 $f(T)$。这样，这些模型可用如下的一般形式来描述：

$$R=R_0 \cdot f(T) \quad (16.12)$$

与温度无关的部分，其取值取决于其他环境和生物因子。而 $Q_{10}^{T/10}$ 则除了温度之外，亦可能受其他因素制约。当 $f(T)$ 仅仅是温度的函数时，可以认为温度对呼吸的影响独立于其他因素的影响之外。反之则认为温度与其他因素之间存在交互作用。对 Q_{10} 模型而言，如果 Q_{10} 是一个不随其他因子影响的常数，则可以认为温度的影响是独立的。多因子作用的独立性和交互性可以通过对实验或观测数据进行统计检验来加以确定。以下，我们通过实例对此加以说明。

作者在 1998 年和 1999 年间的两个生长季内在美国加利福尼亚州内华达山脉（Sierra Nevada），对美国黄松林（*Pinus ponderasa*）的树干呼吸、土壤呼吸及其温度、湿度进行跟踪测量。以 CO_2 释放速率为指数的土壤呼吸与温度之间的关系，如图 16.1 所示。用幂指数直接拟合，得到 R^2=0.36。可见呼吸与温度之间的直接相关较弱。这从散点图的数据分布也可以看出。有趣的是，数据的分布以拟合曲线（中间的实线）为界分为上下两部分。进一步观察发现，曲线上方的部分均为土壤水分相对较高的数据，其值在 16% ~23%之间。而曲线下方的数据则全部在 9% ~13%之间。可见除了土壤温度之外，土壤水分是影响呼吸的另一个重要因子。如果对上、下两部分数据分别进行模型拟合，则得到上、下两条曲线（图 16.1 中虚线所示）。按土壤水分分组分别进行拟合，结果表明，呼吸与温度的相关关系有了显著提高，分别为 R^2=0.86（高湿度）和 R^2=0.73（低湿度）。

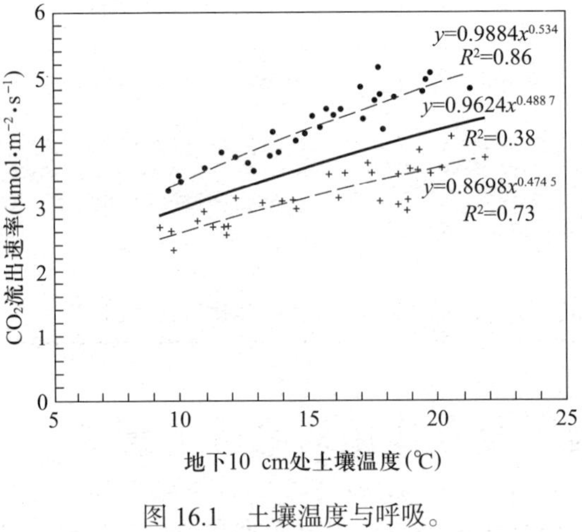

图 16.1　土壤温度与呼吸。

我们进一步感兴趣的是，水分和温度两个因子对呼吸的影响是相互独立的还是其间存在着交互作用？以模型而论，如果二者作用是独立的，则去掉其中一个因素之后剩余部分（即残差，residual）可以用同一条曲线来描述该两组数据。对两因素作用独立性（或交互性）的确定可以通过统计学的假说来检验

进行。由于两个幂函数均可通过对数转换而得到线性方程，即

$$\ln Y_1=\ln \alpha_1+\beta_1\ln X_1 \quad (16.13a)$$

$$\ln Y_2=\ln \alpha_2+\beta_2\ln X_2 \quad (16.13b)$$

因此，如果无效假设 $\beta_1=\beta_2$ 成立，即两条转换后的直线斜率相等，则可以认为温度与水分之间的作用是独立的。反之则认为二者间存在着交互作用。通过对这两组数据统计检验结果，我们接受无效假设，即温度与水分之间的作用是独立的。这表明，水分对温度的影响通过对幂函数的系数项发生作用。换言之，对于我们的两组数据，可以通过具有加乘关系的独立的温度函数和湿度函数进行拟合。亦即

$$R=R_0 f(M) f(T) \quad (16.14)$$

其中湿度函数 $f(M)$ 可以通过对去除湿度影响后的数据残差进行拟合而得到。图 16.2a 和图 16.2b 分别为原始数据和残差的拟合结果。无论是用幂函数还是用二次函数，去掉残差的拟合结果均优于原始数据。这一结果表明，呼吸速率的季节变化主要由温度和湿度两个因子决定。

以上结果和结论是通过拟合幂函数而得到的。实际上，运用 Q_{10} 模型或 Arrhenius 模型亦可得到类似的结果和相同的结论。值得注意的是这些结果和结论是来自一个特定生态系统的一组特定数据。对于其他生态系统未必适宜。然而以上方法可一般性地运用于探讨多因子对呼吸作用影响的机理。

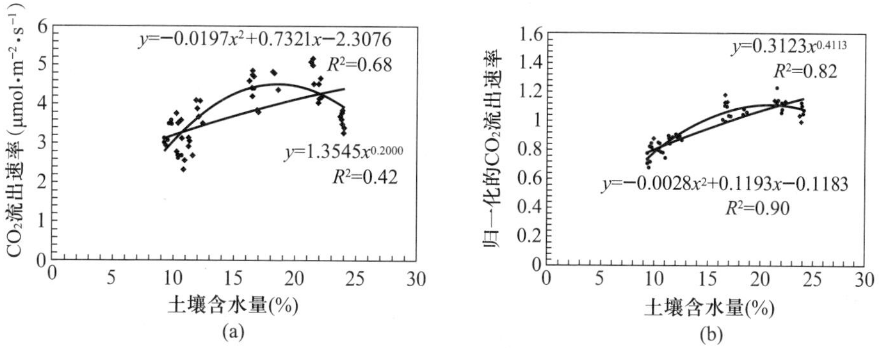

图 16.2 土壤湿度与呼吸。

四、模型参数及结果的不确定性

模型作为真实系统的抽象和简化，总是或多或少地与实际系统有所差异，因此任何模型的模拟结果都有不同程度的不确定性。生态系统模型结果的不确定性来自三个方面：输入的数据、模型的参数和模型的结构。输入数据的不确定性来自测量和调查。例如，气象和水文数据的准确性和精确性取决于测量台站的仪器设备和工作人员经验。模型结构受人们对系统的理解所制约。参数的

不确定性与上述两者均有密切联系。尽管各方面的不确定性不可能完全消除，但对参数的变动导致模型结果的影响有必要做准确估计。这就是所谓灵敏度分析的重要内容。

生态系统的呼吸模型一般结构简单，由少数的参数和变量组成非线性方程。参数的灵敏度分析在这里显得尤为重要。例如，在 Q_{10} 模型中，呼吸作用的速率对参数 Q_{10} 极为敏感，而 Q_{10} 的变化范围很大（Raich 和 Schlesinger，1992）。Q_{10} 的不确定性对模型结果的影响不容忽视。当 Q_{10} 模型中的参数温度即方程中的 Tc 取不同值时，这一问题就更应给予重视，因为 Q_{10} 取值的任一微小变化均可能导致模型结果走向两个极端（*Xu* 和 *Qi*，2001）。

五、生态系统中有机质的分解

如果说呼吸过程的模型是注重描述呼吸速率与影响因子间的关系，对有机质分解的定量描述则多集中在有机质数量随时间的变化上。这就是常见的所谓指数分解或腐烂过程的模型（Decay Model）：

$$C=C\cdot \mathrm{e}^{-rt} \tag{16.15}$$

实际上二者所描述的是一个过程的两个方面。用于描述呼吸过程的模型亦可用来描述分解过程。同样，影响呼吸速率的因子，如温度、湿度和微生物等亦相应地影响分解过程。可以认为在定量描述生态系统的呼吸和分解上可以进行类似处理。当然如前所述，呼吸过程既包含了“死”物质的分解（如土壤呼吸），也包括“活”生物的代谢过程。这两个过程在定义上应严格地区分开来。

六、结语

生态系统的呼吸和分解由多种生物、物理和化学的过程交互作用构成。其速率受许多环境因素影响。在多数生态系统模型中，呼吸与分解往往被简化为少数几个方程和参数。这种简化的处理方式可能导致模型结果的重大误差。在全部呼吸中，地下部分，包括土壤和根系的呼吸占主要部分。因此对生态系统呼吸与分解的准确模拟有赖于对生态系统地下过程的准确测量，特别是对多因子的实时监测。模型只能对已知的过程进行描述和整合。

参 考 文 献

齐晔，C. A. S. Hall. 1995. 全球变化研究中的生物圈模型 I：初级生产力模拟. 李博主编. 现代生态学讲座. 北京：科学出版社，129~141

Davidson, E. A., E. Belk, and R. D. Boone. 1998. Soil water content and temperature as independent or confounded factors controlling soil respiration in a temperate mixed hardwood forest. Global Change Biology 4: 217~227

Lloyd, J., and J. A. Taylor. 1994. On the temperature dependence of soil respiration. Functional Ecology 8: 315~323

Raich, J. W., E. B. Rastetter, J. M. Melillo, D. W. Kicklighter, P. A. Steudler, B. J. Peterson, A. L. Grace, B. Moore III, and C. J. Vorosmarty. 1991. Potential Net Primary Productivity in South America: Application of a global model. Ecological Applications. 1 (4) : 399~429

Raich, J. W., and W. H. Schlesinger. 1992. The global carbon dioxide flux in soil respiration and its relationship to climate. Tellus 44B: 81~99

Tian, H., C. A. S. Hall, and Y. Qi. 1998. Modeling primary productivity of the terrestrial biosphere in changing environments: Toward a dynamic biosphere model. Critical Review of Plant Science 15 (5) : 541~557

Van't Hoff, J. H. 1898. Lectures on theoretical and physical chemistry. Part I. Chemical dynamics (translated by Lehfeldt R. A.), Edward Arnold, London 224~229

Xu, M., and Y. Qi. 2001 Spatial and seasonal variations of Q_{10} determined by soil respiration measurements at a Sierra Nevadan Forest. Global Biogeochemical Cycle 15: 678~688

地面臭氧与生态系统：美国的科研与决策动向

17

第十七章

高　方

（美国特拉华州自然资源与环境保护部空气质量管理处）

摘要　本文系作者在第二届现代生态学研讨会上的专题报告的一部分，主要介绍过去几年美国就如何确立地面臭氧二级标准所做的一些工作。地面臭氧是光化学烟雾的主要成分，对人体健康和生态环境均具有严重的危害性。在美国，地面臭氧的环境（或室外）空气质量标准分为二级，一级标准为保护人体健康而立，二级标准则为保护公益（包括生态系统）而立。本文首先简要回顾臭氧二级标准的历史，然后介绍过去几年美国环境保护署为确立臭氧二级标准所进行的决策活动，并重点介绍决定近期要开展的研究工作。作者撰写这篇短文的目的如下：第一，地面臭氧是现代空气污染的关键成分之一，加之考虑到中国目前空气污染问题已经比较严重，美国控制地面臭氧的经验和进展情况将有助于中国有关决策者和科研人员了解和开展这方面的工作。第二，通过介绍美国的最新动向，引起中国生态学和植物学方面的专家和学者的兴趣和重视，从而在国内开展研究地面臭氧对生态与植物影响的工作。第三，地面臭氧二级标准的确立过程，体现了美国决策与科研的关系，即决策依赖科研，而决策方面的需要又推动和促进科研。希望这个例子对国内环境政策和科研的决策者，以及有志于将来成为决策者的大学生和研究生有一些参考和借鉴价值。

Abstract　Gao, F. (Air Quality Management Section, Delaware Department of Natural Resources and Environmental Control, Dover, DE 19901, USA). Ground-Level Ozone and Ecosystems: Directions in Research and Policy in the U. S. This chapter is an excerpt from the author's presentation in the Second Symposium of Modern Ecology. The chapter mainly reviews the recent decision-making activities in the United States regarding the secondary standard for the ground-level ozone (the major component of smog) to protect public welfare, including ecosystem. The chapter will briefly recall the history of the secondary standard, review the decision-making process over the past few years, and emphasize on research needs for the new secondary standard. The purposes of the chapter are multiple. First, the ground-level ozone is one of the key elements of modern air pollution. The experiences and progresses in the United States for controlling ozone will help Chinese decision-makers and researchers foster relevant and necessary control and research work. Second, the research needs in the United States in the near future may attract interests among Chinese scientists in ecology and plant science, thus facilitating research in China on effect of ozone on ecology and plants. Third, the process of establishing the secondary standard for ozone sets up an example reflecting the relation between decision-making and research needs in the United States, that is, decision depends on scientific research results while the needs for decision-making initiates and expedites research activities. The author hopes that the information provided here is valuable to the current Chinese decision-makers for environmental policy and research, as well as to those students who are willing to become future decision-makers.

一、前言：地面臭氧及其标准

地面臭氧（ground-level ozone）是光化学烟雾（smog）的主要成分。在美国，光化学烟雾的污染问题始于20世纪40年代末至20世纪50年代初，在加利福尼亚南部特别是洛杉矶地区，引起人们注意。20世纪50年代以后，光化学烟雾的研究逐步在美国全面展开（National Research Council，1991）。早期的研究主要侧重于弄清光化学烟雾的形成过程，包括搞清污染源及形成光化学烟雾的光化学反应过程和条件。1971年，美国环境保护署（US Environmental Protection Agency，简称USEPA）在空气保护法（*Clean Air Act*）1970修正案授权下为6种空气污染物制定了全国环境（或室外）空气质量标准。这6种空气污染物之一即为光化学氧化物（photochemical oxidants）。广义地讲，光化学氧化物包括O_3、O、各种过氧化物以及受激态的O_2。1979年，美国环境保护署修正全国空气质量标准，其中一项主要内容是把广义的光化学氧化物确指为地面臭氧，并制定了沿用至今的一级和二级标准（McKee，1994）。

地面臭氧一级标准的目的是保护人类健康（human health），二级标准的目的是保护公益（public welfare），包括环境与生态系统。1979年，美国环境保护署参考和审查了大批针对健康影响的研究结果（主要是实验室动物实验结果），确定地面臭氧的一级标准为0.12 ppm①（1小时平均观测值）。当时，由于缺乏足够的针对环境与生态影响的研究成果，美国环境保护署不得不暂时规定

① 1 ppm=10^{-6}。

地面臭氧的二级标准与一级标准相同，即亦为 0.12 ppm（McKee，1994）。

二、问题的提出：决策需要

在空气保护法的要求下，美国环境保护署每 5 年左右要对地面臭氧的空气质量标准进行审核，并在必要的情况下对其进行修正。1982 年，环境保护署决定将对 1979 年确定的标准进行审核和修正。其后数年，环境保护署收集和分析了大量新的研究成果，于 1988 年得出初步结论，其要点有：① 对于正常人而言，长期或常年暴露于臭氧浓度高于 0.12 ppm 的室外空气中会导致各种慢性呼吸系统疾病；② 对于进行体育运动的人而言，短期（连续 6 小时）暴露在臭氧浓度高于 0.12 ppm 的室外空气中会遭受各种急性肺功能疾病；③ 生态系统，特别是各种植物和农作物，对臭氧更为敏感。臭氧浓度高于 0.12 ppm 的室外空气即会对植物特别是多种农作物产生危害；④ 建立累积性的长时间的（cumulative long-term）二级标准可能更适于保护生态和环境。由于当时美国国会正在酝酿对空气保护法再次进行修改，国会内部两党议员之间，国会与行政当局之间，以及各种政治经济利益集团之间的协商和谈判正在激烈进行，环境保护署决定推迟修改地面臭氧标准（USEPA，1996；Godish，1997）。

1990 年，美国国会对空气保护法再次做了修正并通过了 1990 修正案（Clean Air Act Amendments of 1990）。由于环境保护署未能在此之前完成对臭氧标准的审查和修改，空气保护法 1990 修正案继续使用 1979 年的臭氧空气质量标准，即一级和二级标准均为 0.12 ppm（1 小时平均观测值）。在空气保护法 1990 修正案的授权下，环境保护署于 1992 年开始重新审查和修改地面臭氧标准的工作。这次审查修改工作包括总结和分析 20 世纪 80 年代后期和 20 世纪 90 年代初期的最新研究成果。1997 年，环境保护署确定新的地面臭氧一级标准为 0.08 ppm（8 小时平均观测值）。与此同时，环境保护署认为，尽管许多研究成果表明生态系统特别是各种植物和农作物对地面臭氧的危害更为敏感，但是现有的研究成果尚不能为确定一个更低的或更合适的二级标准提供足够的科学依据。因此，环境保护署决定采用 1979 年的老办法，即把新的一级标准作为新的二级标准（USEPA，1997）。这一决定使近 20 年的二级标准等于一级标准的状况至少将再延续 5 年以上（即延至下一次审查并做出修改）。为此，环境保护署受到各界的广泛批评（Heck 和 Cowling，1997；Heck 等，1998）。

事实上，环境保护署在 1997 年已经清楚地意识到确定独立的臭氧二级标准的必要性和紧迫性。为缓解来自各方面的批评和压力，环境保护署宣布争取在下一次审查期间（约在 2002 年开始）为地面臭氧确定二级标准（USEPA，1997）。1997 至 1998 年，环境保护署为此做了大量的准备工作，其中一项主要内容是研究和决定开展哪些和怎样开展必要的科研项目以支持新的二级标准。这些准备工作包括召集专门研讨会和座谈会，收集最新科研成果，起草总结性和指导性文件并征求有关专家意见等。参加准备工作的专家主要来自环境保护署有关研究和决策部门、农业部农业研究管理局（Agricultural Research Service）和林业管理局（Forest Service）、鱼类及野生动物管理局（Fish and Wildlife Service）和国家园林管理局（National Park Service），一些州的环境与资源管理部门，以及一些大学和研究所。这些专家涉及的领域包括环境科学、环境工程、农业工程、生态学、生物学、植物生理及病理、统计学、数学模型、经济学、观测气象学、风险评估、政策分析等。作为这一段准备工作的总结，环境保护署起草了一份纲领性文件，题为“地面臭氧的科研需要：改进健康与生态危害评估”（USEPA，1998）。在这份文件中，环境保护署罗列了近期为确立臭氧二级标准所需进行的主要科研工作。

三、近期科研动向

本节简要介绍美国环境保护署为建立地面臭氧二级标准所确立的近几年的主要科研方向和内容。

1. 敞口实验罩

敞口实验罩（open-top chamber）是研究各种空气污染物（包括地面臭氧）对农作物影响的常用方法。由美国全国农作物损失评估网络（National Crop Loss Assessment Network，简称 NCLAN）提供的目前最有力的关于地面臭氧对农作物影响的数据全部是由敞口实验罩获得的（Adams 等，1988；Tingey 等，1994）。但是，敞口实验罩的存在会造成罩外与罩内环境的不一致。不少专家对罩内的实验结果是否真实准确地反映了罩外农作物对臭氧的反应存在怀疑（Heagle 等，1988；Heck 等，1998）。因此，近期使用敞口实验罩的各种实验应把评估和确定实验罩本身的影响作为一项主要内容。同时，在进行新的实验罩实验时应尽可能使罩内各种环境指数等于或接近罩外的实际环境，并对各种指数进行连续监测。

2. 大规模无罩实验

为克服实验罩的局限性，环境保护署提出，在可能的情况下，应尽力设计和进行较大规模的实地无罩实验，研究地面臭氧浓度梯度（concentration gradient）在大范围内对农作物、草原及森林的影响，研究和监测地面臭氧对不同生长期的农作物及用材林的影响，观测和确定哪些农作物和植物种群对地面臭氧最为敏感，收集数据以验证现有的农作物损失估计是否准确可靠。

3. 植物对臭氧的吸收和反应

根据植物生理方面的理论，一些科学家初步认为，臭氧对植物的损害是在臭氧气体通过植物叶面气孔渗入叶体并溶于细胞壁的水表层后发生的（USEPA，1996；Godish，1997）。近期这方面的研究工作应包括植物冠体周围空气中臭氧浓度与植物吸收臭氧能力或快慢的关系，臭氧在空气－叶面交界面的渗透率或阻率，影响交界面渗透的因素和条件，臭氧在叶体内部的传导以及影响传导的因素，臭氧损害的准确位置，损害过程和机理等。此外，在这些吸收－反应（uptake-response）实验中，还应观察和发现不同植物特别是农作物对臭氧的抗毒能力（detoxification）。

4. 臭氧暴露指数

建立臭氧暴露指数（exposure index）的目的是将空气中臭氧浓度（即暴露程度）与植物遭到的损害（即植物的反应）用简单明了的数量关系表现出来。这方面的研究应该在综合其他各方面研究成果的基础上进行。近期要做的主要工作有两项：① 确认暴露指数的必要性和可行性；② 主要针对植物系统，研究和确定暴露指数的形式，是选用单一暴露指数（即一项指数适用于所有植物）还是选用多项暴露指数（即不同的植物具有不同的指数），是选用较简单的经验指数（emperical index）还是较复杂的机理指数（mechanistic index）。此外，在选择和确定暴露指数时，还必须考虑公众对暴露指数及其意义的理解和接受力。

5. 影响植物反应的多种因素

许多因素，包括植物本身的因素和外部环境的因素，均会影响和改变植物对臭氧的反应（USEPA，1996；Heck 和 Cowling，1997）。近期这方面的研究应包括不同植物种群对臭氧的敏感性，不同年龄和大小的植物对臭氧的反应程度，常见病虫害与臭氧对植物的综合作用及相互影响，气温、降雨、干旱、养分或肥料及空气中 CO_2 浓度与臭氧对植物特别是农作物的综合作用和相互影响等。在对臭氧敏感性的研究中，要特别注意研究这种敏感性是否影响植物在自然界的存活能力和竞争能力，是否影响生态系统的生物多样性。

6. 生态系统对臭氧的反应

生态系统是一个复杂的整体，包括植物、动物和微生物以及这些生物赖以生存的物理化学环境。这方面的研究可以说是上一节研究内容的延展和扩充。近期的研究内容应包括臭氧对水循环、碳循环、氮循环及其他养分循环的影响，臭氧对自然生态系统中物种结构和生物多样性的影响，臭氧对湿地生态系统特别是对其植物种群的影响，臭氧对沙漠生态系统的影响，臭氧与其他胁迫因素（stressors）对人工管理林区的综合影响等。

7. 模型模拟和预测研究

近些年，各种数学和计算机模型已被用来分析、外延和预测地面臭氧对植物和生态系统的影响。但是，这些模型均具有很大的局限性。首先，这些模型均是建立在现有的知识和对臭氧作用的了解上，而且，这些知识和了解绝大部分是通过幼苗和幼树实验而获得的。其次，这些模型研究仅仅涉及了少数几个树种（如 Loblolly Pine，Eastern Hardwood，Western Mixed Conifer）（USEPA，1998），其可用性和预测结果的可靠性远远没有达到令人满意的程度。因此，模型模拟和预测研究应该和其他方面的研究同步进行。近期这方面的主要研究内容应包括引用新的知识和理解丰富和改进建立模型的基础，用最新的实验结果对现有模型进行检校并做必要的改进，从而提高现有模型的实用价值，改进和提高模型的预测能力，特别是对成年树林的预测能力，研究和开发可进行尺度推延的模型，可与整体空气质量模型结合使用或运行的模型，以及可进行经济损失评估和预测的模型。此外，对模型模拟的不确定性进行评估和数量化，应该作为改进和开发模型过程中的一项重要内容。

8. 实验尺度推延

到目前为止，绝大多数关于臭氧对植物影响的实验是针对单株或少数幼苗或幼树进行的。而且，这一实验形式将被长期继续使用（USEPA，1998）。因此，如何将这种小尺度实验的结果推延至更大的尺度是近期研究的重点之一。尺度推延涉及时间和空间两个方面。就时间尺度而言，研究的内容是如何根据幼苗短时间内对臭氧的反应推延成年植物长时期对臭氧的反应。就空间尺度而言，研究内容是如何根据单株或数株植物对臭氧的反应推延大面积植物林甚至整个植物种群对臭氧的反应。尺度推延的研究，应该把实验室和实验田的研究与大规模实地研究及模型模拟研究紧密结合起来。

9. 重新评估经济损失

近期这方面的主要研究工作包括以下几点：① 设计和开展大规模成年树林实验，搞清臭氧浓度及暴露期与成年林成长速度下降之间的关系，进而评估臭氧对商业林区造成的经济损失，并为开发有关评估与预测模型建立必要的数据基础；② 设计和开展农作物田间实验，检核或修改现有的全国农作物损失评估网络提供的估算结果；③ 设计和开展针对城市地区景观植物的实验，从而评估臭氧对这些景观植物，特别是对景观树种和灌林的损害和相应的经济损失；④ 研究和开发新的方法和技术以评估臭氧对自然生态系统（如湿地和沙漠）价值的影响。

10. 建立区域性和全国性监测网

目前，美国城区和郊区已普遍建立了臭氧监测站，农村地区也设立了一定数目的监测站（USEPA，1997）。但是，这些监测站的主要任务是监测空气中的臭氧浓度，其监测结果主要被用来显示某一地区针对臭氧一级空气质量标准的达标情况。对于研究臭氧对植物的影响而言，监测臭氧浓度只是第一部分，即确定植物对臭氧的暴露程度。因此，臭氧浓度的监测必须与观察和研究植物对臭氧的吸收和反应结合起来。近期的工作包括：① 设计和发展区域性和全国性的适于研究臭氧对生态与植物影响的监测网。在设计中，应该最大限度地利用现有网络，并加密农村地区，边远地区和自然地区的监测站点；② 在这些站点中，在监测臭氧浓度的同时，观察和研究植物对臭氧的反应和受损程度。在必要和可能的情况下，可以选择或设置某些生物指示物（biological indicator）以便观察。例如，可以选择一些敏感性植物，观察和记录其叶面受损情况；③ 监测网站的研究工作应该与大规模区域性研究，模型与预测研究及尺度推延研究结合进行。

四、结束语

地面臭氧是美国空气污染的一个主要问题，已经危害和困扰美国长达半个世纪。由于缺乏足够的和可靠的科研结果，美国环境保护署至今未能为地面臭氧确定以保护公益特别是保护生态为目的的二级标准。美国环境保护署计划在下一次审查期间（2002 年开始）完成这一任务。为此，环境保护署决定尽快开展一系列研究工作，并期望这些研究工作的结果能够为确立臭氧二级标准提供可靠依据。不难看出，由于时间上的限制，许多研究工作很难甚至不可能在 2002 年之前得出充足可靠的结果。但是，如果能够按照计划进行，这些研究工作必将（尽管迟些年）产生大批新的有价值的成果，从而改进和提高决策者和科研工作者对地面臭氧与生态系统关系的了解，并为环境保护署最终确立地面臭氧二级标准提供有力的科学和技术依据。此外，环境保护署为地面臭氧确立二级标准的过程，不失是一个“决策需要推动科学研究”的典型实例。

需要指出的是，虽然进行上述研究工作的主旨是为环境保护署确定地面臭氧二级标准提供依据，这些工作对保护生态系统，包括各种农作物、各种自然植被和森林、各种自然和人工景观，具有广泛的和实际的意义。而且，这些研究工作大多具有多学科交叉性质（inter-disciplinary）。为此，环境保护署在承担各项研究中的主导作用的同时，大力促进多部门和多学科的广泛合作，并希望农业部农业研究管理局和林业管理局、鱼类及野生动物管理局和国家园林管理局，以及各大学和研究所，积极承担有关研究项目。

随着经济的高速发展，中国的空气污染问题日趋严重，已经引起各级政府、环境保护工作者以及普通百姓的关切，许多控制计划和措施已经或将要启动。但是，从目前来看，各方的关切和各种控制措施均集中于改善城市地区空气质量。美国和其他国家的大量研究表明，诸如臭氧之类的空气污染物可以传播几十、几百甚至上千千米，致使大面积农田、森林和自然生态系统暴露于各种空气污染物之中。美国环境保护署估计，由地面臭氧对农作物和森林造成的损害给美国带来的经济损失每年可达 20 亿 ~30 亿美元（这方面的研究情况和信息，作者将另文细述）。考虑到如此巨大的经济损失和对生态系统的严重危害，作者谨希望中国各级政府及环境与生态学者尽早重视地面臭氧和其他空气污染物对农业和生态的危害，并及时开展这方面的研究工作。

致谢

本文初稿完成后，王全禄博士做了审阅并提出了宝贵的修改意见。作者谨向王全禄博士致以衷心的感谢。

参 考 文 献

Adams, R. M., J. D. Glyer, and B. A. McCarl. 1988. The NCLAN economic assessment：Approach, findings and implications. Assessment of Crop Loss from Air Pollutants (Heck, W. W., O. C. Taylor, and D. T. Tingey editors), Elsevier Applied Science, London, England 473~504

Godish, T. 1997. Air Quality (3rd Edition). CRC Press, Inc., Boca Raton, Florida, USA

Heagle, A. S., L. W. Kress, P. J. Temple, R. J. Kohut, J. E. Miller, and H. E. Heggestad. 1988. Factors influencing ozone dose-yield response relationshipsin open top field chamber studies. Assessment of Crop Loss from Air Pollutants (Heck, W. W., O. C. Taylor, and D. T. Tingey editors), Elsevier Applied Science, London, England 141~179

Heck, W. W., and E. B. Cowling. 1997. The Need for a long-term cumulative secondary ozone standard—An ecological perspective. Environmental Managers 1997 (10): 23~33

Heck, W. W., C. S. Furness, E. B. Cowling, and C. K. Sims. 1998. Effects of ozone on crop, forest, and natural ecosystems: Assessment of research needs. Environmental Managers 1998 (10): 11~22

McKee, D. J. 1994. Legislative requirements and ozone NAAQS review. Tropospheric Ozone：Human Health and Agricultural Impacts (McKee, D. J. editor), CRC Press, Inc., Boca Raton, Florida, USA, 9~18

National Research Council. 1991. Rethinking Ozone Problem in Urban and Regional Air Pollution, National Academy Press, Washington, D. C., USA

Tingey, D. T., D. M. Olszyk, A. A. Herstrom, and E. H. Lee. 1994. Effects of ozone on crops. Tropospheric Ozone: Human Health and Agricultural Impacts (McKee, D. J. editor), CRC Press, Inc., Boca Raton, Florida, USA, 175~206

USEPA. 1996. Air Quality Criteria for Ozone and Related Photochemical Oxidants, EPA/600/P-93/004, National Center for Environmental Assessment, Office of Research and Development, US Environmental Protection Agency, Research Triangle Park, North Carolina, USA

USEPA. 1997. Preamble: National Ambient Air Quality Standards for Ozone; Final Rule. The US Federal Register, Vol. 62. 38855~38896

USEPA. 1998. Ozone research needs to improve health and ecological risk assessment (Draft), EPA/600/R-98/031, National Center for Environmental Assessment, Office of Research and Development, US Environmental Protection Agency, Research Triangle Park, North Carolina, USA

城市生态学：一个面临新挑战的生态学领域

18

第十八章

朱伟兴[1] 邬建国[2] 张利权[2]
（[1] 亚利桑那州立大学，环境研究中心，Tempe，AZ 85287
[2] 亚利桑那州立大学，生命科学系，Phoenix，AZ 85069）

摘要 城市环境是受人类活动极度影响的生态系统的典型代表。城市生态学研究对许多传统的生态学理论提出了挑战。然而，城市生态学研究又为发展、丰富、修改和检验生态学理论提供了一个重要的基地。为了改善人类的生存环境，合理地管理自然资源，以及保护全球的生物多样性，我们必须要发展和完善城市生态学理论和实践。城市生态学有多种途径来研究和理解城市系统的结构、功能和动态。本文着重阐述两种。生态系统生态学途径注重于城市生态系统中的能流、物流和生物种类的研究；而城市景观生态研究途径注重于景观中空间异质性的产生以及这些异质性是怎样影响城市生态系统中的能流、物流、生物种类和信息流等生态学过程的。北美城市生态学长期研究正是以这两种主要研究途径相结合为特征的。毫无疑问，城市生态学长期研究对于认识并解决由于全球城市化趋势的加速和城市发展过程中出现的一系列问题，如人口膨胀、资源紧缺、城市布局不合理、环境污染等，具有重要意义。

Abstract Zhu[1], W., J. Wu[2], and L. Zhang[2] ([1]Arizona State University, Tempe, AZ 85287, USA; [2]Arizona State University-West, Phoenix, AZ 85069, USA). Urban Ecology: An Ecological Field Facing New Challenges. Urban environment represents ecological systems that are most drastically transformed by human activities. The study of urban ecology represents a challenge to classical ecological theory. Indeed, most ecological theories have been developed without an explicit consideration of urban environments. We assert that the urban ecosystem is one of the ideal places to develop, modify and test current ecological theories, as we struggle to improve the living environment for human being, manage the natural resources of the planet and preserve its biodiversity over the coming decades and beyond. Two ecological approaches are mainly adopted to understand and manage the structure, function and dynamics of urban ecosystems. The ecosystem approach studies cities as systems, focusing on energy flow, materiel cycling and species in them. On the other hand, a landscape ecological approach focuses on the creation of the spatial heterogeneity within landscapes and how that heterogeneity influences the flow of energy, matter, species and information across the landscape. Long-term Ecological Research projects in USA are characterized by integrating these two research approaches. This paper reviews these approaches and discusses new opportunities in urban ecology.

一、前言

城市生态学研究起源于欧洲，其发展历史可追溯到第二次世界大战后有关欧洲城市废墟上植物区系的研究。此后，城市生态学在世界各地迅速发展。对于城市植被、动物、土壤和气候的研究已有丰富的文献记载（Rebele，1994）。全球人与生物圈计划（MAB）中的城市生态学项目对于20世纪70年代迅速发展中的中国香港做了非常全面的生态和社会学研究。近年来，城市生态学作为生态学中一个分支学科，其重要性不断提高（McDonell 和 Pickett，1990；Sukopp 等，1995；Pickett 等，1997）。城市生态学是一个多学科交叉的、发展迅速的新兴领域。它是生态学、地理学、地质学、社会学、经济学、政治学等多方位的组合。城市生态学成为生态学中一个重要分支学科（McDonell 和 Pickett，1990；Sukopp 等，1995；Pickett 等，1997）。它的兴起为我们研究全球城市化趋势提供了科学基础。

在北美，城市生态学在20世纪90年代进入一个新阶段。一个重要标志就是两个城市生态学长期研究（Urban LTER）项目的建立：一个是美国东部城市巴尔的摩（Baltimore）（网址：http：//baltimore.umbc.edu/lter/），另一个是美国西部新兴城市凤凰城（Phoenix）（网址：http：//caplter.asu.edu/）。城市生态学在北美迅速兴起，并逐渐成为生态学研究中的一个前沿领域。北美城市生态学重点突出了生态系统生态学、景观生态学、社会科学、地理信息系统（GIS）和遥感技术的紧密结合。城市生态学不仅为生态学开辟了一个崭新的研究领域，而且也带来了新的机遇和挑战。McDonnell 和 Pickett（1990）指出城市生态系统提供了检验生态学理论的新的实验基地。生态学家从而可以在自己的居住环境中研究与人类城市化有关的生态学课题（表18.1）。然而，城市生态系统是非常复杂的系统，在许多方面不同于自然生态系统。在接受新挑战的同时，生态学家不仅将为全球城市化趋势的研究做出贡献，而且也将创造出新思想、新理论和新方法去充实生态学学科本身。

表 18.1　城市生态系统中的生态学课题

生态学课题	定义与举例
干扰	干扰频率（增加 / 减少），干扰程度（增加 / 减少），干扰类型
生物种类构成	主要种类为人类，伴人种类（寄生虫、杂草、害虫等）增加，外来种增加，本地种和稀有种减少
景观构成	人为景观占优势，建筑物取代植被，不透性覆盖取代土壤覆盖
胁迫	污染、噪音影响城市生物（包括人类）的生理反应，种群密度影响生物行为
文化、经济、政治	城市生态过程不仅取决于物理、化学和生物因素，同时也取决于人类特有的文化、经济、政治等因素
能量流动	与大部分自然生态系统不同，异养生态系统是城市的重要特征
物质循环	大规模物质输入和输出，不完全的物质循环

二、城市作为一个综合生态系统

从生态学角度来看，城市可以被认为是大型的、异养的、具有大量能量和物质输出和输入的综合生态系统。生态学上定义外来输入能量大于本身光合固定能量的系统为异养系统（heterotrophic system）（表 18.2）。城市运转所需要的能量大部分来自城市以外，其本身经光合作用获得的能量（生态系统能量的最终来源）是非常有限的。在 20 世纪 70 年代的香港城市生态系统研究中，香港行政区本身（包括大量城郊组成部分）经光合作用形成的能量仅占整体能量消耗的 12.5%（Boyden 等，1981）。异养生态系统即使在工业革命以前也是区分城市与非城市系统的一个重要标志。工业革命之前的城市，如北京、罗马、伦敦、巴黎（政治中心）或苏州、杭州（商业中心），无不依赖于城市以外的食物、燃料的输入，从而形成生态学上显然的异养生态系统特征。工业革命以后的现代城市，由于化石燃料（石油、煤炭和天然气）的大量使用，更进一步加深了城市的异养程度（Boyden 和 Dovers，1992）。当今，西方大中型城市（经济商业中心）所消耗能量的 99% 来自外部输入，其本身经光合作用所获得的能量来源已不再重要。城市的这一异养特征对于城市生态学的研究非常重要，因为大多数自然生态系统是自养系统，即其主要能量来源于本身的光合作用（但少数生态系统如林间溪流其能量输入可超过其本身光合固定，而成为异养系统）。由于城市运转和发展决定于能量输入，能量输入的保障程度、效率和渠道成为城市发展的第一制约因子，这也是城市生态系统研究中必须考虑的首要因子之一。表 18.3 列举了从能量和资源水平上研究城市对其他生态系统依赖性的多种测量指标。

表 18.2 不同生态系统的能量消费特征（Odum 和 Odum，1980）

生态系统	年消费能量或“能量密度”（千卡 / 米 ^{2}）
完全靠太阳能维持的系统：大部分地球表面，如海洋、沙漠、苔原等	1 000~10 000
太阳能加其他自然能源维持的系统：生产过量有机物的、具有很高维持生命能力的高产系统，如海岸河口、某些热带雨林等	10 000~40 000
太阳能加人类辅助能源维持的系统：由辅助燃料支持或其他人类提供的能量生产食物、建筑材料等，如农业、林业种植、养鱼场等	10 000~40 000
燃料支持的城市工业：大量使用化石燃料，往往是聚集的并由运输道路相连，如城镇、郊区等	100 000~3 000 000

表 18.3 城市生态系统对其他生态系统依赖性的测量

测定量	解　释
P/RE	总初级生产力（P）与生态系统呼吸（RE）之比（大多数生态系统：≥ 1；城市生态系统：<1）
$P/(RE+RI)$	总初级生产力（P）与生态系统呼吸加上工业呼吸（RI：由于化石燃料燃烧和其他非生物氧化造成的能量损失）之比（城市生态系统：≤ 1）
In/O	总能量输入（$In=P+I$）与总能量输出（$O=RE+RI+E$）之比，这里输入（I）和输出（E）包括大气、水文、生物载体和人类专门的运输
$I/(RE+RI)$	能量输入与生态系统呼吸加上由于化石燃料燃烧和其他非生物氧化造成的能量损失之比
I/E	能量输入与能量输出之比
生态足迹（ecological footprint）相对于地区的生态足迹	一个城市生态系统消耗物质所需要的总土地面积 考虑到城市周围实际景观的生产力和资源可利用性而计算的生态足迹
专一物质的生态足迹	以氮、碳、水或其他资源，及其所产生的过量物质（废氮、碳、有害物质等）同化过程为对象的生态足迹
加权平均依赖距离	某资源输入到城市的加权平均距离
净初级生产力占用率	由于城市化而造成的净初级生产（NPP）力的损失或改变
经济指标	输入物品所需要的总运输费用

城市不仅依赖于外界能量输入，它同时依赖于外界的物质输入，包括城市用水和原材料输入。以中国香港为例，即使包括了87%的城郊土地（13%农业用地），仍需要从广东省输入25%的城市用水（Boyden 等，1981）。世界各大城市绝大多数依赖于外界的水供应，即使在水资源丰富地区的上海、纽约也不例外。空气的输入和输出往往被忽视，因为空气流动不直接受人控制，但城市运转每天消耗大量氧气，产生大量二氧化碳及其他有害气体。如果空气流动短暂停滞（如无风季节的香港，位于谷地的城市洛杉矶），城市运转将直接受到影响。

现代城市一个更急迫的问题是污染物和废物的大量产生。在自然生态系统中，所有的有机物来自光合作用，最终经过分解过程还原为无机物。在城市生态系统中，废物的“分解”基本上由以下 3 条途径进行：① 废物处理（如污水处理厂）；② 废物储存（如垃圾填埋）；③ 废物外运（即将废物转移到城市外）。途径 1 受处理技术和费用制约，途径 2 和 3 又受可用土地的制约。大量的城市废物不仅包括对人体有害的物质（如城市废气、CO、O_3、NO_x 等），而且也包括大量原本无害的、甚至是必需的养分物质，如氮和磷的积累而形成富营养化。农业和城市的氮和磷输出是造成水体（河流、湖泊和海洋）污染的主要原因（Carpenter 等，1998），而水域生态环境的恶化反过来又制约城市的发展（城市用水、水产品减少等）。

尽管很多城市生态学研究以城市行政区为其研究单元，许多物质流动，如降雨后的地表水与物质流动往往涉及整个景观或流域。流域生态学（watershed ecology）是生态系统生态学中的一个新途径，已经在自然生态系统研究中被广泛采用（Likens 和 Bormann，1995）。根据流域来确定生态系统边界的优点是可以通过追踪水和物质的流动，把流域内不同的覆盖单元（住宅、公路、厂矿、企业和绿化带等）有机地联系起来。城市所在的流域的自然特征在很大程度上被人造不透水的地面物、管道铺设、河道挖掘等改变（图 18.1）。巴尔的摩和凤凰城两个城市的长期研究项目都把流域生态学研究作为其重要组成部分。

近年来，生态足迹（ecological footprint）的概念被广泛应用于城市生态学研究。生态足迹非常形象化地表达了城市对周边环境乃至全球环境的压力和需求。通过计算城市对食物、燃料等的需求可得出满足这些需求所需要的土地面积。生态足迹通常表示为维持一个城市所需的周边土地面积与城市土地面积之比。由于城市对于周边环境所需要的不仅仅是食物和燃料等，所以还可以分别计算处理废物、废水和废气所需的土地、供水所需的流域面积等等。Folke 等（1997）计算了 29 个北欧最大城市的生态足迹，尽管所有城市的总面积仅为 2 216 km^2，总人口 2 200 万，他们需要比城市面积大 133 倍的海洋面积来提供水产品、50 倍的耕地面积提供各种食物、18 倍的森林面积提供木材、27~75

倍的湿地生态系统面积处理城市的氮排放。尽管生态足迹概念在应用上尚有不少需改进之处，它的提出和应用为城市生态学研究提供了一种新的角度和方法（Luck 等，2000）。图 18.2 是对一个自然生态系统与一个城市生态系统的生态足迹的比较。

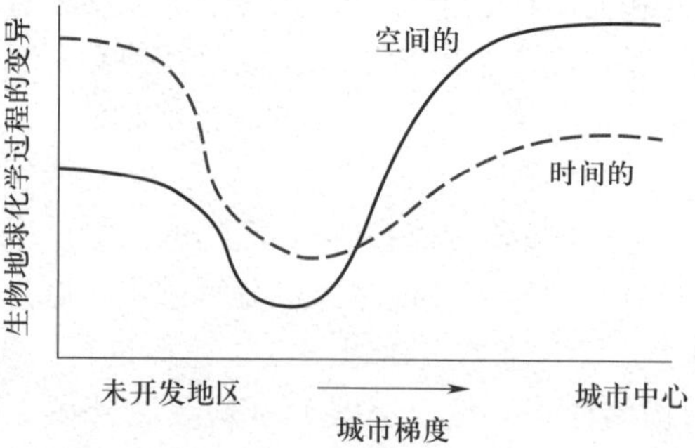

图 18.1 生物地球化学过程沿城市化梯度的变异程度的假设（引自 Collins 等，2000）。以半干旱或干旱地区城市为例，水分是生物生产力的限制因子。生态系统过程（如土壤呼吸）的空间差异可能从未受干扰的自然生态系统到城市边缘而降低，到达城市中心又急剧增高。时间上的变化在未受干扰的自然生态系统中一般比较高，城市边缘相对较低，但在城市中心又相对增高。

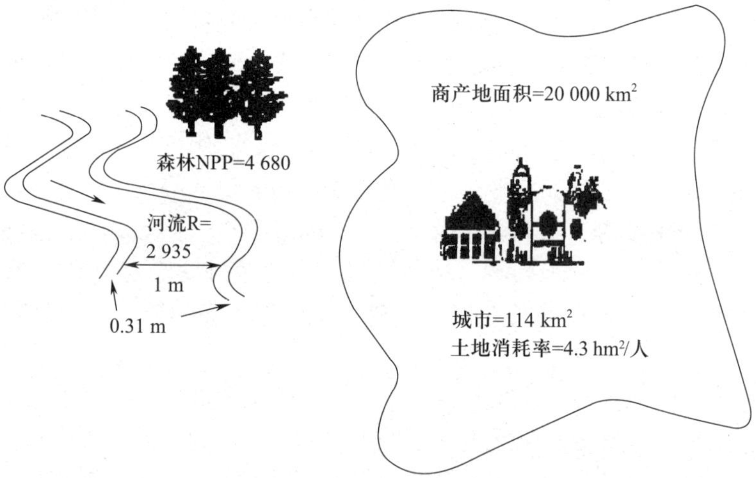

图 18.2 一个异养林间溪流生态系统（左边，仿 Fisher 和 Likens，1973）。如果生态系统中所有能量消耗［呼吸，*R*，2 935 千卡 /（米 ^{2}· 年）］取决于来自周围森林［初级生产率，NPP，4 680 千卡 /（米 ^{2} · 年）］的有机物输入，1 m 宽的溪流将需要相应于两边各 0.31 m 宽的溪边林带的有机物输入。该面积是林间溪流生态系统面积的 62%。作为对照（右边），加拿大温哥华城（仿 Wackeragel 和 Rees，1996）消耗相应于 20 000 km^2 高产土地所生产的物质，这是该城市占地面积的 180 倍（见 Collins 等，2000）。

三、城市作为不同生态单元的镶嵌体

生态系统生态学途径把城市看作是一个整体系统，并集中研究其能量和物质的输入、输出和运转。城市生态学研究的另一个传统途径是注重对城市单元或缀块的分析。城市的不同单元可被视为独立的生态系统，在此水平上研究其结构、功能和动态，并且也有可能进行独立的实验处理。许多所谓的城市生态学研究就是在城市内某个公园或残留自然植被片段中进行的生理生态、种群或群落学方面的研究（Sukopp 等，1995）。然而，正在兴起的景观生态学途径强调研究城市景观缀块系统的结构、功能和动态。因此，研究城市单元之间相互关系是城市景观生态学的重要组成部分（邬建国，2000）。基于这种城市景观镶嵌体概念，Zipperer 等（2000）提出了研究城市生态学的一系列生态学原理（又见 Wu，2000；Wu 和 Pickett，2000）。凤凰城和巴尔的摩的城市生态学研究正是应用这些原理的具体体现。

凤凰城城市生态学长期研究项目的一个重要组成部分是城市景观缀块水平上的研究。凤凰城 6 400 km^2 研究区域被系统地划分成 400 个小区。城市中心的 100 个小区内各设一个调查样方，城市边缘地区（包括城郊农业用地、荒漠植被等）每 3 个小区设一个调查样方，总共 200 个调查样方。调查样方为 30 m × 30 m，随机设置于小区内，其位置由全球定位系统（GPS）定位。样方调查每五年一次，在春季 2—4 月之间。调查者在每个样方内记录动植物组成，采集土壤样品，观察记录小气候、土地利用类型和程度，同时记录样方内结构组成，包括植物的三维结构、建筑物结构、道路与非道路界限等，再经 GIS 将其数值化。这些实地调查数据结合遥感数据为分析和研究城市单元的结构、分布、功能和动态，以及为城市生态系统建模提供了必要的基础。

城市生态系统的一个重要特征是，其主要生物种类是人或与人类有关的动植物和微生物。作为主要物种，人类往往并不只是消费城市范围内的初级生产力，其食物还往往来源于城市以外的地区。城市产生的废物主要通过运输而输出，但输出有时并不完全。同时，人类对城市单元内的动植物也有很大的影响。城市外来种的引进及其对城市生态结构的影响也是城市生态学研究中的一项重要课题（如城市外来种的引进会改变城市鸟类的分布，或带入病菌，从而影响种群动态及其他生态学过程）。图 18.3 表明，随着城市化过程的加剧，物种丰富度也发生变化。而这些格局与非城市生态演替预期的格局显然不同。时间轴相应于自从一个地区最初被人类定居为城市的时间（城市化）或自从干扰后开始演替的时间（生态演替）。城市群落中外来种百分比是随人口增长的渐进饱和函数，假定随着迁入城市的人口增加，他们将带入更多的外来种。因为城市化导致自然生境的破坏，物种丰富度在城市化的最初阶段会降低，但随着外来种百分比的增加，物种丰富度在城市化中期阶段达到低值后又会增加。最后阶段的物种丰富度（包括外来种）可能超过初期阶段。

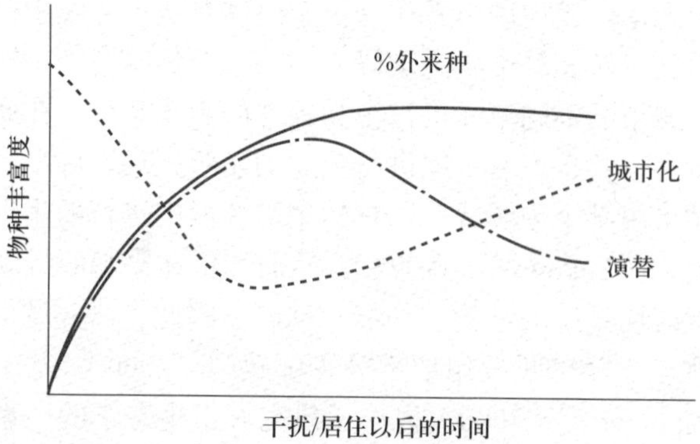

图 18.3 城市生态系统中物种丰富度（点线）和外来种百分比（实线）随时间变化的假设（引自 Collins 等，2000）。

城市系统的另一个明显特征是高比率的地表不透水覆盖。城市地表往往有约 50%的不透水的人为覆盖物（道路、建筑物等）。这些人为覆盖物影响到系统的水分和物质的流动，辐射能量的分配和流动。这些变化又反馈影响城市单元中的动植物及人类的健康和行为。典型的例子是城市内土壤对降水的吸收能力大大降低，城市表面积水需经由人为铺设管道排出，并往往造成对城市周围水源的污染或造成城市积水。水泥和沥青覆盖在白天吸收太阳辐射能，夜里释放长波热量而造成城市热岛效应。城市地表人为铺设的覆盖大大降低了城市绿化面积，从而影响城市生物及人类，影响城市噪音控制和空气污染控制等。

城市景观中缀块的类型、面积和分布都有异于自然景观。城市景观缀块的类型在很大程度上取决于人类的土地利用（Zipperer 等，2000），如居民用地、商业用地、工业用地、机关学校用地、城市绿化用地、城郊农田、自然地、道路及水域等。从城郊到城市中心，土地利用类型从相对单一到复杂多样，缀块平均面积逐渐减小。

城市生态系统研究中的一个重要方面是人类对城市环境的影响。人类直接和间接地改变城市环境，而城市环境的改变又反馈影响人类和城市生物。城市热岛效应就是人类直接或间接活动的结果。在瑞士某一城市的研究中，Baur 和 Baur（1993）发现一种蜗牛（land snail）的孵化率取决于其栖居绿地的土壤温度，而土壤温度则与周围环境中城市建筑物和道路有关。城市热岛效应引起该物种孵化率的降低，而这些影响又与城市绿地缀块和非绿地缀块的空间分布密切相关（Baur 和 Baur，1993）。

人类对城市环境的另一重要影响是多种氮氧化物气体（N_2O、NO、NO_2）的排放。尽管氮气在大气层中非常稳定，氮氧化物是氮循环中非常活跃的物质。一氧化氮更是城市臭氧形成的重要因子。由于氮是植物生长的重要养分，固定化的氮化合物（如氮氧化物）含量影响植物的生长和分布。城市中的氮氧化物主要来自汽车内燃过程。凤凰城城市生态学研究表明，城市土壤中的无机氮含量普遍高于城郊未开发的荒漠土地，近道路的土壤又高于远道路的土壤。表明城市氮循环不仅在整体上，而且在城市缀块水平上也不同于自然生态系统。

城市绿化是减少空气污染、改善城市环境的重要手段。最新研究表明，树木可以改善城市空气质量，但在某些情况下也可能降低城市空气质量。例如，对树木挥发性有机物（volatile organic compounds，VOCs）的研究表明，树木中的自然产物异戊间二烯（isoprene）和单萜（monoterpene）参与城市空气污染中的光化学反应；在高浓度的氮氧化物情况下，它们与氧化物反应形成臭氧而造成低大气层中的空气污染，从而影响城市中人类以及其他动植物的生理健康（Lerdau 等，1997）。然而，在自然界低氮氧化物的情况下，这些挥发性有机物与氧化物反应会降低臭氧浓度而净化空气。城市中多种环境因素会影响植物挥发性有机物在城市中的释放。例如，城市热岛效应、高浓度的 CO_2 和土壤氮含量都可能使树木挥发性有机物的释放增加。在位于谷地的城市洛杉矶，树木挥发性有机物的释放是造成城市空气污染的重要因素之一（Taha，1996）。

城市景观中的缀块处在不断与周围缀块和基底环境进行能量和物质交换过程中，而且各类缀块自身也处在不断的变迁中。研究这类动态变化的、高度复杂的生态系统是城市生态学研究中的重要挑战。生态学研究中的许多新概念、新理论和新方法，如尺度、时空异质性、非线性、缀块－廊道－基底模式、复合种群理论、等级缀块动态理论、遥感、地理信息系统、空间统计学等，正被应用于城市生态学研究之中，从而促进了城市生态学的发展（Pickett 等，1997；Zipperer 等，2000）。

四、城市生态学的长期研究

长期生态学研究对于认识生态系统的结构、功能和动态是非常重要的。凤凰城城市生态学长期研究项目包括 8 个核心组成部分，其中前 5 个部分主要以城市中自然生态系统为研究对象，后两个部分主要以城市经济学和社会学为研究对象，最后一部分涉及环境教育。

1. 初级生产力的控制和格局

初级生产力是经光合作用和化能合成作用合成的有机物的产生率。该部分研究主要包括：① 自然植被和农田转变为城郊并进而转变为城市用地对初级生产力的影响；② 研究城市小气候、城市用水等对初级生产力的影响；③ 大尺度上，土地利用格局的长期变化趋势对初级生产力的影响。

2. 食物链中具代表性的种群动态

生物个体、种群、群落和资源是典型的缀块式分布。城市中人类活动已大大改变了这些缀块的频率、质量、分布和生存期。所有这些因素都可能通过食物链和局部灭绝率影响原有种和外来种的局部种群、复合种群和群落的动态。该部分的研究对象主要为人类、节肢动物、鸟类和植物。其内容包括：① 当地植物物种多样性保护；② 多层次食物链在城市生态系统中的作用；③ 城市土地利用与外来种入侵的关系。

3. 土地表层和沉积物中有机物积累的控制和格局

该部分主要研究内容包括：① 城市地表覆盖；② 植物种类和数量的变化；③ 城市小气候对土壤代谢和有机物积累的影响。

4. 养分在城市生态系统组分中的输入格局和动态

生物地球化学循环是生态系统研究中的重要组成部分。这部分中的主要研究内容包括：① 城市和城郊沙漠流域碳、氮（通过水）输出在时间和空间上的变化；② 地下水中硝酸铵的积累；③ 土壤和水体的盐渍化。

5. 城市生态系统的干扰频率和格局

在此项研究中，干扰主要是指火灾、洪水和其他一些对城市生态系统造成影响的突发事件。干扰具有不同的强度、大小、地点、空间分布和出现周期。

6. 人类对土地利用与土地覆盖的变化和生态系统动态的影响

城市土地利用是人类城市活动的重要组成部分。城市的土地利用与社会经济、文化、行政等因素密切相关。可以从五个方面识别、监测和预测城市土地利用过程对生态系统动态的影响：① 土地利用类型和密度；② 土地利用的演替；③ 土地利用的尺度；④ 土地利用的位置（城郊或市区等）；⑤ 土地利用的格局（聚集分布或零散分布及其与道路的关系）。

7. 社会－经济和生态系统的长期监测数据

长期监测、搜集和记录社会－经济与生态系统数据是城市长期生态学研究项目的重要组成部分。这些数据可经由以下途径获得：① 统计局数据；② 各政府机关数据；③ 遥感数据；④ 实地调查数据。凤凰城城市生态学长期研究项目的监测也包括了人类决策和活动以及影响行政和个人决策的驱动因素（如经济环境、政治环境和人们的环境观念）。这些不仅为城市生态学研究提供技术基础，而且也将为改善今后的决策提供可靠的科学基础。

8. 生态与环境教育

城市生态学的研究不仅仅取决于科学家们的努力，在很大程度上也取决于全民生态环境意识和参与。因此，北美的两个城市长期生态学研究项目都把全民生态环境教育作为一个重要组成部分。凤凰城城市生态学长期研究中专列了城市中小学生态环境教育项目。安排专业教育人员参与并负责联络和协调，定期组织生态学工作者与中小学教师交流，组织安排中小学生参与部分研究项目，并安排生态环境教学、培训和实验室短期实习。

五、结语

城市环境代表了被人类活动极大改变了的生态系统。城市生态系统研究对传统的生态学理论提出了挑战：如果生态学理论真正具有普遍性的话，那么它们是否也应该能够解释城市环境中包括人类和有关生物的分布、丰富度以及与环境之间的相互关系。由于大部分生态学理论的发展并没有考虑到城市环境，我们认为城市生态系统的研究将是发展、丰富、修改和检验生态学理论的重要领域之一。要改善人类的生存环境，合理管理自然资源以及保护全球的生物多样性，就必须要发展和完善城市生态学理论和实践。

传统的城市生态学研究或者着眼于单个缀块，或者只注重于城市系统中的能流、物流。而新兴的城市景观生态学研究途径注重于景观中空间异质性的产生以及这些异质性是怎样影响城市生态系统中的能流、物流、生物种类和信息流等生态学过程的。凤凰城城市生态学长期研究正是以这种研究途径为特征的。

就全球而言，城市化趋势正在不断加速。19 世纪以前，全球只有百分之几的人口居住在城市，而当今的城市已居住了全球人口的 50% 左右。城市是以人类为主体的自然 – 社会 – 经济复合生态系统。毫无疑问，城市生态学长期研究对于认识并解决由于全球城市化加速和城市发展过程中出现的一系列问题，如人口膨胀、资源紧缺、城市布局不合理、环境污染等，具有重要意义。

致谢

本文承蒙申卫军帮助整理，在此鸣谢。同时，我们感谢凤凰城城市生态学长期研究项目为本文提供的资料。

参 考 文 献

邬建国. 2000. 景观生态学：格局、过程、尺度与等级. 北京：高等教育出版社

Baur, B., and A. Baur. 1993. Climatic warming due to the radiation from an urban area as possible cause for the local extinction of a land snail. Journal of Applied Ecology 30: 333~340

Boyden, S., and S. Dovers. 1992. Natural-resource consumption and its environmental impacts in the western world: Impacts of increasing per capita consumption. Ambio 21: 63~69

Boyden, S., S. Miller, K. Newcome, and B. O'Neill. 1981. The Ecology of A City and Its People: the Case of Hong Kong. Australian National University Press, Canberra, Australia

Carpenter, S., N. F. Varoco, D. L. Correll, R. W. Howarth, A. N. Sharpley, and V. H. Smith. 1998. Nonpoint pollution of surface waters with phosphorus and nitrogen. Ecological Applications 8: 559~568.

Collins, J. P., A. P. Kinzig, N. B. Grimm, W. F. Fagan, D. Hope, J. Wu, and E. T. Borer. 2000. A new urban ecology. American Scientist 88: 416~425

Fisher, S. G., and G. E. Likens. 1973. Energy flow in Bear Brook, New Hampshire: An integrative approach to stream ecosystem metabolism. Ecological Monographs 43: 421~439

Folke C., A. Jansson, J. Larsson, and R. Costanza. 1997. Ecosystem appropriation by cities. Ambio 26: 167~172

Lerdau, M., A. Guenther, and R. Monson. 1997. Plant production and emission of volatile organic compounds. BioScience 47: 373~383

Likens, G. E., and F. H. Bormann. 1995. Biogeochemistry of a Forested Ecosystem (2nd ed.), Springer-Verlag, New York

Luck, M. A., G. D. Jenerette, J. Wu, and N. B. Grimm. 2000. The urban funnel model and spatially heterogeneous ecological footprint. (Submitted to Ecosystems)

McDonnell, M. J., and S. T. A. Pickett. 1990. Ecosystem structure and function along urban-rural gradients: An unexploited opportunity for ecology. Ecology 71: 1232~1237

Odum, H. T., and E. C. Odum. 1980. Energy Basis for Man and Nature. New York: McGraw Hill

Pickett, S. T. A., W. R. Burch, Jr., S. E. Dalton, T. W. Foresman, J. M. Grove, and R. Rowntree. 1997. A conceptual framework for the study of human ecosystems in urban areas. Urban Ecosystems 1: 185~199

Rebele, F. 1994. Urban ecology and special features of urban ecosystems. Global Ecology and Biogeography Letters 4: 173~187

Sukopp, H., M. Numata, and A. Huber (eds). 1995. Urban Ecology as The Basis of Urban Planning. SPB Publishing, The Hague, Netherlands

Taha, H. 1996. Modeling impacts of increased urban vegetation on ozone air quality in the south coast air basin. Atmospheric Environment 30: 3423~3430

Wackernagel, M., and W. E. Rees. 1996. Our Ecological Footprint: Reducing Human Impact on the Earth. New Society Publishers, British Columbia, Canada

Wu, J. 2000. A landscape ecological approach to the study of urban systems. Proc. 15th Annual Symposium of US-IALE (International Association for Landscape Ecology), Fort Lauderdale,

April 15~19, 2000. pp. 161

Wu, J., and S. Pickett. 2000. Symposium introduction: New paradigms in urban ecology. 2000 Annual Meeting of Ecological Society of America, Snowbird, August 6~10, 2000

Zipperer, W. C., J. Wu, R. V. Pouyat, and S. T. A. Pickett. 2000. The application of ecological principles to urban and urbanizing landscapes. Ecological Applications 10: 685~688

郑重声明

高等教育出版社依法对本书享有专有出版权。任何未经许可的复制、销售行为均违反《中华人民共和国著作权法》，其行为人将承担相应的民事责任和行政责任；构成犯罪的，将被依法追究刑事责任。为了维护市场秩序，保护读者的合法权益，避免读者误用盗版书造成不良后果，我社将配合行政执法部门和司法机关对违法犯罪的单位和个人进行严厉打击。社会各界人士如发现上述侵权行为，希望及时举报，本社将奖励举报有功人员。

反盗版举报电话　（010）58581999　58582371　58582488
反盗版举报传真　（010）82086060
反盗版举报邮箱　dd@hep.com.cn
通信地址　北京市西城区德外大街 4 号　高等教育出版社法律事务与版权管理部
邮政编码　100120